高等职业教育“十二五”规划教材
高职高专机械设计与制造专业理实一体化系列教材

机械加工工艺编制指导教程

主　编　王雁彬
副主编　张　宇　赵宏利　吕野楠　宋海潮
参　编　李东和　高　杉　牛卉原　韩海玲　丁　韧

国防工业出版社
·北京·

内容简介

本书以国家及行业相关工艺标准为依据，内容以必要及够用为度，紧紧围绕编制机械加工工艺文件进行内容选排，书中对自由锻件毛坯设计、时间定额计算、工序图的绘制进行了较为详细的介绍，整理了加工余量、切削用量、机床参数等一些常用的数据和公式。通过本书不仅可学习零件的机械加工工艺规程，并可利用书中数据和公式编制较简单零件的机械加工工艺规程。

本书适合作为高等职业院校、高等专科院校、成人高校、民办高校机电类专业的教材，还可供专业技术人员、社会从业人士参考。

图书在版编目(CIP)数据

机械加工工艺编制指导教程/王雁彬主编.—北京：国防工业出版社，2015.9

高等职业教育"十二五"规划教材.高职高专机械设计与制造专业理实一体化系列教材

ISBN 978-7-118-10402-8

Ⅰ.①机… Ⅱ.①王… Ⅲ.①机械加工—工艺学—高等职业教育—教材 Ⅳ.①TG506

中国版本图书馆CIP数据核字(2015)第229396号

※

国防工業出版社出版发行

(北京市海淀区紫竹院南路23号 邮政编码100048)

北京奥鑫印刷厂印刷

新华书店经售

*

开本 787×1092 1/16 **印张** 17¾ **字数** 412千字

2015年9月第1版第1次印刷 **印数** 1—3000册 **定价** 36.50元

(本书如有印装错误，我社负责调换)

国防书店：(010)88540777 发行邮购：(010)88540776

发行传真：(010)88540755 发行业务：(010)88540717

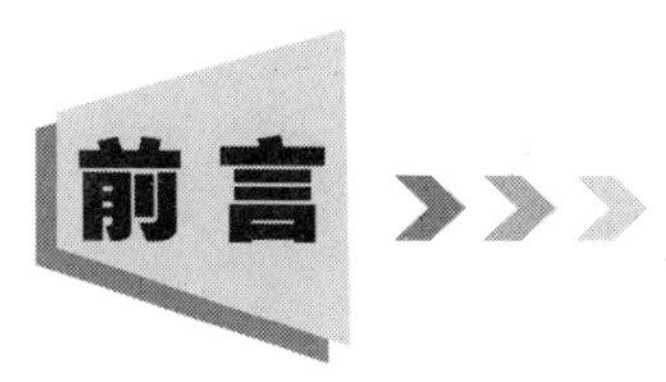

前言

机械加工工艺编制是机械制造工艺中的一个核心能力，这一点得到各院校一致认可，各院校机械制造类专业课程体系中一般都安排了机械加工工艺编制相关实训课程。

编制机械加工工艺规程涉及多方面的专业知识和技术资料，如何在较短的时间里系统地掌握机械加工工艺规程一直是教学的难点。出版一本能够满足学生系统全面学习及使用要求，同时通俗易懂、简要明了的机械加工工艺编制书籍十分必要。

本书以编制机械加工工艺过程卡及工序卡为主线，以国家或行业相关机械制造工艺标准为依据，使书中内容前后连贯，相互协调；同时，本书内容以够用为度，力求简洁，以方便读者的学习和使用。

本书以编制机械加工工艺过程卡及工序卡为主线，以国家或行业标准为依据，介绍机械加工工艺及规程编制的基础知识。第一章、第二章主要介绍编制机械加工工艺规程所涉及的机械加工基本概念、金属切削机床编号及主要技术参数、机械加工常用方法、编制机械加工工艺规程的基本过程等内容。从第三章开始至第八章，按第二章叙述的编制机械加工工艺规程基本过程进行展开，主要包括机械加工工艺文件的选择，常用铸件、锻件及原型材毛坯的选择与设计，机械加工工艺路线拟定中定位方案的确定、工件的装夹方法与机床夹具选择、零件表面机械加工方案的选择，机械加工工艺过程内容设计中机械加工余量的确定、工序尺寸及公差确定，机械加工工序内容设计中工序图的绘制、时间定额的计算，金属切削加工条件的合理选择中工装设备的选择、金属切削加工刃具的选择、切削用量及磨削用量的选择、切削液的选择等内容，最后一章即第九章利用上述内容介绍了一个具体零件的机械加工工艺规程编制实例。

本书在编写过程中获得了部分院校老师的帮助及国防工业出版社的大力支持，同时书中引用了很多有关资料，所有参考文献已列于书后，编者在此对所有支持者、出版社、相关作者表示衷心的感谢！

由于编者水平有限，书中会存在许多不足之处，恳请读者提出宝贵意见。

编　者

2015 年 4 月

目录

1 第一章　机械加工方法及设备

第一节　机械加工基本概念

1. 切削加工

切削加工是利用切削工具从工件上切去多余材料的加工方法。通过切削加工,使工件变成符合图样规定的形状、尺寸和表面粗糙度等方面要求的零件。任何切削加工都必须具备三个基本条件:切削工具、工件和切削运动。

切削加工分为机械加工(简称机工)和钳工加工(简称钳工)两大类。机械加工是以机械力为动力,通过工人操纵金属切削机床对工件进行切削加工的方法,如车削加工、钻削加工、铣削加工、刨削加工和磨削加工等。钳工是使用手动工具和一些机动工具(如钻床、砂轮机等)对工件进行切削加工的方法,如锯削、錾削、锉削、刮削、钻孔、扩孔、铰孔、攻螺纹、手工研磨、抛光等。此外,钳工加工还包括划线、装配、调试及修理等工作内容,由于其经常用虎钳装夹工件,因此称为钳工。

2. 切削加工的主要特点

1) 切削加工可获得的零件精度范围广泛

(1) 尺寸精度一般在 IT3~IT12。

(2) 表面粗糙度一般为 $Ra50 \sim 0.008\mu m$。

(3) 形状精度、位置精度较高。

2) 切削加工适用范围广泛

(1) 材料可以是金属材料,也可以是非金属材料。

(2) 对于零件的形状和尺寸一般不受限制,可加工如外圈、内圈、锥面、平面、螺纹、齿形及空间曲面等各种曲面。

(3) 质量的适用范围很广,可以重至数百吨,轻至几克,如微型仪表零件。

3) 切削加工的生产率较高

在常规条件下,切削加工的生产率一般高于其他加工方法。只有在少数特殊场合,其生产率低于精密铸造、精密锻造和粉末冶金等方法。

因此,切削加工在机械制造业占有十分重要的地位,目前占机械制造总量的 40%~60%。完全可以说,没有切削加工,就没有机械制造业。但是,由于切削过程中存在切削力,刀具材料必须大于材料硬度,因而限制了切削加工在细微结构和高硬高强等特殊材料加工方面的应用。

3. 切削运动

切削运动是指机械加工中刀具与工件间的相对运动,也称工作运动。根据在切削加工中的功用不同,切削运动可分为主运动和进给运动。

1) 主运动 v_c

主运动是指刀具和工件之间最主要的相对运动,是切削加工必不可少的最基本的运动。

在切削加工中，主运动的速度最高，消耗机床动力最多，有且只有一个，如车削、镗削时工件的旋转运动，铣削、钻削时刀具的回转运动，刨削时刨刀的直线运动等都是主运动。

2）进给运动 v_f

进给运动是使工件上新的切削层不断投入切削所需的运动。进给运动与主运动配合才能连续或间断地切除材料，获得加工要求的表面。进给运动的特点是运动速度小，消耗功率较少，可以有一个或几个，也可以没有。进给运动可以是连续的（如车削外圆时车刀的纵向运动），也可以是间断的（如刨削平面时刨刀的横向移动）。

常见切削加工的切削运动见表1－1。

表1－1 常见切削加工的切削运动

加工方式	加工简图	主运动	进给运动
外圆车削	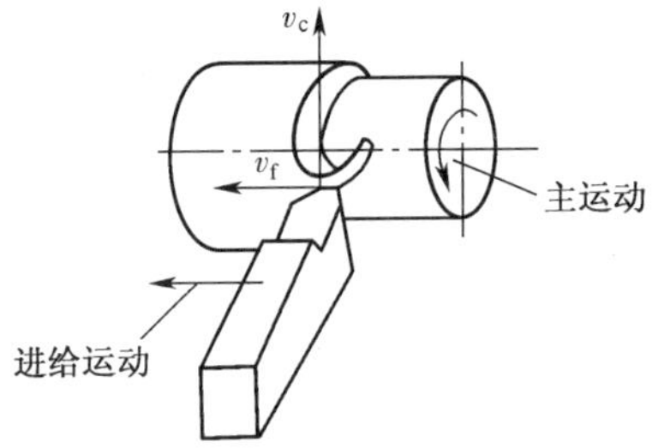 v_c　v_f　主运动　进给运动	工件旋转	车刀纵向、横向或斜向直线移动
钻孔	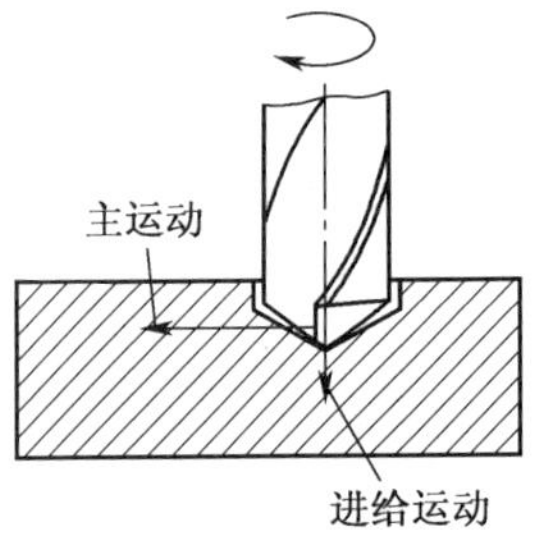 主运动　进给运动	钻头旋转	钻头轴向移动
镗孔	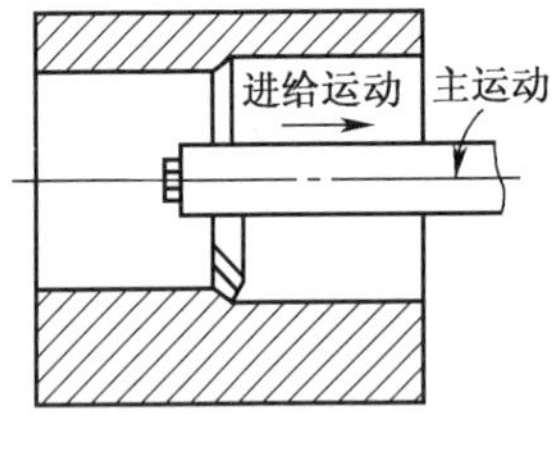 进给运动　主运动	镗刀旋转	镗刀轴向移动
铣平面或铣键槽	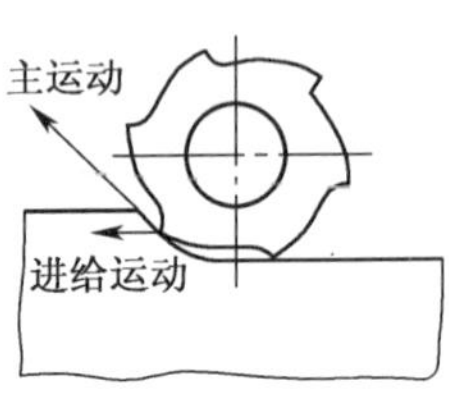 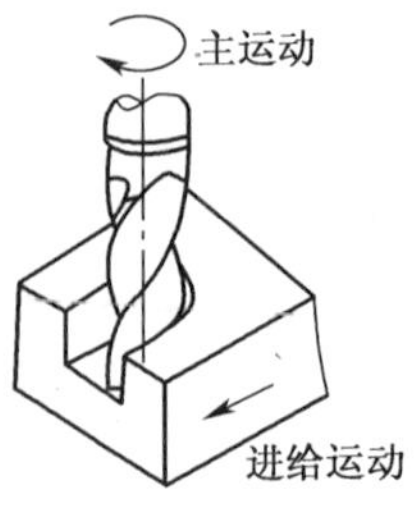 主运动　进给运动　卧铣　主运动　进给运动　立铣	铣刀旋转	工件纵向、横向直线或垂直方向移动

（续）

加工方式	加　工　简　图	主运动	进给运动
刨平面		刨刀往复移动	工件相对刨刀横向或斜向间歇移动
磨外圆		砂轮旋转	工件旋转做圆周进给运动，工件相对砂轮作轴向进给运动
磨内孔		砂轮旋转	工件旋转，工件相对砂轮作轴向进给运动及径向进给运动
磨平面		砂轮旋转	工件相对砂轮作纵向进给、横向及径向（切深方向）进给运动

机床中除切削运动外，为完成机床工作循环，有时还需调整刀具切削刃与工件相对位置的运动和其他辅助动作，称为辅助运动。如刀架、工作台快速接近或退出工件，工件或刀具回转的分度运动，刀具的快速移动及变速、换向、启停等操纵及控制运动等。

4. 切削加工表面

刀具和工件相对运动过程中，在主运动和进给运动作用下，工件表面的一层金属不断被刀具切下转变为切屑，从而加工出所需要的工件新表面，因此，被加工的工件上有三个依次变化着的表面，即待加工表面、已加工表面和过渡表面，如图 1－1 所示。

1）待加工表面

待加工表面是指工件上即将被切除的表面。

2）已加工表面

已加工表面是指已被切去多余金属而形成的工件新表面。

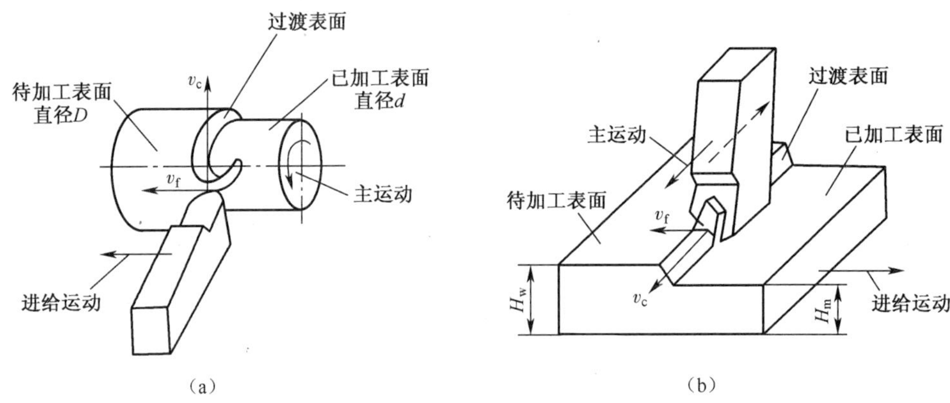

图 1-1 切削加工的工件表面划分

3）过渡表面

过渡表面是指加工时由切削刃在工件上正在切削的那部分表面，它处于待加工表面和已加工表面之间。

5. 切削用量

在切削加工过程中，为了保证质量、提高加工效率及降低成本，需要针对不同的工件材料和结构、表面加工精度、所用刀具的材料和其他技术要求，来选定适宜的切削参数，即切削用量。切削用量包括背吃刀量 a_p（切削深度）、进给量 f 和切削速度 v_c，称之为切削用量三要素。

1）切削速度 v_c

切削速度是指刀具切削刃与工件待加工表面接触点在主运动方向的最大线速度，单位为 m/s 或 m/min。

当主运动为旋转运动时，切削速度计算公式为

$$v_c = \frac{\pi d n}{1000 \times 60} \quad (\mathrm{m/s})$$

式中 d——切削刃上选定点处工件或刀具的最大直径（mm）；

n——工件或刀具的转速（r/min）。

当主运动为直线往复运动（如刨削加工）时，切削速度用平均速度代替，其计算公式为

$$v_c = \frac{2Ln_r}{1000 \times 60} \quad (\mathrm{m/s})$$

式中 L——行程长度（mm）；

n_r——行程次数（次/min）。

当主运动为旋转运动时，即使转速 n 值一定，切削刃上各点的切削速度 v_c 也不同，一般取最大切削速度，如车外圆时切削速度为待加工面的圆周速度，钻孔时，切削速度为钻头外径的圆周速度；当主运动为直线运动时，切削速度取切削刃相对工件的平均运动速度。

2）背吃刀量 a_p

背吃刀量也称为切削深度，是指工件上待加工表面和已加工表面之间的垂直距离，也是每次切削过程中刀具切入工件的切削层厚度，单位为 mm。

主运动是回转运动时，如图 1-1(a)所示，背吃刀量计算公式为

$$a_p = (D - d)/2$$

式中 D——工件待加工表面的直径（mm）；

d——工件已加工表面的直径(mm)。

当主运动是直线运动时,如图 1-1(b)所示,计算公式为

$$a_p = H_w - H_m$$

式中 H_w——工件上待加工表面的厚度(mm);

H_m——工件上已加工表面的厚度(mm)。

3) 进给量 f

进给量是指刀具在进给运动方向相对于工件的移动量。对于车削、镗削等,f 为工件转一圈刀具沿工件轴向移动的距离,单位是 mm/r;对于刨削、磨削等,f 为刀具每行程沿工件横向移动的距离,单位是 mm/行程;对于铣削、铰削等,f 为刀具每转一转沿工件进给方向的移动量,单位是 mm/r,由于铣刀、铰刀为多齿刀具,因而还有每齿进给量 f_z,单位 mm/z,则 $f=f_z z$(其中,z 为刀具齿数)。

进给运动还可用进给速度 V_f 表示,单位为 mm/min 或 s/min,如车外圆的进给速度 $V_f=fn$(其中,n 为刀具相对工件每分钟的转速)。

第二节 金属切削机床分类及主要技术参数

1. 金属切削机床的分类

1) 基本分类法

基本分类法是指按加工性质和所用刀具对金属切削机床进行分类。目前我国机床分为 11 类:车床、钻床、镗床、磨床、齿轮加工机床、螺纹加工机床、铣床、刨(插)床、拉床、锯床及其他机床。

2) 其他分类法

其他分类法是指按机床具有的特性进行分类。按机床的通用化程度划分,可分为通用机床、专门化机床和专用机床;按机床的加工精度划分,可分为普通精度机床、精密精度机床和高精度机床;按机床的自动化程度划分,可分为手动机床、机动机床、半自动机床和自动机床;按机床的质量不同划分,可分为仪表机床、中型机床、大型机床和重型机床。

2. 金属切削机床型号(GB/T 15375—2008)

1) 通用机床的型号

(1) 型号的表示方法。型号由基本部分和辅助部分组成,中间用“/”隔开,读作“之”。前者需统一管理,后者纳入型号与否由企业自定。通用机床的型号构成如下:

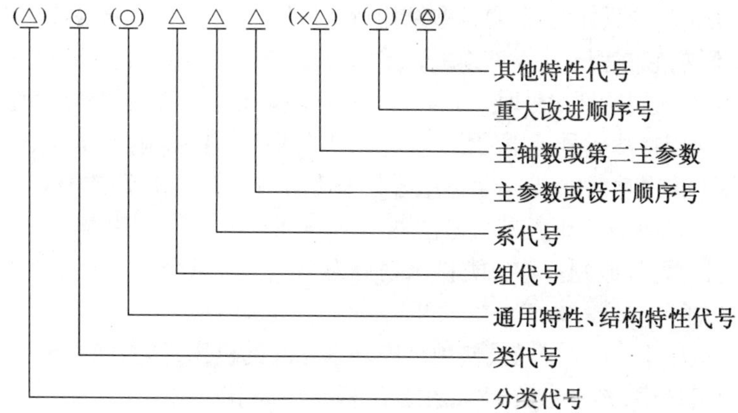

注 1:有“( )”的代号或数字,当无内容时,则不表示;若有内容则不带括号。

注 2:有“○”符号的,为大写的汉语拼音字母。

注 3:有“△”符号的,为阿拉伯数字。

注 4:有“⍜”符号的,为大写的汉语拼音字母,或阿拉伯数字,或两者兼有之。

(2) 机床的分类及类代号。机床类代号按基本分类法共分 11 类,用大写的汉语拼音字母表示。必要时,每类可分为若干分类,分类代号在类代号之前,作为型号的首位,并用阿拉伯数字表示。第 1 分类代号前的“1”省略,第“2”“3”分类代号则应予以表示。

机床的分类及类代号见表 1-2。

表 1-2 机床的分类及类代号

类别	车床	钻床	镗床	磨床			齿轮加工机床	螺纹加工机床	铣床	刨插床	拉床	锯床	其他机床
代号	C	Z	T	M	2M	3M	Y	S	X	B	L	G	Q
读音	车	钻	镗	磨	二磨	三磨	牙	丝	铣	刨	拉	割	其

对于具有两类特性的机床编制代号时,主要特性应放在后面,次要特性应放在前面。例如,铣镗床是以镗为主、铣为辅。

(3) 通用特性代号、结构特性代号。这两种特性代号用大写的汉语拼音字母表示,位于类代号之后。

① 通用特性代号。通用特性代号有统一的规定含义,它在各类机床的型号中,表示的意义相同。当某类型机床具有某种通用特性,而无普通形式者,则通用特性不予表示。当在一个型号中需要同时使用 2~3 个普通形式者,一般按重要程度排列顺序。机床的通用特性代号按相应的汉字读音,代号具体含义见表 1-3。

表 1-3 机床的通用代号

通用特性	高精度	精密	自动	半自动	数控	加工中心(自动换刀)	仿形	轻型	加重型	柔性加工单元	数显	高速
代号	G	M	Z	B	K	H	F	Q	C	R	X	S
读音	高	密	自	半	控	换	仿	轻	重	柔	显	速

② 结构特性代号。对主参数值相同而结构、性能不同的机床,在型号中加结构特性代号予以区分。根据各类机床的具体情况,对某些结构特性代号,可以赋予一定含义。但结构特性代号与通用特性代号不同,它在型号中没有统一的含义,只在同类机床中起区分机床不同结构、性能的作用。当型号中有通用特性代号时,结构特性代号应排在通用特性代号之后。结构特性代号用汉语拼音字母(通用特性代号已用的字母和“I”“O”两字母不能用)A、B、C、D、E、L、N、P、T、Y 表示,当单个字母不够用时,可将两个字母组合起来使用,如 AD、AE 等,或 DA、EA 等。

(4) 机床组、系的划分原则及其代号。

① 机床组、系的划分原则。将每类机床划分为 10 个组,每个组又划分为 10 个系(系列)。组、系划分的原则如下:

a) 在同一类机床中,主要布局或使用范围基本相同的机床,即为同一组。

b) 在同一组机床中,其主参数相同、主要结构及布局形式相同的机床,即为同一系。

② 机床的组、系代号。机床的组用一位阿拉伯数字,位于类代号或通用特性代号、结构代号之后;机床的系,也用一位阿拉伯数字表示,位于组代号之后。

(5) 主参数的表示方法。机床型号中主参数用折算值表示。当折算值大于1时,则取整数,前面不加“0”;当折算小于1时,则取小数点后第一位数,并在前面加“0”。

(6) 通用机床的设计顺序号。当某些通用机床无法用一个主参数表示时,则在型号中用设计顺序号表示。设计顺序号小于10时,由01开始编号。

(7) 主轴数和第二参数的表示方法。

① 主轴数的表示方法。对于多轴车床、多轴钻床、排式钻床等机床,其主轴数应以实际数列入型号,置于主参数之后,用“×”分开,读作“乘”,单轴可省略。

② 第二主参数的表示方法。第二主参数(多轴机床的主轴数除外)一般不予表示,如有特殊情况,需在型号中表示。在型号中表示的第二主参数一般折算成两位数为宜,最多不超过三位数。以长度、深度值等表示的,其折算系数为1/100;以直径、刻度值表示的,其折算值为1/10;以厚度、最大模数数值表示的,其折算系数为1。当折算值大于1时,则取整数;当折算值小于1时,则取小数点后第一位数,并在前面加“0”。

(8) 机床的重大改进顺序号。当机床的结构、性能有更高的要求,并需按新产品重新设计、试制和鉴定时,才按改进的先后顺序选用A、B、C等汉语拼音字母(但“I”“O”两个字母不能选用)加在型号基本部分的尾部,以区别原机床型号。

重大改进设计不同于完全的新设计,它是在原机床的基础上进行改进设计,因而重大改进后的产品与原型号的产品,是一种取代关系。

凡属局部的小改进,或增减某些附件、测量装置及改变装夹工件的方法等,因对原机床的结构、性能没有作重大的改变,故不属于重大改进,其型号不变。

(9) 其他特性代号及其表示方法。

① 其他特性代号。其他特性代号置于辅助部分之首,其中同一型号的机床变型代号,一般应放在其他特性代号之首。

② 其他特性代号的含义。其他特性代号主要用以反映各类机床的特性。如对于数控机床,可用来反映不同的数控系统等;对于加工中心,可用来反映控制系统、联动轴数、自动交换工作台等;对于柔性加工单元,可用来反映自动交换主轴箱;对于一机多能机床,可用来补充表示某些功能;对于一般机床,可以反映同一型号机床的变形等。

③ 其他特征代号的表示方法。其他特征代号可用汉语拼音字母(“I”“O”两个字母除外)表示,其中,L表示联动轴数,F表示复合。当单个字母不够用时,可将两个字母组合起来使用,如AB、AC、AD等,或BA、CA、DA等。其他特征代号也可用阿拉伯数字表示,还可以用阿拉伯数字和汉语拼音字母组合表示。

(10) 通用机床型号示例。

示例1:工作台最大宽度为500mm的精密卧式加工中心,其型号为THM6350。

示例2:工作台最大宽度为500mm的联动卧式加工中心,其型号为TH6340/5L。

示例3:最大磨削直径为400mm的高精度外圆磨床,其型号为MKG1340。

示例4:经过第一次重大改进,其最大钻孔直径为25mm的四轴立式钻床,其型号为Z5625×4A。

示例5:最大钻孔直径为40mm、最大跨距为1600mm的摇臂钻床,其型号为Z3040×16。

示例6:最大车削直径为1250mm、经过第一次重大改进的数显单柱立式车床,其型号为CX5112A。

示例 7:最大回转直径为 400mm 的半自动曲轴磨床,其型号为 MB8240,变换的第二种形式的型号为 MB8240/2。

示例 8:最大棒料直径为 16mm 的数控精密单轴纵切自动车床,其型号为 CKM1116。

2) 专用机床的型号

(1) 专用机床型号的表示方法。专用机床的型号一般由设计单位代号和设计顺序号组成,其构成如下:

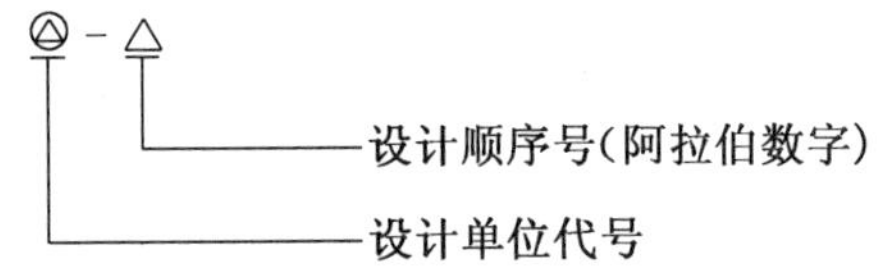

(2) 设计单位代号。设计单位代号包括机床生产厂和机床研究单位代号。

(3) 专用机床的设计顺序号。专用机床的设计顺序号按该单位的设计顺序号排列,由 001 起始,位于设计单位代号之后,中间用"-"隔开。

(4) 专用机床的型号示例。

示例 1:某单位设计制造的第一种专用机床为专用车床,其型号为×××- 001。

示例 2:某设计单位设计制造的第 15 种专用机床为专用磨床,其型号为×××- 015。

3. 部分通用金属切削机床统一名称和类、组、系的划分

部分通用金属切削机床统一名称,类、组、系的划分及主参数见表 1 - 4 ~ 表 1 - 8,其他可参考 GB/T 15375—2008。

表 1 - 4　车床类(C)(GB/T 15375—2008)

组		系		主参数	
代号	名称	代号	名称	折算系数	名称
0	仪表小型车床	0	仪表台式精密车床	1/10	床身上最大回转直径
		1			
		2	小型排刀车床	1	最大棒料直径
		3	仪表转塔车床	1	最大棒料直径
		4	仪表卡盘车床	1/10	床身上最大回转直径
		5	仪表精整车床	1/10	床身上最大回转直径
		6	仪表卧式车床	1/10	床身上最大回转直径
		7	仪表棒料车床	1	最大棒料直径
		8	仪表轴车床	1/10	床身上最大回转直径
		9	仪表卡盘精整车床	1/10	床身上最大回转直径
1	单轴自动车床	0	主轴箱固定型自动车床	1	最大棒料直径
		1	单轴纵切自动车床	1	最大棒料直径
		2	单轴横切自动车床	1	最大棒料直径
		3	单轴转塔自动车床	1	最大棒料直径
		4	单轴卡盘自动车床	1/10	床身上最大回转直径
		5			
		6	正面操作自动车床	1	最大棒料直径

（续）

组		系		主参数	
代号	名称	代号	名称	折算系数	名称
2	多轴自动、半自动车床	0	多轴平行作业棒料自动车床	1	最大棒料直径
		1	多轴棒料自动车床	1	最大棒料直径
		2	多轴卡盘自动车床	1/10	卡盘直径
		3			
		4	多轴可调棒料自动车床	1	最大棒料直径
		5	多轴可调卡盘自动车床	1/10	最大棒料直径
		6	立式多轴半自动车床	1/10	最大车削直径
		7	立式多轴平行作业半自动车床	1/10	最大车削直径
		8			
		9			
3	回转、转塔车床	0	回轮车床	1	最大棒料直径
		1	滑鞍转塔车床	1/10	卡盘直径
		2	棒料滑枕转塔车床	1	最大棒料直径
		3	滑枕转塔车床	1/10	卡盘直径
		4	组合式转塔车床	1/10	最大车削直径
		5	横移转塔车床	1/10	最大车削直径
		6	立式双轴转塔车床	1/10	最大车削直径
		7	立式转塔车床	1/10	最大车削直径
		8	立式卡盘车床	1/10	卡盘直径
4	曲轴及凸轮轴车床	0	旋风切削曲轴车床	1/100	转盘内孔直径
		1	曲轴车床	1/10	最大工件回转直径
		2	曲轴主轴颈车床	1/10	最大工件回转直径
		3	曲轴连杆轴颈车床	1/10	最大工件回转直径
		4			
		5	多刀凸轮曲轴车床	1/10	最大工件回转直径
		6	凸轮轴车床	1/10	最大工件回转直径
		7	凸轮轴中轴颈车床	1/10	最大工件回转直径
		8	凸轮轴端轴颈车床	1/10	最大工件回转直径
		9	凸轮轴凸轮车床	1/10	最大工件回转直径
5	立式车床	0			
		1	单柱立式车床	1/100	最大车削直径
		2	双柱立式车床	1/100	最大车削直径
		3	单柱移动立式车床	1/100	最大车削直径
		4	双柱移动立式车床	1/100	最大车削直径
		5	工作台移动单柱移动立式车床	1/100	最大车削直径
		6			
		7	定梁单柱立式车床	1/100	最大车削直径
		8	定梁双柱立式车床	1/100	最大车削直径

（续）

组		系		主参数	
代号	名称	代号	名称	折算系数	名称
6	落地及卧式车床	0	落地车床	1/100	最大工件回转直径
		1	卧式车床	1/10	床身最大回转直径
		2	马鞍车床	1/10	床身最大回转直径
		3	轴车床	1/10	床身最大回转直径
		4	卡盘车床	1/10	床身最大回转直径
		5	球面车床	1/10	床身最大回转直径
		6	主轴箱移动型卡盘车床	1/10	床身最大回转直径
7	仿形及多刀车床	0	转塔仿形车床	1/10	刀架上最大车削直径
		1	仿形车床	1/10	刀架上最大车削直径
		2	卡盘仿形车床	1/10	刀架上最大车削直径
		3	立式仿形车床	1/10	最大车削直径
		4	转塔卡盘仿形车床	1/10	刀架上最大车削直径
		5	多刀车床	1/10	刀架上最大车削直径
		6	卡盘多刀车床	1/10	刀架上最大车削直径
		7	立式多刀车床	1/10	刀架上最大车削直径
		8	异形多刀车床	1/10	刀架上最大车削直径
8	轮、轴、辊、锭及铲齿车床	0	车轮车床	1/100	最大工件直径
		1	车轴车床	1/100	最大工件直径
		2	动轮曲拐销车床	1/100	最大工件直径
		3	轴颈车床	1/100	最大工件直径
		4	轧辊车床	1/10	最大工件直径
		5	钢锭车床	1/10	最大工件直径
		6			
		7	立式车轮车床	1/100	最大工件直径
		8			
		9	铲齿车床	1/100	最大工件直径
9	其他车床	0	落地镗车床	1/10	最大工件回转直径
		1			
		2	单能半自动车床	1/10	刀架上最大车削直径
		3	气缸套镗车床	1/10	床身上最大车削直径
		4			
		5	活塞车床	1/10	最大车削直径
		6	轴承车床	1/10	最大车削直径
		7	活塞环车床	1/10	最大车削直径
		8	钢锭模车床	1/10	最大车削直径
注：主参数的计量单位，尺寸以毫米（mm）计，拉力以千牛（kN）计，扭矩以牛·米（N·m）计					

表 1-5　钻床类(Z)(GB/T 15375—2008)

组		系		主参数	
代号	名称	代号	名　称	折算系数	名　称
1	坐标镗钻床	0	台式坐标镗钻床	1/10	工作台面宽度
		1			
		2			
		3	立式坐标镗钻床	1/10	工作台面宽度
		4	转塔坐标镗钻床	1/10	工作台面宽度
		5			
		6	定臂坐标镗钻床	1/10	工作台面宽度
2	深孔钻床	0			
		1	深孔钻床	1/10	最大钻孔直径
		2			
		3			
3	摇臂钻床	0	摇臂钻床	1	最大钻孔直径
		1	万向摇臂钻床	1	最大钻孔直径
		2	车式摇臂钻床	1	最大钻孔直径
		3	滑座摇臂钻床	1	最大钻孔直径
		4	坐标摇臂钻床	1	最大钻孔直径
		5	滑座万向摇臂钻床	1	最大钻孔直径
		6	无底座式万向摇臂钻床	1	最大钻孔直径
		7	移动万向摇臂钻床	1	最大钻孔直径
		8	龙门式摇臂钻床	1	最大钻孔直径
4	台式钻床	0	台式钻床	1	最大钻孔直径
		1	工作台台式钻床	1	最大钻孔直径
		2	可调多轴台式钻床	1	最大钻孔直径
		3	转塔台式钻床	1	最大钻孔直径
		4	台式攻钻床	1	最大钻孔直径
		5			
		6	台式排钻床	1	最大钻孔直径
5	立式钻床	0	圆柱立式钻床	1	最大钻孔直径
		1	方柱立式钻床	1	最大钻孔直径
		2	可调多轴立式钻床	1	最大钻孔直径
		3	转塔立式钻床	1	最大钻孔直径
		4	圆方柱立式钻床	1	最大钻孔直径
		5	龙门型立式钻床	1	最大钻孔直径
		6	立式排钻床	1	最大钻孔直径
		7	十字工作台立式钻床	1	最大钻孔直径
		8	柱动式钻削加工中心	1	最大钻孔直径
		9	升降十字工作台立式钻床	1	最大钻孔直径

（续）

组		系		主参数	
代号	名称	代号	名称	折算系数	名称
6	卧式钻床	0			
		1			
		2	卧式钻床	1	最大钻孔直径
		3			
7	铣钻床	0	台式铣钻床	1	最大钻孔直径
		1	立式铣钻床	1	最大钻孔直径
		2			
		3			
		4	龙门式铣钻床	1	最大钻孔直径
		5	十字工作台立式铣钻床	1	最大钻孔直径
		6	镗铣钻床	1	最大钻孔直径
		7	磨铣钻床	1	最大钻孔直径
8	中心孔钻床	0			
		1	中心孔钻床	1	最大钻孔直径
		2	平端面中心孔钻床	1	最大钻孔直径
		3			
		4			
9	其他钻床	0	双面卧式玻璃钻床	1	最大钻孔直径
		1	数控印刷制版钻床	1	最大钻孔直径
		2	数控印刷制版铣钻床	1	最大钻孔直径
		3			
注:主参数的计量单位,尺寸以毫米(mm)计,拉力以千牛(kN)计,扭矩以牛·米(N·m)计					

表1-6　磨床类(M)(GB/T 15375—2008)

组		系		主参数	
代号	名称	代号	名称	折算系数	名称
0	仪表磨床	0	仪表无心磨床	1/10	最大磨削直径
		1	仪表内圆磨床	1/10	最大磨削孔径
		2	仪表平面磨床	1/10	工作台面宽度
		3	仪表外圆磨床	1/10	最大磨削直径
		4	抛光机		—
		5	仪表万能外圆磨床	1/10	最大磨削直径
		6	刀具磨床		—
		7	仪表成形磨床	1/10	工作台面宽度
		8			—
		9	仪表齿轮磨床	1/10	最大工件直径

（续）

组		系		主参数	
代号	名称	代号	名称	折算系数	名称
1	外圆磨床	0	无心外圆磨床	1	最大磨削直径
		1	宽砂轮无心外圆磨床	1	最大磨削直径
		2			
		3	外圆磨床	1/10	最大磨削直径
		4	万能外圆磨床	1/10	最大磨削直径
		5	宽砂轮外圆磨床	1/10	最大磨削直径
		6	端面外圆磨床	1/10	最大磨削直径
		7	多砂轮架外圆磨床	1/10	最大磨削直径
		8	多片砂轮外圆磨床	1/10	最大磨削直径
2	内圆磨床	0			
		1	内圆磨床	1/10	最大磨削直径
		2			
		3	带端面内圆磨床	1/10	最大磨削直径
		4			
		5	立式行星内圆磨床	1/10	最大磨削直径
		6	深孔内圆磨床	1/10	最大磨削直径
		7	内外圆磨床	1/10	最大磨削直径
		8	立式内圆磨床	1/10	最大磨削直径
		9	×××		
3	砂轮机	0	落地砂轮机	1/10	最大砂轮直径
		1	悬挂砂轮机	1/10	最大砂轮直径
		2	台式砂轮机	1/10	最大砂轮直径
		3	除尘砂轮机	1/10	最大砂轮直径
		4	软轴砂轮机	1/10	最大砂轮直径
		5	砂带砂轮机	1/10	最大砂轮直径
4	坐标磨床	0			
		1	单柱坐标磨床	1/10	工作台面宽度
		2	双柱坐标磨床	1/10	工作台面宽度
		3			
5	导轨磨床	0	落地导轨磨床	1/100	最大磨削宽度
		1	悬臂导轨磨床	1/100	最大磨削宽度
		2	龙门导轨磨床	1/100	最大磨削宽度
		3	定梁龙门导轨磨床	1/100	最大磨削宽度

（续）

组		系		主参数	
代号	名称	代号	名称	折算系数	名称
6	刀具刃磨床	0	万能工具磨床	1/10	最大回转直径
		1	拉刀刃磨床	1/10	最大刃磨拉刀长度
		2			
		3	钻头刃磨床	1	最大刃磨钻头直径
		4	滚刀刃磨床	1/10	最大刃磨滚刀直径
		5	铣刀盘刃磨床	1/10	最大刃磨铣刀盘直径
		6	圆锯片刃磨床	1/100	最大磨锯片直径
		7	弧齿锥齿轮铣刀盘刃磨床	1/10	最大刃磨铣刀盘直径
		8	插齿刀刃磨床	1/10	最大刃磨插齿刀直径
		9	矿井钻头刃磨床	1	最大工件直径
7	平面及端面磨床	0			
		1	卧轴柜台平面磨床	1/10	工作台面宽度
		2	立轴柜台平面磨床	1/10	工作台面宽度
		3	卧轴圆台平面磨床	1/10	工作台面直径
		4	立轴圆台平面磨床	1/10	工作台面直径
		5	龙门平面磨床	1/10	工作台面宽度
		6	卧轴双端面磨床	1/10	最大砂轮直径
		7	立轴双端面磨床	1/10	最大砂轮直径
		8	龙门双端面磨床	1/10	最大砂轮直径
8	曲轴、凸轮轴、花键轴及轧辊磨床	0			
		1	曲轴主轴颈磨床	1/10	最大回转直径
		2	曲轴磨床	1/10	最大回转直径
		3	凸轮轴磨床	1/10	最大回转直径
		4	轧辊磨床	1/10	最大磨削直径
		5	曲线磨床	1/10	最大磨削直径
		6	花键轴磨床	1/10	最大磨削直径
		7	×××		
		8	×××		
		9			
9	工具磨床	0	曲线磨床	1/10	最大磨削直径
		1	模具工具磨床	1/10	工作台面宽度
		2	锉刀磨床	1/10	工作台面宽度
		3	钻头沟背磨床	1	最大钻头直径
		4	铲齿车刀成形磨床	1/10	最大磨削宽度
		5	丝锥铲销磨床	1	最大丝锥直径
		6	丝锥沟槽磨床	1	最大丝锥直径
		7	丝锥方尾磨床	1	最大丝锥直径
		8	卡规磨床	1/10	最大磨削宽度
		9	圆板牙铲磨床	1	最大圆板牙螺纹直径

注：1. 主参数的计量单位，尺寸以毫米（mm）计，拉力以千牛（kN）计，扭矩以牛·米（N·m）计；
2. 表中出现"×××"者，表示此系已被老产品占用，老产品未淘汰之前，不得启用；
3. 在主参数名称栏中出现"—"者，表示此系机床型号中的主参数用设计顺序号代替

表 1－7　铣床类(X)(GB/T 15375—2008)

组		系		主参数	
代号	名称	代号	名称	折算系数	名称
0	仪表铣床	0			
		1	台式工具铣床	1/10	工作台面宽度
		2	台式车铣床	1/10	工作台面宽度
		3	台式仿形铣床	1/10	工作台面宽度
		4	台式超精铣床	1/10	工作台面宽度
		5	立式台铣床	1/10	工作台面宽度
		6	卧式台铣床	1/10	工作台面宽度
1	悬臂及滑枕铣床	0	悬臂铣床	1/100	工作台面宽度
		1	悬臂镗铣床	1/100	工作台面宽度
		2	悬臂磨铣床	1/100	工作台面宽度
		3	定臂铣床	1/100	工作台面宽度
		4			
		5			
		6	卧式滑枕铣床	1/100	工作台面宽度
		7	立式滑枕铣床	1/100	工作台面宽度
2	龙门铣床	0	龙门铣床	1/100	工作台面宽度
		1	龙门镗铣床	1/100	工作台面宽度
		2	龙门磨铣床	1/100	工作台面宽度
		3	定梁龙门铣床	1/100	工作台面宽度
		4	定梁龙门镗铣床	1/100	工作台面宽度
		5	高架式横梁移动龙门镗铣床	1/100	工作台面宽度
		6	龙门移动铣床	1/100	工作台面宽度
		7	定梁龙门移动铣床	1/100	工作台面宽度
		8	龙门移动镗铣床	1/100	工作台面宽度
3	平面铣床	0	圆台铣床	1/100	工作台面宽度
		1	立式平面铣床	1/100	工作台面宽度
		2			
		3	单柱平面铣床	1/100	工作台面宽度
		4	双柱平面铣床	1/100	工作台面宽度
		5	端面铣床	1/100	工作台面宽度
		6	双端面铣床	1/100	工作台面宽度
		7	滑枕平面铣床	1/100	工作台面宽度
		8	落地端面铣床	1/100	工作台面宽度

（续）

组		系		主参数	
代号	名称	代号	名称	折算系数	名称
4	仿形铣床	0			
		1	平面刻模铣床	1/10	缩放仪中心距
		2	立体刻模铣床	1/10	缩放仪中心距
		3	平面仿形铣床	1/10	最大铣削宽度
		4	立体仿形铣床	1/10	最大铣削宽度
		5	立式立体仿形铣床	1/10	最大铣削宽度
		6	叶片仿形铣床	1/10	最大铣削宽度
		7	立式叶片仿形铣床	1/10	最大铣削宽度
5	立式升降台铣床	0	立式升降台铣床	1/10	工作台面宽度
		1	立式升降台镗铣床	1/10	工作台面宽度
		2	摇臂铣床	1/10	工作台面宽度
		3	万能摇臂铣床	1/10	工作台面宽度
		4	摇臂镗铣床	1/10	工作台面宽度
		5	转塔升降台铣床	1/10	工作台面宽度
		6	立式滑枕升降台铣床	1/10	工作台面宽度
		7	万能滑枕升降台铣床	1/10	工作台面宽度
		8	圆弧铣床	1/10	工作台面宽度
6	卧式升降台铣床	0	卧式升降台铣床	1/10	工作台面宽度
		1	万能升降台铣床	1/10	工作台面宽度
		2	万能回转头铣床	1/10	工作台面宽度
		3	立式摇臂铣床	1/10	工作台面宽度
		4	卧式回转头铣床	1/10	工作台面宽度
		5			
		6	卧式滑枕升降台铣床	1/10	工作台面宽度
7	床身铣床	0			
		1	床身铣床	1/100	工作台面宽度
		2	转塔床身铣床	1/100	工作台面宽度
		3	立柱移动床身铣床	1/100	工作台面宽度
		4	立柱移动转塔床身铣床	1/100	工作台面宽度
		5	卧式床身铣床	1/100	工作台面宽度
		6	立柱移动卧式床身铣床	1/100	工作台面宽度
		7	滑枕床身铣床	1/100	工作台面宽度
		8			
		9	立柱移动立式床身铣床	1/100	工作台面宽度

（续）

组		系		主参数	
代号	名称	代号	名称	折算系数	名称
8	工具铣床	0			
		1	万能工具铣床	1/10	工作台面宽度
		2			
		3	钻头铣床	1/10	最大钻头直径
		4			
		5	立铣刀槽铣床	1/10	最大铣刀直径
9	其他铣床	0	六角螺母槽铣床	1	最大六角螺母对边宽度
		1	曲轴铣床	1/10	刀盘直径
		2	键槽铣床	1	最大键槽宽度
		3			
		4	轧辊轴颈铣床	1/100	最大铣削直径
		5			
		6			
		7	旋子槽铣床	1/100	最大旋子本体直径
		8	螺旋桨铣床	1/100	最大工件直径
注：主参数的计量单位，尺寸以毫米（mm）计，拉力以千牛（kN）计，扭矩以牛·米（N·m）计					

表1-8　刨插床类（B）（GB/T 15375—2008）

组		系		主参数	
代号	名称	代号	名称	折算系数	名称
1	悬臂刨床	0	悬臂刨床	1/100	最大刨削宽度
		1	仿形悬臂刨床	1/100	最大刨削宽度
		2	悬臂铣磨刨床	1/100	最大刨削宽度
		3	悬臂铣刨机	1/100	最大刨削宽度
		4			
		5	悬臂磨刨床	1/100	最大刨削宽度
		6			
		7	单柱刨床	1/100	最大刨削宽度
2	龙门刨床	0	龙门刨床	1/100	最大刨削宽度
		1	仿形龙门刨床	1/100	最大刨削宽度
		2	龙门铣磨刨床	1/100	最大刨削宽度
		3	龙门铣刨床	1/100	最大刨削宽度
		4	定梁龙门刨床	1/100	最大刨削宽度
		5	龙门磨刨床	1/100	最大刨削宽度
		6			
		7	双柱刨床	1/100	最大刨削宽度

（续）

组		系		主参数	
代号	名称	代号	名称	折算系数	名称
5	插床	0	插床	1/10	最大插削长度
		1			
		2	键槽插床	1/10	最大插削长度
		3			
		4			
		5			
		6			
		7			
		8	剃齿刀插床	1/10	最大插削长度
6	牛头刨床	0	牛头刨床	1/10	最大刨削长度
		1			
		2	水平移动牛头刨床	1/10	最大刨削长度
		3			
		4			
		5			
		6	落地牛头铣刨床	1/10	最大刨削长度
8	边缘及模具刨床	0			
		1	板料边缘刨床	1/100	最大刨削长度
		2			
		3			
		4			
		5			
		6			
		7			
		8	模具刨床	1/10	最大刨削长度
9	其他刨床	0			
		1	钢轨道岔刨床	1/100	最大刨削长度
		2	电梯导轨刨床	1/100	最大刨削长度
		3			

4. 常用机床主要技术参数(表1-9~表1-17)

表1-9 钻床主要技术参数

型号	最大钻孔直径/mm	主轴端面至工作台面距离/mm	主轴最大行程/mm	主轴最大进给力/N	主电动机功率/kW
Z515	15	0~430	100	—	0.6
Z525	25	0~700	175	8829	2.8

（续）

型号	最大钻孔直径/mm	主轴端面至工作台面距离/mm	主轴最大行程/mm	主轴最大进给力/N	主电动机功率/kW
Z3025	25	0~550	250	7848	2.2
Z3040	40	350~1250	315	16000	3
主轴转速/(r/min)			进给量/(mm/r)		
Z515	320,340,600,835,1100,1540,2150,2900		—		
Z525	97,140,195,272,392,545,680,960,1360		0.10,0.13,0.17,0.22,0.28,0.36,0.48,0.62,0.81		
Z3025	50,80,125,200,250,315,400,500,630,1000,1600,2500		0.05,0.08,0.12,0.16,0.20,0.25,0.30,0.40,0.50,0.63,1.00,1.60		
Z3040	25,40,63,80,100,125,160,200,250,320400,500,630,800,1250,2000		0.03,0.06,0.10,0.13,0.16,0.20,0.25,0.32,0.40,0.50,0.63,0.80,1.00,1.25,2.00,3.20		

表 1-10　插床主要技术参数

型号	最大插削长度/mm	工件最大尺寸（长×宽）/mm	滑枕行程/mm	滑枕工作行程速度/(m/min)	滑枕每往复一次工作台进给量		
					纵向/mm	横向/mm	回转角度/(°)
B5020	200	485×200	25~220	1.7~27.5	0.08~1.24	0.08~1.24	0.052~0.783
B5032	320	600×320	50~340	1.9~21.2	0.08~1.24	0.08~1.24	0.052~0.783
B5050	500	900×750	125~580	5~22	0~1.5	0~3	0~1.25

表 1-11　卧式车床主要技术参数

型号	加工最大直径/mm		加工最大棒料直径/mm	加工最大长度/mm	中心高/mm	主轴孔径/mm	主轴孔锥度	主电动机功率/kW
C6132	床身上	320	34	750	160	30	莫氏5号	3
	刀架上	160						
CA6140	床身上	400	48	750,1000 1500,2000	205	48	莫氏6号	7.5
	刀架上	210						
主轴转速/(r/min)								
C6132	正转:22.4,31.5,45,65,90,125,180,250,350,500,700,1000							
CA6140	正转:10,12.5,16,20,25,32,40,50,63,80,100,125,160,200,250,320,400,500,710,900,1120,1400							
	反转:14,22,36,56,90,141,226,362,565,633,1018,1580							
刀架进给量/(mm/r)								
C6132	纵向:0.06,0.07,0.08,0.09,0.10,0.11,0.12,0.13,0.15,0.16,0.17,0.18,0.20,0.23,0.25,0.27,0.29,0.32,0.34,0.36,0.40,0.46,0.49,0.53,0.58,0.64,0.67,0.71,0.80,0.91,0.98,1.07,1.16,1.28,1.35,1.42,1.60,1.71							
	横向:0.03,0.04,0.05,0.06,0.07,0.08,0.09,0.10,0.11,0.12,0.13,0.15,0.16,0.17,0.18,0.20,0.23,0.25,0.27,0.29,0.32,0.34,0.36,0.40,0.46,0.49,0.53,0.58,0.64,0.67,0.71,0.80,0.85							

（续）

型号	加工最大直径/mm	加工最大棒料直径/mm	加工最大长度/mm	中心高/mm	主轴孔径/mm	主轴孔锥度	主电动机功率/kW
刀架进给量/(mm/r^{-1})							
CA6140	纵向:0.028,0.032,0.035,0.039,0.043,0.046,0.05,0.054,0.08,0.09,0.10,0.11,0.12,0.13,0.14,0.15,0.16,0.18,0.20,0.23,0.24,0.26,0.28,0.30,0.33,0.36,0.41,0.45,0.48,0.51,0.56,0.61,0.65,0.71,0.81,0.85,0.91,0.94,0.96,1.02,1.03,1.09,1.12,1.15,1.22,1.29,1.47,1.59,1.71,1.87,2.05,2.16,2.28,2.57,2.93,3.16,3.42,3.74,4.11,4.32,4.56,5.14,5.87,6.33						
	横向:0.014,0.016,0.018,0.019,0.021,0.023,0.025,0.027,0.04,0.045,0.05,0.055,0.06,0.065,0.07,0.075,0.08,0.09,0.1,0.11,0.12,0.13,0.14,0.15,0.16,0.17,0.2,0.22,0.24,0.25,0.28,0.3,0.33,0.35,0.4,0.43,0.45,0.47,0.48,0.5,0.51,0.54,0.56,0.57,0.61,0.64,0.73,0.79,0.86,0.94,1.02,1.08,1.14,1.28,1.46,1.58,1.72,1.88,2.04,2.16,2.28,2.56,2.92,3.16,3.42,3.74,4.11,4.32,4.56,5.14,5.87,6.33						

表 1－12　升降台铣床主要技术参数

型号	立铣头回转角	工作台内转角	主轴端面至工作台距离/mm	主轴中心至工作台距离/mm	工作台最大行程/mm			主电动机功率/kW
					纵向	横向	垂直	
X5012	±45°	—	0~250	—	250	100	250	1.5
XA5032	±45°	—	30~400	—	700	255	370	7.5
XA6132	—	±45°	—	30~400	250	255	320	1.5

型号	主轴转速/(r/min)	进给量/(mm/min)	
X5012	130,188,263,355,510,575,855,1180,1585,2720	手　动	
XA5032	31,37.5,47.5,60,75,95,118,150,190,235,300,375,475,500,600,750,950,1180,1500	纵向	23.5,30,37.5,47.5,60,75,95,118,150,190,235,300,375,475,600,750,950,1180
		横向	15,20,25,31,40,50,63,78,100,126,156,200,250,316,400,500,634,786
		升降	8,10,12.5,15.5,20,25,31.5,39,50,68,78,100,125,158,200,250,317,394
XA6132	30,37.5,47.5,60,75,95,118,150,190,235,300,375,475,600,750,950,1180,1500	纵、横向	23.5,30,37.5,47.5,60,75,95,118,150,190,235,300,375,475,600,750,950,1180

表 1－13　卧式铣镗床主要技术参数

型号	最大加工孔径/mm			用平旋盘最大加工尺寸/mm		用镗杆最大加工孔深度/mm	主轴最大行程/mm	主轴中心至工作台距离/mm	工作台最大行程/mm		车削螺纹范围	主电动机功率/kW
	镗孔		钻孔									
	用镗杆	用平旋盘		外径	端面				纵向	横向		
T68	240	—	65	450	450	600	600	30~800	1140	850	1~10	5.5
T612	550	—	60	700	800	1000	1000	0~1400	1600	1400	1~10	10

（续）

型号	最大加工孔径/mm			用平旋盘最大加工尺寸/mm		用镗杆最大加工孔深度/mm	主轴最大行程/mm	主轴中心至工作台距离/mm	工作台最大行程/mm		车削螺纹范围	主电动机功率/kW
	镗孔		钻孔	外径	端面				纵向	横向		
	用镗杆	用平旋盘										
主轴转速/(r/min)												
T68	20,25,32,40,50,64,80,100,125,160,200,250,315,400,500,630,800,1200											
T612 (正、反转)	7.5,9.5,12,15,19,24,30,38,48,60,75,96,128,160,206,260,320,414,460,600,750,950,1200											
主轴进给量/(mm/r)												
T68	0.05,0.07,0.10,0.13,0.19,0.27,0.37,0.52,0.74,1.03,1.43,2.05,2.90,4.50,7.80,11.1,16.0											
T612	0.04,0.06,0.08,0.12,0.17,0.24,0.33,0.47,0.66,0.92,1.37,1.83,2.60,3.64,5.20,7.33,10.2,14.4											
主轴箱进给量/(mm/r)												
T68 T612	0.025,0.035,0.05,0.07,0.09,0.13,0.19,0.26,0.37,0.52,0.72,1.03,1.42,2.0,2.9,4.0,5.6,8.0											
注：T612卧式铣镗床工作台进给量、平旋盘刀具进给量均与主轴箱进给量相同												

表1-14　外圆磨床主要技术参数

型号	磨削直径范围/mm	最大磨削长度/mm	工作台最大回转角	砂轮尺寸(外径×宽度×内径)/mm	砂轮转速/(r/min)	工作台移动速度/(mm/min)
M1331	8~135	1000	-6°~+3°	(450~600)×63×305	1110	0.1~5
MQ1350	25~500	1400	-4°~+2°	(550~750)×75×305	890~1000	0.1~2.5

表1-15　万能外圆磨床主要技术参数

型号	磨削最大尺寸(直径×长度)/mm		回转角度			砂轮主轴转速/(r/min)	内圆磨削主轴/(r/min)	工作台移动速度/(mm/min)
	外圆	内孔	工作台	头架	砂轮架			
M1414A	ϕ140×180	ϕ25×50	-5°~+7°	-90°~+30°	-180°~+180°	2667 3340	1700	0.2~6 (无级)
M1432A	ϕ320×1000	ϕ125×125	-7°~+3°	-90°~+90°	-30°~+30°	1670	10000 15000	0.05~4 (无级)

表1-16　内圆磨床主要技术参数

型号	磨孔尺寸/mm		最大工件回转直径/mm		工作台最大行程/mm	头架主轴转速/(r/min)	砂轮轴转速/(r/min)	砂轮进给量(双行程)/mm	工作台移动速度/(mm/min)
	直径	长度	罩内	无罩					
M2110A	6~100	130	240	500	330	200,300,600	11000 18000	0.002~ 0.006	1.5~6

（续）

型号	磨孔尺寸/mm		最大工件回转直径/mm		工作台最大行程/mm	头架主轴转速/(r/min)	砂轮轴转速/(r/min)	砂轮进给量(双行程)/mm	工作台移动速度/(mm/min)
	直径	长度	罩内	无罩					
M2120	50~200	200	400	650	650	低速(无级) 120~320 高速(无级) 220~650	4000,6000, 7500,10000 12500	0.001~ 0.002	1.5~6

表 1-17　卧轴柜台平面磨床主要技术参数

型号	加工范围(长×宽×高)/mm	磨头主轴转速/(r/min)	磨头横向进给量		手轮每转一格磨头进给量/mm		工作台移动速度/(m/min)
			连续/(m/min)	间歇/(mm/单行程)	垂直	横向	
M7120A	630×200×320	3000 3600	0.3~3	1~12	0.005	0.01	1~18
M7130	1000×300×400	1500	0.5~4.5	3~30	0.01	0.01	3~18

第三节　常用机械加工方法

1. 车削加工

车削加工是利用车刀对旋转工件进行切削加工的方法。加工时，工件作旋转主运动，刀具相对工件作各种直线、斜线或曲线进给运动。车削加工主要工艺范围如图 1-2 所示。

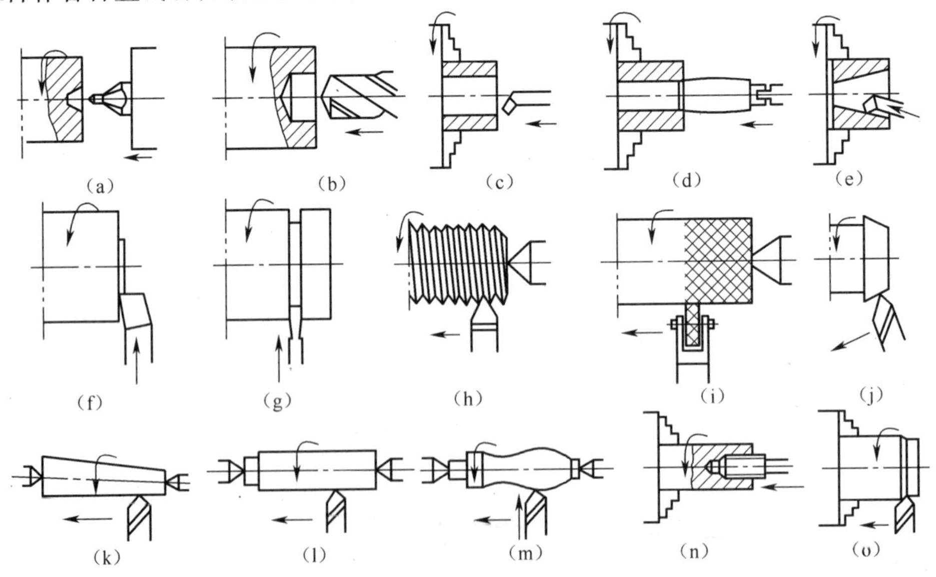

图 1-2　车削加工主要工艺范围

(a)钻中心孔;(b)钻孔;(c)车内孔;(d)铰孔;(e)车内锥孔;(f)车端面;(g)切断(或切槽);(h)车螺纹;(i)滚花;(j)、(k)车锥面;(l)车外圆;(m)车曲面;(n)攻螺纹;(o)车外圆。

2. 铣削加工

1）铣削加工范围

铣削加工是利用旋转铣刀对各种表面进行加工的方法。铣刀旋转为主运动，工件或(和)铣刀的相对移动为进给运动。铣削加工主要工艺范围如图 1-3 所示。

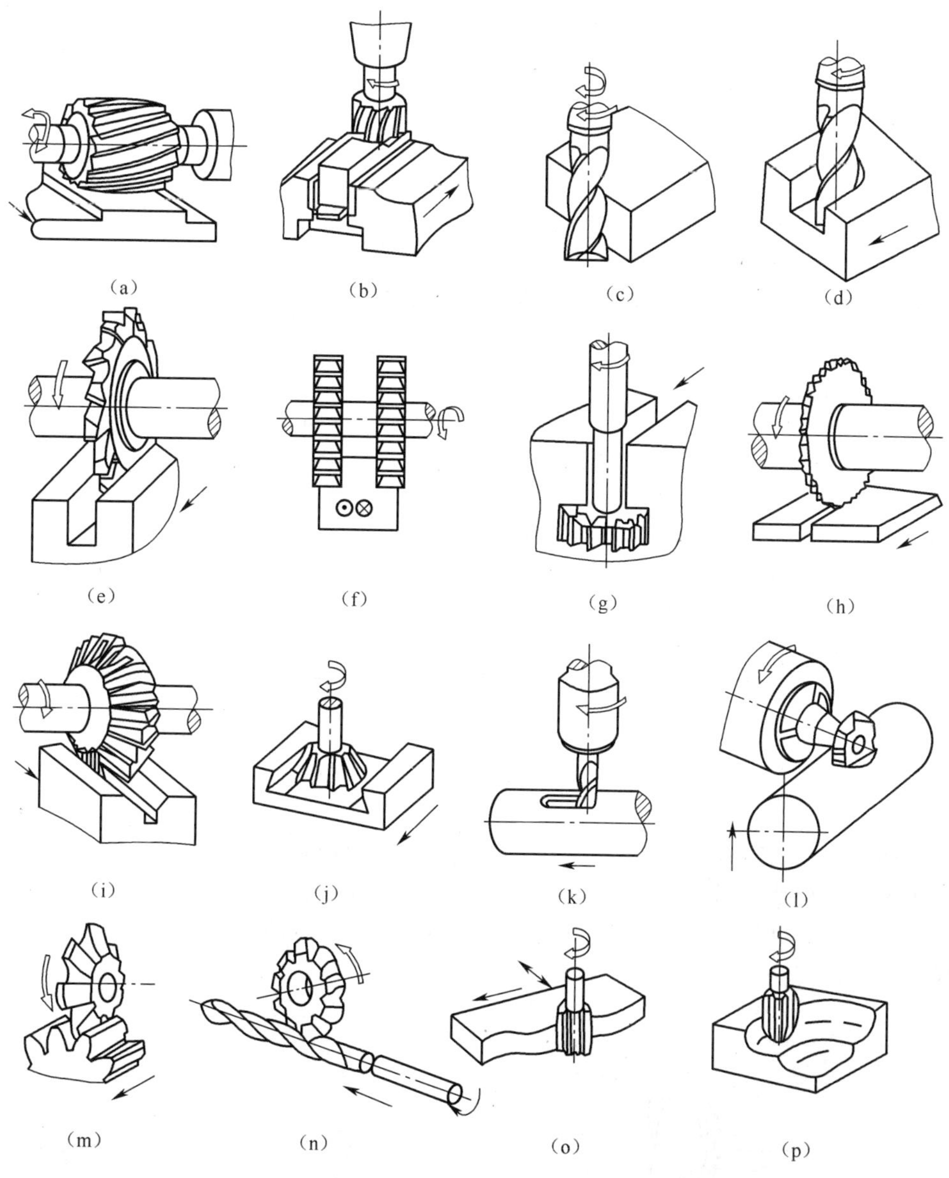

图 1-3 铣削加工主要工艺范围

(a)、(b)、(c)铣平面；(d)、(e)铣沟槽；(f)铣台阶；(g)铣 T 形槽；(h)切断；(i)铣 V 形槽；(j)铣燕尾槽；(k)、(l)铣键槽；(m)铣齿形；(n)铣螺旋槽；(o)铣直纹曲面；(p)铣立体曲面。

2）平面铣削方法

(1) 圆周铣削。圆周铣削是用铣刀圆周齿刃进行铣削的加工方式，铣削时铣刀宽度需大于铣削宽度，如图 1-4 所示。圆周铣削可分为逆铣和顺铣两种方式。

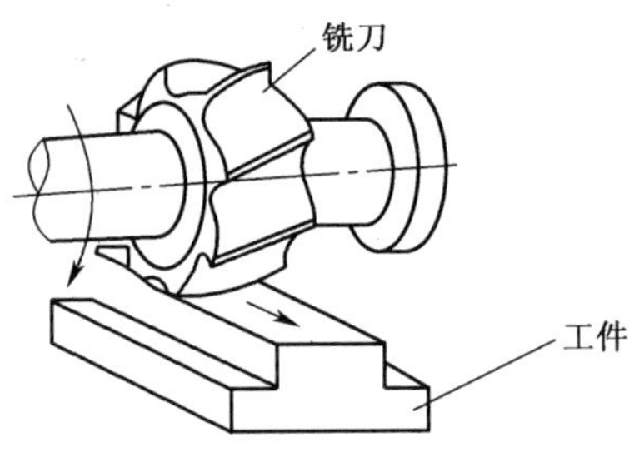

图 1-4　圆周铣削

逆铣时，在铣刀与工件已加工面的切点处，铣刀旋转切削刃的运动方向与工件进给方向相反。铣削时，铣削厚度由零逐渐增至最大，如图 1-5 所示，刀具与工件间的摩擦力和挤压力大，影响刀具磨损和加工表面质量，同时已加工表面易形成硬化层，故逆铣不适于精加工。

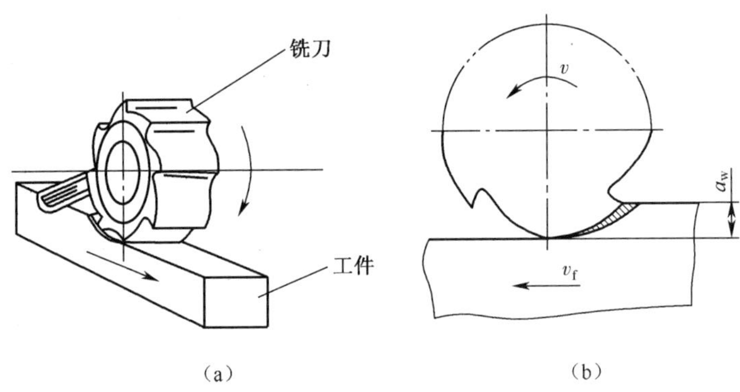

图 1-5　逆铣

顺铣时，铣刀旋转切削刃的运动方向与工件进给方向相同。刀具由工件表层切入，铣削厚度由最大逐渐减小至零，如图 1-6 所示，因此顺铣不适合于加工有硬皮的工件。同时，顺铣铣削水平分力与工件进给方向相同，受机床工作台进给传动装置的间隙的影响较大，因而顺铣适于高精度机床进行精加工。

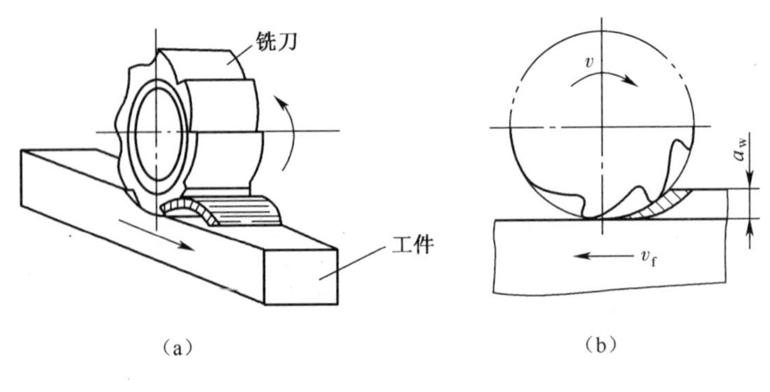

图 1-6　顺铣

（2）端面铣削。端面铣削是用铣刀端面齿刃进行铣削的加工方式，加工时铣刀直径应大干铣削宽度,如图 1-7 所示。端面铣削有三种方式,其特点及应用见表 1-18。

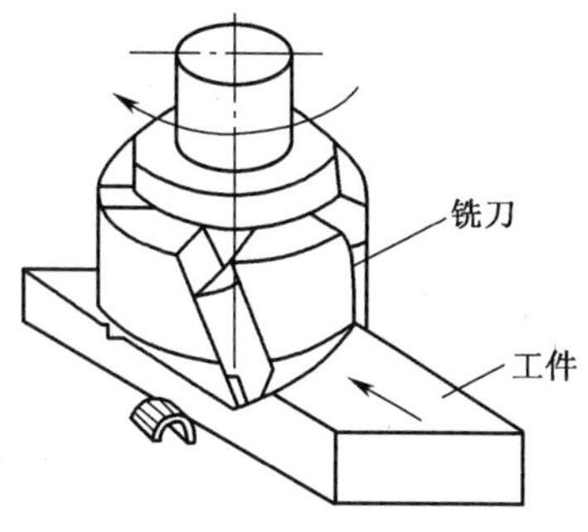

图 1-7 端面铣削

表 1-18 端面铣削加工特点及应用

	加工简图	铣削特点及应用
对称铣	v_f v a_w	铣刀位于工件宽度的对称线上,切入和切出处铣削厚度最小(不为零)。因此,对铣削具有冷硬层的淬硬钢有利,其切入边为逆铣,切出边为顺铣
不对称逆铣	v_f v a_w	铣刀以最小切削厚度(不为零)切入工件,以最大厚度切出工件。因切入厚度较小,减小了冲击,对提高刀具耐用度有利,适合于铣削碳钢和一般合金钢
不对称顺铣	v_f v a_w	铣刀以较大切削厚度切入工件,又以较小厚度切出工件,铣削时有一定冲击性,但可以避免刀刃切入冷硬层,适合于铣削冷硬材料与不锈钢、耐热合金等

(3) 周边-端面铣削。用铣刀周边齿刃和端面齿刃同时进行铣削,如图 1-8 所示。周边-端面铣削用于铣削平面宽度大于铣刀宽度或铣刀直径的场合。

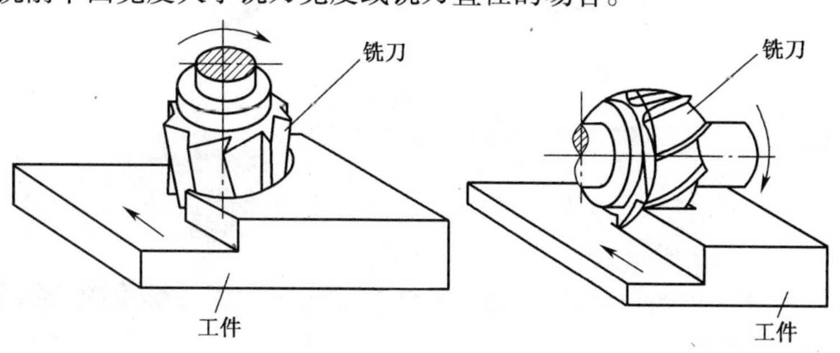

图 1-8 周边-端面铣削

3）其他表面铣削加工方法

（1）成形铣削。成形铣削是用成形铣刀进行成形面铣削的加工方式，如图 1－9 所示。

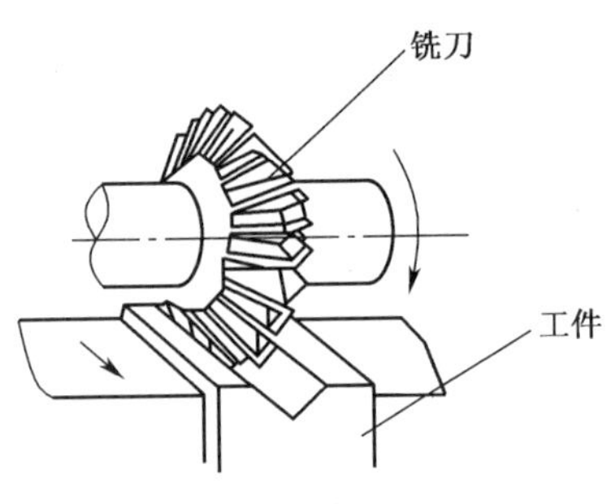

图 1－9　成形铣削

（2）仿形铣削。仿形铣削是通过仿形装置控制铣刀进给运动的铣削加工方法，适于加工复杂曲面，如图 1－10 所示。

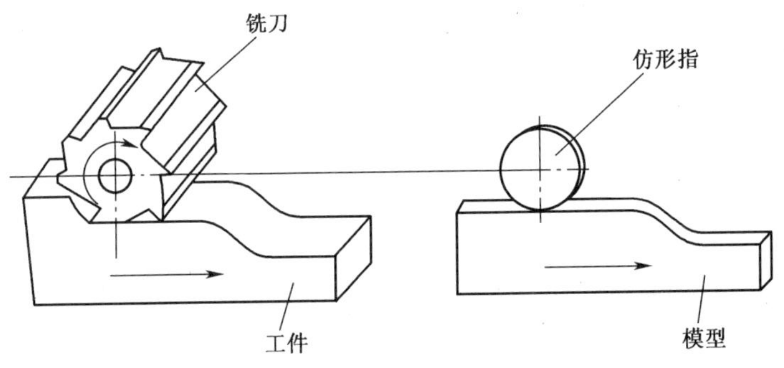

图 1－10　仿形铣削

（3）圆周面铣削。圆周面铣削是用铣刀对旋转工件圆周面进行铣削加工的方法，适于加工回转面，如图 1－11 所示。

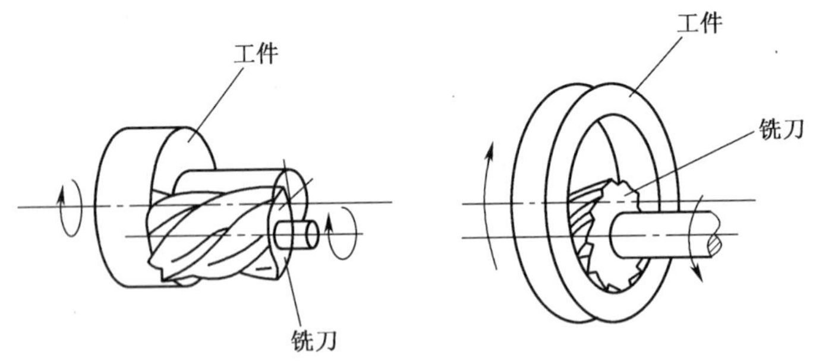

图 1－11　圆周面铣削

（4）切入铣削。切入铣削是圆周铣削铣刀进给方向垂直于工件表面的铣削加工方法，可加工各种沟槽，如图 1－12 所示。

（5）螺旋铣削。螺旋铣削是利用铣刀在工件上铣削螺旋面或螺旋槽的加工方法，加工螺纹及螺旋面，如图 1－13 所示。

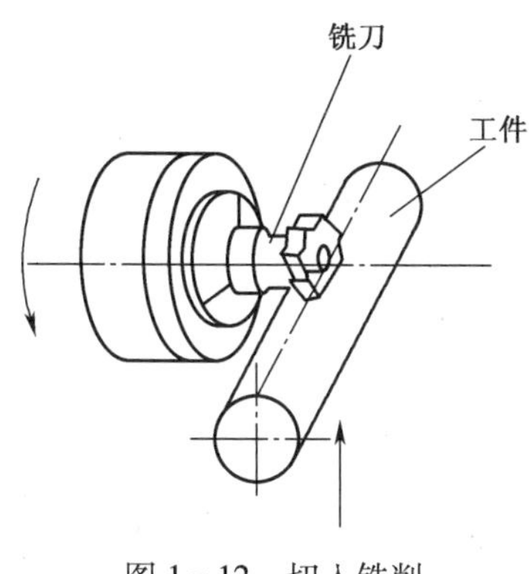

图 1－12　切入铣削

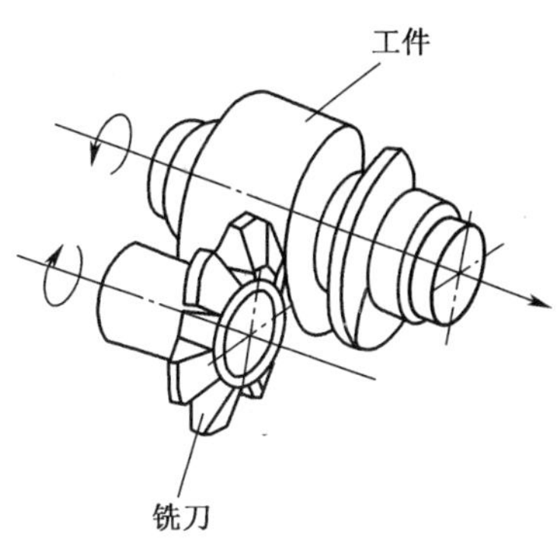

图 1－13　螺旋铣削

（6）组合铣削。组合铣削是用装在一根刀杆上的若干把铣刀同时进行多面加工的铣削方式，可提高加工效率及加工面相互位置精度，如图 1－14 所示。

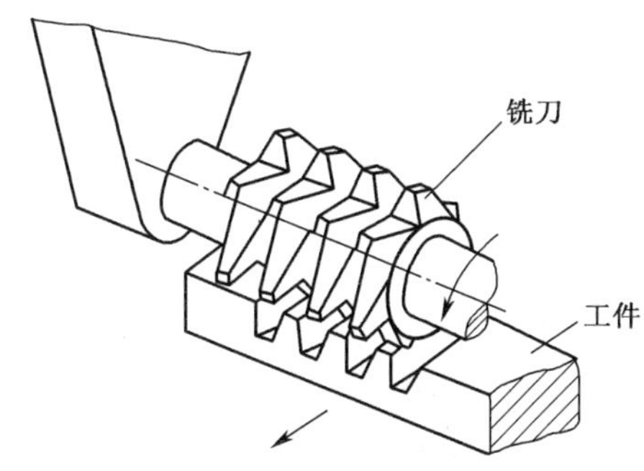

图 1－14　组合铣削

3. 磨削加工

磨削加工是利用磨具（如砂轮、砂带、油石等）或磨料对工件进行切削加工的方法。磨削加工中，磨具旋转为主运动，工件相对磨具的移动或转动为进给运动。磨削加工的主要工艺范围包括内外圆柱面和圆锥面、平面和斜面、齿轮齿廓面、螺旋面，以及各种成形面。磨削加工不受硬度限制，但磨削硬度较低的塑性材料时，效率较低，质量不高，尤其不适合磨削有色金属零件。

1）外圆磨削

外圆磨削是以砂轮旋转作主运动，工件旋转、移动（或砂轮径向移动）作进给运动，对工件的外回转面包括圆柱面、圆锥面、轴肩端面、球面及特殊形状的回转表面进行的磨削加工。外圆磨削可分为普通外圆磨削和无心外圆磨削。

（1）普通外圆磨削。普通外圆磨削使用普通外圆磨床。磨削时，按进给方向的不同可分为纵磨法和横磨法，如图 1－15 所示。

采用纵磨法磨外圆时，以工件随工作台的纵向移动作进给运动（图 1－15（a）、（b）、（c）、（f）），每次单行程或往复行程终了时，砂轮作周期性的横向切入进给，逐步磨出工件径向的全部余量。纵磨法每次的切入量少，磨削力小，散热条件好，且能以光磨的次数来提高工件的磨削精度和表面质量，是目前生产中使用最广泛的一种外圆磨削方法。

采用横磨法磨外圆时，砂轮宽度需大于工件表面磨削宽度，以砂轮缓慢连续（或不连续）地沿工件径向的移动作进给运动，工件则不需要纵向进给（图 1－15（d）），直到达到工件要求的尺寸为止。横磨法可在一次行程中完成磨削过程，加工效率高，常用于成形磨削（图 1－15（e）、（g））。横磨法中砂轮与工件接触面积大，磨削力大，因此，要求磨床刚性好，动力足够；同

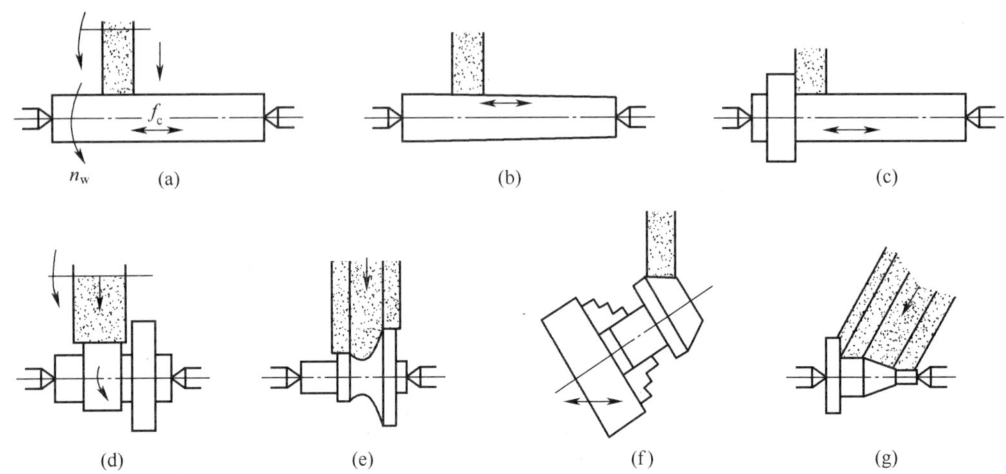

图 1-15　普通外圆磨削工艺方法

(a)纵磨法磨光滑外圆面;(b)纵磨法磨光滑外圆锥面;(c)混合磨法磨带端面的外圆面;(d)横磨法磨外圆面;(e)横磨法磨成形面;(f)纵磨法磨锥面;(g)横磨法磨轴肩及外圆面。

时,磨削热集中,需要充分的冷却,以免影响磨削表面质量。横磨法加工质量较低,但生产率较高,适用于大批量生产中磨削刚度较好、精度较低、长度较短的外圆表面。

(2) 无心外圆磨削。无心外圆磨削需用无心外圆磨床。磨削时,工件不用夹持于卡盘或支承于顶尖,而是直接放于砂轮与导轮之间的托板上,以外圆柱面自身定位,如图 1-16 所示。磨削时,砂轮旋转为主运动,导轮旋转带动工件旋转和工件轴向移动(因导轮与工件轴线倾斜一个 α 角度,旋转时将产生一个轴向分速度)为进给运动,对工件进行磨削。

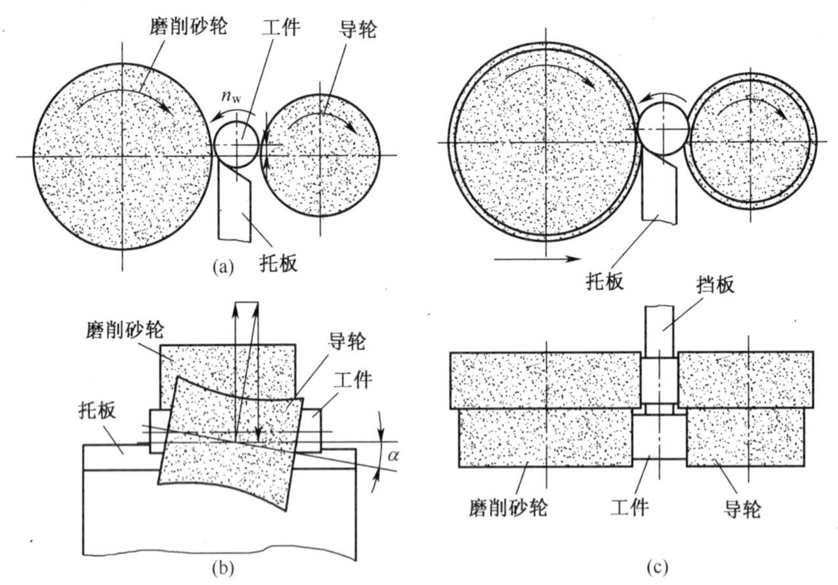

图 1-16　无心外圆磨削工艺方法

(a)、(b)贯穿磨法;(c)切入磨法。

无心磨外圆也分贯穿磨法(图 1-16(a)、(b))和切入磨法(图 1-16(c))。贯穿磨法用于磨削不带台阶的光轴零件,加工时将工件由前端送至托板,工件便可自动轴向移动,实现进给,直至磨穿整个光轴;切入磨法用于磨削带有台阶的轴类零件,加工时先将工件支承在托板和导轮上，再由砂轮作横向切入磨削工件。

无心外圆磨削是一种生产率很高的精加工方法，且易于实现生产自动化，但机床调整费时，主要用于大批量生产。由于无心磨以外圆表面自身作定位基准，故不能提高零件位置精度。当零件加工表面与其他表面有较高的同轴要求或加工表面不连续时（如轴上带有长键槽），不宜采用无心外圆磨削。

2）内圆磨削

内圆磨削与外圆磨削过程基本相同，也分为普通内圆磨削和无心内圆磨削。

（1）普通内圆磨削。普通内圆磨削的主运动仍为砂轮的旋转，工件旋转为圆周进给运动，砂轮（或工件）的纵向移动为纵向进给。同时，砂轮作横向进给，可对零件的通孔、盲孔及孔口端面进行磨削，如图 1－17 所示。内圆磨削也有纵磨法与切入法之分。

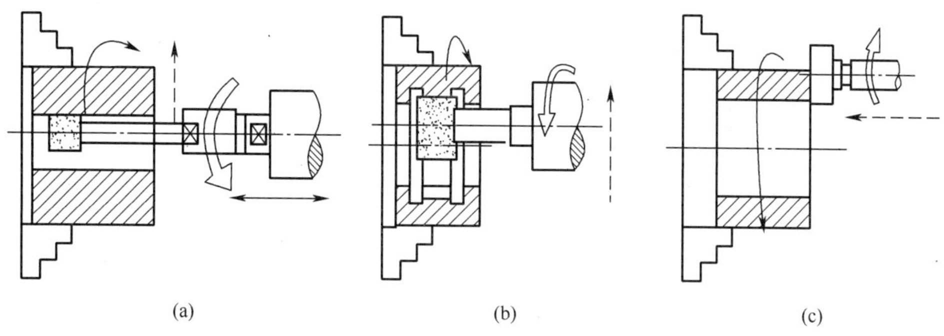

图 1－17　普通内圆磨削工艺方法

（a）纵磨法磨内孔；（b）切入法磨内孔；（c）磨端面。

（2）无心内圆磨削。无心内圆磨削时，工件同样不用夹持于卡盘，而直接支承于滚轮 1 和导轮 4 上，压紧轮 2 使工件紧靠轮 1、4 两轮，如图 1－18 所示。磨削时，工件由导轮带动旋转作圆周进给，砂轮高速旋转为主运动，同时作纵向进给和周期性横切入进给。磨削后，为便于装卸工件，压紧轮可向外摆开，如图 1－18 中 A 方向。无心内圆磨削适合于大批量加工薄壁类零件，如轴承套圈等。

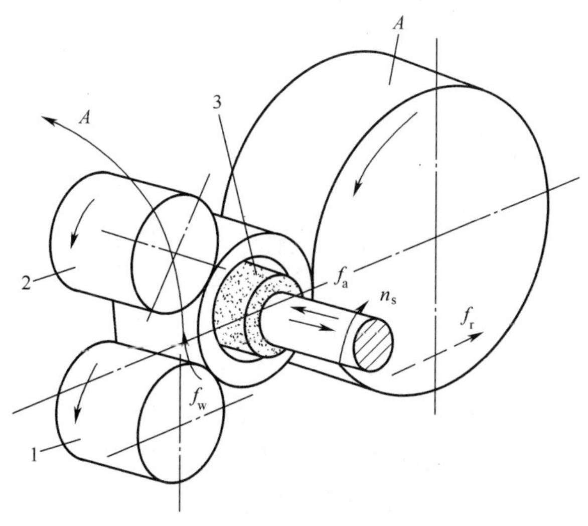

图 1－18　无心内圆磨削工作原理

1—滚轮；2—压紧轮；3—磨头；4—导轮。

内圆磨削与外圆磨削相比，因受孔径限制，砂轮及砂轮轴直径转速高，砂轮与工件接触面积大，发热量大，冷却条件差，工件易热变形，砂轮轴刚度差，易振动，易弯曲变形，因此，在类似工艺条件下内圆磨削的质量会低于外圆磨削。生产中常采用减少横向进给量、增加光磨次数等措施来提高内孔磨削质量。

3）平面磨削

根据砂轮是利用周边（周磨法）还是利用端面（端磨法）对工件进行磨削，以及工作台运动方式，平面磨削分为图 1－19 所示的四种形式。同时，砂轮沿轴向（图 1－19（a）、（b））或径向（图 1－19（d））作间歇进给运动。

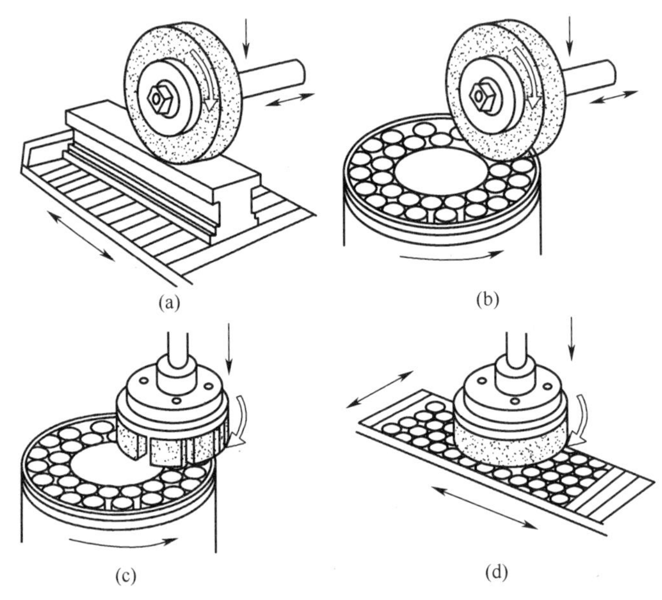

图 1－19　平面磨削工艺方法

（a）卧轴矩台平面磨床磨削；（b）卧轴圆台平面磨床磨削；
（c）立轴圆台平面磨床磨削；（d）立轴矩台平面磨床磨削。

利用砂轮周边磨削工件，砂轮工件接触面积小，磨削好，排屑好，工件受热变形小，砂轮磨损均匀，加工精度高；但砂轮因悬臂而刚性差，不利于采用大用量，故生产率低。利用砂轮端面磨削工件，砂轮工件接触面积大，主轴轴向受力，刚性好，可采用较大用量，生产率高。但磨削力大，生热多，冷却、排屑条件差，工件受热变形大，而且，砂轮端面各点因线速度不同，砂轮磨损不均匀，故这种磨削方法加工精度不高。

根据平面磨削工艺方法，相应平面磨床分为四种，即卧轴矩台平面磨床、立轴矩台平面磨床、卧轴圆台平面磨床和立轴圆台平面磨床，如图 1-19（a）~（d）所示。

4. 其他切削加工

1）钻削加工

钻削加工是在机床上利用钻头、扩孔钻、铰刀、锪刀等刀具加工孔的方法。钻削加工刀具旋转为主运动，刀具轴向移动为进给运动。钻削加工主要设备是各种钻床，有时也可以在车床、铣床上进行。钻削加工工艺范围如图 1－20 所示。

（1）钻孔。用钻头在实体材料上加工孔的方法称为钻孔。钻孔最常用的刀具是麻花钻，其直径规格为 0.1～100mm。麻花钻刚度差，钻孔时导向性差和轴向力大，同时摩擦力较大，冷

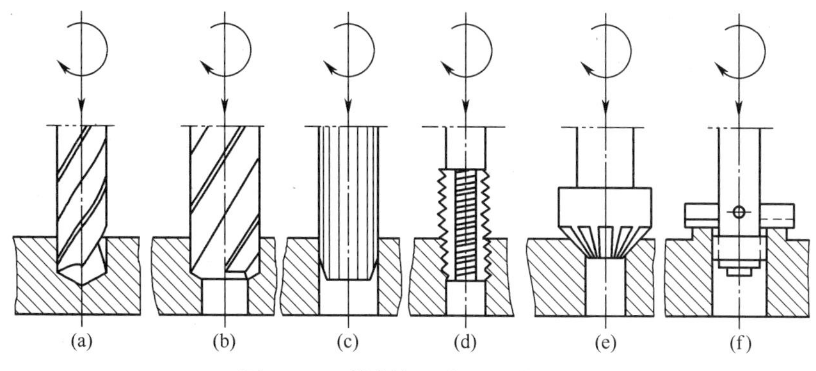

图 1-20　钻削加工主要工艺范围
(a)钻孔;(b)扩孔;(c)铰孔;(d)攻丝;(e)、(f)锪孔。

却润滑不便,钻孔精度较低,生产效率也不高,主要用于 ϕ80mm 以下孔的粗加工。

(2) 扩孔。用扩孔刀具对工件上已有孔(如铸孔、锻孔或钻孔等)进行孔径扩大的加工方法称为扩孔。扩孔常用的刀具是扩孔钻,也可用直径等于扩孔直径的麻花钻。扩孔钻与麻花钻相比,刚度、导向性及切削条件好,轴向力小,因而扩孔钻加工精度高于麻花钻扩孔,并可在一定程度上纠正孔轴线偏斜。扩孔直径一般不超过 100mm,大直径孔的扩孔可用镗孔方法。

(3) 铰孔。用铰刀对工件上已有孔进行精加工的方法称为铰孔。铰孔可以在机床上进行(机铰),也可以手工进行(手铰),所用的刀具分别称为机铰刀和手铰刀。铰孔既可用于加工圆柱孔,亦可用于加工圆锥孔,既可加工通孔,亦可加工盲孔。铰孔前,被加工孔应先经过钻削或钻、扩孔加工。铰孔适于加工小孔($D<10\sim15$mm)、细长孔($L/D>5$)和定位销孔。

(4) 锪孔。用锪钻加工平底锪锥面沉孔的方法称为锪孔,有时可用麻花钻代替锪钻,如图 1-21所示。

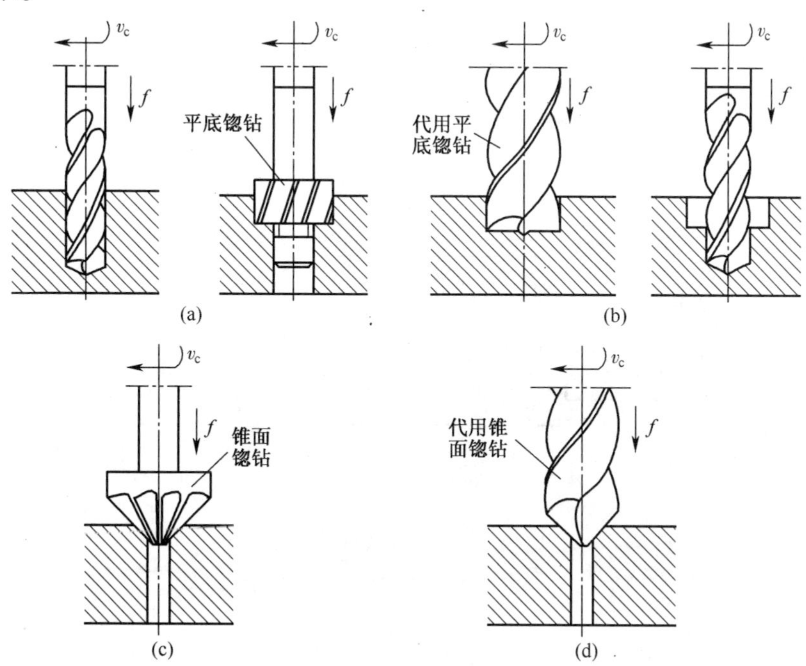

图 1-21　用麻花钻代替锪钻锪孔
(a)用平底锪钻;(b)用代用平底锪钻;(c)用锥面锪钻;(d)用代用锥面锪钻。

2）镗削加工

镗削加工是利用镗刀对工件已有孔或孔系进行切削加工的方法。镗削加工镗刀旋转为主运动，镗刀或（和）工件的移动为进给运动。镗削加工主要设备是各种镗床，其中卧式镗床主要加工工艺范围如图 1－22 所示。镗床中镗刀位置可通过平旋盘精确调整，加工孔径不受刀具限制。由于车孔原理与镗孔原理基本相同（车孔为工件旋转，镗孔为刀具旋转），因而车孔也可称为镗孔。

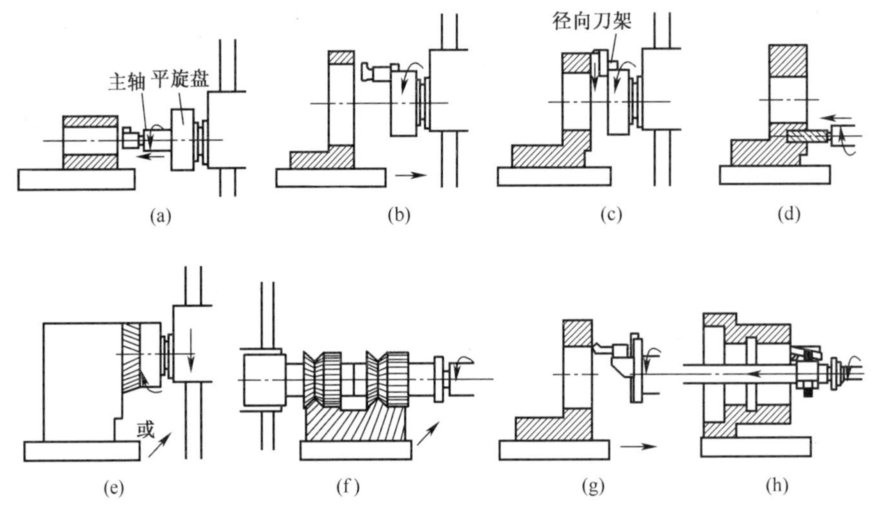

图 1－22　卧式镗床主要加工工艺范围

（a）、（b）镗孔；（c）铣平面；（d）钻孔；（e）车端面；（f）铣组合面；（g）、（h）车螺纹。

镗床常配合镗模夹具（一种镗床用装夹工件工具）加工高位置精度的孔系，此时镗刀杆与机床主轴浮动连接，机床精度对孔系加工精度影响很小，孔距精度主要取决于镗模，因而可以在精度较低的机床上加工出位置精度较高的孔系，如图 1－23 所示。

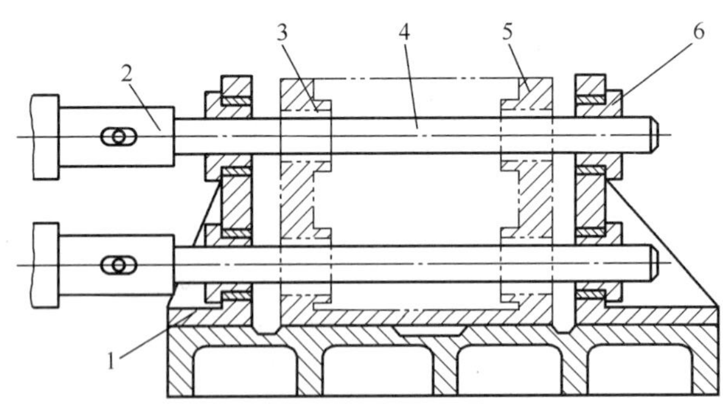

图 1－23　用镗模加工孔系

1—镗架支承；2—镗床主轴；3—镗刀；4—镗杆；5—工件；6—导套。

3）刨削加工和插削加工

刨削加工是利用刨刀对工件进行切削加工的方法。刨削加工中刨刀相对于工件的往复直线运动为主运动，工件或刨刀的间歇移动为进给运动。刨削加工的常用设备是刨床，刨床加工的主要工艺范围如图 1－24 所示，如果借助辅助装置，还可加工曲面、齿轮、齿条等工件，以及进行磨削和铣削加工。刨床结构简单,操作方便,通用性强,同时工件安装和刀具制造也较为方便,但刨床加工效率和精度都不高,适用于单件、小批量生产。

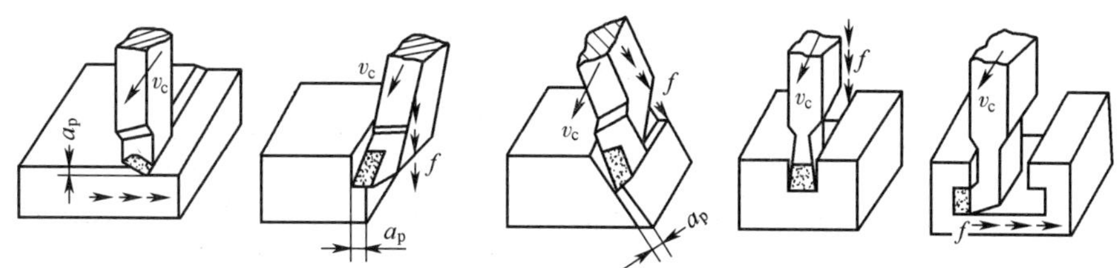

图 1-24　刨床加工的主要工艺范围

插削加工与刨削加工原理类似,只是插削加工中,插刀垂直作往复运动(主运动)。插削加工常用设备是插床,插床工作台可作纵向、横向移动和圆周旋转运动,并可进行分度,因而插床还可加工沿圆周分布的表面,如多边形孔、花键孔等,特别对于不通孔或有障碍台肩的内孔键槽,插削几乎是唯一的加工方法。常用插床种类有普通插床、键槽插床、龙门插床和移动式插床等。插削的效率和精度都不高,但插刀制造简单,生产准备时间短,故插削常用于单件或小批生产中。在批量生产中常用铣削或拉削代替插削。

4) 拉削加工

拉削加工是利用拉刀切削加工各种内外成形面的方法。拉削加工拉刀的直线或螺旋运动为主运动,由拉刀的阶梯刀齿实现进给运动,加工表面尺寸、形状和精度由拉刀决定。拉削加工常用设备是拉床,拉床加工的主要工艺范围如图 1-25 所示。

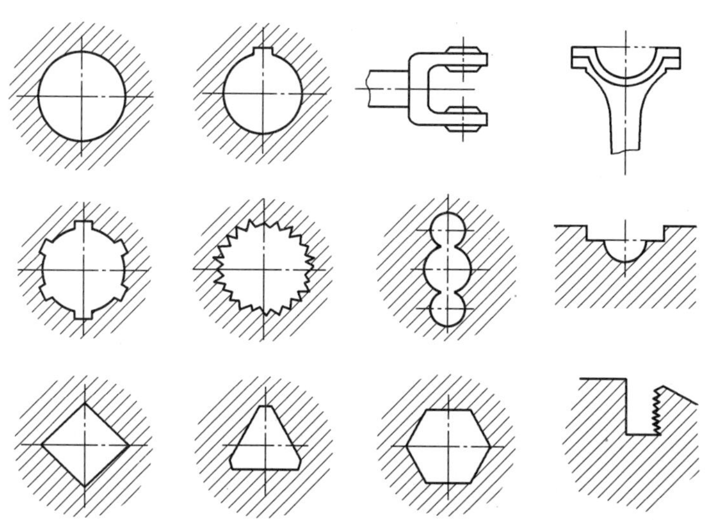

图 1-25　拉床加工的主要工艺范围

内孔键槽拉削如图 1-26 所示。键槽拉刀为扁平状,上部为刀齿,它与工件的相互位置由导套保证。导套的圆柱 1 插入拉床端部的孔内,导套的圆柱 2 用于套放工件,导套的矩形槽 3 与键槽拉刀宽度相同,相互之间滑动配合,对键槽拉刀定位导向。导套的矩形槽 3 底部垫有厚度可调垫片,以控制拉削工件键槽深度。

拉削不论是加工内表面,还是加工外表面,一般在一次行程中完成粗、精加工,没有进给运动,生产效率高;拉床一般采用液压传动,拉力平稳,加工质量好;拉刀属于定型刀具,刀具制造复杂,一种拉刀只能加工一种表面,适应性差。因此,拉削加工只适用于大批量生产。

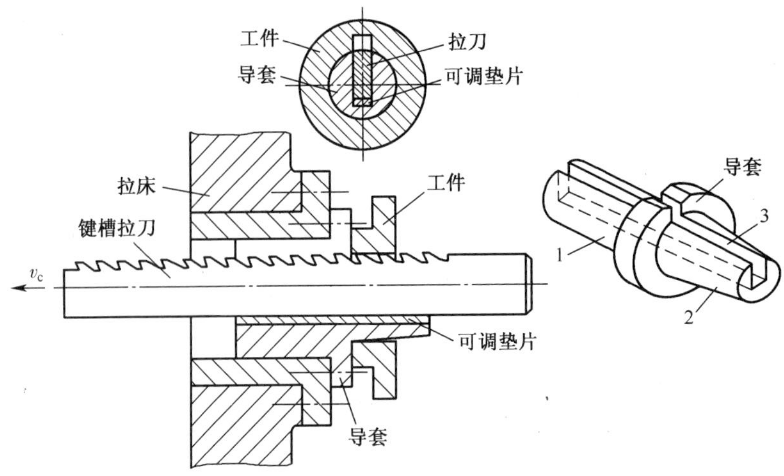

图 1-26　内孔键槽拉削加工示意图

2 第二章　机械加工工艺规程编制概述

第一节　机械加工工艺基本概念

1. 生产过程

制造机械产品时，由原材料到成品之间各个相互关联的劳动过程的总和称为生产过程。它包括材料运输和保管、生产准备、毛坯制造、零件加工和热处理、产品装配、调试检验及包装等。

2. 工艺过程与工艺规程

工艺过程是生产过程中的主要部分，是指改变生产对象的形状、尺寸，相对位置或性质等，使其成为成品或半成品的那部分生产过程。工艺过程可分为铸造、锻造、热处理、焊接、机械加工、装配等多种，其中利用机械加工方法实现的那部分工艺过程称为机械加工工艺过程，利用装配方法将零件装配成机器的那部分工艺过程称为装配工艺过程。用于规定产品生产工艺过程的工艺文件称为工艺规程。

3. 机械加工工艺规程

用来规定机械加工方法实现的那部分工艺过程的工艺文件称为机械加工工艺规程，其主要作用如下：

1）组织车间生产

机械加工工艺规程是组织车间生产的主要技术文件，按照它组织生产，就能使各工序科学地衔接，实现优质、高产和低消耗，车间中一切从事生产的人员都要严格、认真贯彻执行。

2）作为生产准备和计划调度的依据

有了机械加工工艺规程，在产品投入之前就可以根据它进行一系列的准备工作，如原材料和毛坯的供应、机床的调整、专用工艺装备（如专用夹具、刀具和量具）的设计与制造、生产作业计划和相应调度计划的编排、劳动力的组织以及生产成本的核算等，使生产均衡、顺利地进行。

3）作为新建或扩建工厂、车间的基本技术文件

在新建或扩建工厂、车间时，只有根据机械加工工艺规程和生产纲领，才能准确确定生产所需机床的种类和数量，工厂或车间的面积，机床的平面布置，生产工种、等级、数量，以及各辅助部门的安排等。

4. 机械加工工艺过程的组成

机械加工工艺过程是由一个或若干个顺序排列的工序组成的，毛坯依次通过这些工序而变成成品，而工序又可分为若干个安装、工位、工步和走刀，如图 2－1 所示。

1）工序

工序是指一个或一组工人在一台机床或一个工作地对同一个或同时对几个工件所连续完成的那一部分工艺过程。划分同一工序的依据是人员不变、机床或工作地点不变、加工连续进

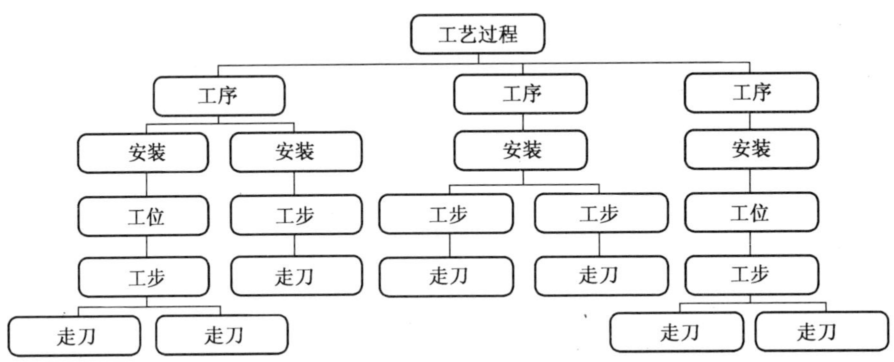

图 2-1　机械加工工艺过程组成

行,三者缺一不可。工序是组成工艺过程的基本组成部分,是生产计划和经济核算的基本单元。如图 2-2 所示的传动轴,可将其工艺过程划分为三道工序,见表 2-1。

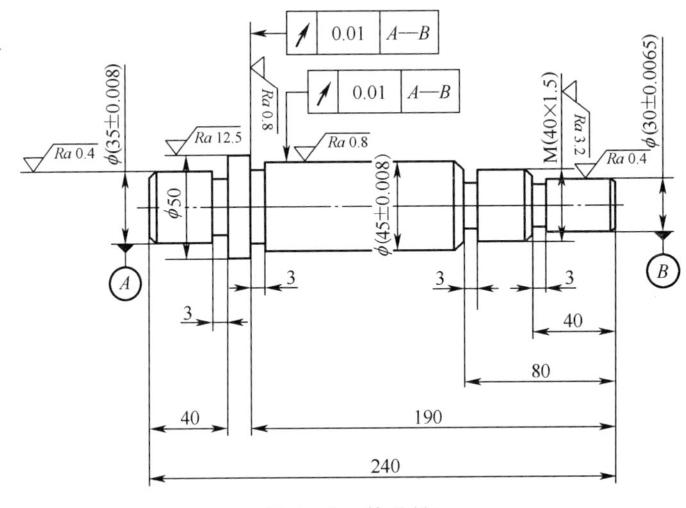

图 2-2　传动轴

表 2-1　传动轴工序的划分

工序号	工序内容	机床或场地
1	车端面,钻中心孔,粗车各外圆,半精车各外圆,切槽,倒角,车螺纹	车床
2	磨 φ(30±0.0065)、φ(35±0.008)及 φ(45±0.008)外圆至尺寸要求,磨 φ50 台阶面	外圆磨床
3	检验	

2）安装

安装是指工件经一次装夹后所完成的那一部分工序。一道工序可有多次安装,但至少有一次安装。

3）工步

工步是指在加工表面不变、加工工具不变、切削用量中切削速度和进给速度不变的情况下,所连续完成的那一部分工序。工步是规定切削用量、计算时间定额的最小独立单元。

4）工位

为了完成一定的工序部分,一次装夹工件后,工件与夹具或设备的可动部分一起相对刀具或设备的固定部分所占据的每一个位置。

5）走刀

走刀是指在一个工步内，如果被加工表面需切去的金属层很厚，一次切削无法完成，则应分几次切削，每进行一次切削就是一次走刀。一个工步可以包括一次或几次走刀。

5. 机械加工工艺规程基本文件格式

1）机械加工工艺过程卡片

机械加工工艺过程卡片是以工序为单位简要说明产品或零部件加工（或装配）过程的一种工艺文件。

2）机械加工工序卡片

机械加工工序卡片是在工艺过程卡的基础上，按每道工序所编制的一种工艺文件，一般具有工序简图。

3）典型机械加工工艺过程卡片

典型机械加工工艺过程卡片是具有相似结构和工艺特征的一组零部件所能通用的工艺过程卡片。

4）典型机械加工工序卡片

典型机械加工工序卡片是指具有相似结构和工艺特征的一组零部件所能通用的工序卡片。

第二节　机械加工工艺规程编制基本步骤

机械加工工艺规程是规定零部件机械加工工艺过程和操作方法等的工艺文件，其编制要求规范，同时兼顾质量、成本、效率和具体生产条件。机械加工工艺规程编制涉及工装设备、毛坯设计、加工方法、加工余量、切削用量、时间定额计算等多方面的知识，其编制水平的高低是衡量机械加工工艺人员技术能力的重要标志。

编制机械加工工艺的基本步骤见表 2－2。

表 2－2　机械加工工艺编制步骤、内容与要求

设计阶段	设计步骤	内容与要求
工艺过程拟定阶段	1. 收集相关资料	收集产品装配图、产品质量验收标准、生产纲领、现场生产条件、参考资料及相关手册等
	2. 零件加工工艺分析	审查零件图及装配图，包括产量、功能、结构形状、技术要求等几个方面；分析零件结构工艺性，是否需要结构上的改进，分析加工重点和难点；通过工艺分析需要选择合适的工艺文件种类，同时还要确定毛坯的类型 零件生产类型是选择工艺文件种类的依据，同时也是选择工艺设备、工艺装备的依据，其划分原则见表 3－3、表 3－4 影响毛坯类型选择的因素主要包括生产批量、工件结构形状和尺寸、工件的材料、现有设备和生产水平，毛坯选择可参考表 3－13
	3. 毛坯设计	包括毛坯的结构形状、尺寸大小，它是选择加工总余量和加工过程中头几道工序的决定因素

（续）

设计阶段	设计步骤	内容与要求
工艺过程拟定阶段	4. 确定定位方案（即选择定位基准）和各表面加工方案	根据定位基准选择原则选择定位基准，根据各表面精度和技术要求确定各表面加工方案 加工方案要按各种加工方法的经济加工精度确定，可先选择多种加工方案，再通过比较经济、技术、劳动条件等多方面的指标，确定最佳工艺方案。各种机械加工方法经济精度见本书表 5－2～表 5－12，典型表面加工方案见表 5－13～表 5－16
	5. 拟定工艺路线	按照上述确定的定位方案和各表面加工方案，根据工序划分与排列原则划分加工工序，插入热处理工序及辅助工序，安排各工序加工顺序，拟定整个工艺线路
工艺内容设计阶段	6. 工艺过程设计（编制机械加工工艺过程卡）	以工序为单位说明整个工艺过程各工序内容、工艺设备和工艺装备等，主要包括各道工序加工表面的工序尺寸及公差、表面粗糙度、形位精度等 工序尺寸及公差确定分基准重合与基准不重合两种情况；无工序卡时，工艺过程卡时间定额不填；工艺过程卡中工艺设备和工艺装备填机床和专用工艺装备部分（如专用夹具）
	7. 工序设计（编制工序卡）	以工步为单位说明具体工序内容，主要包括工序图绘制、工步的划分、切削用量及磨削用量的选择、时间定额的确定、工艺装备和切削液的选择等 工序图用于表达本工序的定位夹紧方式、加工要求等，工序图绘制详见第七章第一节 工序卡中的工艺装备主要填写只为本工序所用的刀具和工艺装备
	8. 确定其他工艺内容（编制其他工艺文件）	根据相关工艺文件具体要求编制
最终确定阶段	9. 填写工艺文件	按标准工艺文件格式及内容填写，要求具体、规范、齐全
	10. 整理设计说明书	说明书自己保留，用于经验积累及原始设计查询

第三节　机械加工工艺编制完成任务实例

1. 工作任务

编制图 2－3 所示二级减速器中阶梯轴的机械加工工艺，年产量为 5000 件。

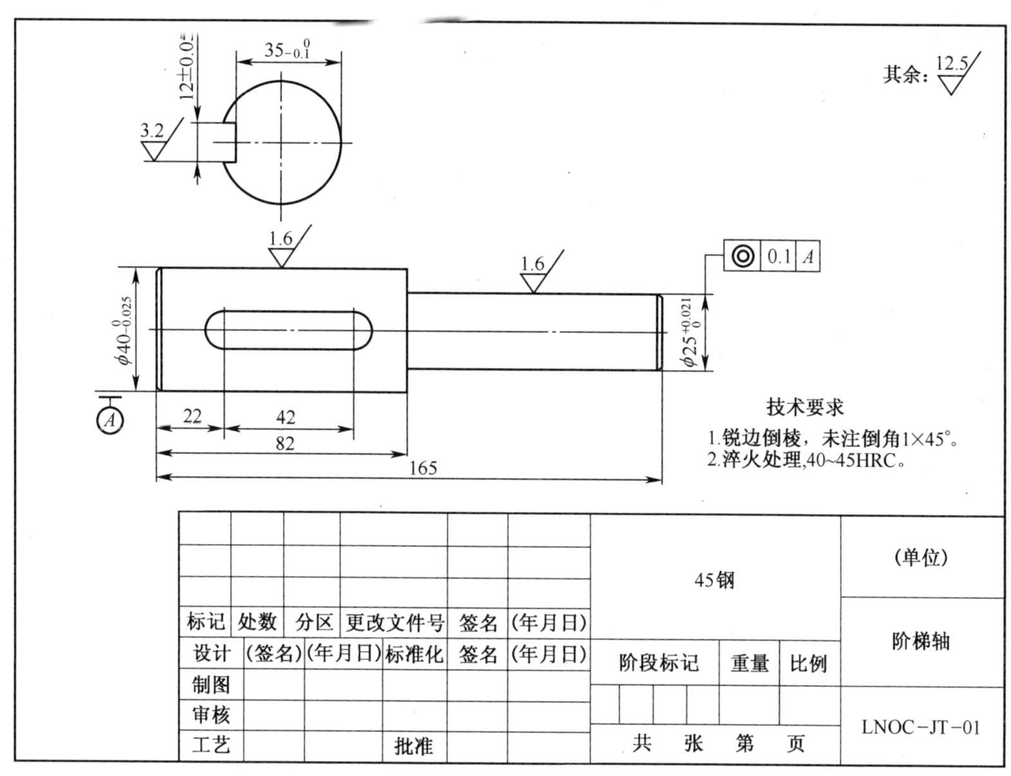

图 2-3　阶梯轴零件图

2. 完成工作任务内容

1）机械加工工艺过程卡

完成此项工作任务需编制机械加工工艺过程卡一张，见表 2-3。

表 2-3　阶梯轴机械加工工艺过程卡

	机械加工工艺过程卡片	产品型号		零件图号				
		产品名称		零件名称			共　页	第　页
材料牌号		毛坯种类	毛坯外形尺寸		每毛坯件数		每台件数	备注
工序号	工名序称	工序内容	车间	工段	设备	工艺装备	工时/s 准终	单件
1	下料	下料 $\phi55\times(102.5\pm0.35)$	金		锯床			
2	锻	见锻件毛坯图	锻					
3	热	退火 35~42HRC	热					
4	车	车 $\phi40$ 段外圆到 $\phi40.4_{-0.16}^{0}$，$\phi25$ 段外圆到 $\phi25.4_{-0.13}^{0}$，保证长度"85"和"162"，两端打 A 型中心孔，车退刀槽 3×2，倒角 1×45°	机		C6140	YT5 硬质合金外圆车刀、中心钻 A3.0/7.5 GB/T 6078.1—1998	10	169
5	铣	铣键槽宽（12±0.05）mm，深度至 $35.2_{-0.0875}^{-0.08}$	机		X5012	高速工具钢 $\phi12$mm 键槽铣	11	154
6	热	淬火 52HRC	热					
7	钳	研磨两端中心孔	金		中心孔研磨孔	硬质合金研磨棒	10	120
8	磨	磨 $\phi40$ 和 $\phi25$ 外圆到设计尺寸	机		M1331	双顶尖、外径千分尺	11	416
9	检查							
			设计（日期）	校对（日期）	审核（日期）	标准化（日期）	会签（日期）	

2）机械加工工序卡

表 2－3 机械加工工艺过程卡共分 10 道工序，其中，用机械加工的工序包括 05、10、15、20、25、35、40、45 共 8 道工序，因此完成此项工作任务需要编制机械加工工序卡 8 张。为节省篇幅，本节仅列出工序号为 45 的工序卡，见表 2－4。

表 2－4 阶梯轴工序 45 机械加工工序卡

<table>
<tr><td rowspan="2"></td><td rowspan="2" colspan="2">阶梯轴机械加工工序卡片</td><td>产品型号</td><td>H35</td><td>零部件图号</td><td colspan="4">201000115</td></tr>
<tr><td>产品名称</td><td>起重机</td><td>零部件名称</td><td colspan="2">阶梯轴</td><td>共 20 页</td><td>第 16 页</td></tr>
<tr><td colspan="4" rowspan="11">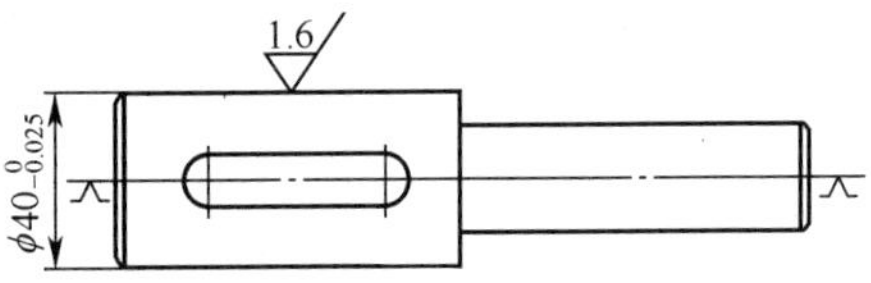</td><td>车间</td><td>工序号</td><td>工序号称</td><td colspan="3">材料牌号</td></tr>
<tr><td>金工</td><td>45</td><td>磨</td><td colspan="3">45 钢</td></tr>
<tr><td>毛坯种类</td><td>毛坯外形尺寸</td><td>每毛坯可制件数</td><td colspan="3">每台件数</td></tr>
<tr><td>原型材</td><td>$\phi45\times169$</td><td>1</td><td colspan="3">1</td></tr>
<tr><td>设备名称</td><td>设备型号</td><td>设备编号</td><td colspan="3">同时加工件数</td></tr>
<tr><td>外圆磨床</td><td>M30</td><td>10012</td><td colspan="3">1</td></tr>
<tr><td>夹具编号</td><td>夹具名称</td><td colspan="4">切削液</td></tr>
<tr><td></td><td></td><td colspan="4">乳化液</td></tr>
<tr><td rowspan="2">工位器具编号</td><td rowspan="2">工位器具名称</td><td colspan="4">工序工时/min</td></tr>
<tr><td colspan="2">单件</td><td colspan="2">终结</td></tr>
<tr><td>1005</td><td>存储架 5</td><td colspan="2">8.5</td><td colspan="2">0</td></tr>
<tr><td rowspan="2">工步号</td><td rowspan="2">工步内容</td><td rowspan="2">工艺装备</td><td rowspan="2">主轴速度/(r/min)</td><td rowspan="2">切削速度/(m/min)</td><td rowspan="2">进给量(mm/r)</td><td rowspan="2">背吃刀量/mm</td><td rowspan="2">走刀次数</td><td colspan="2">机动工时/min</td></tr>
<tr><td>机动</td><td>辅助</td></tr>
<tr><td>1</td><td>磨 $\phi40$ 到 $\phi40.1_{-0.035}^{\ 0}$</td><td>双顶尖</td><td>112</td><td>28</td><td>25</td><td>0.005</td><td>10</td><td>5</td><td>2</td></tr>
<tr><td></td><td></td><td></td><td></td><td></td><td></td><td></td><td></td><td></td><td></td></tr>
<tr><td></td><td></td><td></td><td></td><td></td><td></td><td></td><td></td><td></td><td></td></tr>
<tr><td></td><td></td><td></td><td></td><td></td><td></td><td></td><td></td><td></td><td></td></tr>
</table>

<table>
<tr><td></td><td></td><td></td><td></td><td></td><td></td><td></td><td></td><td></td><td></td><td rowspan="2">设计
（日期）</td><td rowspan="2">校对
（日期）</td><td rowspan="2">审核
（日期）</td><td rowspan="2">标准化
（日期）</td><td rowspan="2">会签
（8 期）</td></tr>
<tr><td></td><td></td><td></td><td></td><td></td><td></td><td></td><td></td><td></td><td></td></tr>
<tr><td>标记</td><td>处数</td><td>更改文件编号</td><td>签字</td><td>日期</td><td>标记</td><td>处数</td><td>更改文件号</td><td>签字</td><td>日期</td><td></td><td></td><td></td><td></td><td></td></tr>
</table>

3）整理设计说明书

整理整个编制过程所进行的分析、查阅的数据及公式、计算过程等内容，以积累技术资料，同时出现问题时便于查找和分析。

3 第三章　零件加工工艺分析

第一节　审查零件图

审查零件图的目的是知道要加工什么、加工难点是什么，从加工角度分析加工零件存在什么问题，若存在问题如何解决等。

1. 审查设计图纸的完整性和正确性

包括设计图纸尺寸、公差和技术要求是否标注齐全，若发现有错误或遗漏，应提出修改意见。

2. 审查零件的技术要求

零件的技术要求包括加工表面的尺寸公差、形位公差及表面粗糙度、热处理要求和其他技术要求。应分析这些技术要求是否合理，在现有生产条件下能否达到或还需要采取什么工艺措施方能加工。

3. 审查零件结构工艺性

零件结构工艺性是指零件所具有的结构是否有利于制造，如果某零件在一定生产条件下，便于制造、效率高、生产成本低，则认为该零件结构工艺性好。设计人员设计零件结构时，往往从零件使用要求出发，对零件的制造考虑不够周全，造成零件结构工艺性差。因此，编制机械加工工艺时，工艺人员需从加工的观点出发，对零件的结构进行审查，必要时，在不影响零件要求的前提下，可改变或增减零件的部分结构，以获得良好的零件结构工艺性。表 3－1 列出了一些零件结构工艺性改进比较实例。

表 3－1　零件结构工艺性改进比较实例

序号	图例		说明
	改进前	改进后	
1	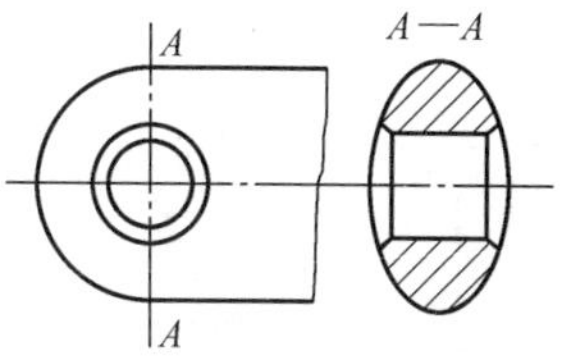 A　A—A　A	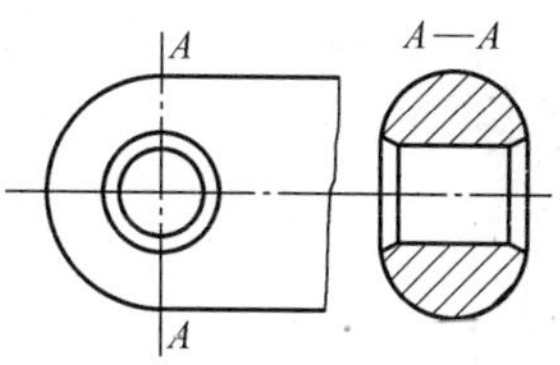 A　A—A　A	将圆弧面改成平面，便于装夹和钻孔
2	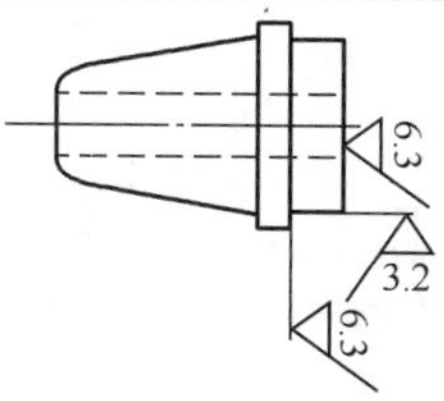 6.3　3.2　6.3	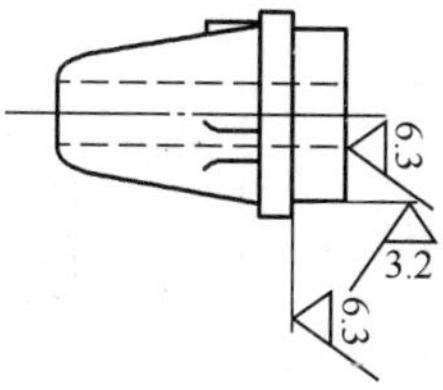 6.3　3.2　6.3	锥形零件应做出装夹工艺面，以便装夹

(续)

序号	图例		说明
	改进前	改进后	
3	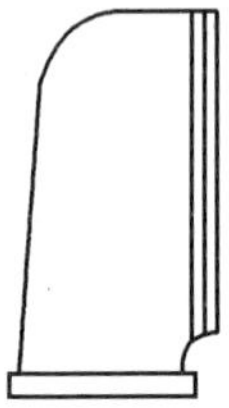	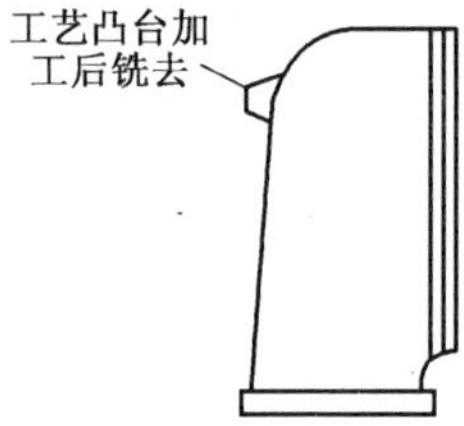 工艺凸台加工后铣去	为加工立柱导轨面,在斜面上设置工艺凸台(加工后铣去)
4	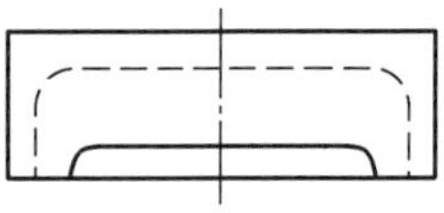	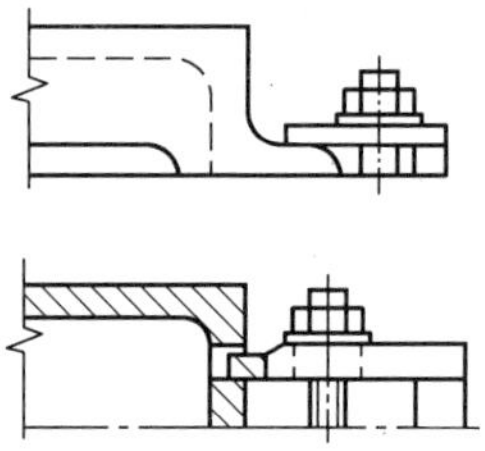	增加夹紧边缘或夹紧孔
5	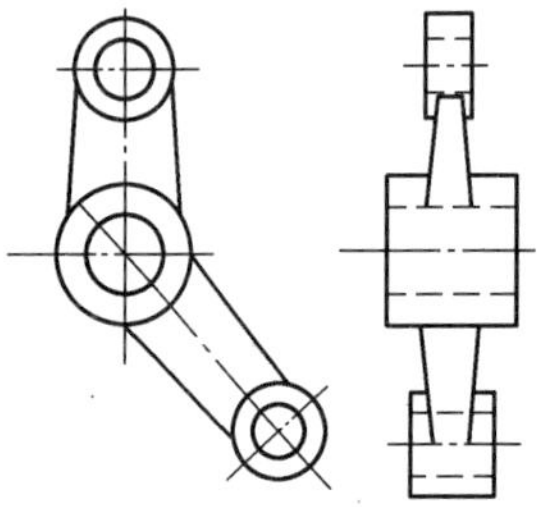	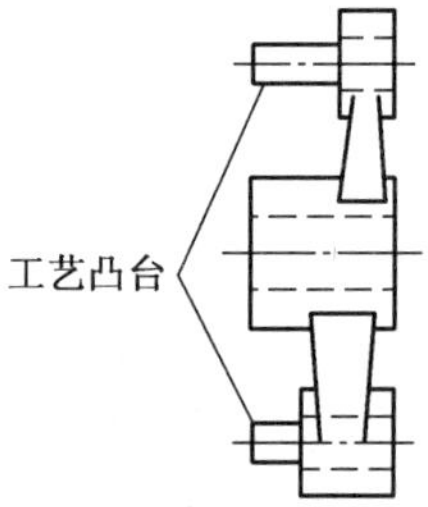 工艺凸台	改进后不仅右端面处于同一平面,而且增设的两个工艺凸台直径小于被加工孔径,钻孔时凸台可自然脱落
6	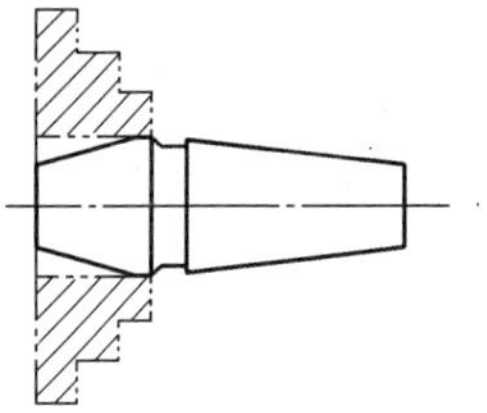	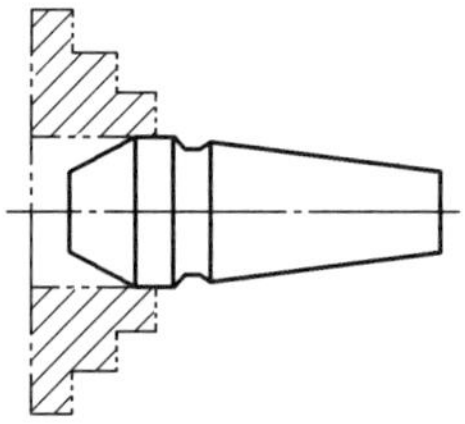	改进后,工件与卡爪的接触面积增大,装夹可靠
7	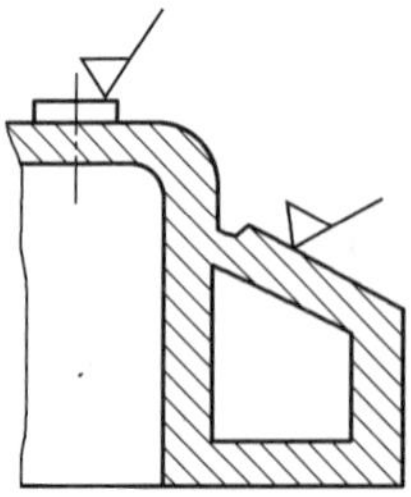	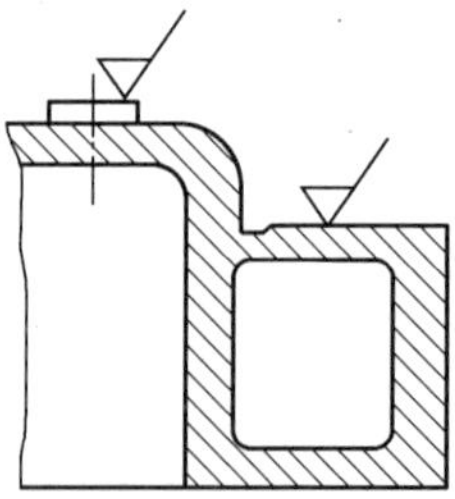	避免设置倾斜的加工面
8	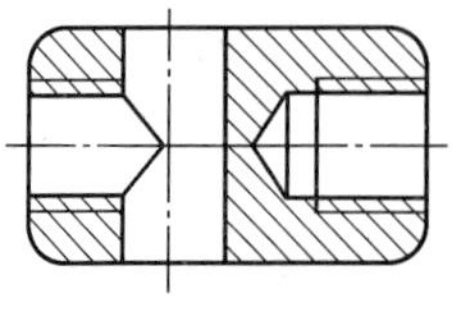	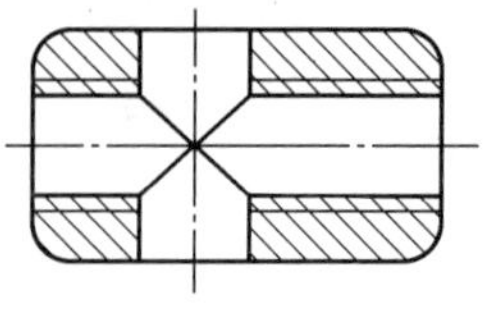	改为通孔可减少装夹次数

(续)

序号	图例		说明
	改进前	改进后	
9	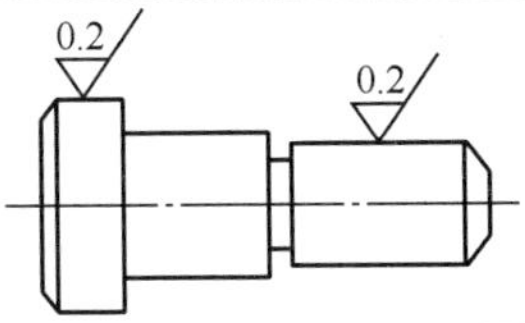	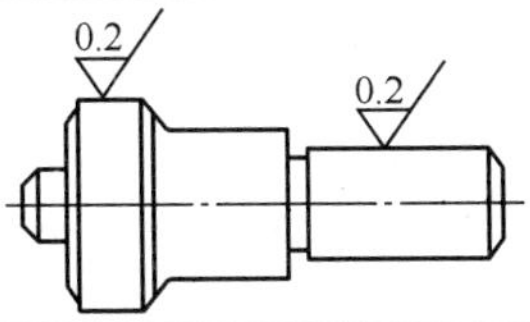	改进前需两次装夹磨削,改进后只需一次装夹即可磨削完毕
10	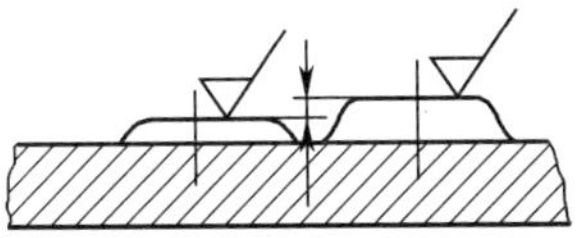	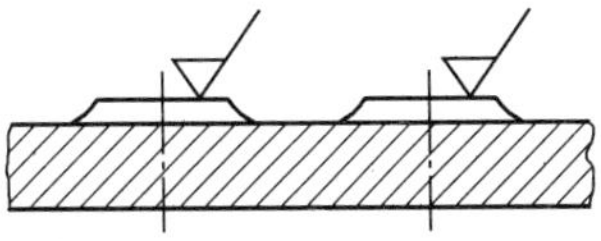	被加工表面改为同一平面,可一次走刀加工,缩短加工时间
11	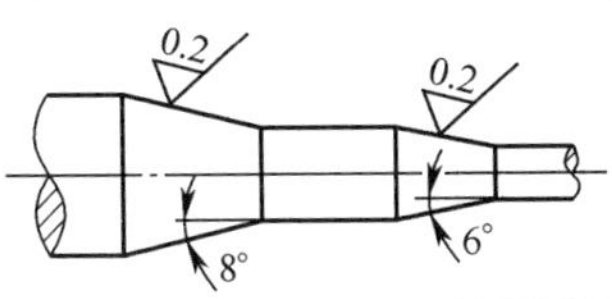	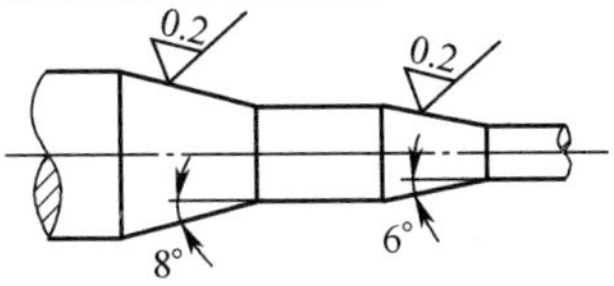	锥度相同只需作一次调整
12	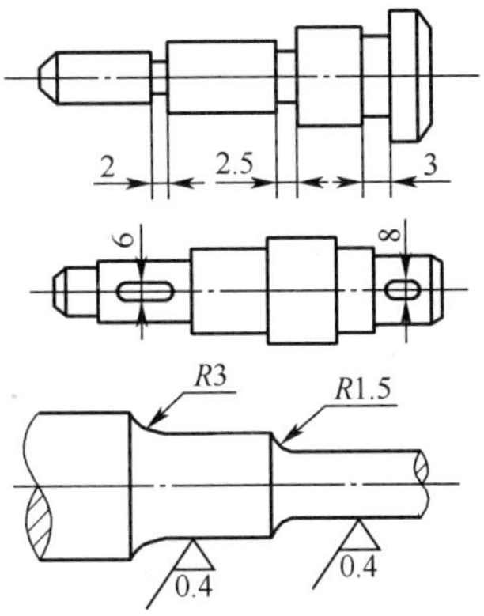	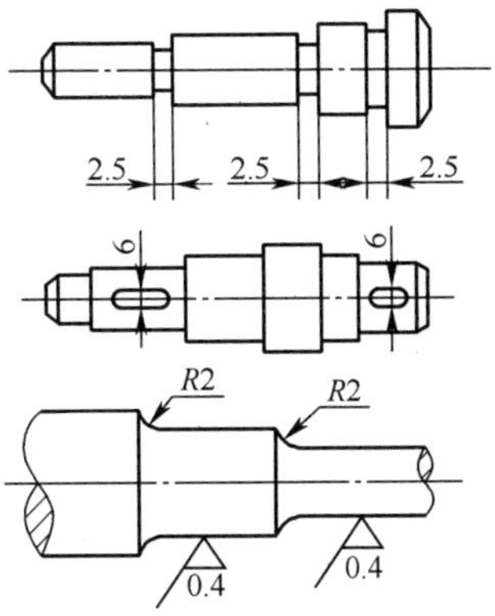	轴上退刀槽、过渡圆角、键槽应尽量一致,以减少刀具种类
13	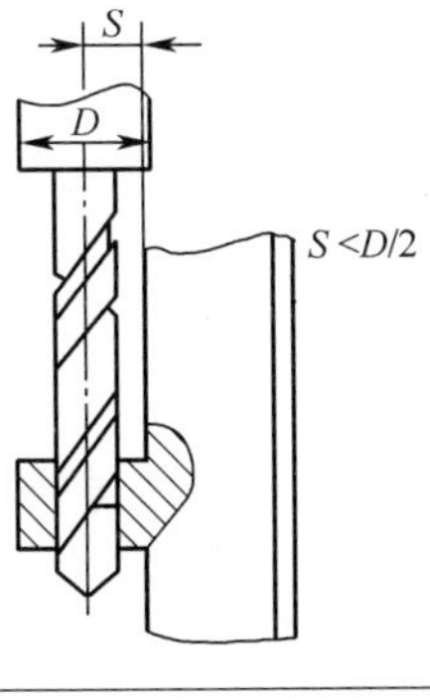	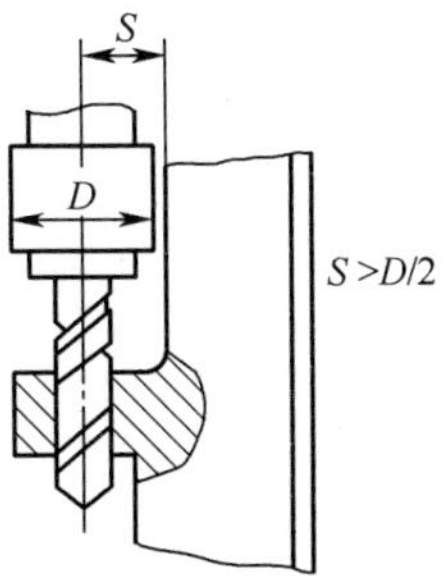	小孔离箱壁太近,需采用接长钻头
14	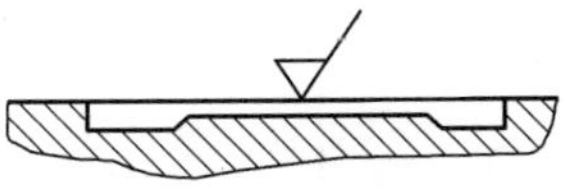	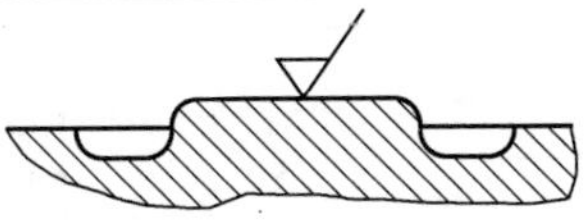	将内凹加工面改为凸台,加工方便,易于保证精度
15	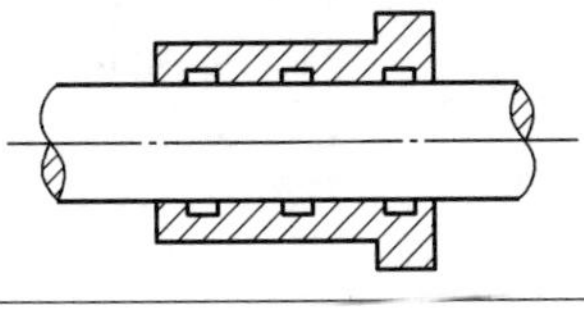	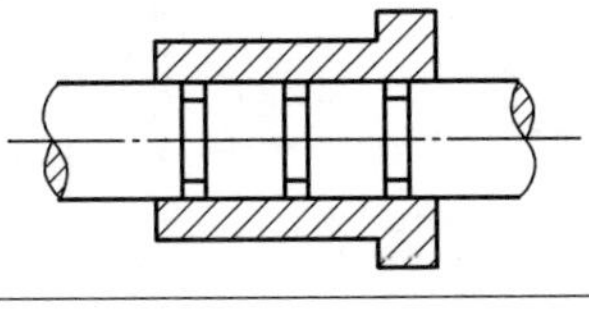	将加工面由外套的内表面换成内轴外表面,加工方便,易于保证精度

（续）

序号	图　　例		说明
	改进前	改进后	
16	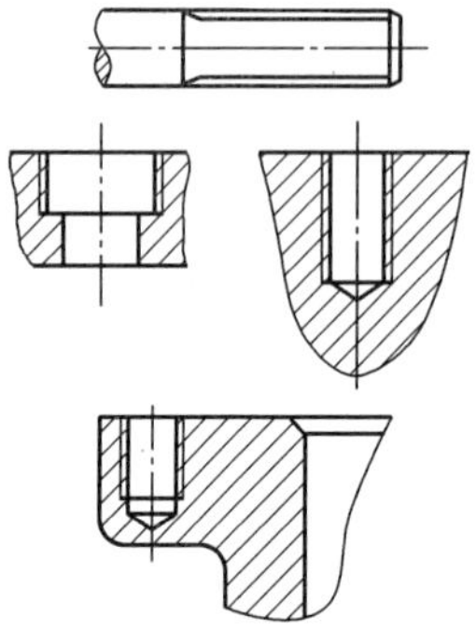	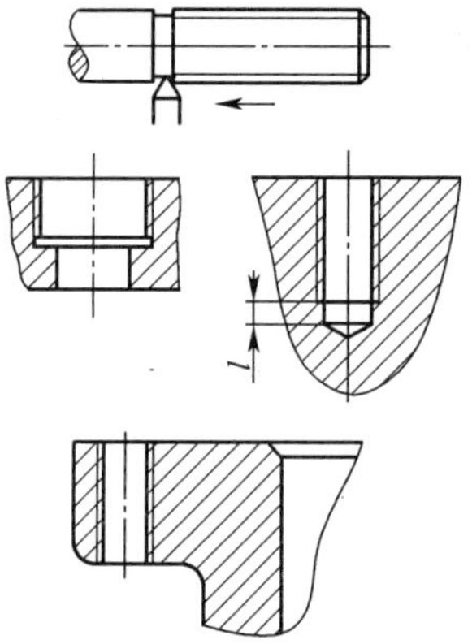 l	加工螺纹时应留有退刀槽或开通，或具有螺纹底孔，以方便进、退刀
17	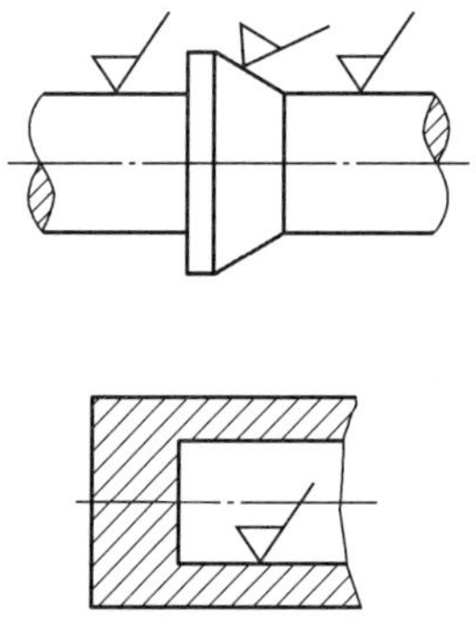	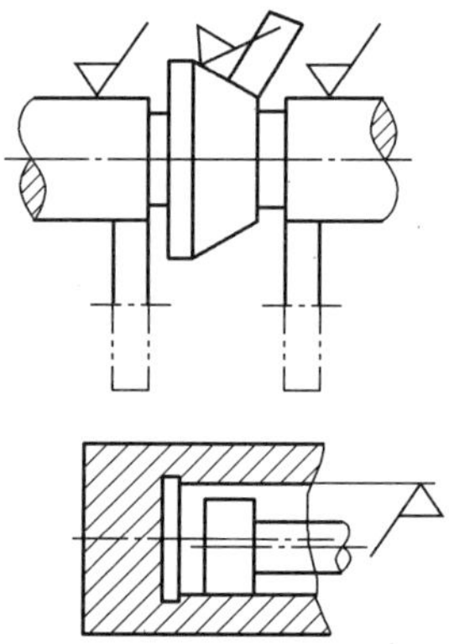	磨削时，各表面间的过渡部分，应留有越程槽
18	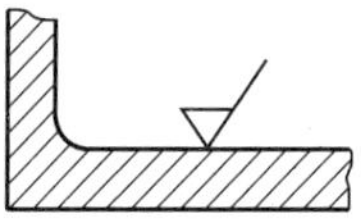	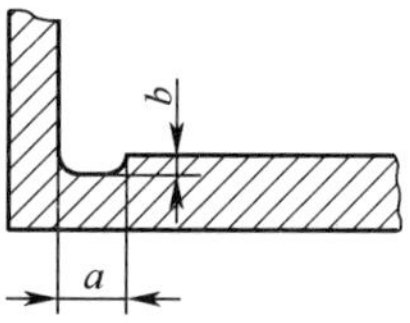 b　a	刨削时，在平面前端必须留有让刀部位
19	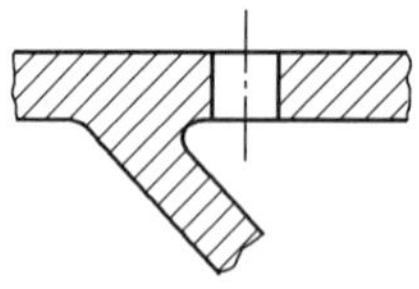	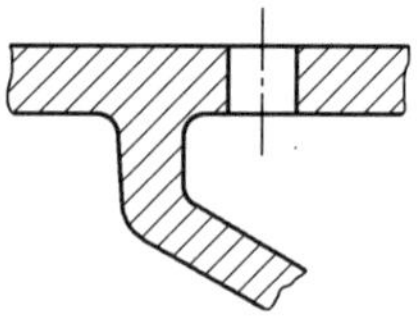	留有足够的空间，以保证钻削的顺利完成
20	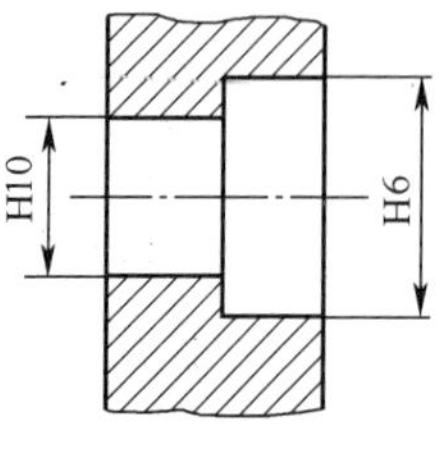 H10　H6	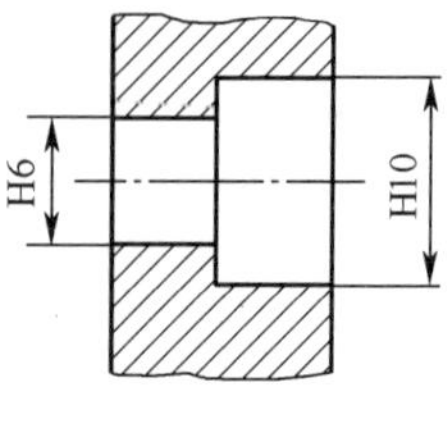 H6　H10	将加工精度高的孔设计成通孔形，便于加工和测量

（续）

序号	图例		说明
	改进前	改进后	
21	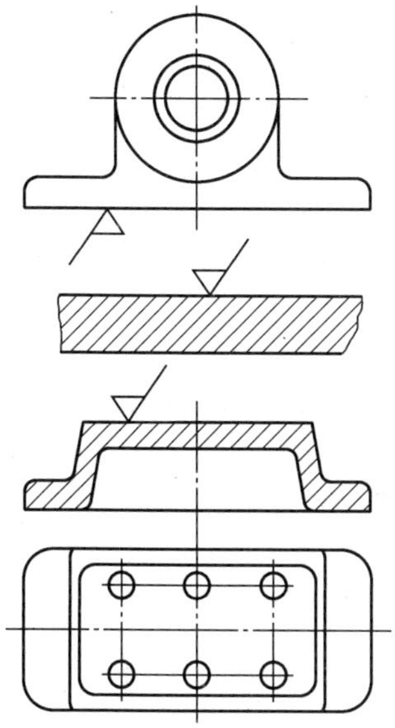	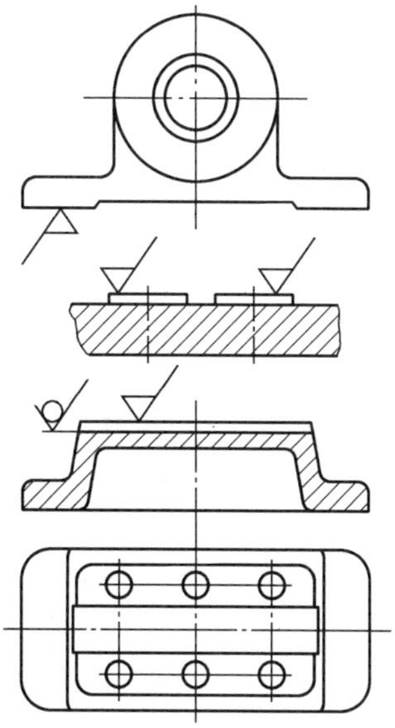	将支承面改为台阶式，减少加工面，提高效率
22	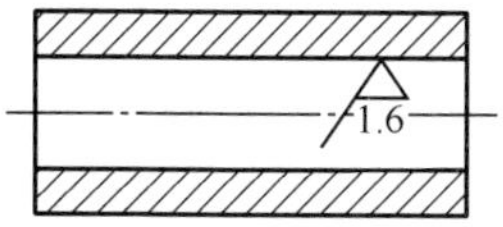 1.6	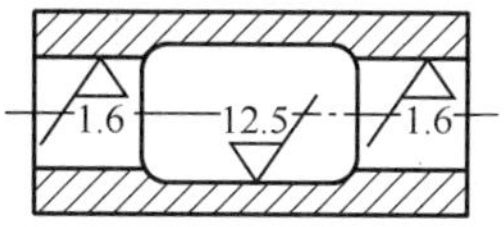 1.6　12.5　1.6	将中间部位加粗一些，以减少精车长度
23	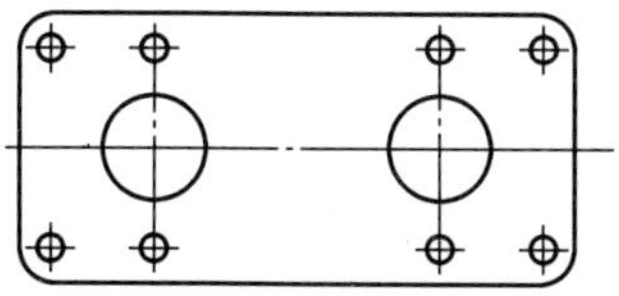	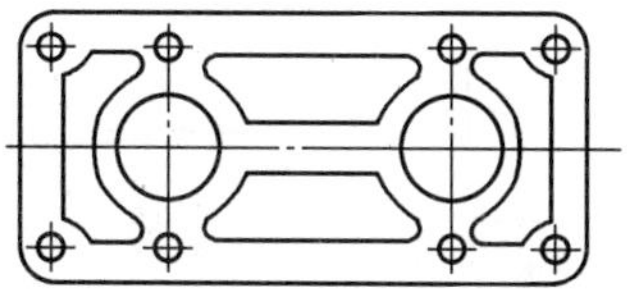	减少大面积的磨削加工
24	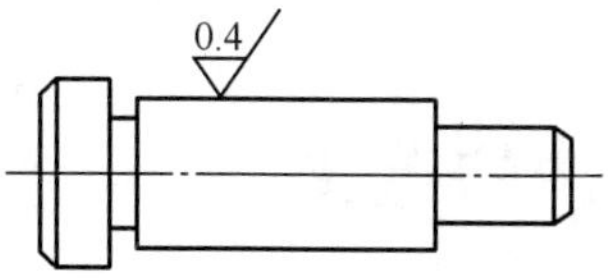 0.4	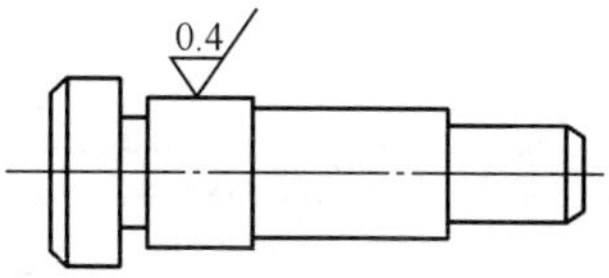 0.4	若轴上仅有一部分直径有较高的精度要求，应将轴设计成阶梯状，减少精加工长度
25	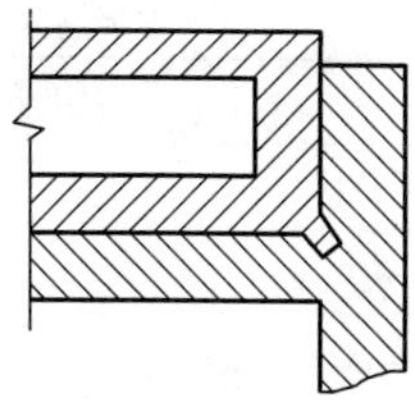	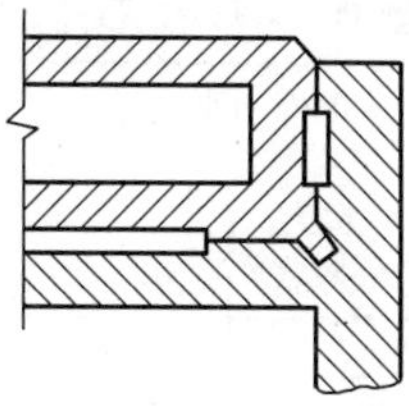	把相配的接触面改成环形带

（续）

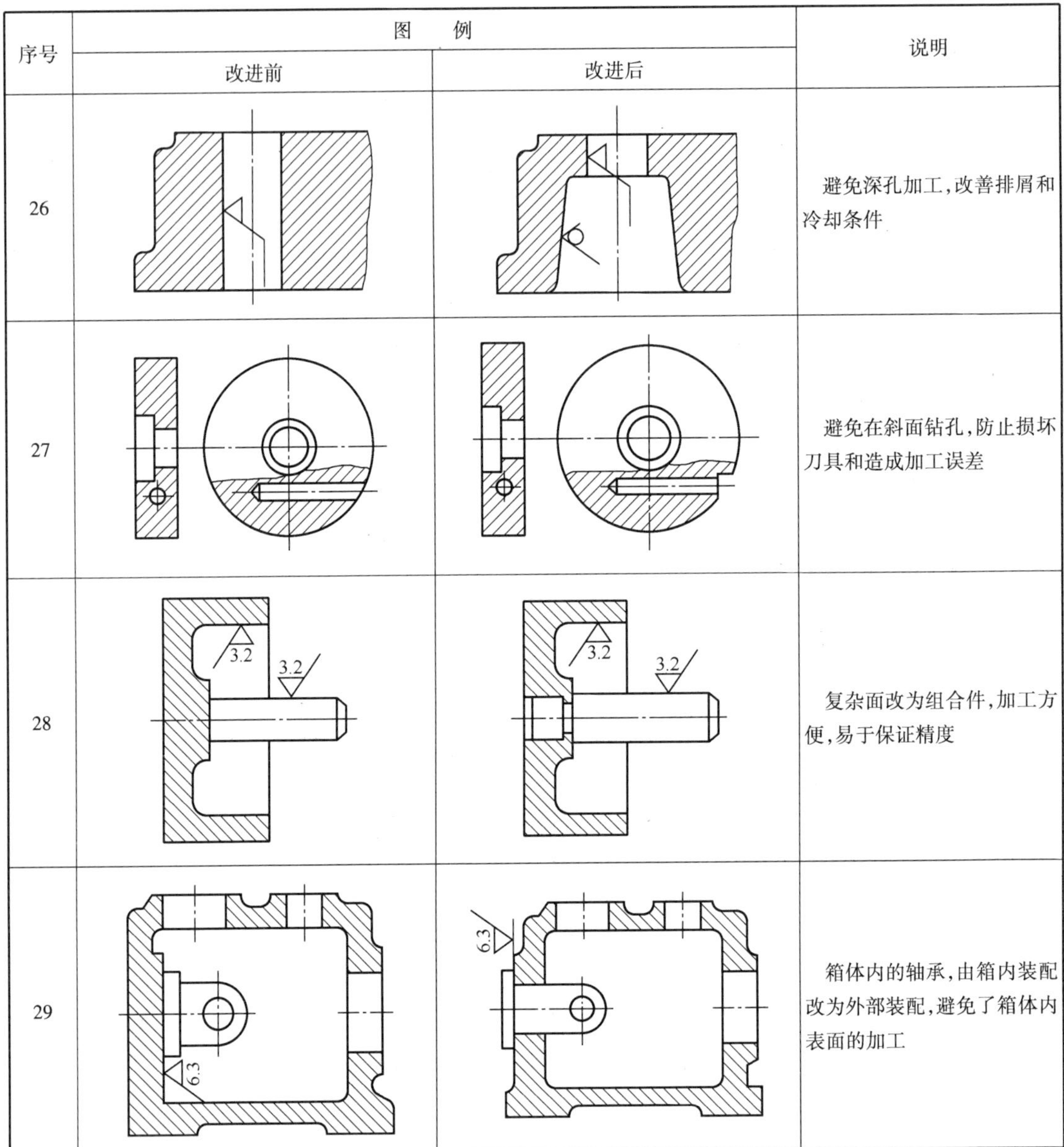

序号	图例 改进前	图例 改进后	说明
26			避免深孔加工，改善排屑和冷却条件
27			避免在斜面钻孔，防止损坏刀具和造成加工误差
28	3.2　3.2	3.2　3.2	复杂面改为组合件，加工方便，易于保证精度
29	6.3	6.3	箱体内的轴承，由箱内装配改为外部装配，避免了箱体内表面的加工

第二节　机械加工工艺文件的选择

1. 机械加工工艺规程选择原则（表 3－2）

表 3－2　机械加工工艺文件的选择（GB/T 24738—2009）

产品生产类型		单件和小批量		中批生产		大批和大量生产	
序号	工艺文件名称	工艺文件适用范围					
		简单产品	复杂产品	简单产品	复杂产品	简单产品	复杂产品
1	机械加工工艺过程卡	△	△	△	△	△	△
2	典型零件工艺过程卡	+	+	+	+	+	+

（续）

产品生产类型		单件和小批量		中批生产		大批和大量生产	
序号	工艺文件名称	工艺文件适用范围					
		简单产品	复杂产品	简单产品	复杂产品	简单产品	复杂产品
3	标准零件工艺过程卡	△	△	△	△	△	△
4	机械加工工序卡	—	+	+	△	△	△
5	调整卡	—	—	△	△	△	△
6	数控加工程序卡	+	+	△	△	△	△
7	机械加工操作指导卡	+	+	+	△	△	△
8	检验卡	+	+	△	△	△	△
9	工艺守则	○	○	○	○	○	○

注：——不需要；
△——必须具备；
+——酌情自定；
○——可替代或补充的工艺卡（与生产类型无关）

2. 生产类型的划分（表3-3、表3-4）

表3-3　按工作地专业化程度划分生产类型（GB/T 24738—2009）

生产类型	工作地专业化程度	
	工作地所担负的工序数 m	大批和大量生产 K_B
单件生产	40以上	0.025以下
小批生产	20~40	0.025~0.05
中批生产	10~20	0.05~0.1
大批生产	2~10	0.1~0.5
大量生产	1~2	0.5以上

注：表中 $K_B=1/m$

表3-4　按生产产品的年产量划分生产类型（GB/T 24738—2009）

生产类型	年　产　量		
	重型机械	中型机械	轻型机械
单件生产	≤5	≤20	≤100
小批生产	>5~100	>20~200	>100~500
中批生产	>100~300	>200~500	>500~5000
大批生产	>300~1000	>500~5000	>5000~50000
大量生产	>1000	>5000	>50000

注：表中生产类型的年产量应根据各企业产品情况而定

3. 常用机械加工工艺文件格式

参照 JB/T 9165.2—1998，几种常用机械加工工艺文件格式及填写要求见表 3－5～表 3－12。机械加工工艺过程卡是以工序为单位说明零件机械加工过程的一种工艺文件，它概述了机械加工的全过程，是制订其他工艺文件的基础，在单件小批量生产中还可以用于指导生产；机械加工工序卡是在机械加工过程卡的基础上，按每道工序内容所编写的一种工艺文件，该卡片中一般附有工序简图，并详细说明该工序每个工步的加工内容、工艺参数、操作要求，以及所用的设备和工艺装备等，它主要用于指导工人实际操作。

表 3－5　机械加工工艺过程卡片（JB/T 9165.2—1998 格式 9）

	机械加工工艺过程卡	产品型号		零件图号			
		产品名称		零件名称		共　页	第　页

材料牌号	(1)	毛坯种类	(2)	毛坯外形尺寸	(3)	每毛坯可制件数	(4)	每台件数	(5)	备注	(6)
25	30	15	30	25	30	25	10		10	10	20

	工序号	工序名称	工序内容	车间	工段	设备	工艺装备	时间定额	
			16					准终	单件
	(7)	(8)	(9)　8	(10)	(11)	(12)	(13)	(14)	(15)
	8	10	15×8=120	8		20	75	10	10
描图									
描校									
底图号									
装订线									

											设计（日期）	审核（日期）	标准化（日期）	会签（日期）	
	标记	处数	更改文件号	签字	日期	标记	处数	更改文件号	签字	日期					

表 3-6 机械加工工艺过程卡片的填写

空格号	填 写 内 容
(1)	材料牌号,按产品图样要求填写
(2)	毛坯种类,填写铸件、锻件、条钢、板钢等
(3)	进入加工前的毛坯外形尺寸
(4)	每毛坯可制零件数
(5)	每台件数,按产品图样要求填写
(6)	备注,可根据需要填写
(7)	工序号
(8)	各工序名称
(9)	各工序和工步、加工内容和主要技术要求,工序中的外协序也要填写,但只写工序名称和主要技术要求,如热处理的硬度和变形要求、电镀层的厚度等,产品图样标有配作、配钻时,或根据工艺需要装配时配作、配钻时,应在配作前的最后工序另起一行注明,如:“××孔与××件装配时配钻”,“××部位与××件装配后加工”等
(10)、(11)	分别填写加工车间和工段的代号或简称
(12)	填写设备的型号或名称,必要时填写设备编号
(13)	专用的工装填编号,标准的填规格、精度、名称
(14)、(15)	分别填写准备与终结时间和单位时间定额

表 3-7 机械加工工序卡片的填写

空格号	填 写 内 容
(1)	执行该工序的车间名称或代号
(2)~(8)	按表 3-6 中的相应项目填写
(9)~(11)	填写设备的型号或名称,必要时填写设备编号
(12)	在机床上同时加工的件数
(13)、(14)	该工序需使用的各种夹具名称和编号
(15)	该工序需使用的各种工位器具的名称和编号
(16)、(17)	机床所用切削液的名称和牌号
(18)、(19)	工序工时的准终、单件时间
(20)	工步号
(21)	各工步的名称、加工内容和主要技术要求
(22)	各工步所需用的辅具、刀具、量具,专用的填编号,标准的填规格、精度、名称
(23~27)	切削规范,一般工序可不填,重要工序可根据需要填写
(28)、(29)	分别填写本工序机动时间和辅助时间定额

表 3-8 机械加工工序卡片(JB/T 9165.2—1998 格式 10)

	机械加工工序卡片	产品型号		零件图号			
		产品名称		零件名称		共 页	第 页

(工序简图)

11×8=88

车间	工序号	工序名称	材料牌号
(1) 25	(2) 15	(3) 25	(4) 30
毛坯种类	毛坯 外形尺寸	每毛坯可 制件数	每台件数
(5)	(6) 30	(7) 20	(8) 20
设备名称	设备型号	设备编号	同时 加工件数
(9)	(10)	(11)	(12)

夹具编号	夹具名称	切削液	
(13)	(14)	(15)	
工位器具编号	工位器具名称	工序时间	
		机动	辅助
(16) 35	(17) 25	(18)	(19)

	工步号		工步内容	工艺设备	主轴 转速 /(r/min)	切削 速度 /(m/min)	进给量 /mm	背吃 刀量 /mm	进给 次数	工步时间	
										机动	辅助
	(20)		(21)	(22)	(23)	(24)	(25)	(26)	(27)	(28)	(29)
描图				90	7×10=(70)						
描校			9×8=(72)		10						
底图号											
装订线											

标记	处数	更改文件号	签字	日期	标记	处数	更改文件号	签字	日期	设计(日期)	审核(日期)	标准化(日期)	会签(日期)	

表 3-9 标准零件或典型零件工艺过程卡片(JB/T 9165.2—1998 格式 11)

40	标准零件或典型零件工艺过程卡	产品型号 (20)	(34)	零件图号 (20)	(34)	(40)	
		产品名称		零件名称		共 页	第 页

零件图号或规格	材料 牌号	材料 规格尺寸	毛坯种类	每件毛坯可制件数	备注	工时定额 工序/单件	(8)	(9)	(10)	(11)	(12)	(13)	(14)	(15)	(16)	(17)	零件图号或规格	材料 牌号	材料 规格尺寸	毛坯种类	每件毛坯可制件数	备注	工时定额 工序/单件	(8)	(9)	(10)	(11)	(12)	(13)	(14)	(15)	(16)	(17)
(1)	(2)	(3)	(4)	(5)	(6)	(7)	(18)	(19)	(20)	(21)	(22)	(23)	(24)	(25)	(26)	(27)	(1)	(2)	(3)	(4)	(5)	(6)	(7)	(18)	(19)	(20)	(21)	(22)	(23)	(24)	(25)	(26)	(27)
	12	12	10	9	9	11	10×5=(50)									5																	

	工序号	工序名称	工序内容	工艺装备 图号或规格 / 设备	(28)	(29)	(30)	(31)	(32)	(33)	(·34)	(35)
	(36)	(37)	(38)	(39)	(40)	(41)	(42)	(43)	(44)	(45)	(46)	(47)
			8		24							
	7	10	13×8=(104)	16	8×24=(192)							
描图												
描校												
底图号												
装订线												
								设计(日期)	审核(日期)	标准化(日期)	会签(日期)	
	标记	处数	更改文件号	签字	日期	标记	处数	更改文件号	签字	日期		

表 3－10　标准零件或典型零件工艺过程卡片的填写

空格号	填　写　内　容
(1)	用于典型零件时填写零件图号,用于标准件时填写标准件的规格
(2)	材料牌号,按产品图样要求填写
(3)	毛坯材料的规格和长度,也可不填
(4)	毛坯种类,填写铸件、锻件、条钢、板钢等
(5)	每一毛坯可加工同一零件的数量
(6)	备用格
(7)	单件定额时间,等于各序定额时间总和
(8)～(17)	填写空格(37)中的相应各工序的简称,如车、铣、磨、……
(18)～(27)	各工序的定额时间,与空格(1)的零件图号或规格一致
(28)～(35)	填写内容同(1)
(36)	工序号
(37)	各工序的名称
(38)	各工序加工内容和主要要求
(39)	各工序使用的设备
(40)～(47)	各工序需使用的工艺装备,专用的填编号,标准的填规格、精度、名称

表 3－11　检验卡片(JB/T 9165.2—1998 格式 28)

	检验卡片	产品型号		零件图号			
		产品名称		零件名称		共　页	第　页
工序号	工序名称	车间	检验项目	技术要求	检验手段	检验方案	检验操作要求
(1)	(2)	(3)	(4)	(5)	(6)	(7)	(8)

描图
描校
底图号
装订线

标记	处数	更改文件号	签字	日期	标记	处数	更改文件号	签字	日期	设计(日期)	审核(日期)	标准化(日期)	会签(日期)	

表 3-12　检验卡片的填写

空格号	填　写　内　容
(1)、(2)	该工序号、工序名称，按工艺规程填写
(3)	按执行该工序的车间名称填写
(4)	指该工序被检项目，如轴径、孔径、形位公差、表面粗糙度等
(5)	指该工序被检验项目的尺寸公差及工艺要求的数值
(6)	执行该工序检验所需的检验设备、工装等
(7)	执行该工序检验的方法，指抽检或是频次检验
(8)	填写检查操作要求

第三节　毛坯的选择

毛坯是根据零件(或产品)所要求的形状、尺寸等制成的供进一步加工所用的生产对象。根据毛坯的制造方法，可分为型材、铸造、锻造、冲压、焊接等多种类型。毛坯种类的选择不仅影响毛坯的制造工艺及费用，而且也与零件的机械加工工艺和加工质量密切相关，为此需要毛坯制造和机械加工两方面的工艺人员密切配合，合理地确定毛坯的种类、结构形状，并设计出毛坯图。

毛坯的选择可参考表 3-13。

表 3-13　毛坯种类与应用范围

毛坯制造方法		主要特点	应用范围
铸造	木模手工砂型	可铸出形状复杂的铸件，但铸出的毛坯精度低，表面有气孔、砂眼、硬皮等缺陷，废品率高，生产率低，加工余量大	适用于铁碳合金、有色金属及合金工件的单件、小批量生产
	金属模机械砂型	可铸出形状复杂的铸件，铸件精度较高，生产率较高，铸件加工余量小，但铸造成本较高	适用于铁碳合金、有色金属及合金工件的大批量生产
	金属型铸造	可铸出形状不太复杂的铸件，铸件尺寸精度可达 0.1~0.5mm，表面粗糙度值可达 *Ra*12.5~6.3μm，铸件力学性能较好	适用于中小型铁碳合金、有色金属及合金工件的大批量生产
	离心铸造	铸件精度约为 IT8~IT9 级。表面粗糙度值可达 *Ra*12.5μm，铸件力学性能较好，材料消耗较低，生产率高，但需专用设备	适用于铁碳合金、有色金属及合金的空心旋转体工件的大批量生产
	熔模铸造	可铸出形状复杂的小型工件，铸件精度高，尺寸公差可达 0.05~0.15mm，表面粗糙度值可达 *Ra*12.5~3.2μm，可直接铸出成品	适用于难加工材料工件的单件、成批生产
	压铸	可铸出形状复杂的工件，铸件精度高，尺寸公差可达 0.05~0.15mm，表面粗糙度值可达 *Ra*12.5~3.2μm，并可直接铸出成品，生产率高，但设备昂贵	适用于有色金属工件的大批、大量生产

（续）

毛坯制造方法		主要特点	应用范围
锻造	自由锻造	只能锻造形状简单、精度要求低的毛坯，生产率较低，但锻件毛坯的纤维组织好、强度高	适用于碳素钢、合金钢工件的单件、小批生产
	模锻	可锻造形状复杂的毛坯，尺寸精度较高，尺寸公差可达0.1~0.2mm，表面粗糙度值可达Ra12.5μm，生产率较高，但需要专用锻模及锻锤设备	适用于碳素钢、合金钢工件的大批量生产
	精密模锻	铸造形状的复杂程度取决于锻模，锻件精度高，尺寸公差可达0.05~0.1mm，锻件变形小，能节约材料和工时，生产率高，但需要专门的精锻机	适用于碳素钢、合金钢工件的大批量生产
冲压		可冲出形状复杂的工件，毛坯尺寸公差可达0.05~0.5mm，表面粗糙度值可达Ra1.6~0.8μm，可不再进行机械加工或只进行精加工，生产率高	适用于中小尺寸的板料工件的大批量生产
冷挤压		可挤压形状简单、尺寸较小的工件，尺寸精度可达IT6~IT7，表面粗糙度值可达Ra1.6~0.8μm	适用于有色金属、碳钢、低合金钢、高速钢、轴承钢和不锈钢工件的大批量生产
焊接		制造简单，节约材料，重量轻，生产周期短，但抗振性差，热变形大，需时效处理后进行切削加工	适用于焊接碳素钢、合金钢材料工件的单件、成批生产
型材	热轧	型材截面形状有圆形、方形、六角形及其他截面形状，尺寸精度一般为1~2.5mm，表面粗糙度值Ra12.5~6.3μm	适用于各种金属材料工件的各种批量生产
	冷轧	截面形状同热轧型材，但精度比热轧高，尺寸精度一般为0.05~1.5mm，表面粗糙度值Ra3.2~1.6μm，价格较高	适用于金属材料工件的大批量生产
粉末冶金		由于成形较困难，一般形状比较简单，尺寸精度较高，尺寸精度可达0.02~0.05mm，表面粗糙度值Ra0.4~0.61μm，所用设备较简单，但金属粉末生产成本高	适用于以铁基、铜基金属粉末为原料工件的大批量生产

4 第四章　常用毛坯的设计

第一节　铸件的设计

1. 铸造工艺基本定义及概念

1）铸造

熔炼金属，制造铸型，并将熔融金属浇注铸型，凝固后获得具有一定形状、尺寸和性能的金属零件毛坯的成形方法称为铸造。铸造分砂型铸造和特种铸造。

用型砂、金属或其他耐火材料制成的用于形成铸件外部形状的型腔、形成铸件内部孔洞的型芯及浇注液态金属的浇注系统的组合整体称为铸型。不能将铸型称为“铸模”或“模型”。利用型砂(由铸造用原砂、型砂粘结剂和辅加物等造型材料按一定比例混合而成的造型材料)制造铸型的铸造方法称为砂型铸造；与砂型铸造不同的其他铸造方法统称为特种铸造，主要包括熔模铸造、陶瓷型铸造、压力铸造、离心铸造、连续铸造等方法。砂型铸造过程如图 4－1 所示。由铸造方法获得的制件称为铸件或铸件毛坯。

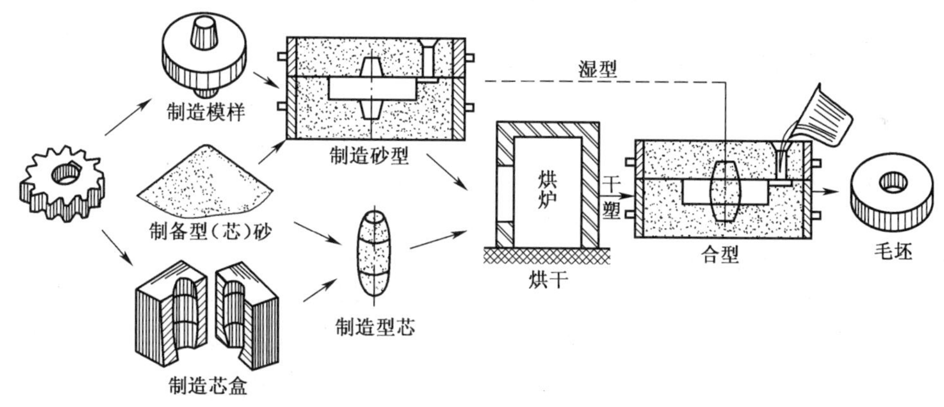

图 4－1　砂型铸造

2）铸造用图

铸造用图包括铸件工艺图与铸件图。铸件工艺图是用规定的工艺符号及文字标注，表示出铸型分型面、浇注系统、型芯设置、凝固控制措施等的图样，是制造模样、型芯，进行铸造生产准备和铸件验收的依据。铸造工艺图仅用于铸造生产。铸件图是反映铸件实际形状、尺寸和技术要求的图样，是铸造生产、铸件检验及设计机械加工工艺的主要依据。铸件图需要表达出加工余量、工艺余量、不铸出的孔槽、铸件尺寸公差、铸件类别、热处理规范、铸件验收技术条件等内容。铸件图一般是在完成铸件工艺图的基础上绘制的，也可根据铸造工艺及铸件图绘制原则单独设计。

3）铸件加工余量(简称 RMA)

为保证铸件加工面尺寸和零件精度，在铸造工艺设计时预先增加的而在机械加工时切去的金属层厚度称为铸件机械加工余量。

铸件的加工余量按由小到大分为10级，代号A~K，见表4-1。铸件加工余量等级选择见表4-2。除非另有规定，铸件加工余量只规定一个值，且该值应根据铸件最大轮廓尺寸，按余量等级及相应的尺寸范围选取。

表4-1　铸件的机械加工余量　　(单位:mm)

最大尺寸①		要求的机械加工余量等级③									
大于	至	A②	B②	C	D	E	F	G	H	J	K
—	40	0.1	0.1	0.2	0.3	0.4	0.5	0.5	0.7	1	1.4
40	63	0.1	0.2	0.3	0.3	0.4	0.5	0.7	1	1.4	2
63	100	0.2	0.3	0.4	0.5	0.7	1	1.4	2	2.8	4
100	160	0.3	0.4	0.5	0.8	1.1	1.5	2.2	3	4	6
160	250	0.3	0.5	0.7	1	1.4	2	2.8	4	5.5	8
250	400	0.4	0.7	0.9	1.3	1.4	2.5	3.5	5	7	10
400	630	0.5	0.8	1.1	1.5	2.2	3	4	6	9	12
630	1000	0.6	0.9	1.2	1.8	2.5	3.5	5	7	10	14
1000	1600	0.7	1	1.4	2	2.8	4	5.5	8	11	16
1600	2500	0.8	1.1	1.6	2.2	3.2	4.5	6	9	14	18
2500	4000	0.9	1.3	1.8	2.5	3.5	5	7	10	14	20
6300	10000	1.1	1.5	2.2	3	4.5	6	9	12	17	24

注:① 最终机械加工后铸件的最大轮廓尺寸;

② 等级A和B仅用于特殊场合，例如，在采购方与铸造厂已就夹持面和基准面或基准目标商定模样装备、铸造工艺和机械加工工艺的成批生产的情况下;

③ 表中机械加工余量是指单边的最小加工余量，对于双侧加工，其总的机械加工余量应为2倍关系

表4-2　铸件机械加工余量等级　　(单位:mm)

方法	要求的机械加工余量等级								
	铸件材料								
	钢	灰铸铁	球墨铸铁	可锻铸铁	铜合金	锌合金	轻金属合金	镍基合金	钴基合金
砂型铸造 手工铸造	G~K	F~H	F~H	F~H	F~H	F~H	F~H	G~K	G~K
砂型铸造机械 造型和壳型	F~H	E~G	E~G	E~G	E~G	E~G	E~G	F~H	F~H
金属型铸造 (重力或低压铸造)	—	D~F	D~F	D~F	D~F	D~F	D~F	—	—
压力铸造	—	—	—	—	B~D	B~D	B~D	—	—
熔模铸造	E	E	E	—	E	—	E	E	E

注:本标准还适用于本表未列出的由铸造厂和采购方之间协议商定的工艺和材料

4) 工艺筋

由于铸造工艺的需要(如防止铸件变形或产生裂纹)，而在铸件适当部位增加的筋称为工

艺筋(若增加凸台则称工艺凸台,增加孔则称工艺孔)。工艺筋(工艺凸台、工艺孔)用双点画线表示,按不同视图分有网纹线和无网纹线,其尺寸大小按比例绘制,并用文字说明,如图4-2所示。

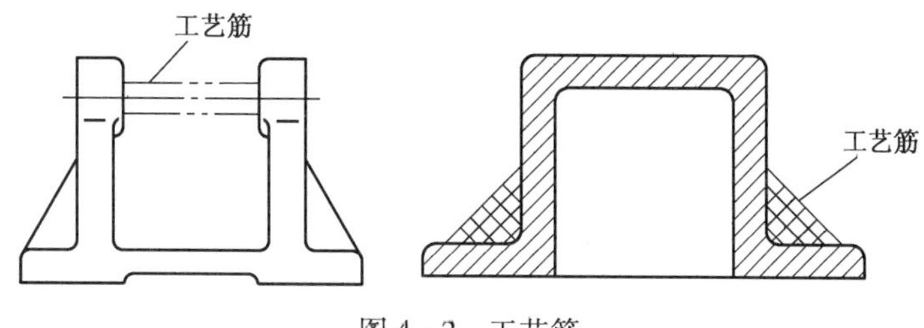

图4-2　工艺筋

5)最小铸造圆角

为防止铸件转角或厚薄截面连接处产生铸造缺陷,铸件相交壁的连接宜采用圆弧过渡或逐渐过渡的形式,如图4-3所示。采用圆弧过渡时,过渡圆角不能过小。各种铸造方法的铸造圆角计算公式及所允许的最小半径数值见表4-3。对于同一铸件来说,铸造圆角半径应尽量统一。

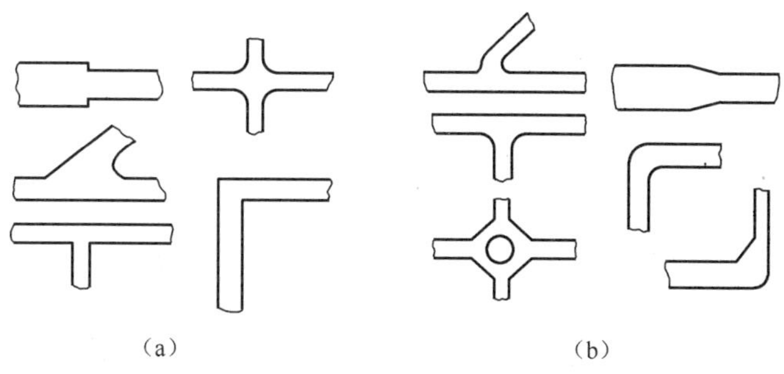

图4-3　相交壁的过渡形式

(a)合理;(b)不合理。

表4-3　铸造圆角　　(单位:mm)

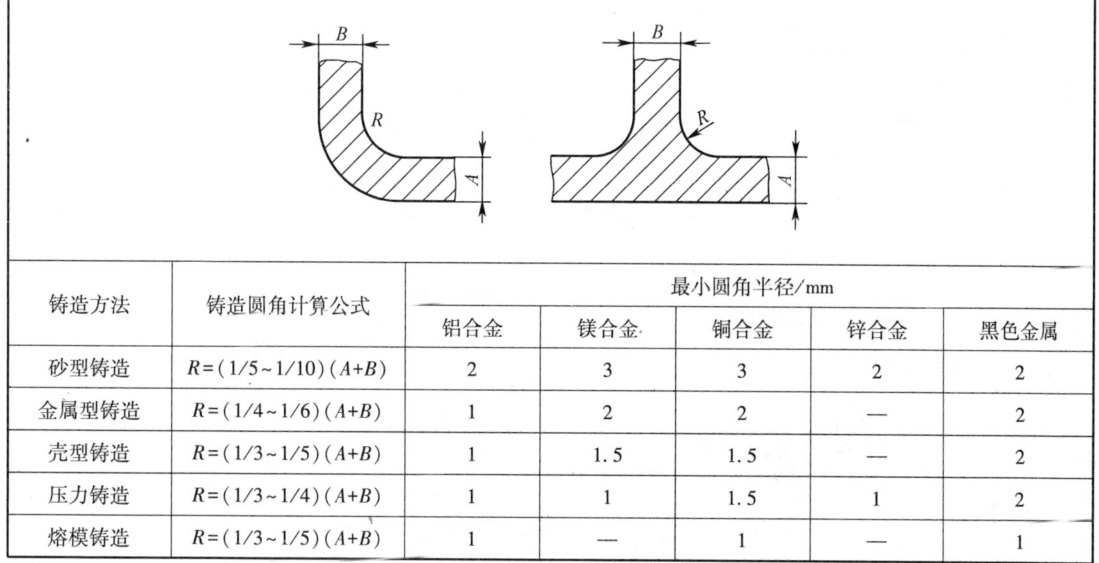

铸造方法	铸造圆角计算公式	最小圆角半径/mm				
		铝合金	镁合金	铜合金	锌合金	黑色金属
砂型铸造	$R=(1/5\sim1/10)(A+B)$	2	3	3	2	2
金属型铸造	$R=(1/4\sim1/6)(A+B)$	1	2	2	—	2
壳型铸造	$R=(1/3\sim1/5)(A+B)$	1	1.5	1.5	—	2
压力铸造	$R=(1/3\sim1/4)(A+B)$	1	1	1.5	1	2
熔模铸造	$R=(1/3\sim1/5)(A+B)$	1	—	1	—	1

6）铸件最小壁厚

铸件壁厚太小，易产生浇不到、冷却过快而过硬等铸造缺陷。在一般生产条件下，几种常用金属在砂型铸造时，所允许的最小壁厚见表 4－4。

表 4－4　砂型铸造铸件的最小允许壁厚　（单位：mm）

铸件尺寸	铸钢	灰铸铁	球墨铸铁	可锻铸铁	铝合金	铜合金	镁合金
<200×200	6～8	3～5	4～6	2.5～4	3	3～5	—
200×200～500×500	10～12	5～10	6～12	5～8	4	6～8	3
>500×500	15～25	10～20	—	—	5～7	—	—

注：1. 如有特殊需要，在改善铸造条件下，铸件最小壁厚可适当减小；
2. 结构复杂或有耐压要求的铸件，最小壁厚应取上限；
3. 在实际生产中，砂型铸造铸件的临界壁厚常按其最小壁厚的 3 倍来考虑

7）起模斜度

起模斜度是在制造铸型时，为了使铸型所用的模样容易从铸型中取出，而在模样上平行于起模方向设置的斜度。

起模斜度分为增加材料"斜度+"、减去材料"斜度−"或取平均值"斜度±"。例如：斜度+，如图 4－4(a)所示；斜度−，如图 4－4(b)所示；斜度±，如图 4－4(c)所示。对于要机械加工的尺寸，为了能获得成品尺寸，通常采用"斜度+"。

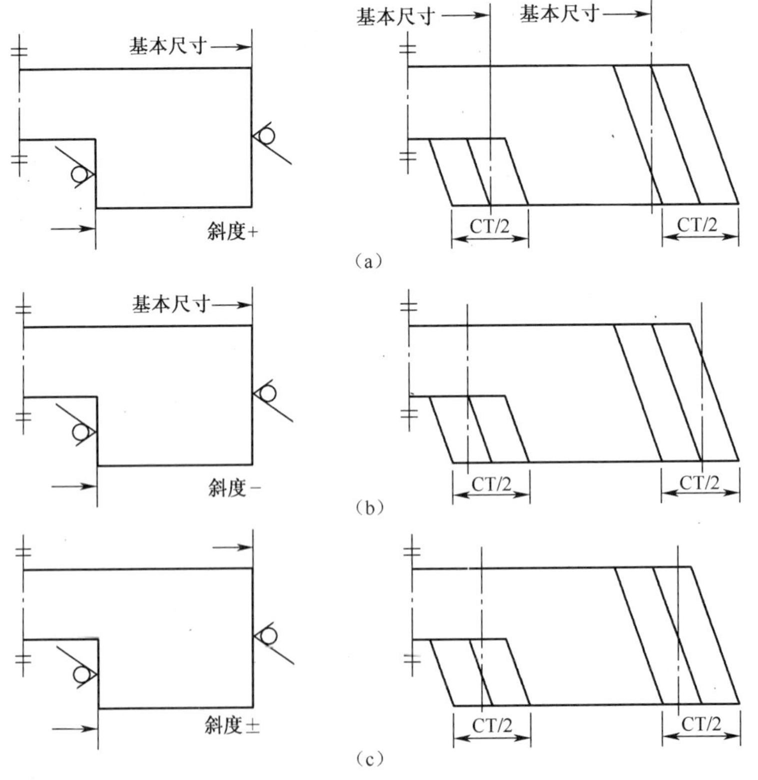

图 4－4　起模斜度

8）铸件尺寸公差等级（GB/T 6414—1999）

铸件尺寸公差分 16 级，代号为 CT1～CT16，一般尺寸各级公差对应数值见表 4－5，铸件公差等级选择见表 4－6 和表 4－7。铸件壁厚尺寸公差比一般尺寸公差降一级。例如，铸件图上规定一般尺寸的公差为 CT10，则壁厚尺寸公差为 CT11。

表 4－5　铸件尺寸公差数值　　（单位：mm）

毛坯铸件基本尺寸		铸件尺寸公差等级 CT①															
大于	至	1	2	3	4	5	6	7	8	9	10	11	12	13②	14②	15②	16②③
—	10	0.09	0.13	0.18	0.26	0.36	0.52	0.74	1	1.5	2	2.8	4.2	—	—	—	—
10	16	0.1	0.14	0.2	0.28	0.38	0.54	0.78	1.1	1.6	2.2	3.0	4.4	—	—	—	—
16	25	0.11	0.15	0.22	0.30	0.42	0.58	0.82	1.2	1.7	2.4	3.2	4.6	6	8	10	12
25	40	0.12	0.17	0.24	0.32	0.46	0.64	0.9	1.3	1.8	2.6	3.6	5	7	9	11	14
40	63	0.13	0.18	0.26	0.36	0.50	0.70	1	1.4	2	2.8	4	5.6	8	10	12	16
63	100	0.14	0.20	0.28	0.40	0.56	0.78	1.1	1.6	2.2	3.2	4.4	6	9	11	14	18
100	160	0.15	0.22	0.30	0.44	0.62	0.88	1.2	1.8	2.5	3.6	5	7	10	12	16	20
160	250	—	0.24	0.34	0.50	0.72	1	1.4	2	2.8	4	5.6	8	11	14	18	22
250	400	—	—	0.40	0.56	0.78	1.1	1.6	2.2	3.2	4.4	6.2	9	12	16	20	25
400	630	—	—	—	0.64	0.9	1.2	1.8	2.6	3.6	5	7	10	14	18	22	28
630	1000	—	—	—	0.72	1	1.4	2	2.8	4	6	8	11	16	20	25	32
1000	1600	—	—	—	0.80	1.1	1.6	2.2	3.2	4.6	7	9	13	18	23	29	37
1600	2500	—	—	—	—	—	—	2.6	3.8	5.4	8	10	15	21	26	33	42
2500	4000	—	—	—	—	—	—	—	4.4	6.2	9	12	17	24	30	38	49
4000	6300	—	—	—	—	—	—	—	—	7	10	14	20	28	35	44	56
6300	10000	—	—	—	—	—	—	—	—	—	11	16	23	32	40	50	64

注：① 在等级 CT1～CT15 中对壁厚采用粗一级公差带；

② 对于不超过 16mm 的尺寸，不采用 CT13～CT16 的一般公差，对于这些尺寸可提高 2～3 级；

③ 等级 CT16 仅适于一般公差规定为 CT15 的壁厚

表 4－6　大批量生产铸件毛坯的公差等级　　（单位：mm）

方法		公差等级 CT								
		铸件材料								
		钢	灰铸铁	球墨铸铁	可锻铸铁	铜合金	锌合金	轻金属合金	镍基合金	钴基合金
砂型铸造手工铸造		11～14	11～14	11～14	11～14	10～13	10～13	9～12	11～14	11～14
砂型铸造机械造型和壳型		8～12	8～12	8～12	8～12	8～10	8～10	7～9	8～12	8～12
金属型铸造（重力或低压铸造）		—	8～10	8～10	8～10	8～10	7～9	7～9	—	—
压力铸造		—	—	—	—	6～8	4～6	4～7	—	—
熔模铸造	水玻璃	7～9	7～9	7～9	—	5～8	—	5～8	7～9	7～9
	硅溶胶	4～6	4～6	4～6	—	4～6	—	4～6	4～6	4～6

注：1. 表中所列出的公差等级是指在大批量生产情况下，且影响铸件尺寸精度的生产因素已得到充分改进时铸件通常能够达到的公差等级；

2. 本标准还适用于本表未列出的铸造厂和采购方之间协议商定的工艺和材料；

3. 除非特殊规定，公差带应相对基本尺寸对称分布，即对称标注公差

表 4-7　小批量生产或单件生产铸件毛坯的公差等级　(单位:mm)

方法	造型材料	公差等级 CT							
		铸件材料							
		钢	灰铸铁	球墨铸铁	可锻铸铁	铜合金	轻金属合金	镍基合金	钴基合金
砂型铸造 手工铸造	粘土砂	13~15	13~15	13~15	13~15	13~15	11~13	13~15	13~15
	化学粘结剂砂	12~14	11~13	11~13	11~13	10~12	10~12	12~14	12~14

注:1. 表中所列出的公差等级是小批量的或单件生产的砂型铸件通常能够达到的公差等级;

2. 本表中的数值一般适用于大于 25mm 的基本尺寸。对于较小的尺寸,通常能经济实用地保证下列较细的公差;

(1) 基本尺寸≤10mm:精三级;

(2) 10mm<基本尺寸≤16mm:精二级;

(3) 16mm<基本尺寸≤25mm:精一级;

3. 本标准还适用于本表未列出的由铸造厂和采购方之间协议商定的工艺和材料;

4. 除非特殊规定,公差带应相对基本尺寸对称分布,即对称标注公差

2. 铸件图的绘制原则(HB 6992—1994)

铸件图一般包括以下内容:铸造毛坯的形状、尺寸与公差、加工余量、铸造斜度与圆角、分型面、浇冒口残余根部位置、合金牌号、铸造方法及其他有关技术要求。

1) 主视图布置

主视图尽量按铸件在铸型的位置绘制。

2) 分型面表达

有时需在铸件图上表示出分型面的位置。制造铸型时,为方便取出模样,将铸型做成几部分,其结合面称为分型面,其符号如图 4-5 所示,图中间短横线为分型面线,箭头为铸型分离方向。分型面可分为单分型面与多分型面,在图中一边绘制,与实际分型位置相对应,必要时可加文字说明。

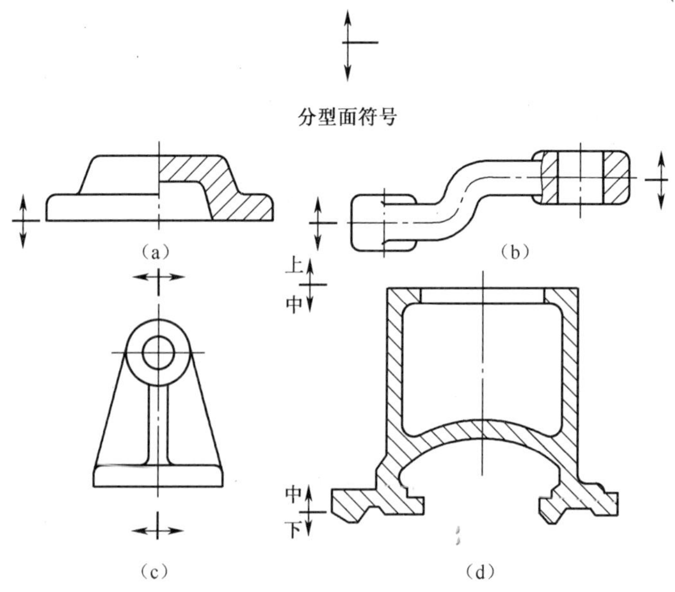

图 4-5　分型面的表达方法

3）铸件机械加工余量与工艺余量表示

在铸件图中，机械加工余量与工艺余量的剖面上都用相互垂直相交的网纹实线或涂色（最好涂红色）表示。网纹线的疏密程度通常比剖面线的距离小，视图上在有加工余量的表面处，应采用双点画线表示零件的轮廓线，双点画线与轮廓线间的距离即为机械加工余量，如图 4－6所示。当加工余量数值在 1mm 以下时，允许用加粗轮廓线表示。当零件轮廓接近 45°时，表示机械加工余量或工艺余量的网纹线可画成与轮廓成 45°，如图 4－7 所示。

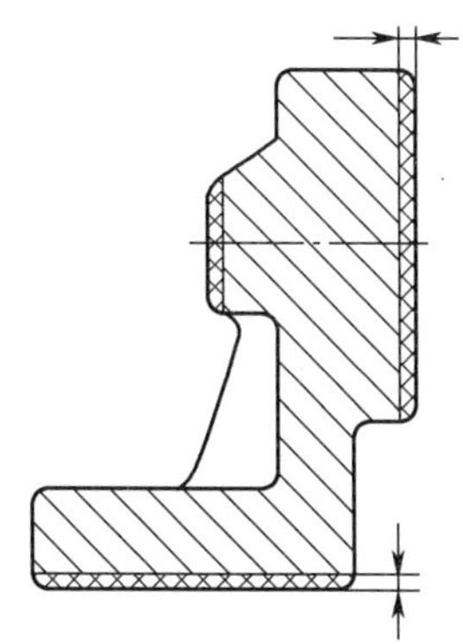

图 4－6　机械加工余量和工艺余量表示方法

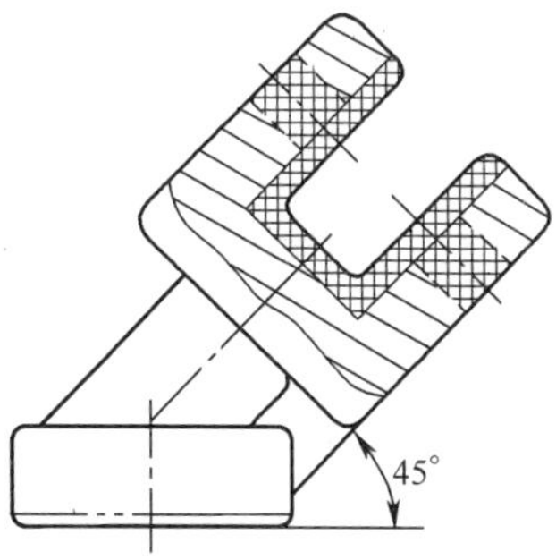

图 4－7　零件轮廓近 45°时的网纹线绘制

3. 铸件图的标注

1）铸件图基本尺寸标注

（1）基本原则。铸件图基本尺寸标注方法通常应与零件图一致，但对零件上非加工面的尺寸应自成一体，以保证只有一个非加工面尺寸与零件的某一加工面联系，如图 4－8 所示。

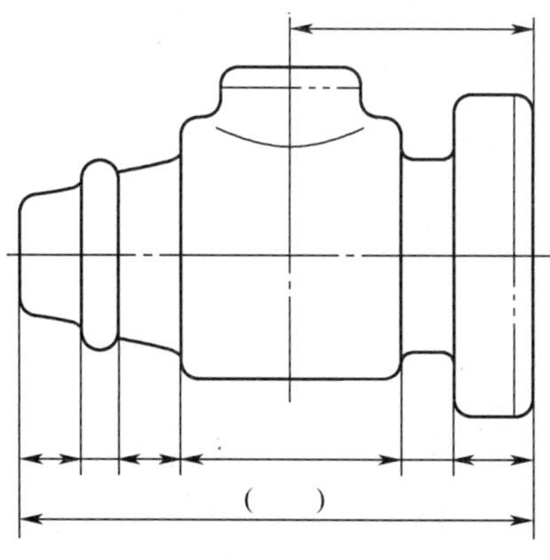

图 4－8　铸件图尺寸标注基本原则

（2）铸件图基本尺寸标注方式。铸件图基本尺寸标注方式通常有下列三种：

① 分别标注铸件尺寸和机械加工余量。

② 将铸件尺寸及主要的机械加工尺寸（零件尺寸）同时在图上注出。此时，零件尺寸注在尺寸线下方，并在其尺寸数字上加圆括弧。尺寸线上方则表示加上余量后的铸件尺寸。

③ 与零件图配合使用时，铸件图上允许只注出机械加工余量。

（3）铸件基本尺寸的确定。铸件基本尺寸（R）是指铸件图样上给定的尺寸，包括机械加工余量（RMA）。确定铸件基本尺寸要考虑铸件加工后的尺寸（F）、机械加工余量及铸件的公差（CT）。如图 4－9 和图 4－10 所示，$R=F_{max}+2RMA+CT/2$；如图 4－11 所示，$R=F_{max}-2RMA-$

CT/2；如图 4-12 所示，$R=F_{max}=F_{max}-2RMA+2RMA-CT/4+CT/4$；如图 4-13 所示，$R=F_{max}+RMA+CT/2$。

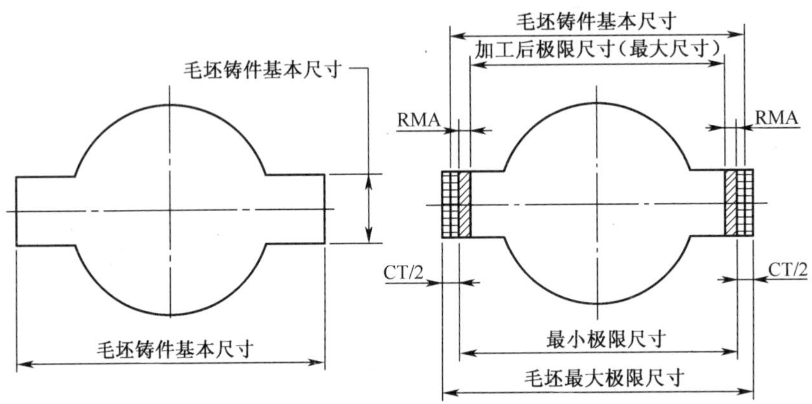

图 4-9　铸件两边作机械加工

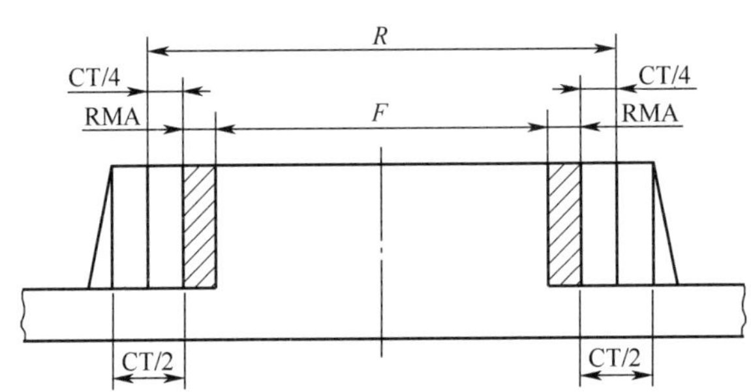

图 4-10　凸台外面作机械加工

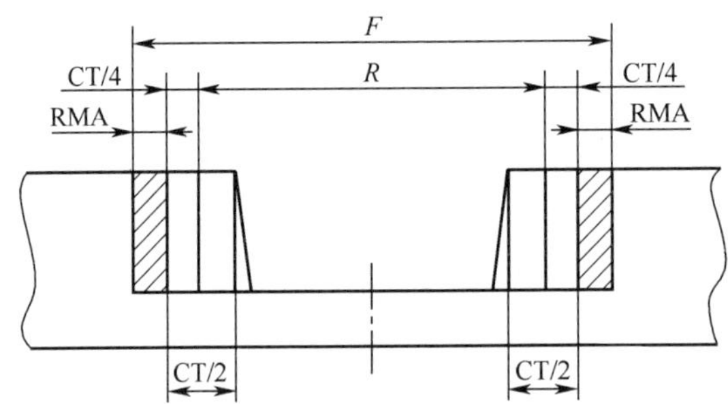

图 4-11　内腔作机械加工

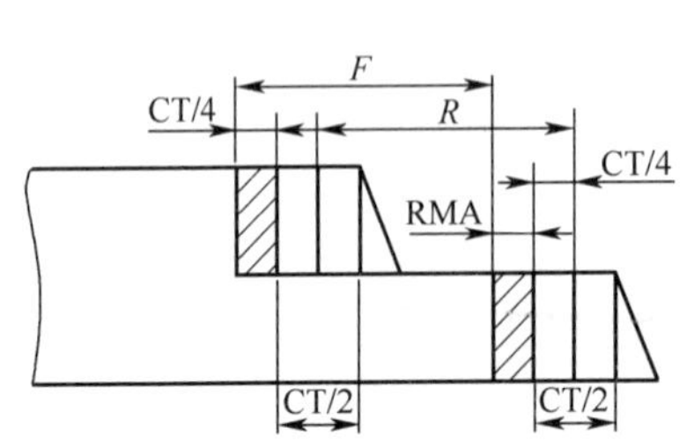

图 4-12　台阶尺寸作机械加工

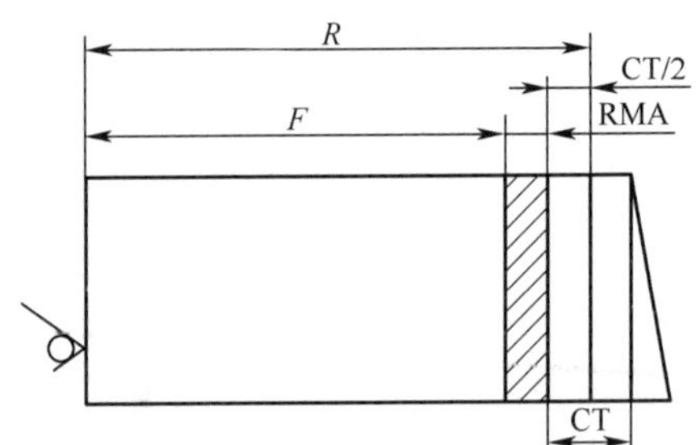

图 4-13　在铸件某一部分一侧作机械加工

（4）铸件尺寸公差标注。铸件公差一般对称标注，有特殊要求时，也可非对称标注。铸件公差在铸件图上只标注有特殊要求的尺寸，一般要求的尺寸不需标注，但须写在技术要求中，即说明图中未注尺寸公差等级及数值。

2）铸件图其他标注

（1）铸造圆角。铸造圆角的大小应在图中注出，或在技术要求中说明（如未注圆角 $R2$）。对于同一铸件，圆角半径应尽量一致，并采用标准尺寸，除特殊情况（如热裂性较大的合金）外，通常不采用过大的圆角半径。

（2）起模斜度。铸件图上应规定出起模斜度的大小。起模斜度一般无需示出，仅在技术要求中说明，若确有必要示出时，可仅在某一图形中表示。不做特殊说明时，起模斜度按增大铸件壁厚的方式。

铸造圆角及起模斜度一般不需标注，但需写在技术要求中，即说明图中未注圆角尺寸及斜度数值。

（3）铸件图常用图形符号（表 4－8）。

表 4－8　铸件图常用图形符号

名称	图形符号	说　　明
特殊要求区域符号	 （双点画线矩形框）	铸件的特殊要求区域应采用规定的符号表示并详细说明。符号为双点画线绘制的矩形框。矩形框的大小可视具体情况而定
硬度检验位置符号	 HB	表示硬度检验位置，圆圈直径 4～8mm。当标注在可见部位时，圆圈用细实线绘制；当需标注在图形背面时，圆圈用虚线绘制
检验印记符号	 √	表示检验标记位置。圆圈绘制与硬度检验位置符号的圆圈相同

3）铸件图技术要求

技术要求的作用既是图纸的附注，又是对铸件技术条件的简要说明，用于表达铸件图上无法表达的技术性能指标，也是铸件质量检验的依据之一。铸件技术要求根据合金种类不同而不同，其主要内容一般包括以下几方面。

（1）材料及热处理要求。材料牌号应在标题栏中注明，铸造后的热处理及硬度要求可在标题栏或技术要求中注明。黑色合金铸件在机械加工前，一般都要进行退火处理；对于某些特殊铸件，如可锻铸铁件、球墨铸铁件，还必须进行专门的热处理。

（2）铸件质量要求。铸件几何形状必须符合铸件图要求，允许有一定的尺寸偏差，但不能有浇不足和冷隔等缺陷。铸件内部组织必须符合有关规定，加工后的配合表面不能有气孔、缩孔等缺陷，但对非配合表面允许在一定范围内存在上述缺陷。

（3）清理后的要求。铸件表面清理方法按有关技术条件规定。必要时，应在图样技术要求中注明。

（4）检查要求。检查要求通常包括以下内容：铸件验收的技术条件及铸件类别、尺寸要求、特检要求和其他。

（5）其他要求。除上述技术要求以外的技术要求，如包装油封等要求。

4. 铸件图示例(图 4-14)

材料:ZL104。

铸造方法:金属型铸造。

技术条件:未注铸造圆角 $R3$,未注铸造斜度 3°,铸造精度等级 CT8 GB/T 6416—1999,热处理后硬度 70~110HBW。

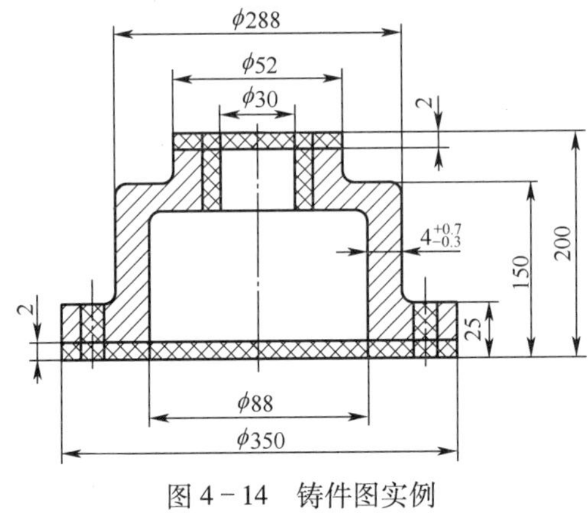

图 4-14 铸件图实例

第二节 锻件的设计

1. 锻造工艺基本概念

1) 锻压

压力加工包括锻造、冲压、轧制、拉拔、挤压等。锻压是利用金属塑性变形以得到一定形状的制件,同时提高或改善制件性能的工艺方法,压力加工中锻造和冲压统称为锻压。

2) 锻造

锻造是在锻压设备及工具(或模具)的作用下,对金属坯料施加压力,使其产生塑性变形以获得具有一定力学性能、一定形状和尺寸锻件的加工方法。锻造可以改善金属的内部组织,压合原材料内的某些内部缺陷,从而提高金属力学性能。根据锻造时使用工具情况,锻造分自由锻、模锻和胎模锻。

(1) 自由锻。将金属坯料放在铁砧上,在冲击力或压力作用下使其自由变形获得所需形状的成形方法称为自由锻。自由锻不使用模具,坯料变形不受限制,锻件的形状和尺寸主要靠人工掌握。自由锻可完成镦粗、拔长、冲孔等工作内容,如图 4-15 所示。

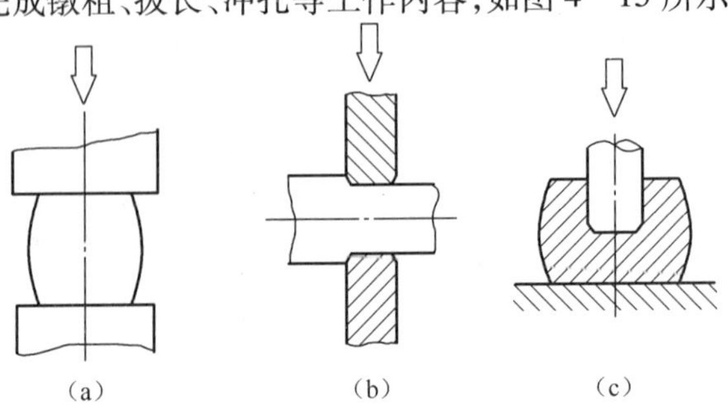

图 4-15 自由锻

(a)镦粗;(b)冲孔;(c)拔长。

（2）模锻。模锻是将金属坯料放在专为某种锻件制造的锻模模膛（型腔）内，同时锻模固定在锻锤或压力机上，在锻锤冲击力或压力机压力的作用下成形，坯料变形时受模镗的限制。根据坯料在模镗内受限制的程度，模锻可分为开式模锻和闭式模锻，如图 4－16 所示。根据使用的冲压设备不同，模锻可分为压力机上模锻（用压力机）、锤上模锻（用冲床）。

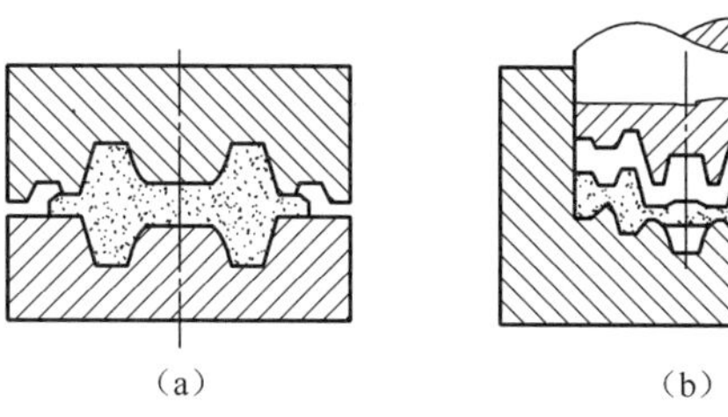

（a）　　（b）

图 4－16　模锻

（a）开式模锻；（b）闭式模锻。

（3）胎模锻。胎模锻是在自由锻设备上使用可移动模具生产模锻件的一种方法，这种模具称为胎模，胎模不固定在锻造设备的锤头或砧座上，只是用时才放上去。常用的胎模包括扣模、摔模、套模等。

3）自由锻基本工序

采用自由锻方法可完成的工作内容称为自由锻基本工序，主要包括镦粗、拔长、冲孔、弯曲、切割、错移、锻接、扭转等。

（1）镦粗。使毛坯高度减小，横截面积增大的锻造工序称为镦粗。在坯料上某一部分进行的镦粗称为局部镦粗。

（2）拔长。使毛坯横截面积减小、长度增加的锻造工序称为拔长。

（3）冲孔。在实心坯料上冲出通孔或不通孔的锻造工序称为冲孔。

（4）扩孔。增加空心毛坯已有孔径的锻造工序称为扩孔。

（5）弯曲。将毛坯弯成所规定的形状的锻造工序称为弯曲。

（6）错移。将坯料的一部分相对另一部分错移开，但应保持轴心平行的锻造工序称为错移，如图 4－17 所示。

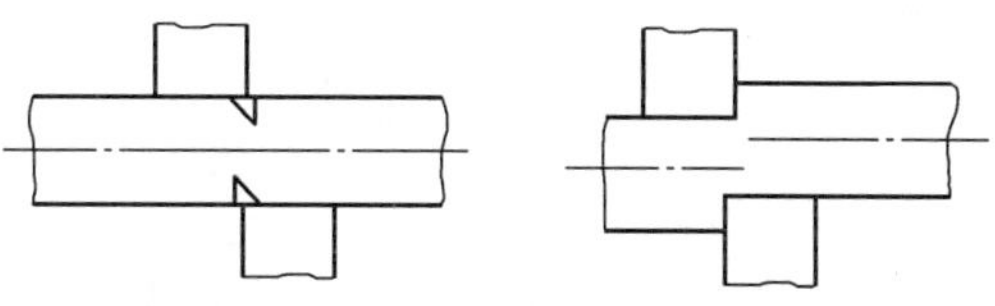

图 4－17　错移

（7）扭转。将毛坯的一部分相对另一部分绕其轴线旋转一定角度的锻造工序称为扭转。

（8）切割。将坯料分成几部分，或部分割开，或从坯料的外部割掉一部分，或从坯料内部割出一部分的锻造工序称为切割。

4）黑皮锻件

不留加工余量的锻件称为黑皮锻件。黑皮锻件不再切削加工，直接用于装配和使用。

5）锻件基本尺寸和公差

在零件尺寸上加上加工余量所得的尺寸称为锻件基本尺寸。

锻成的锻件的尺寸不可能正好达到锻件基本尺寸要求，允许有一定限度的偏差，超过基本尺寸的称上偏差，小于基本尺寸的称下偏差，上、下偏差的代数差的绝对值称为锻件公差。

6）锻造比

锻造比是锻造时变形程度的一种表示方法，通常用变形前后的截面比、长度比或高度比 y 来表示。例如，拔长时，$y=F_0/F=L_0/L$；镦粗时，$y=F_0/F=H_0/H$（式中：F_0、F 为坯料变形前后的截面积；L_0、L 为坯料变形前后的长度；H_0、H 为坯料变形前后的高度）。

7）模锻斜度（拔模斜度）

为了使锻件易于从模膛中取出，锻件与模膛侧壁接触部分需带一定斜度，锻件上这一斜度称为模锻斜度。

8）飞边与连皮

经模锻后，在锻件周边形成的一圈多余金属称为飞边。

带孔的模锻件在模锻时不能直接获得通孔，而在孔中留有一层较薄的金属，称为连皮。

9）凹档、台阶、法兰与余块

锻件的某一部分直径（或非圆形锻件的尺寸）小于其相邻两部分直径（或尺寸）的部分称为凹档。

轴类锻件的某一段直径（或非圆形锻件的尺寸）大于其相邻的一侧或两侧的直径（或尺寸）时，则大直径（尺寸）部分称为台阶。

锻件上的台阶部分长度为直径的 0.25～0.5 倍，而此直径至少为其相邻部分最大直径的 1.5 倍时的台阶称为法兰。

在锻件的某些难以锻出的部位添加一些大于余量的金属体积，以简化锻件的外形及制造过程，这种添加的金属体积称为余块，又称敷料。当零件上带有较小的凹挡、台阶、凸肩、法兰和孔时，皆需添加余块。

凹挡、台阶、法兰与余块如图 4-18 所示。

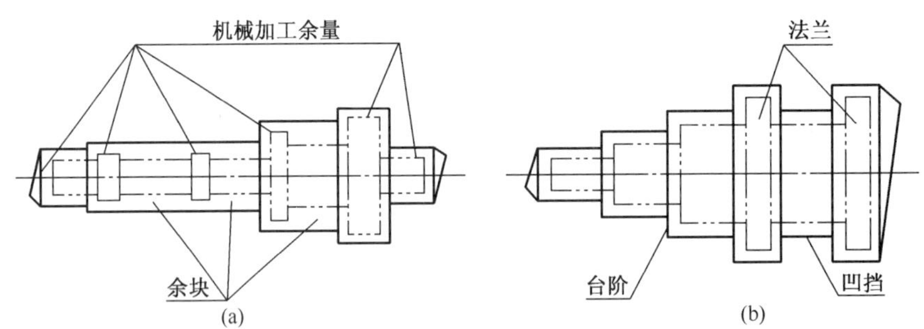

图 4-18　凹档、台阶、法兰与余块示意图

2. 自由锻件图

自由锻件图是以零件图为基础，加上余块（或敷料）、机械加工余量和锻件公差之后按机械制图的规则绘制而成的图形。

1）自由锻件图一般规定（GB/T 21469—2008）

（1）自由锻件机械加工余量与公差等级。自由锻件机械加工余量与公差等级分 F 级和 E 级，F 级用于一般精度要求的锻件，E 级用于较高精度的锻件。E 级往往需要特殊的工具和增加锻造加工费用，因此用于较大批量的生产。

（2）自由锻件的形状和位置公差。如无特殊要求，自由锻件的形状和位置公差均不得大于锻件的尺寸公差值。

（3）自由锻件图形表示及标注。自由锻件图形表示及标注如图 4－19 所示。

① 轴类零件（包括光轴、台阶轴和曲轴）锻件的长度基本尺寸可按 2 去 3 入、7 退 8 进的原则，将尾数简化为“0”或“5”mm。

② 绘制锻件图时，锻件的外形用粗实线表示，为了便于了解零件的形状和检查锻造后的实际余量，对某些形状复杂的零件或大批量生产的锻件，应在锻件图上用双点画线绘制出零件的主要轮廓形状。

③ 锻件的基本尺寸和公差标注在尺寸线上面，相应的零件尺寸标注在尺寸线下面的括号内。

④ 在锻件图上注明锻件的总长和各部分长度（凹档和最后锻造的那一部分长度可不必注长度）。注明各部分长度时应选择一个基面（直径最大的台阶或法兰），从基面开始向两个方向标注。带凹档的锻件可以选择几个基面，但基面的数目应该力求最少。

⑤ 在锻件图上还需注明一些特殊余块、热处理吊夹头、力学性能试验用的试棒、机械加工用的工艺夹头等的位置。

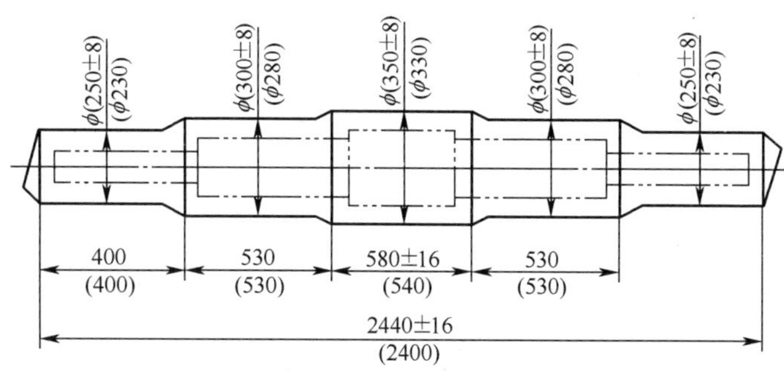

图 4－19　锻件图样的绘制

2）轴类自由锻件的机械加工余量和公差（GB/T 21471—2008）

以下所列自由锻件的机械加工余量和公差的规定适用于含碳量不超过 0.9%和其他合金成分总含量不超过 4%的碳素钢和合金钢。

（1）光轴类。光轴类包括圆形、方形、六角形、八角形或矩形（$B/H \leqslant 5$）截面等，光轴类自由锻件应符合 $L>2.5D$（或 A、B、S），如图 4－20 所示。

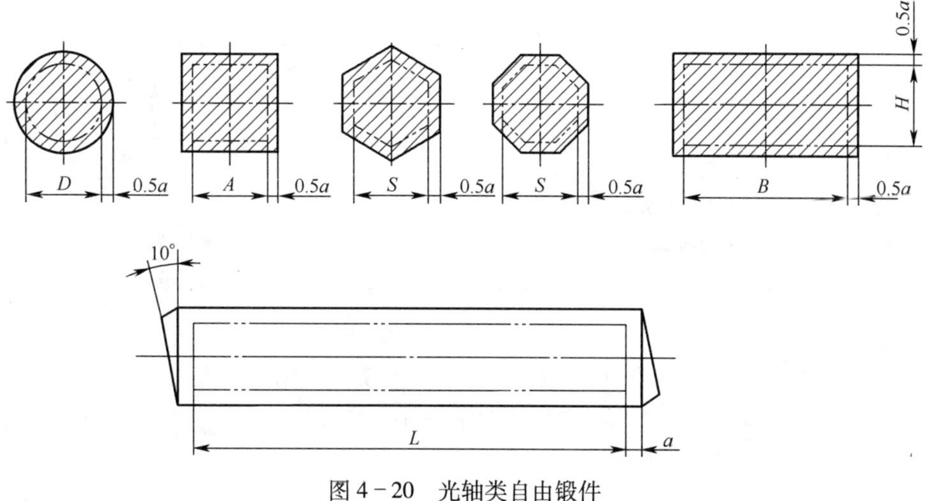

图 4－20　光轴类自由锻件

① 光轴类自由锻件的机械加工余量和公差见表4－9。

表4－9 光轴类自由锻件机械加工余量和公差 （单位:mm）

零件尺寸 D、A、S、B、H_p		零件长度 L						
		大于 1	315	630	1000	1600	2500	4000
		至 315	630	1000	1600	2500	4000	6000
		余量 a 与极限偏差						
大于	至	锻件精度等级 F						
0	40	7±2	8±3	9±3	12±4			
40	63	8±3	9±3	10±4	12±5	14±6		
63	100	9±3	10±4	11±4	13±5	14±6	17±7	
100	160	10±4	11±4	12±5	14±6	15±6	17±7	20±8
160	200		12±5	13±5	15±6	16±7	18±8	21±9
200	250		13±5	14±6	16±7	17±7	19±8	22±9
250	315			16±7	18±8	19±8	21±9	23±10
315	400			18±8	19±8	20±8	22±9	
大于	至	锻件精度等级 E						
0	40	6±2	7±3	8±3	11±4			
40	63	7±3	8±3	9±3	11±4	12±5		
63	100	8±3	9±3	10±4	12±5	13±5	16±7	
100	160	9±3	10±4	11±4	13±5	14±6	16±7	19±8
160	200		11±4	12±4	14±6	15±6	17±7	20±8
200	250		12±5	13±5	14±6	16±7	18±8	21±9
250	315			15±6	17±7	18±8	20±8	22±9
315	400			17±7	18±8	19±8	21±9	

注：1. 矩形截面 H 的余量，以 H_p 代替 H，$H_p=(B+H)/2$；

2. 零件尺寸大于以上范围的轴类锻件，其机械加工余量与公差应符合 JB/T 9179.2 的规定

② 一般说明。

a. 矩形截面光轴两边边长之比 $B/H>2.5$ 时，H 的余量 a 增加20%。

b. 当零件尺寸 L/D（或 L/B）>20 时，余量 a 增加30%。

c. 其余应符合 GB/T 21469 的规定。

d. 矩形截面光轴以较大的一边 B 和长度 L 查表 4-9 得 a，以确定 L 和 B 的余量。H 的余量 a 以长度 L 和计算值 $H_p=(B+H)/2$ 查表 4-9 确定。

③ 矩形截面光轴段尺寸的确定举例。

设零件尺寸 $B=200$mm，$H=100$mm，$L=3500$mm，要求锻件精度等级 F 级。

以 B 和 L 查表 4-9 得 $a=(18\pm8)$mm。

长度 L 的余量与极限偏差 $2a=(36\pm16)$mm，宽度 B 的余量与极限偏差为 $a=(18\pm8)$mm。

计算：$H_p=(B+H)/2=(200+100)/2=150$mm。

以 H_p 和 L 查表 4-9 得 $a=(18\pm8)$mm。

求得锻件的尺寸为：

$B_0=(200+18)\pm8=(218\pm8)$mm；

$H_0=(100+17)\pm7=(117\pm7)$mm；

$L_0=(3500+36)\pm16=(3536\pm16)$mm。

（2）圆形截面台阶轴类。圆形截面台阶轴类自由锻件总长度 L 与台阶最大直径 D 之比(L/D)应大于 2.5，如图 4-21 所示。确定圆形截面台阶轴类自由锻件的机械加工余量和公差时，要先考虑圆形截面台阶轴类的凸台、凹档及法兰锻出条件，不符合锻出条件的部位应添加余块。

① 台阶和凹档的锻出条件。

a. 锻件上台阶或凹档的锻出条件应符合图 4-21 和表 4-10 的规定。

b. 端部台阶长度 $L_1\geqslant 1$mm 时则应锻出。

c. 中间台阶长度 $L_2\geqslant 0.81$mm 时则应锻出。

d. 凹档长度 $L_3\geqslant 1.51$mm 时则应锻出。

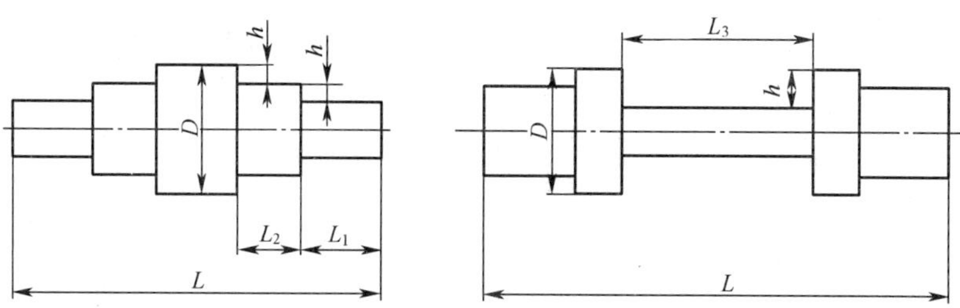

图 4-21 台阶和凹档的锻出条件

表 4-10 台阶和凹档的锻出条件 （单位：mm）

台阶高度 h		零件总长度 L		零件相邻台阶的直径 D							
				大于 0 至 40	大于 40 至 63	大于 63 至 100	大于 100 至 160	大于 160 至 200	大于 200 至 250	大于 250 至 315	大于 315 至 400
大于	至	大于	至	锻出台阶或凹档最小长度的计算基数 l							
5	8	0	315	100	120	140	160	180			
		315	630	140	160	180	210	240			
		630	1000	180	210	240	270	300			
		1000	1600	240	170	300	330	360			
		1600	2500		330	360	400	440			
		2500	4000			440	480	520			
		4000	6000				560	600			

（续）

台阶高度 h		零件总长度 L		零件相邻台阶的直径 D							
				大于 0	40	63	100	160	200	250	315
				至 40	63	100	160	200	250	315	400
大于	至	大于	至	锻出台阶或凹档最小长度的计算基数 l							
8	14	0	315	70	80	90	100	110	120	140	
		315	630	90	100	110	120	140	160	180	
		630	1000	110	120	140	160	180	210	240	
		1000	1600	140	160	180	210	240	270	300	
		1600	2500		210	240	270	300	330	360	
		2500	4000			300	330	360	400	440	
		4000	6000				400	440	480	520	
14	23	0	315		60	70	80	90	100	110	120
		315	630		80	90	100	110	120	140	160
		630	1000		100	110	120	140	160	180	210
		1000	1600		120	140	160	180	210	240	270
		1600	2500		160	180	210	240	270	300	330
		2500	4000			240	270	300	330	360	400
		4000	6000				330	360	400	440	480
23	36	0	315			60	70	80	90	100	
		315	630			80	90	100	110	120	140
		630	1000			100	110	120	140	160	180
		1000	1600			120	140	160	180	210	240
		1600	2500			160	180	210	240	270	300
		2500	4000			210	240	270	300	330	360
		4000	6000					330	360	400	440
36	55	0	315				60	70	80		
		315	630				80	90	100	110	
		630	1000				100	110	120	140	160
		1000	1600				120	140	160	180	210
		1600	2500				160	180	210	240	270
		2500	4000				210	240	270	300	330
		4000	6000					300	330	360	
55	75	0	315								
		315	630					80	90	100	110
		630	1000					100	110	120	140
		1000	1600					120	140	160	180
		1600	2500					160	180	210	240
		2500	4000					210	240	270	300
		4000	6000					270	300	330	360

② 法兰的最小锻出宽度。锻件上法兰的最小锻出宽度应符合图 4－22 和表 4－11 的规定。

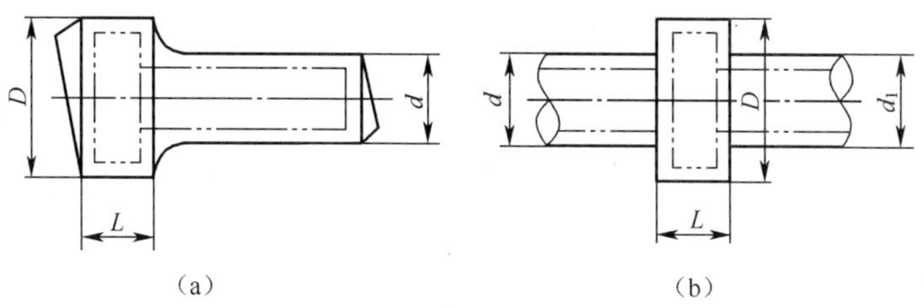

图 4－22 法兰的最小锻出宽度

(a)端部法兰;(b)中间法兰。

表 4－11 法兰的最小锻出宽度 (单位:mm)

与法兰相邻部分的直径 d		法兰直径 D							
		大于 0 至 40	大于 40 至 63	大于 63 至 100	大于 100 至 160	大于 160 至 200	大于 200 至 250	大于 250 至 315	大于 315 至 400
大于	至	锻出法兰最小宽度 L							
0	40	23/15	30/22	40/30	55/42				
40	50		26/20	36/28	50/39	65/51			
50	63		23/18	32/25	45/36	60/48	85/65		
63	80			28/22	40/33	55/45	80/60	110/80	
80	100			23/18	35/30	50/42	75/55	105/75	135/100
100	120				30/26	45/38	65/50	95/70	125/95
120	160					40/33	60/45	85/65	115/90
160	200						50/38	75/58	110/80
200	250							65/50	95/70
250	315								35/20

注:1. 表中分子数值适用于端部法兰,分母数值适用于中间法兰;

2. 中间法兰按法兰直径 D 与相邻较小直径 d 来确定其最小锻出宽度 L;

3. 法兰按台阶轴类锻件加放余量后其宽度值如小于表列数值则可增大至表 4－11 列数值

③ 圆形截面台阶轴类自由锻件的机械加工余量和公差应符合图 4－23 和表 4－12 的规定。

表 4－12 圆形截面台阶轴类自由锻件机械加工余量和公差 (单位:mm)

零件最大直径 D		零件长度 L						
		大于 1 至 315	大于 315 至 630	大于 630 至 1000	大于 1000 至 1600	大于 1600 至 2500	大于 2500 至 4000	大于 4000 至 6000
		余量 a 与极限偏差						
大于	至	锻件精度等级 F						
0	40	7±2	8±3	9±3	10±4			
40	63	8±3	9±3	10±4	12±5	13±5		
63	100	9±3	10±4	11±4	13±5	14±6	16±7	

（续）

零件最大直径 D		零件长度 L						
		大于 1 至 315	大于 315 至 630	大于 630 至 1000	大于 1000 至 1600	大于 1600 至 2500	大于 2500 至 4000	大于 4000 至 6000
		余量 a 与极限偏差						
大于	至	锻件精度等级 F						
100	160	10±4	11±4	12±5	14±6	15±6	17±7	19±8
160	200		12±5	13±5	15±6	16±7	18±8	20±8
200	250		13±5	14±6	16±7	17±7	19±8	21±9
250	315			16±7	18±8	19±8	21±9	23±10
315	400			18±8	19±8	20±8	22±9	
大于	至	锻件精度等级 E						
0	40	6±2	7±2	8±3	9±3			
40	63	7±2	8±3	9±3	11±4	12±5		
63	100	8±3	9±3	10±4	12±5	13±5	15±6	
100	160	9±3	10±4	11±4	13±5	14±6	16±7	18±8
160	200		11±4	12±4	14±6	15±6	17±7	19±8
200	250		12±5	13±5	15±6	16±7	18±8	20±8
250	315			15±6	17±7	18±8	20±8	21±9
315	400			17±7	18±8	19±8	21±9	
400	500				19±8	20±8		
注:零件尺寸大于以上范围的锻件,其机械加工余量与公差应符合 JB/T 9179.3 的规定								

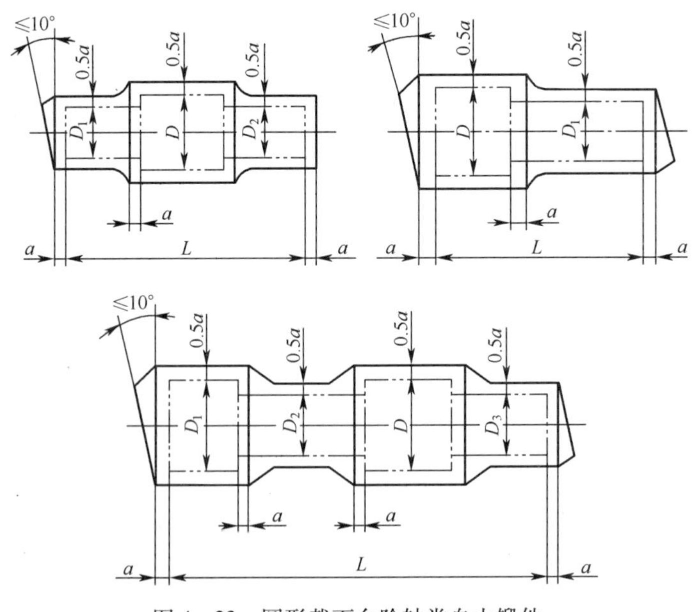

图 4-23　圆形截面台阶轴类自由锻件

④ 一般说明。

a. 各台阶直径和长度的余量按零件最大直径 D 和总长度 L 确定。

b. 当零件某部分的总长度 L 与其直径 D_i 之比大于 20 时，该直径 D_i 的余量增加 20%。

c. 当零件相邻两直径之比大于 2.5 时，可按节省材料的原则将其中一部分的直径（即较小直径）余量增加 20%。

d. 其余应符合 GB/T 21469 的规定。

（3）单曲拐轴类。

① 单曲拐轴类自由锻件机械加工余量与公差应符合图 4－24 及表 4－13 的规定，表 4－13 中所列数值适用于曲拐高度 H（或直径 D）≤500mm、曲拐长度 L≤600mm 范围。

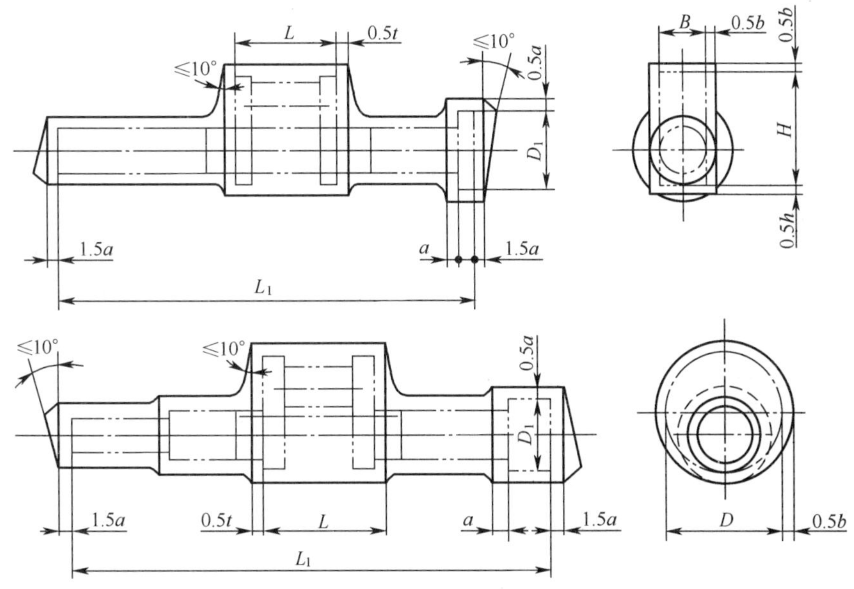

图 4－24　单曲拐轴类自由锻件

表 4－13　单曲拐轴类自由锻件机械加工余量和公差　　（单位：mm）

曲拐长度 L		曲拐高度（或直径 D）											
		大于	200		250			315			400		
		至	250		315			400			450		
		加工余量 b、h、t 与极限偏差											
		b	h	t	b	h	t	b	h	t	b	h	t
大于	至	锻件精度等级 F											
200	250	14±6	18±8	36±16	16±7	21±9	42±18						
250	315	16±7	21±9	42±18	18±8	23±10	46±20	20±8	26±11	52±23			
315	400				20±8	26±11	52±23	22±9	29±13	58±26	23±10	30±13	60±27
400	500				22±9	29±13	58±26	23±10	30±13	60±27	25±11	33±15	66±30
500	630							25±11	33±15	66±30	27±12	35±16	70±32
大于	至	锻件精度等级 E											
200	250	13±5	17±7	34±15	15±6	20±8	40±18						
250	315	15±6	20±8	40±18	17±7	22±9	44±19	19±8	25±11	50±22			
315	400				19±8	25±11	50±22	21±9	27±12	54±24	22±9	29±13	58±26
400	500				21±9	27±12	54±24	22±9	29±13	58±26	24±10	31±14	62±27
500	630							24±10	31±14	62±27	26±11	34±15	68±30

② 一般说明。

a. 曲拐部分的机械加工余量与公差按曲拐的高度 H(或直径)和长度 L 确定。

b. 圆柱部分(轴颈、轴尾和法兰)的机械加工余量与公差根据最大直径 D 和零件总长度 L_1 确定,a 按台阶轴类锻件的机械加工余量与公差(表 4－12)增大 20%。

c. 台阶、凹档与法兰锻出与否同台阶轴类。

d. 其余应符合 GB/T 21469 的规定。

(4) 锻件黑皮表面。锻件黑皮表面是指锻件不进行机械加工的表面,其断面直径或高度的偏差按表 4－14 的规定,其内孔直径或凹档深度的偏差按表 4－15 的规定,其长度偏差按表 4－16 的规定。

表 4－14　锻件黑皮表面断面直径或高度的极限偏差　(单位:mm)

零件最大直径或高度		锻件总长度 L					
		大于	0	630	1000	1600	2500	3150
		至	630	1000	1600	2500	3150	4000
大于	至	极限偏差(锻件精度等级 F 级/E 级)						
0	63	±3/±2		±4/±3	±5/±4	±5/±4		
63	100	±3/±2		±4/±3	±5/±4	±5/±4	±6/±5	
100	160	±4/±3		±5/±4	±5/±4	±6/±5	±6/±5	±7/±6
160	250	±4/±3		±5/±4	±6/±5	±6/±5	±7/±6	±8/±7
250	315	±5/±4		±6/±5	±6/±5	±7/±6	±8/±7	±9/±8
315	400	±5/±4		±6/±5	±7/±6	±8/±7	±9/±8	±9/±10
400	以上	±6/±5		±7/±6	±8/±7	±9/±8	±9/±8	±10/±9

表 4－15　锻件黑皮表面内孔直径或凹档深度的极限偏差　(单位:mm)

零件最大直径或高度		锻件总长度 L						
		大于	0	630	1000	1600	2500	3150
		至	630	1000	1600	2500	3150	4000
大于	至	极限偏差(锻件精度等级 F 级/E 级)						
0	63	±4/±3		±4/±3	±5/±4	±5/±4		
63	100	±4/±3		±5/±4	±5/±4	±6/±5	±7/±6	
100	160	±5/±4		±5/±4	±6/±5	±7/±6	±8/±7	±9/±8
160	250	±5/±4		±6/±5	±7/±6	±8/±7	±9/±8	±10/±9
250	315	±6/±5		±7/±6	±8/±7	±9/±8	±10/±9	±11/±10
315	400	±7/±6		±8/±7	±9/±8	±10/±9	±11/±10	±12/±11
400	以上	±8/±7		±9/±8	±10/±9	±11/±10	±12/±11	±13/±12

表 4-16　锻件黑皮表面长度的极限偏差　　(单位:mm)

零件最大直径或高度		锻件总长度 L						
		大于	0	630	1000	1600	2500	3150
		至	630	1000	1600	2500	3150	4000
大于	至	极限偏差(锻件精度等级 F 级/E 级)						
0	63	±6/±4		±8/±6	±10/±8	±10/±8		
63	100	±6/±4		±8/±6	±10/±8	±12/±10	±14/±12	
100	160	±8/±6		±10/±8	±12/±10	±14/±12	±14/±12	±16/±14
160	250	±10/±8		±12/±10	±14/±12	±14/±12	±16/±14	±16/±14
250	315	±12/±10		±14/±12	±14/±12	±16/±14	±16/±14	±18/±16
315	400	±12/±10		±14/±12	±16/±14	±16/±14	±18/±16	±18/±16
400	以上	±14/±12		±16/±14	±16/±14	±18/±16	±18/±16	±20/±18

3）盘、柱、环、套类自由锻件的机械加工余量和公差

（1）盘、柱类。

① 截面为圆形、矩形($A_1/A_2 \leqslant 2.5$)、六角形的盘类自由锻件尺寸应符合 $0.1D \leqslant H \leqslant D$(或 A_1、S);截面为圆形、矩形($A_1/A_2 \leqslant 2.5$)、六角形的柱类自由锻件尺寸符合 $D<H \leqslant 2.5D$(或 A_1、S),如图 4-25 所示。

② 盘、柱类自由锻件的机械加工余量与公差应符合表 4-17 的规定。

③ 其余应符合 GB/T 21469 的规定。

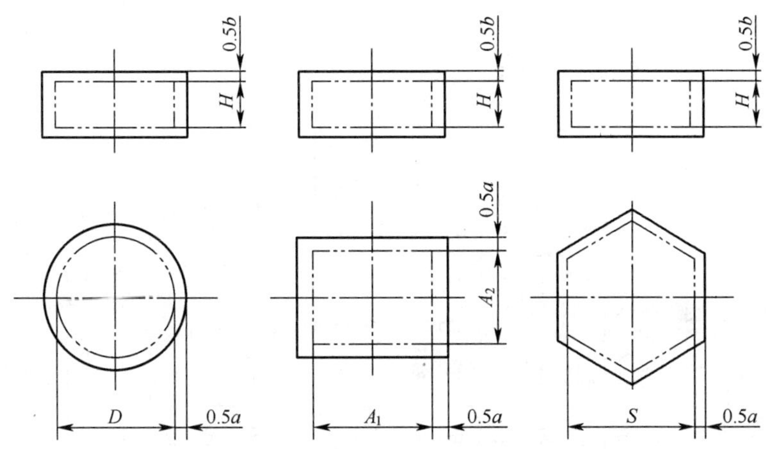

图 4-25　盘、柱类自由锻件

表 4－17　盘、柱类自由锻件机械加工余量与公差

（单位：mm）

零件尺寸 D（或 A_1、S）		零件高度 H																			
	大于	0		40		63		100		160		200		250		315		400		500	
	至	40		63		100		160		200		250		315		400		500		630	
		加工余量 a、b 与极限偏差																			
		a	b	a	b	a	b	a	b	a	b	a	b	a	b	a	b	a	b	a	b
大于	至	锻件精度等级 F																			
63	100	6±2	6±2	6±2	6±2	7±2	7±2	8±3	8±3	9±3	9±3	10±4	10±4								
100	160	7±2	6±2	7±2	6±2	8±3	7±2	8±3	8±3	9±3	9±3	10±4	10±4	12±5	12±5	14±6	14±6				
160	200	8±3	6±2	8±3	7±2	8±3	8±3	9±3	9±3	10±4	10±4	11±4	11±4	12±5	12±5	14±6	14±6	16±7	16±7		
200	250	9±3	7±2	9±3	7±2	9±3	8±3	10±4	9±3	11±4	10±4	12±5	12±5	13±5	13±5	15±6	16±6	18±8	18±8	20±8	20±8
250	315	10±4	8±3	10±4	8±3	10±4	9±3	11±4	10±4	12±5	11±4	13±5	12±5	14±6	14±6	16±7	16±7	19±8	19±8	22±9	22±9
315	400	12±5	9±3	12±5	9±3	12±5	10±4	13±5	11±4	14±6	12±5	15±6	13±5	16±7	15±6	18±8	18±8	21±9	21±9	24±10	24±10
400	500			14±6	10±4	14±6	11±4	15±6	12±5	16±7	14±6	17±7	15±6	18±8	17±7	20±9	19±8	23±10	23±10	27±12	27±12
500	630			17±7	13±5	18±8	14±6	19±8	15±6	20±8	16±7	21±9	17±7	22±9	19±8	23±10	22±9	26±11	25±11	30±13	30±13
大于	至	锻件精度等级 E																			
63	100	4±2	4±2	4±2	4±2	5±2	5±2	6±2	6±2	7±2	8±3	8±3	8±3								
100	160	5±2	4±2	5±2	5±2	6±2	6±2	6±2	7±2	7±2	8±3	8±3	10±4	10±4	10±4	12±5	12±5				
160	200	6±2	5±2	6±2	6±2	6±2	7±2	7±2	8±3	8±3	9±3	9±3	10±4	11±4	12±5	13±5	13±5	14±6	15±6		
200	250	6±2	6±2	7±2	6±2	7±2	7±2	8±3	8±3	9±3	10±4	10±4	11±4	11±4	12±5	13±5	14±6	15±6	16±7	18±8	18±8
250	315	8±3	7±2	8±3	8±3	8±3	8±3	9±3	9±3	10±4	10±4	11±4	12±5	12±5	13±5	14±6	15±6	17±7	18±8	20±8	20±8
315	400	10±4	8±3	10±4	8±3	10±4	9±3	11±4	11±4	12±5	12±5	13±5	13±5	14±6	14±6	16±7	17±7	19±8	20±8	23±10	23±10
400	500			12±5	10±4	12±5	11±4	13±5	12±5	14±6	13±5	15±6	14±6	16±7	16±7	19±8	18±8	22±9	22±9	26±11	26±11
500	600			16±7	12±5	16±7	13±5	17±7	14±6	18±8	15±6	19±8	17±7	20±8	19±8	23±10	22±9	26±11	25±11	30±13	30±13
注：零件尺寸大于以上范围的锻件，其机械加工余量与公差应符合 JB/T 9179.5 的规定																					

(2) 带孔圆盘类(GB/T 21470—2008)。

① 带孔圆盘类自由锻件尺寸应符合 $0.1D \leqslant H \leqslant 1.5D$、$d \leqslant 0.5D$,如图 4-26 所示。

② 带孔圆盘类自由锻件的最小冲孔直径应符合表 4-18 的规定。

③ 带孔圆盘类自由锻件的机械加工余量与公差应符合表 4-19 的规定。

④ 锻件高度与孔径之比大于 3 时,孔允许不冲出。

⑤ 其余应符合 GB/T 21469 的规定。

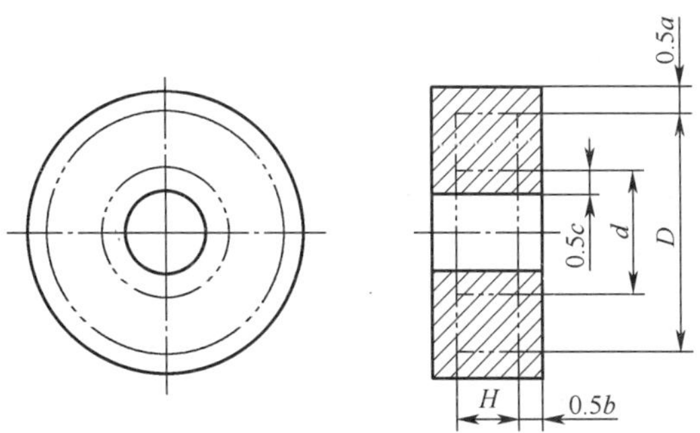

图 4-26 带孔圆盘类自由锻件

表 4-18 最小冲孔直径

锻锤吨位/t	≤0.15	0.25	0.5	0.75	1	2	3	5
最小冲孔直径 d/mm	30	40	50	60	70	80	90	100

(3) 圆环类(GB/T 21470—2008)。

① 圆环类自由锻件尺寸应符合 $0.1(D-d) \leqslant H \leqslant D$,如图 4-27 所示。

② 圆环类自由锻件的机械加工余量与公差应符合表 4-20 的规定。

③ 薄壁型圆环件,即零件尺寸符合 $(D-d)/2 \leqslant 40$mm 时,锻件的余量和公差按表 4-20 查出后,按下列要求适当增加:

a. 要求 F 级锻件精度的零件,按表 4-20 的余量增值系数 f 增加其高度 H 和内径 d 的余量,而外径的余量和公差不增加。

b. 要求 E 级锻件精度的零件,按表 4-20 的余量增值系数 f 增加其外径 D、高度 H 和内径 d 的余量。

c. 余量按增值系数增加后的锻件尺寸,其公差也要增加,公差的增值系数均为 1.2。

上述尺寸增加后的数值均按四舍五入化为整毫米(mm)数。

④ 其余应符合 GB/T 21469 的规定。

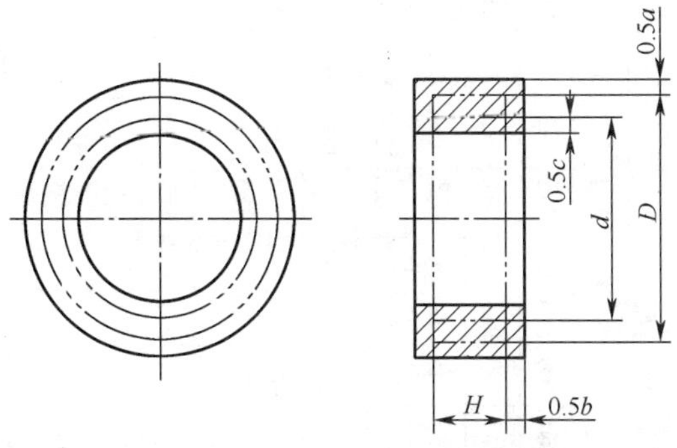

图 4-27 圆环类自由锻件

表 4－19　带孔圆盘类自由锻件机械加工余量与公差

（单位：mm）

零件直径 D		零件高度 H																											
		大于 0 至 40			大于 40 至 63			大于 63 至 100			大于 100 至 160			大于 160 至 200			大于 200 至 250			大于 250 至 315			大于 315 至 400			大于 400 至 500			大于 500 至 630		
		加工余量 a、b、c 与极限偏差																													
		a	b	c	a	b	c	a	b	c	a	b	c	a	b	c	a	b	c	a	b	c	a	b	c	a	b	c	a	b	c
大于	至	锻件精度等级 F																													
63	100	6±2	6±2	9±3	6±2	6±2	9±3	7±2	7±2	11±4	8±3	8±3	12±5																		
100	160	7±2	6±2	11±4	7±2	6±2	11±4	8±3	7±2	12±5	8±3	8±3	12±5	9±3	9±3	14±6	11±4	11±4	17±7												
160	200	8±3	6±2	12±5	8±3	7±2	12±5	8±3	8±3	12±5	9±3	9±3	14±6	10±4	10±4	15±6	12±5	12±5	18±8	13±5	13±5	20±8									
200	250	9±3	7±2	14±6	9±3	7±2	14±6	9±3	8±3	14±6	10±4	9±3	15±6	11±4	11±4	17±7	12±5	12±5	18±8	14±6	14±6	21±9	16±7	16±7	24±10						
250	315	10±4	8±3	15±6	10±4	8±3	15±6	10±4	9±3	15±6	11±4	10±4	17±7	12±5	11±4	18±8	13±5	12±5	20±8	14±6	14±6	21±9	16±7	16±7	24±10	18±8	18±8	27±12			
315	400	12±5	9±3	18±8	12±5	9±3	18±8	12±5	10±4	18±8	13±5	11±4	20±8	14±6	12±5	21±9	15±6	13±5	23±10	16±7	15±6	24±10	18±8	18±8	27±12	20±8	20±8	30±13	23±10	23±10	35±15
400	500				14±6	10±4	21±9	14±6	11±4	21±9	15±6	12±5	23±10	16±7	17±7	24±10	17±7	15±6	26±11	18±8	17±7	27±12	20±9	19±8	30±13	23±10	23±10	35±15	26±11	26±11	39±17
500	630				17±7	13±5	26±11	18±8	14±6	27±12	19±8	15±6	29±13	20±8	16±7	30±13	20±8	17±7	32±14	22±9	19±8	33±14	23±10	22±9	35±15	26±11	25±11	39±17	30±13	30±13	45±20
大于	至	锻件精度等级 E																													
63	100	4±2	4±2	6±2	4±2	4±2	6±2	5±2	5±2	8±3	7±2	7±2	11±4																		
100	160	5±2	4±2	8±3	5±2	5±2	8±3	6±2	6±2	9±3	6±2	7±2	9±3	8±3	8±3	12±5	10±4	10±4	15±6												
160	200	6±2	5±2	9±3	6±2	6±2	9±3	6±2	7±2	9±3	7±2	8±3	11±4	8±3	9±3	12±5	10±4	10±4	15±6	12±5	12±5	18±8									
200	250	6±2	6±2	9±3	7±2	6±2	11±4	7±2	7±2	11±4	8±3	8±3	12±5	9±3	10±4	14±6	10±4	11±4	15±6	12±5	12±5	18±8	14±6	14±6	21±9						
250	315	8±3	7±2	12±5	8±3	8±3	12±5	8±3	8±3	12±5	9±3	9±3	14±6	10±4	10±4	15±6	11±4	12±5	17±7	12±5	13±5	18±8	15±6	15±6	23±10	17±7	17±7	26±11			
315	400	10±4	8±3	15±6	10±4	8±3	15±6	10±4	9±3	16±6	11±4	10±4	17±7	12±5	12±5	18±8	13±5	13±5	20±8	14±6	14±6	21±9	16±7	17±7	24±10	19±8	19±8	29±13	22±9	22±9	33±14
400	500				12±5	10±4	18±8	12±5	11±4	18±8	13±5	12±5	20±8	14±6	13±5	21±9	15±6	14±6	23±10	16±7	16±7	24±10	19±8	18±8	29±17	22±9	22±9	33±14	25±11	25±11	38±17
500	630				16±7	12±5	24±10	16±7	13±5	24±10	17±7	14±6	26±11	18±8	15±6	27±12	18±8	17±7	29±13	20±8	19±8	30±13	23±10	22±9	35±15	26±11	25±11	39±17	30±13	30±13	45±20

注：零件尺寸大于以上范围的锻件，其机械加工余量与公差应符合 JB/T 9179.4 的规定

表 4-20 圆环类自由锻件机械加工余量与公差

（单位:mm）

零件直径 D		零件高度 H																														零件壁厚 $(D-d)/2$					
	大于	0			40			63			100			160			200			250			315			400			500								
	至	40			63			100			160			200			250			315			400			500			630								
		加工余量 a、b、c 与极限偏差																														大于 0	4	6.3	10	16	25
		a	b	c	a	b	c	a	b	c	a	b	c	a	b	c	a	b	c	a	b	c	a	b	c	a	b	c	a	b	c	至 4	6.3	10	16	25	40
大于	至	锻件精度等级 F																														余量增值系数 f					
60	100	7±2	6±2	9±3	7±2	6±2	9±3	8±3	7±2	10±4																						1.4	1.3				
100	160	8±3	6±2	10±4	8±3	6±2	10±4	9±3	7±2	12±5	10±4	8±3	13±5																			1.6	1.3	1.2			
160	200	9±3	6±2	12±5	9±3	6±2	12±5	10±4	7±2	13±5	11±4	8±3	14±6	12±5	10±4	16±7																1.6	1.4	1.3	1.2		
200	250	10±4	6±2	13±5	11±4	6±2	14±6	11±4	7±2	14±6	13±5	8±3	16±7	13±5	10±4	17±7	14±6	12±5	18±8													1.6	1.4	1.3	1.2		
250	315	11±4	6±2	14±6	12±5	7±2	16±7	13±5	7±2	17±7	14±6	8±3	18±8	15±6	10±4	20±8	16±7	12±5	21±9	17±7	14±6	22±9										1.7	1.6	1.4	1.3	1.2	
315	400	13±5	8±3	17±7	14±6	8±3	18±8	15±6	9±3	20±8	16±7	10±4	21±9	17±7	11±4	22±9	18±8	13±5	23±10	19±8	15±6	25±11	21±9	18±8	27±11							1.7	1.6	1.4	1.3	1.2	
400	500	16±7	9±3	21±9	17±7	10±4	22±9	18±8	11±4	23±10	19±8	12±5	25±11	20±8	13±5	26±11	21±9	14±6	27±11	22±9	16±7	29±12	24±10	19±8	31±13	26±11	23±10	34±14				1.8	1.7	1.6	1.4	1.3	1.2
599	630				20±8	12±5	26±11	21±9	13±5	27±12	22±9	14±6	29±13	23±10	15±6	30±13	24±10	16±7	31±13	26±11	18±8	34±14	27±12	21±9	35±16	29±13	24±10	38±17	32±14	30±13	42±18	1.8	1.7	1.6	1.4	1.3	1.2
大于	至	锻件精度等级 E																														余量增值系数 f					
60	100	5±2	5±2	5±2	5±2	5±2	5±2	6±2	6±2	6±2																						1.4	1.3				
100	160	6±2	5±2	6±2	6±2	5±2	6±2	7±2	6±2	7±2	8±3	7±2	8±3																			1.5	1.3	1.2			
160	200	7±2	5±2	7±2	7±2	5±2	7±2	8±3	6±2	8±3	9±3	7±2	9±3	10±4	9±3	10±4																1.5	1.4	1.3	1.2		
200	250	8±3	6±2	8±3	8±3	6±2	8±3	9±3	6±2	9±3	10±4	7±2	10±4	11±4	9±3	11±4	12±5	11±4	12±5													1.5	1.4	1.3	1.2		
250	315	9±3	6±2	9±3	10±4	6±2	10±4	10±4	7±2	10±4	12±5	8±3	12±5	13±5	9±3	13±5	14±6	11±4	14±6	15±6	13±5	15±6										1.6	1.5	1.4	1.3	1.2	
315	400	11±4	7±2	11±4	12±5	8±3	12±5	13±5	8±3	13±5	14±6	9±3	14±6	15±6	10±4	15±6	17±7	12±5	17±7	18±8	14±6	18±8	20±8	17±7	20±8							1.6	1.5	1.4	1.3	1.2	
400	500	13±5	9±3	13±5	14±6	9±3	14±6	15±6	10±4	15±6	16±7	11±4	16±7	18±8	12±5	18±8	19±8	13±5	19±8	20±8	15±6	20±8	22±9	18±8	22±9	25±11	23±10	25±11				1.7	1.6	1.5	1.4	1.3	1.2
500	630				17±7	11±4	17±7	18±8	12±5	18±8	19±8	13±5	19±8	21±9	14±6	21±9	22±9	15±6	22±9	24±10	17±7	24±10	25±11	20±8	25±11	27±12	24±10	27±12	31±14	30±13	31±14	1.7	1.6	1.5	1.4	1.3	1.2

注:零件尺寸大于以上范围的锻件,其机械加工余量与公差应符合 JB/T 9179.8 的规定

⑤ 圆环类自由锻件尺寸计算实例。

设圆环类零件尺寸 $D=280$mm，$d=260$mm，$H=145$mm，分别按 F 级和 E 级锻件精度的零件计算锻件尺寸。

a. 按 F 级锻件精度的零件计算锻件尺寸。

查表 4-20 得，$a=(14\pm6)$ mm，$b=(8\pm3)$ mm，$c=(18\pm8)$ mm。

壁厚 $=(D-d)/2=(280-260)/2=10$mm，查表 4-20 得余量增值系数 $f=1.4$mm。

外径的余量和公差不增加，$a=(14\pm6)$ mm。

高度的余量：$b\cdot f=8\times1.4=11.2\approx11$mm；公差：$\pm3\times1.2=\pm3.6\approx\pm4$mm。

内径的余量：$c\cdot f=18\times1.4=25.2\approx25$mm；公差：$\pm8\times1.2=\pm9.6\approx\pm10$mm。

求得锻件尺寸为 $D_0=(280+14)\pm6=(294\pm6)$ mm，$H_0=(145+11)\pm4=(156\pm4)$ mm，$d_0=(260-25)\pm10=(235\pm10)$ mm。

b. 按 E 级锻件精度的零件计算锻件尺寸。

查表 4-20 得，$a=(12\pm5)$ mm，$b=(8\pm3)$ mm，$c=(12\pm5)$ mm。

壁厚 $=(D-d)/2=(280-260)/2=10$mm，查表 4-20 得余量增值系数 $f=1.4$mm。

外径的余量：$a\cdot f=12\times1.4=16.8\approx17$mm；公差：$\pm5\times1.2=\pm6$mm。

高度的余量：$b\cdot f=8\times1.4=11.2\approx11$mm；公差：$\pm3\times1.2=\pm3.6\approx\pm4$mm。

内径的余量：$c\cdot f=12\times1.4=16.8\approx17$mm；公差：$\pm5\times1.2=\pm6$mm。

求得锻件尺寸为 $D_0=(280+17)\pm6=(297\pm6)$ mm，$H_0=(145+11)\pm4=(156\pm4)$ mm，$d_0=(260-17)\pm6=(243\pm6)$ mm。

(4) 套筒类(GB/T 21470—2008)。

① 套筒类自由锻件尺寸应符合 $D<H\leqslant2D$，如图 4-28 所示。

② 套筒类自由锻件的机械加工余量与公差应符合表 4-21 的规定。

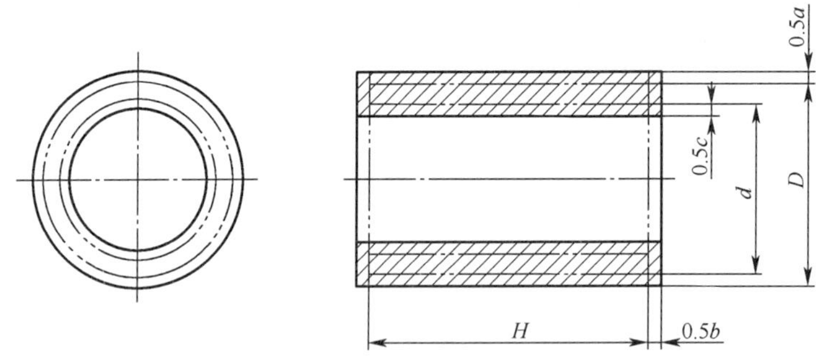

图 4-28 套筒类自由锻件

③ 薄壁套筒件，即零件壁厚尺寸符合 $(D-d)\leqslant40$mm 时，锻件的余量和公差按表 4-21 查出后，按下类要求适当增加：

a. 要求 F 级锻件精度的零件，按表 4-21 的余量增值系数 f 增加其高度 H 和内径 d 的余量，而外径 D 的余量和公差不增加。

b. 要求 E 级锻件精度的零件，按表 4-21 的余量增值系数 f 增加其外径 D、高度 H 和内径 d 的余量。

c. 余量按增值系数增加后的锻件，其公差也要增加，公差的增值系数均为 1.3。

上述尺寸增加后的数值均按四舍五入化为整毫米(mm)数。

④ 其余应符合 GB/T 21469 的规定。

表 4－21　套筒类自由锻件机械加工余量与公差

（单位：mm）

零件直径 D		零件高度 H																					零件壁厚 (D−d)/2						
		大于	100		160			200			250			313			400			500									
		至	160		200			250			315			400			500			630									
		加工余量 a、b、c 与极限偏差																					大于	0	4	6.3	10	16	25
		a	b	c	a	b	c	a	b	c	a	b	c	a	b	c	a	b	c	a	b	c	至	4	6.3	10	16	25	40
大于	至	锻件精度等级 F																					余量增值系数 f						
100	160	10±4	8±3	13±5	10±4	12±5	13±5	11±4	16±7	14±6	12±5	23±10	16±7	13±5	33±15	17±7								1.9	1.6	1.3	1.1		
160	200				12±5	10±4	16±7	13±5	13±5	17±7	14±6	18±8	18±8	15±6	27±12	20±8								2	1.7	1.4	1.2		
200	250							14±6	12±5	18±8	15±6	16±7	20±8	17±7	23±10	22±9	18±8	33±15	23±10					2	1.7	1.4	1.2		
250	315										17±7	14±6	22±9	19±8	20±8	25±11	20±8	28±12	26±11	23±10	38±17	30±13		2.2	1.9	1.6	1.3	1.1	
315	400													21±9	18±8	27±12	23±10	24±10	30±13	26±11	34±15	34±15		2.2	1.9	1.6	1.3	1.1	
400	500																26±11	23±10	34±15	29±13	30±13	38±17		2.3	2	1.9	1.6	1.3	1.1
500	630																			32±14	30±13	42±18		2.3	2.2	1.9	1.6	1.3	1.2
大于	至	锻件精度等级 E																					余量增值系数 f						
100	160	8±3	7±2	8±3	8±3	11±4	8±3	9±3	16±7	9±3	10±4	23±10	10±4	12±5	33±15	12±5								1.7	1.5	1.3	1.1		
160	200				10±4	9±3	10±4	11±4	13±5	11±4	12±5	18±8	12±5	14±6	27±12	14±6								1.8	1.6	1.4	1.2		
200	250							12±5	11±4	12±5	14±6	16±7	14±6	15±6	23±10	15±6	17±7	33±15	17±7					1.8	1.6	1.4	1.2		
250	315										15±6	13±5	15±6	17±7	20±8	17±7	19±8	28±12	19±8	21±9	38±17	21±9		1.9	1.7	1.5	1.3	1.1	
315	400													20±8	17±7	20±8	22±9	24±10	22±9	24±10	34±15	24±10		1.9	1.7	1.5	1.3	1.1	
400	500																25±11	23±10	25±11	27±12	30±13	27±12		2	1.8	1.7	1.5	1.3	1.2
500	630																			31±14	30±13	31±14		2	1.9	1.7	1.5	1.3	1.2

注：零件尺寸大于以上范围的锻件，其机械加工余量与公差应符合 JB/T 9179.7 的规定

⑤ 套筒类自由锻件尺寸计算实例。

设圆环类零件尺寸 $D=280\text{mm}$，$d=260\text{mm}$，$H=380\text{mm}$。分别按 F 级和 E 级锻件精度的零件计算锻件尺寸。

a. 按 F 级锻件精度的零件计算锻件尺寸。

查表 4－21 得，$a=(19\pm8)\text{mm}$，$b=(20\pm8)\text{mm}$，$c=(25\pm11)\text{mm}$。

壁厚 $=(D-d)/2=(280-260)/2=10\text{mm}$，查表 4－21 得余量增值系数 $f=1.6\text{mm}$。

外径的余量和公差不增加，$a=(19\pm8)\text{mm}$。

高度的余量：$b\cdot f=20\times1.6=32\text{mm}$；公差：$\pm8\times1.3=\pm10.4\approx\pm10\text{mm}$。

内径的余量：$c\cdot f=25\times1.6=40\text{mm}$；公差：$\pm11\times1.3=\pm14.3\approx\pm14\text{mm}$。

求得锻件尺寸为 $D_0=(280+19)\pm8=(299\pm8)\text{mm}$，$H_0=(412+32)\pm10=(444\pm10)\text{mm}$，$d_0=(260-40)\pm14=(220\pm14)\text{mm}$。

b. 按 E 级锻件精度的零件计算锻件尺寸。

查表 4－21 得，$a=(17\pm7)\text{mm}$，$b=(20\pm8)\text{mm}$，$c=(17\pm7)\text{mm}$。

壁厚 $=(D-d)/2=(280-260)/2=10\text{mm}$，查表 4－21 得余量增值系数 $f=1.5\text{mm}$。

外径的余量：$a\cdot f=17\times1.5=25.5\approx26\text{mm}$；公差：$\pm7\times1.3=\pm9.1\approx\pm9\text{mm}$。

高度的余量：$b\cdot f=20\times1.5=30\text{mm}$；公差：$\pm8\times1.3=\pm10.4\approx\pm10\text{mm}$。

内径的余量：$c\cdot f=17\times1.5=25.5\approx26\text{mm}$；公差：$\pm7\times1.3=\pm9.1\approx\pm9\text{mm}$。

求得锻件尺寸为 $D_0=(280+26)\pm9=(306\pm9)\text{mm}$，$H_0=(380+30)\pm10=(410\pm10)\text{mm}$，$d_0=(260-26)\pm9=(234\pm9)\text{mm}$。

3. 自由锻件坯料的确定

1）确定坯料的质量

坯料质量计算公式为

$$G_{坯}=G_{锻}+G_{烧}+G_{芯}+G_{切}+G_{特}$$

式中 $G_{坯}$——坯料质量(kg)；

$G_{锻}$——锻件质量；

$G_{烧}$——烧损量；

$G_{芯}$——冲孔芯料量；

$G_{切}$——切头质量；

$G_{特}$——特殊工艺耗损量。

$G_{烧}$、$G_{芯}$、$G_{切}$、$G_{特}$总称为锻造工艺废料，除 $G_{烧}$外，不是每个坯料都有，它们可用公式计算，也可按经验数据估算。对于小型锻件，为了计算方便，将 $G_{烧}$、$G_{芯}$、$G_{切}$合并在一起，用总耗损系数 K 表示，即

$$G_{坯}=(1+K)G_{锻}$$

式中 K——总损耗系数，见表 4－22。

表 4－22 锻造总损耗系数 K

锻件种类	头道工序	K/%	锻件种类	头道工序	K/%
圆盘、短圆柱、短方柱、方块类	镦粗	2~3	台阶轴、带有凹档类	拔长	7~12
带孔圆盘和方块	镦粗	3~5	连杆、叉子和拉杆类	拔长	16~26
套筒、圆环、方套和法兰盘	镦粗	8~10	曲轴、偏心轴类	拔长	18~30

2）确定坯料的尺寸或规格

坯料的尺寸取决于锻件锻造头道工序属于镦粗还是拔长。

（1）头道工序采用镦粗锻造。对于头道工序采用镦粗锻造的情况，为了避免镦粗时产生弯曲及方便下料，坯料下料高度 H 与直径 D（或边长 A）的关系应满足

$$1.25D(\text{或}A) \leqslant H \leqslant 2.5D(\text{或}A)$$

代入圆截面坯料

$$G_{坯} = \rho \frac{\pi}{4} D^2 H$$

方截面坯料

$$G_{坯} = \rho A^2 H$$

得圆坯料直径

$$D \approx (0.8 \sim 1) \sqrt[3]{\frac{G_{坯}}{\rho}}$$

方坯料边长

$$A \approx (0.75 \sim 0.9) \sqrt[3]{\frac{G_{坯}}{\rho}}$$

式中 H——坯料的高度（dm）；

D——坯料的直径（dm）；

A——坯料的边长（dm）；

$G_{坯}$——坯料的质量（kg）；

ρ——坯料的密度（钢材 $\rho = 7.85\text{kg/dm}^3$）。

初步确定了 D（或 A）之后，再根据标准材料规格，选择比较合适的直径（或边长），最后根据坯料质量和选用的直径（或边长）求得坯料高度 H，即下料长度，计算公式为

$$H = \frac{G_{坯}}{\rho A^2} \text{ 或 } H = \frac{G_{坯}}{\rho \frac{\pi}{4} D^2}$$

选定锻压设备后，坯料高度还要考虑锻压设备行程高度，一般坯料高度应小于锻压设备最大行程的 0.75 倍。

（2）头道工序采用拔长锻造。对于头道工序采用拔长锻造的情况，所用坯料的横截面积 $F_{坯}$ 的大小应保证满足技术要求所规定的锻造比 Y，即

$$F_{坯} \geqslant Y F_{锻}$$

式中 Y——锻造比，对于以非合金钢作为坯料且头道工序采用拔长方法锻制的锻件，锻造比一般不小于 2.5~3，如果采用型材作为坯料，锻造比可取 1.3~1.5；

$F_{锻}$——锻件上拔长部分的最大横截面积。

根据坯料的横截面积 $F_{坯}$，即可算出坯料的直径或边长，同样再根据标准材料规格，选择比较合适的直径（或边长），最后根据坯料质量和选用的直径（或边长）求得坯料高度 H。

3）锻件毛坯下料长度尺寸偏差

用剪床、冲床下料坯料偏差见表 4－23。

表 4－23　剪床、冲床下料坯料偏差（GB/T 4214—1986）　（单位：mm）

坯料直径或边长 \ 坯料长度	≤100	>100～160	>160～250	>250～400	>400～630	>630～1000	>1000
≤30	±1	±1	+2 −1	+2 −1	±2	±2	+3 −2
30～50	±1	+2 −1	+2 −1	±2	±2	+3 −2	±3
50～80	+2 −1	+2 −1	±2	±2	+3 −2	±3	+4 −3
80～125		±2	±2	+3 −2	±3	+4 −3	+5 −3
>125		±2	+3 −2	±3	+4 −3	+5 −3	+5 −4

锯床下料按长度验收的坯料，其长度以两端面之间的短边为准，其长度偏差不大于±2mm，端面斜角度小于3°。

4. 模锻件图

1）模锻件图绘制时应考虑的问题

模锻件图是根据零件图来绘制的，绘制模锻件图时应考虑以下问题：

（1）确定分模面和余块的位置。

（2）确定加工余量和余块的大小及锻件公差。

（3）确定模锻斜度、圆角半径及冲孔连皮。

（4）确定锻件金属流线分布、模锻方法及锻件的机械加工等问题。

（5）需考虑锻件机械试样的位置、打标号的地方、锻件的钢号、所用设计和技术条件等。

2）模锻件图的绘制规则

模锻件图的绘制基本上和自由锻件图相同，不同的是模锻件图上的尺寸公差不必逐个标出，可在技术条件中加以注明。凡是影响锻件质量又不便在锻件图上表示出来的技术要求，都应在模锻件的技术条件中加以说明。模锻件的技术条件通常包括以下几项：

（1）未注公差、模锻斜度、圆角半径。为使锻件图图面清楚，可以把锻件中最通用的模锻斜度和圆角半径在技术条件中统一注明，而不必注在图面上。

（2）锻后热处理方式及硬度要求。对于需要热处理的锻件，模锻件图中应注明热处理方式及硬度。

（3）锻件表面质量。锻件表面质量包括允许的表面缺陷深度、允许留有的残余飞边宽度等。

（4）其他要求。其他要求包括上、下模允许错移量，锻件同轴度、弯曲度等。

模锻图有两种：一种是检验用的锻件图，又称冷锻件图，用来设计模锻工艺过程、锻模和辅助工具，验收锻件及设计检验锻件用的样板和量具，并作为设计锻件机械加工工艺的依据；另一种是制模用的锻件图，又称热锻件图，它是制造锻模模膛的依据，绘制在锻模图纸上。热模锻图是在冷锻件图的全部尺寸上加放冷缩率后制成的，没有尺寸公差，不必绘出零件的轮廓线，但要保留冲孔连皮。

3）模锻工艺相关标准简介

（1）钢质模锻件通用技术条件（GB/T 12361—2003）。本标准规定了钢质模锻件的分类、技术要求、试验方法、检验规则和交付条件；本标准适用于模锻锤、热模压力机、螺旋压力机、平锻机等锻压设备生产的结构钢模锻件，其他钢种的锻件亦可参照使用；本标准作为产品设计部门确定锻件技术要求和供需双方签订技术协议的依据，也可作为锻件的验收依据。

（2）锻模术语（GB/T 9453—2008）。本标准规定了锻模的常用术语；本标准适用于锻模常用术语的理解和使用。

（3）钢质模锻件公差及机械加工余量（GB/T 12362—2003）。本标准规定了钢质模锻件的公差、机械加工余量及其使用原则；本标准适用于模锻件、热模锻压力机和平锻机等锻压设备生产的结构钢锻件，其他钢种的锻件亦可参照使用；本标准适用于质量≤250kg、长度（最大尺寸）≤2500mm 的锻件。

（4）钢质模锻件结构要素（JB/T 9177—1999）。本标准规定了钢质热模锻件"收缩截面、齿轮轮辐、曲轴的凹槽圆角半径""最小底厚""最小壁厚、筋宽及筋端圆角半径""最小冲孔直径、盲孔及连皮厚度"及"最小腹板厚度"的设计参数和模锻件尺寸标注及测量方法；本标准适用于模锻件、热模锻压机、螺旋压力机上生产的钢质热模锻件。

第三节　型材毛坯的设计

原型材是指利出冶金材料厂提供的各种截面的棒料、丝料、板料或其他形状截面的型材，经过下料以后直接送往加工车间进行表面加工的毛坯。原型材毛坯的设计包括型材规格的选择及下料尺寸和公差的确定。原型材的主要下料方式有剪切法、锯切法、薄片砂轮切割法和火焰切割法。圆棒料型材毛坯直径选用见表 4-24～表 4-26，下料尺寸和公差的确定可参考第六章第一节。

表 4-24　热轧钢圆棒料型材外圆直径的选用　（单位：mm）

零件基本尺寸 d	零件的长度与基本尺寸之比				零件基本尺寸 d	零件的长度与基本尺寸之比			
	≤4	>4～8	>8～12	>12～20		≤4	>4～8	>8～12	>12～20
	毛坯的直径					毛坯的直径			
5	7	7	8	8	37	40	42	42	42
6	8	8	8	8	38	42	42	42	43
10	12	12	13	13	42	45	48	48	48
11	14	14	14	14	44	48	48	50	50
12	14	14	15	15	45	48	48	50	50
14	16	16	17	18	46	50	52	52	52
16	18	18	18	19	50	54	54	55	55
17	19	19	20	21	55	58	60	60	60
18	20	20	21	22	60	65	65	65	70
19	21	21	22	23	65	70	70	70	75
20	22	22	23	24	70	75	75	75	80
21	24	24	24	25	75	80	80	85	85
22	25	25	26	26	80	85	85	90	90
25	28	28	28	30	85	90	90	95	95
27	30	30	32	32	90	95	95	100	100
28	32	32	32	32	95	100	105	105	105
30	33	33	34	34	100	105	110	110	110
32	35	35	36	36	110	115	120	120	120
33	36	38	38	38	120	125	125	130	130
35	38	38	39	39	130	140	140	140	140
36	39	40	40	40	140	150	150	150	150

注：1. 带台阶的轴如最大直径接近中间部分，应按最大直径选择毛坯的直径，如最大直径接近于端部，毛坯直径可以小些；
2. 确定毛坯直径时，应先考虑本厂中常用的轧制材料的种类和尺寸

表 4-25　易切削钢圆棒料外圆直径的选择(车后不磨)　(单位:mm)

零件基本尺寸 d	零件的长度与基本尺寸之比					零件基本尺寸 d	零件的长度与基本尺寸之比				
	≤4	>4~8	>8~12	>12~16	>16~20		≤4	>4~8	>8~12	>12~16	>16~20
	毛坯的直径						毛坯的直径				
4	5	5	5	5	5	24	26	26	26	26	26
5	6	6	6	6	6	25	27	27	27	27	27
6	7	7	7	7	7	28	30	30	30	30	30
7	8	8	8	8	8	30	32	32	32	32	32
8	9	9	9	9	9	32	34	34	34	34	34
9	10	10	10	10	10	35	38	38	38	38	38
10	11	11	11	11	11	38	40	40	40	40	40
11	12	12	12	12	12	40	42	42	42	42	42
12	13	13	13	13	13	42	44	44	44	44	44
13	14	14	14	14	14	45	47	47	47	47	47
14	15	15	15	15	15	48	50	50	50	50	50
15	16	16	16	16	16	50	52	52	52	52	52
16	17	17	17	17	17	52	55	55	55	55	55
17	18	19	19	19	19	55	58	58	58	58	58
18	19	20	20	20	20	58	61	61	61	61	61
19	21	21	21	21	21	60	64	64	64	64	64
20	22	22	22	22	22	65	69	69	69	69	69
22	24	24	24	24	24	70	75	75	75	75	75
23	25	25	25	25	25	80	85	85	85	85	85

注:带台阶的轴如最大尺寸接近于中间部分,应按最大直径选择毛坯;如最大直径接近于端部,毛坯直径可以小些

表 4-26　易切削钢圆棒料型材外圆直径的选择(车后需淬火及磨)　(单位:mm)

零件基本尺寸 d	零件的长度与基本尺寸之比					零件基本尺寸 d	零件的长度与基本尺寸之比				
	≤4	>4~8	>8~12	>12~16	>16~20		≤4	>4~8	>8~12	>12~16	>16~20
	毛坯的直径						毛坯的直径				
4	5.6	5.6	5.6	5.6	5.6	24	26	26	26	26	26
5	6.5	6.5	6.5	6.5	6.5	25	27	27	27	27	27
6	7.5	7.5	7.5	7.5	7.5	28	30	30	30	30	30
7	8.8	8.8	8.8	8.8	8.8	30	32	32	32	32	32
8	9.5	9.5	9.5	9.5	9.5	32	34	34	34	34	34
9	11	11	11	11	11	35	38	38	38	38	38
10	12	12	12	12	12	38	40	40	42	42	42
11	12.5	12.5	12.5	12.5	12.5	40	42	42	44	44	44
12	14	14	14	14	14	42	44	45	45	45	45
13	15	15	15	15	15	45	47	48	48	48	48
14	16	16	16	16	16	48	50	52	52	52	52
15	17	17	17	17	17	50	52	55	55	55	55
16	18	18	18	18	18	52	55	55	55	55	55
17	19	19	19	19	19	55	58	58	58	58	58
18	20	20	20	20	20	60	64	64	64	64	64
19	21	21	21	21	21	65	68	68	68	68	68
20	22	22	22	22	22	70	75	75	75	75	75
22	24	24	24	24	24	80	85	85	85	85	85
23	25	25	25	25	25						

注:带台阶的轴如最大尺寸接近于中间部分,应按最大直径选择毛坯;如最大直径接近于端部,毛坯直径可以小些

5 第五章　机械加工工艺路线的拟定

第一节　工件定位与装夹

在机械加工中，工件被加工表面的尺寸、形状和位置精度，取决于刀具和机床的正确位置和相对运动。确定工件在机床上（或通过夹具安装在机床上）占有正确位置的过程称为定位。为防止在加工过程中因受切削力、惯性力、重力等的作用破坏定位，工件定位后应将其固定，使之在加工过程中保持正确位置不变的操作称为夹紧。定位和夹紧统称为安装，也称装夹。

确定毛坯后，下一步需要考虑如何装夹工件，工件在机床上的装夹方式不同，其加工过程是不同的。如图 5－1 所示，加工轴类零件可用三爪卡盘装夹，也可在轴两头打上中心孔，用双顶尖装夹，其加工过程显然不同。

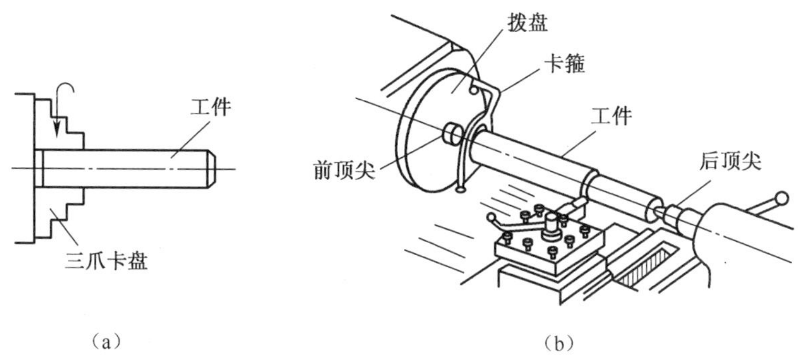

图 5－1　轴类零件车床装夹方式

（a）三爪卡盘装夹；（b）双顶尖装夹。

1. 基准概念

基准是在设计图中或实际零件上用于确定一些点、线、面的位置所依据的那些点、线、面。按照基准的作用不同，基准可分为设计基准和工艺基准两大类。

1）设计基准

零件工作图上用来确定其他点、线、面位置的基准为设计基准。设计基准除可采用零件上实际表面或表面上的线以外，还可以是零件表面的几何中心、对称面或对称线等。

2）工艺基准

在加工、测量和装配过程中使用的基准称为工艺基准，又称制造基准。根据用途不同，工艺基准又分为工序基准、测量基准、定位基准和装配基准。

（1）工序基准。工序基准是指在工序图上，用来确定本工序所加工表面加工后的尺寸、形状、位置所采用的基准，称为工序基准。与设计基准不同的是，工序基准是由工艺技术人员从保证零件的设计要求出发，为满足加工工艺需要而选定的。

（2）测量基准。测量基准是指用于测量已加工表面的尺寸及各表面之间位置精度的基准。

（3）定位基准。定位基准是指在工件加工中，用于确定工件在机床或夹具上的正确位置的基准。工件的定位也就是使定位基准处于机床中的正确位置。定位基准分为粗基准和精基准，用毛坯上未经加工的表面作为定位基准称为粗基准，用毛坯上已加工的表面作为基准称为精基准（通常说的定位基准常指精基准）。如图5－1（a）所示三爪卡盘装夹的定位基准为圆柱工件的轴线，若用于定位的外圆面已加工，则为精基准，否则为粗基准。在零件加工过程中，合理选择定位基准对保证零件的尺寸精度尤其是位置精度起着决定性作用。

（4）装配基准。装配基准是指在机器装配中，用于确定零件或部件在机器中正确位置的基准。

2. 定位基准的选择（表5－1）

表5－1 定位基准选择原则

粗基准选择			精基准选择		
加工情况	选用的基准	对粗基准的要求	选用原则	适用情况	效果
必须保证工件上加工表面与不加工表面之间的位置要求	以不加工表面作粗基准	粗基准面应平整，没有浇口、冒口或飞边等缺陷，以便定位可靠 粗基准一般只能使用1次，以避免产生较大的重复定位误差	基准重合	用设计基准作为精基准	避免产生基准不重合误差
工件上不需加工的表面较多	以其中与加工表面位置精度要求较高的表面作粗基准		基准统一	当工件以一组精基准定位可以较方便地加工各表面时	减少工装设计、制造费用，提高生产率，避免基准转换误差
必须首先保证工件重要表面的余量均匀	以该表面作为粗基准		自为基准	当精加工或光整加工工序要求余量尽量小而均匀时（位置精度要求由先行工序保证）	
			互为基准	为获得均匀的加工余量或较高的位置精度	
注：1. 铸造、锻造或轧制等得到的未经加工的表面作为基准称粗基准，已加工表面作为基准称精基准； 2. 为了便于装夹和易于获得所需的加工精度，在工件上特意做出的定位表面称辅助基准					

1）精基准的选择

（1）基准重合原则。选择设计基准作为定位基准，即为"基准重合"原则。如图5－2（a）所示的轴承座，1、2表面已加工完毕，现要加工孔3，要求孔3轴线与设计基准1之间的尺寸为$A^{+\delta A}$。如果按图5－2（b）所示用面2作为定位精基准，则定位基准面2与设计基准面1不重合，加工孔3轴线与面1之间的尺寸A的精度受δB影响，获得$A^{+\delta A}$尺寸精度加工难度大；如果按图5－2（c）所示用面1作为定位精基准，则定位基准面2与设计基准面1不重合，加工孔3轴线与面1之间的尺寸A的精度不受δB影响，$A^{+\delta A}$尺寸精度容易保证。

（2）基准统一原则。在加工位置精度较高的某些表面时，应尽可能选用同一个定位精基准，即为"基准统一"原则。如图5－3所示的齿轮，一般先加工孔A，再以孔A作精基准定位，

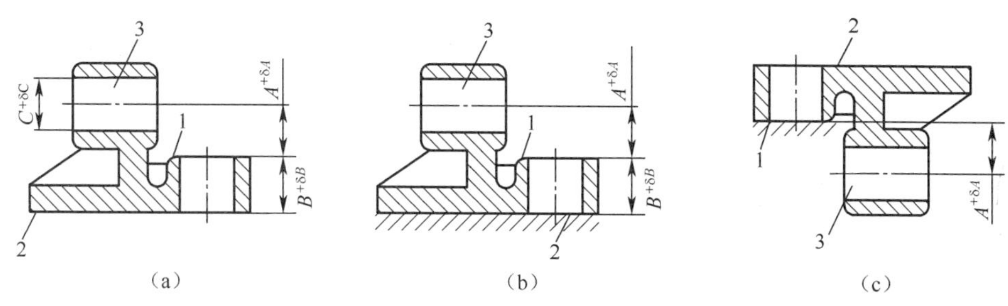

图 5-2　基准重合对加工精度的影响

加工与孔 A 轴线有位置精度关系的外圆面、端面和齿形，这样有利于保证这些表面的位置精度。

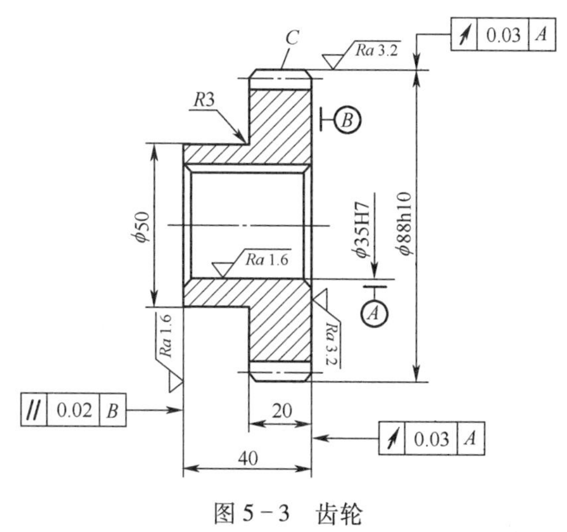

图 5-3　齿轮

（3）自为基准原则。有些精加工或光整加工工序要求加工余量小而均匀，加工目的只是为了提高自身的尺寸精度、形状精度或降低表面粗糙度值，这时应尽可能用加工表面自身作为定位基准，该表面与其他表面的位置精度有先行工序保证。例如，磨削机床导轨面时，就是利用导轨面作为定位基准进行找正安装，以保证加工余量的均匀，如图 5-4 所示；再如利用浮动铰刀铰孔、无心外圆磨床磨外圆等都属于采用了自为基准原则。

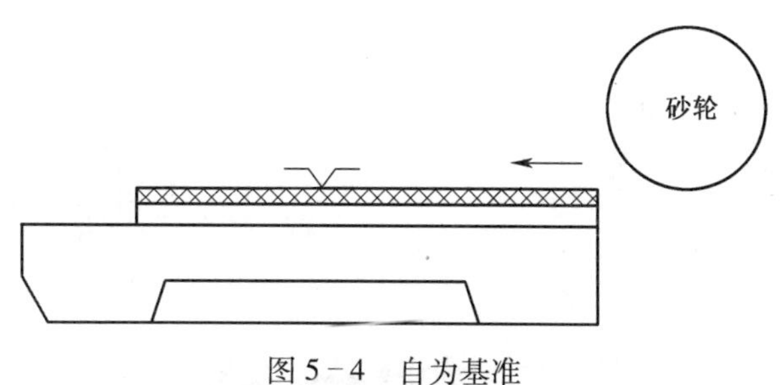

图 5-4　自为基准

（4）互为基准原则。当两个被加工表面之间位置精度较高时，可采用两个表面互为基准进行加工。如图 5-5(a)所示，导套在磨削加工时为保证 ϕ32H8 与 ϕ42K6 的内外圆柱面间的同轴度要求，可先以 ϕ42K6 的外圆柱面作定位基准，在内圆磨床上加工 ϕ32H8 的内孔，如图 5-5(b) 所示。然后再以 ϕ32H8 的内孔作定位基准，装在心轴上磨削 ϕ42K6 的外圆，则容易获得较高的同轴度，如图 5-5(c)所示。

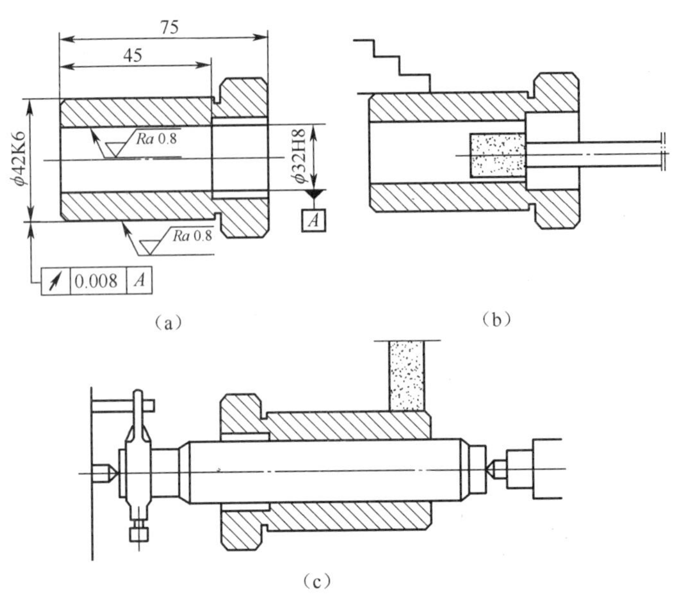

图 5-5 采用互为基准磨内孔和外圆

(a)工件简图;(b)用三爪卡盘装夹磨内孔;(c)用心轴装夹磨外圆。

2）粗基准的选择

（1）应选择不加工表面为粗基准。选择不加工表面为粗基准可使加工表面与不加工表面之间的位置误差最小,有时还可以在一次装夹中加工出更多的表面。如图 5-6 所示的铸件,以不需要加工的外圆面作为粗基准,可以在一次安装中把绝大多数表面加工出来,且能保证外圆与内孔同轴,以及端面与孔轴线的垂直。

（2）选择加工余量最小的表面为粗基准。如图 5-7 所示,自由锻件毛坯大外圆 A 余量小,小外圆 B 余量大,且 A、B 的轴线偏差较大。若以 A 为粗基准车削外圆 B,则在调头车削外圆 A 时,可使 A 得到足够而均匀的余量。反之若以 B 为粗基准,则外圆 A 可能因余量过小而车不圆。

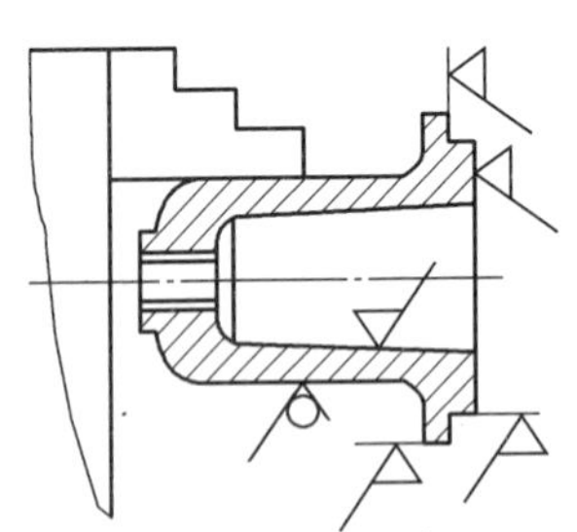

图 5-6 用不加工表面作粗基准

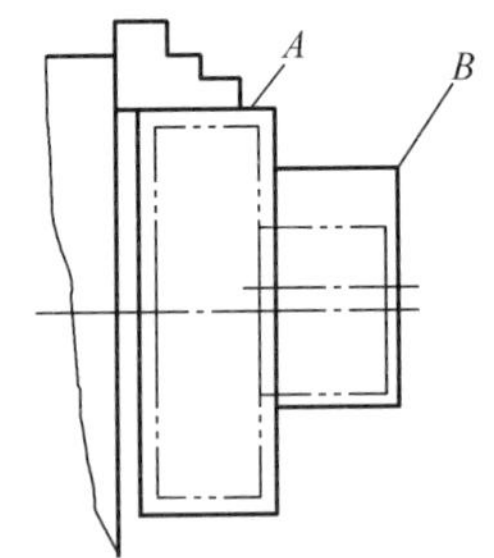

图 5-7 用余量最小的表面作粗基准

（3）选择定位可靠的表面作粗基准。选作粗基准的表面应尽可能平整,并有足够大的面积,使之定位准确,夹紧可靠,必要时可先除去飞边、毛刺。

（4）同一粗基准一般只能使用一次。粗基准表面粗糙,定位精度低,若重复使用,在两次装夹中会使加工表面产生较大的定位误差。

上述精基准及粗基准选择原则,每一条只能说明一个方面的问题,在实际应用时有可能出现相互矛盾的情况,这时需要结合实际情况,从解决主要问题入手,全面考虑,灵活运用。

3. 工件的装夹方法

1) 找正装夹法

按工件的基准表面或专门划出的基准线作为找正依据,用划针、角尺或千百分表等工具,找正工件相对于刀具及机床的位置的方法称为找正装夹法。这种方法装夹简单,但精度不高,效率低,多用于简单形状工件的单件小批量生产。

2) 夹具装夹法

工件安装在具备定位功能的机床夹具上,首先实现工件在夹具中的装夹,然后再将夹具安装在机床上,实现夹具在机床中的装夹,从而间接实现工件在机床中的装夹。这种方法装夹方便,定位精度高而稳定,安装迅速,可减轻劳动强度,但需要利用各种夹具,有时还需要设计制造专用夹具,增加了夹具成本,适用于中等批量以上生产。

4. 机床通用夹具

按照 GT/T 4683—1985,机床夹具(简称夹具)定义为“用以装夹工件(和引导刀具)的装置”。机床夹具按通用特性可分为通用夹具、专用夹具、可调夹具和组合夹具等。通用夹具是指结构、尺寸已规格化,且具有一定通用性的夹具,如三爪自定心卡盘、四爪单动卡盘、台虎钳、万能分度头、中心架、电磁吸盘等,很多通用夹具已成为机床的附件。专用夹具是指专为某一工件的某一工序而设计和制造的夹具,需专门设计和制造。可调夹具是指只需调整或更换夹具上的部分零部件,便可用于装夹其他不同工件的夹具。组合夹具是指使用标准夹具零部件(可含少量专用零部件)组装而成的夹具。

1) 常用铣床通用夹具

(1) 三爪自定心卡盘。三爪自定心卡盘结构如图 5-8 所示,当用扳手插入方孔 1 内转动时,三个卡爪能同步进出移动,自动定心。用三爪自定心卡盘工件装夹后一般不需找正,装夹工件方便、省时,但夹紧力不太大,所以仅适用于装夹轴类、盘类等中、小型工件。三爪自定心卡盘爪分正爪和反爪,用于不同类型工件的装夹。为了扩大三爪自定心卡盘的使用范围,可将卡盘上的三个卡爪换下来,装上专用卡爪,变为专用的三爪自定心卡盘。

(2) 四爪单动卡盘。四爪单动卡盘结构如图 5-9 所示,其四个卡爪各自独立运动,卡爪可正装或反装。四爪单动卡盘工件装夹时需进行找正,使加工部分的回转中心与车床主轴重合后才可车削,找正比较费时,但四爪单动卡盘夹紧力较大,适用于装夹大型或形状不规则的工件。

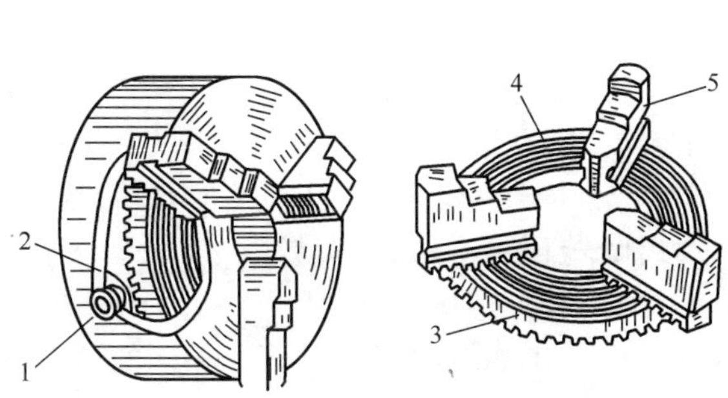

图 5-8 三爪自定心夹盘

1—方孔;2—小锥齿轮;3—大锥齿轮;4—平面螺纹;5—卡爪。

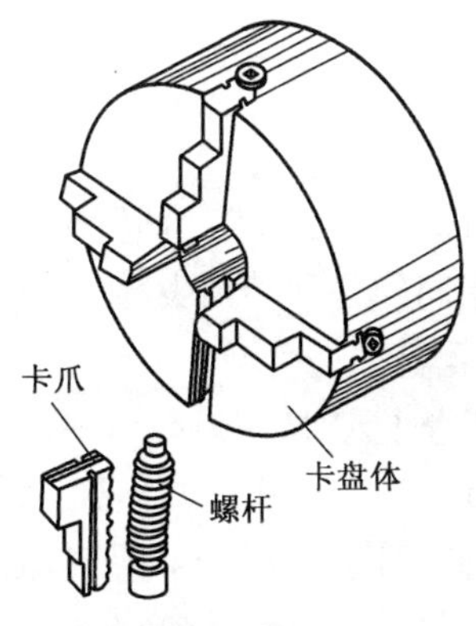

图 5-9 四爪单动卡盘

(3) 花盘。花盘一般用铸铁铸造而成,盘面上有条辐状的长短不同的穿通槽,用来安装各种螺钉,以紧固工件,常用的花盘种类有 C 型和 D 型。花盘主要用于装夹各种外形比较复杂的工件。在装夹不对称工件时,应在花盘上加一配重,并适当调整它的位置使花盘保持平衡,如图 5-10(a)所示;根据加工需要,也可采用花盘与角铁结合的方式装夹工件,如图 5-10(b)所示。

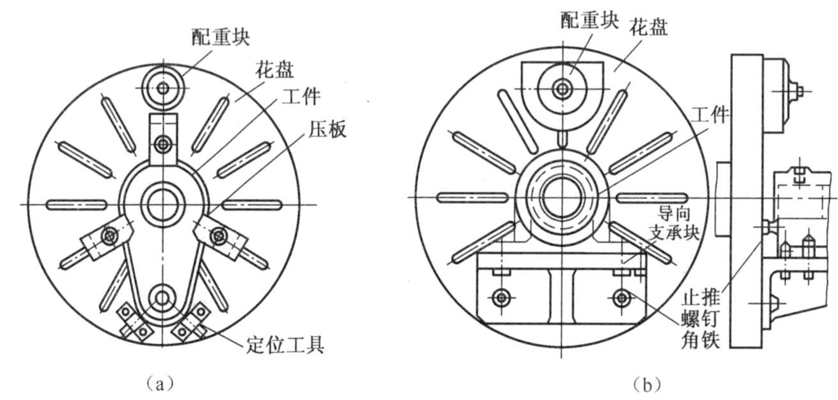

图 5-10 花盘装夹工件

(a)用花盘直接装夹工件;(b)用花盘和角铁装夹工件。

(4) 固定顶尖。用固定顶尖装夹工件的方式有两种:一种是主轴端卡盘夹持工件外圆表面,尾端用顶尖顶持工件中心孔;另一种是两端均用固定顶尖顶持工件两端中心孔,但此时需要在主轴一端附加拨盘和鸡心夹头或夹板,以带动工件旋转。固定顶尖系列按锥柄的莫氏锥度号分为 0~6 号,共 7 种规格,且各种固定顶尖均有普通及精密两种精度等级。车床常用固定顶尖按结构分普通固定顶尖和镶硬质合金顶尖,如图 5-11 所示。普通固定顶尖适合于低转速切削加工,镶硬质合金固定顶尖适用于较高转速的切削加工。固定顶尖安装时,其顶锥与中心孔之间顶持松紧程度要适中,并应涂上油脂润滑。

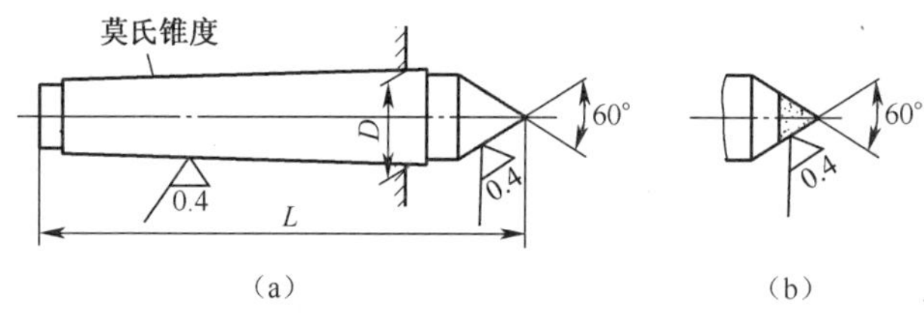

图 5-11 固定顶尖

(a)普通固定顶尖;(b)镶硬质合金固定顶尖。

(5) 回转顶尖。回转顶尖结构如图 5-12 所示。回转顶尖与固定顶尖顶持工件方法相同,不同的是回转顶尖随工件一起转动,因而定位精度不如固定顶尖,但回转顶尖转动灵活,对顶尖孔要求精度低。回转顶尖系列按锥柄的莫氏锥度号分为 1~6 号,共 6 种规格;按顶尖形式分为轻型回转顶尖、中型回转顶尖、插入式回转顶尖和锥形回转顶尖。轻型回转顶尖(图 5-12(a))用于高转速、小负荷的精加工;中型回转顶尖(图 5-12(b))用于较高转速、中等负荷的粗加工和半精加工;插入式回转顶尖(图 5-12(c))带有五个形状不同的顶尖插头,可根据工件不同情况来选择;锥形回转顶尖(也称大头顶尖或管子顶尖,见图 5-12(d))主要用于加工管套类工件,可以承受较大的负荷。

(6) 拨动顶尖。为了缩短装夹时间,可采用拨动顶尖,其顶尖的锥面上的齿能嵌入工件,

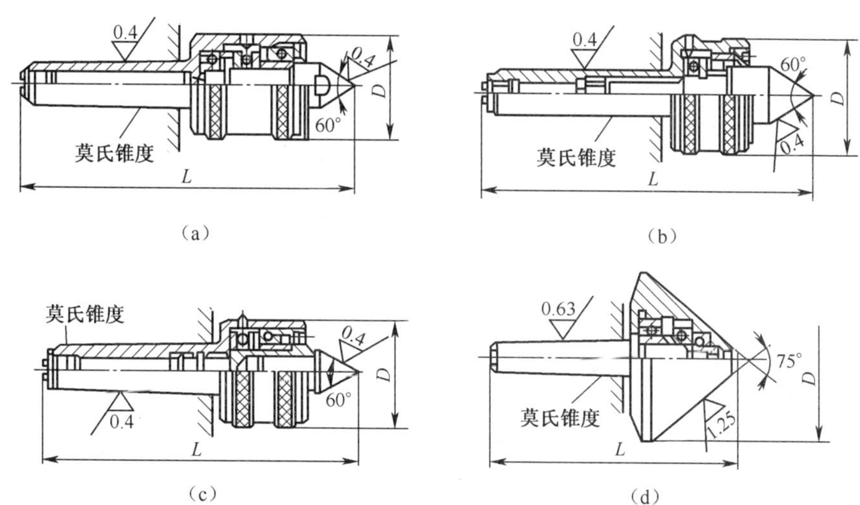

图 5-12　回转顶尖

(a)轻型回转顶尖;(b)中型回转顶尖;(c)插入式回转顶尖;(d)锥形回转顶尖。

拨动工件旋转。拨动顶尖按拨动工件旋转形式可分为内拨顶尖、外拨顶尖和端面拨动顶尖。

内拨顶尖如图 5-13 所示,其锥柄插入机床主轴锥孔中,与尾座一端的回转顶尖配合使用,顶持带孔轴、套类工件。内拨顶尖 90°顶尖圆锥上的尖齿嵌入工件左端内孔棱角处,有效地限制工件径向回转自由度并带动工件旋转,在不使用鸡心夹头或夹板情况下,即可对工件外圆进行切削。只需进、退尾座上的回转顶尖,即可实现快速装卸。内拨顶尖系列按锥柄的莫氏锥度号分为 2~6 号,共 5 种规格。

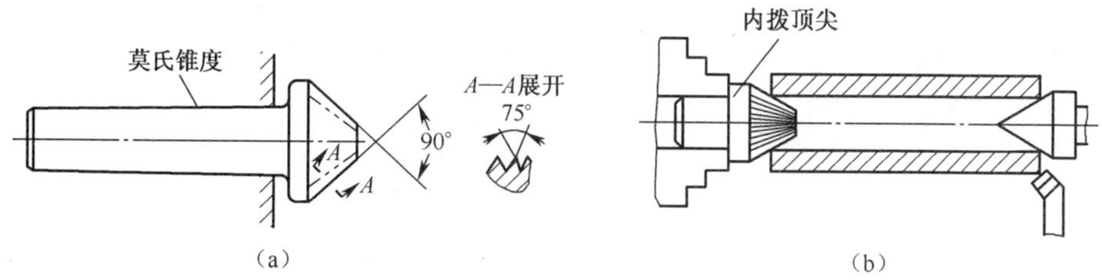

图 5-13　内拨顶尖

(a)内拨顶尖;(b)内拨顶尖装夹工件。

外拨顶尖如图 5-14 所示,与外拨顶尖工作方式基本相同,不同的是顶尖部位采用 75°的内圆锥内齿嵌入工件外圆端面处。

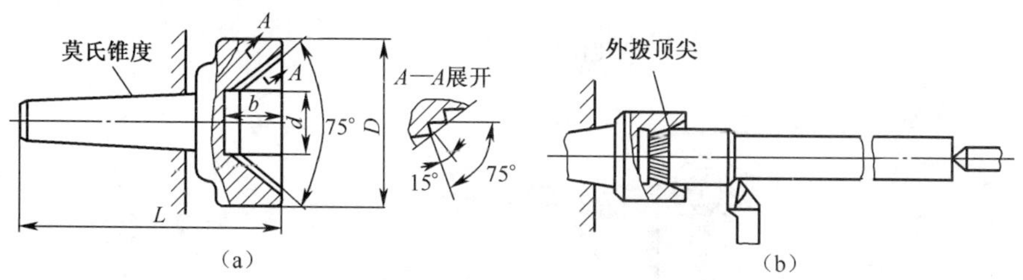

图 5-14　外拨顶尖

(a)外拨顶尖;(b)外拨顶尖装夹工件。

端面拨动顶尖如图 5-15 所示,这种顶尖装夹工件时,利用端面拨动爪带动工件旋转,工件仍以中心孔定位,其优点是能快速装夹工件,并在一次安装中能加工出全部外表面。端面拨动顶尖适用于装夹外径为 $\phi50 \sim \phi150$mm 的工件。

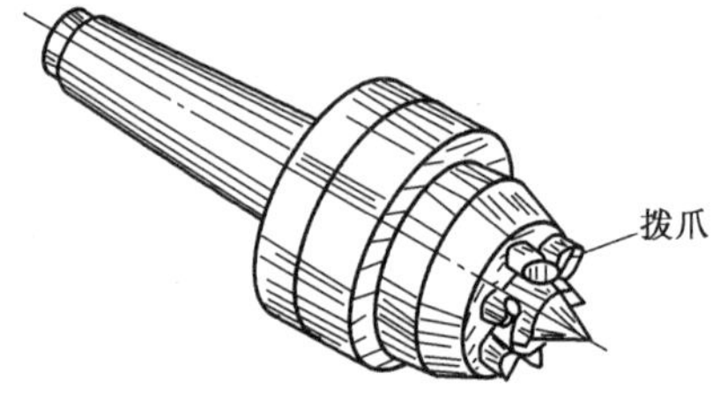

图 5-15　端面拨动顶尖

此外,还有带端面齿的端面顶尖和三尖杆顶尖等,可根据实际需要选用。

2) 常用铣床通用夹具

常用铣床通用夹具主要有分度头、机用平口钳、回转工作台等。它们一般无需调整或稍加调整就可以用于装夹不同工件。

(1) 分度头。分度头是在铣床上使用的重要附件,可精确控制工件在夹具上的旋转角度,扩大铣床的使用范围,用于铣四方、六方、齿轮、花键和刻线加工螺旋槽及球面等工件。常用分度头可分为直接分度头、简单分度头、万能分度头和光学分度头等。F11125 型万能分度头外形结构和传动系统如图 5-16 所示,工件装夹在主轴 9 上,通过分度手柄 11 可带动主轴旋转,其旋转角度可通过分度盘(孔盘)3 和分度叉 2 精确控制(一般控制精度可达±45″),分度定位销 12 用于旋转后固定,通过交换齿轮轴 5 及挂轮机构,可与铣床工作台进给传动副啮合,实现工件转动与轴向进给的连动。

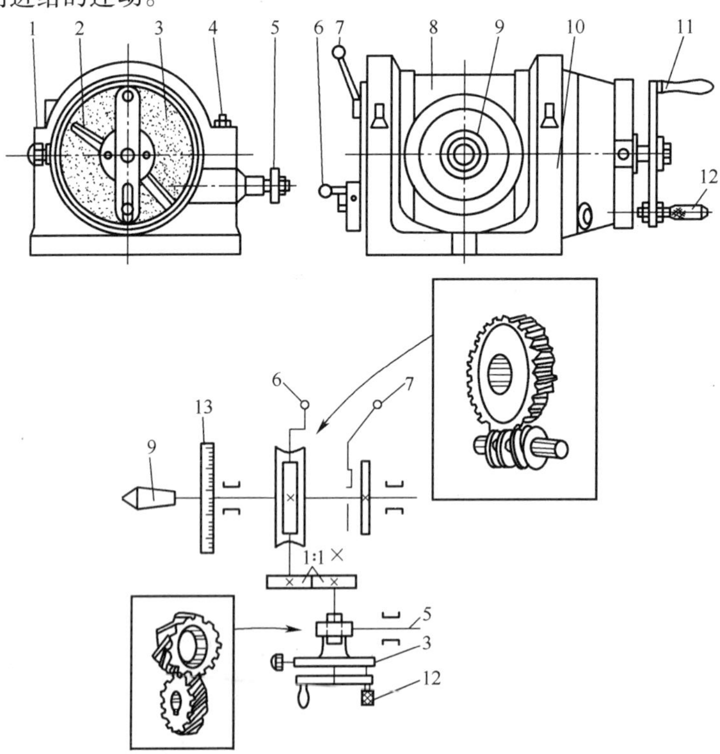

图 5-16　F11125 型万能分度头的基本结构和传动系统

1—分度盘紧固螺钉;2—分度叉;3—分度盘(孔盘);4—螺母;5—交换齿轮轴;6—螺杆脱落手柄;7—主轴锁紧手柄;8—回转体;9—主轴;10—基座;11—分度手柄;12—分度定位销;13—刻度盘。

万能分度头的主要功能如下：

① 能够将工件作任意的圆周等分。

② 通过交换齿轮轴与挂轮机构，能够将工件作轴向直线移距分度。

③ 可把工件轴线调整成水平、垂直或倾斜的位置；通过交换齿轮，可使分度头主轴随纵向工作台的进给运动作连续旋转，以铣削螺旋面、螺纹面等。

(2) 机用平口钳。机用平口钳有回转式和非回转式，回转式结构如图 5－17(a)所示，按钳口可张开的宽度分为不同的规格。钳口铁 3、4 可设计成不同的形状，以装夹不同形状的工件，提高装夹精度和稳定性，如图 5－17(b)所示；钳体可在回转底盘 12 上任意扳转角度，可由刻度盘控制角度值，但控制精度较低。机用平口钳装夹方便、使用灵活，尤其适于装夹形状简单、尺寸较小的工件。

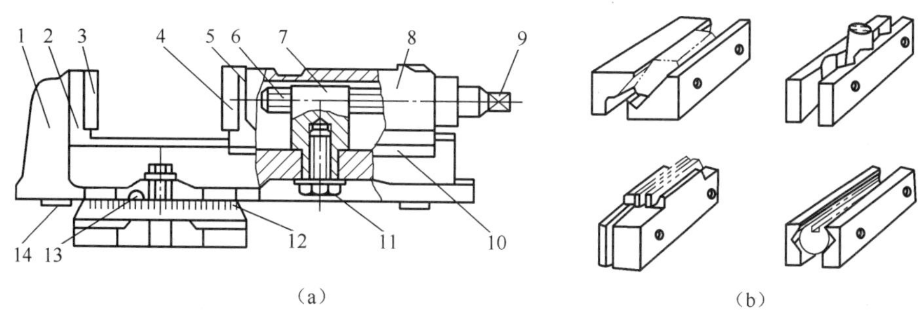

图 5－17　回转式机用平口钳结构

1—钳体；2—固定钳口；3、4—钳口铁；5—活动钳口；6—丝杠；7—螺母；8—活动座；9—方头；10—压板；11—紧固螺钉；12—回转底盘；13—钳座零线；14—定位键。

(3) 回转工作台。回转工作台又称圆转台，主要功能是铣削圆弧曲线外形和沟槽、平面螺旋槽和分度，常用的回转工作台分手动和机动两种形式。

手动回转工作台结构如图 5－18 所示。回转工作台 5 的台面上有数条 T 形槽，供装夹工件和辅助夹具穿装 T 形螺栓用，工作台的回转轴上端有定位台阶和锥孔 6，工作台的周边有 360°的刻度圈，在底座 4 前面有零刻度线，供操作时观察工件的回转角度。手柄上也装有刻度盘，若涡轮是 90 齿，则刻度盘一周为 4°，每一格的示值为 $4°/n$(n 为分度盘刻度格数)。加工直线部分时，可扳紧锁紧手柄，使工作台锁紧后进行切削；如松开锁紧螺钉 2，拔出偏心销 3 插入另一槽内，使蜗轮蜗杆脱开，此时可直接用手推动转台旋转至所需位置。使用工作台作圆周回转运动或分度时，应松开锁紧手柄。

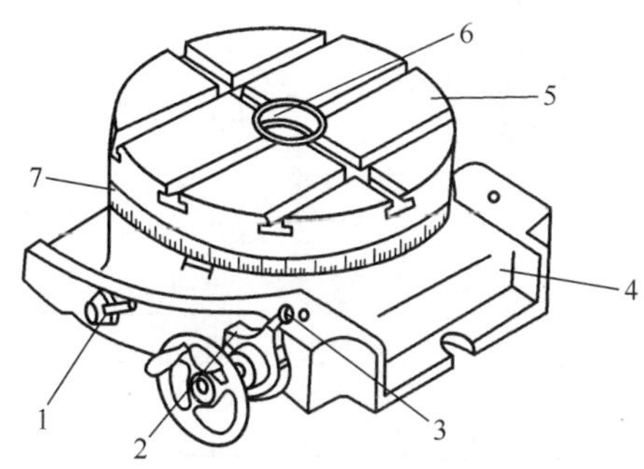

图 5－18　手动回转工作台

1—锁紧手柄；2—偏心套锁紧螺钉；3—偏心销；4—底座；5—工作台；6—定位台阶孔与锥孔；7—刻度圈。

3）常用磨床通用夹具

磨床通用夹具除了有和车床、铣床相同的顶尖、卡盘、分度头、圆台和平口钳等外，还经常用到一些精度高、功能特殊的通用夹具。

（1）精密平口钳。精密平口钳结构如图 5－19 所示，和普通机用平口钳相比，精密平口钳制造得很精确，它的各个侧面与底面准确地相互垂直或平行，而钳口的夹紧面也准确地垂直于底面和侧面。精密平口钳上各个面之间的角度为 90°±30″，因此，工件装夹后，通过翻转平口钳，可以在工件上磨出相互垂直的基准面。

（2）正弦精密平口钳。正弦精密平口钳结构如图 5－20 所示，主要由带正弦尺的精密平口钳 2 和底座 1 组成，可通过在正弦圆柱和底座定位面间垫入不同高度的量块组（公式：$H=L\sin\alpha$）调节平口钳倾斜度，一般最大可倾斜 45°。正弦精密平口钳主要用于磨削平面和斜面，若配合成形砂轮，还可磨出复杂的型面。

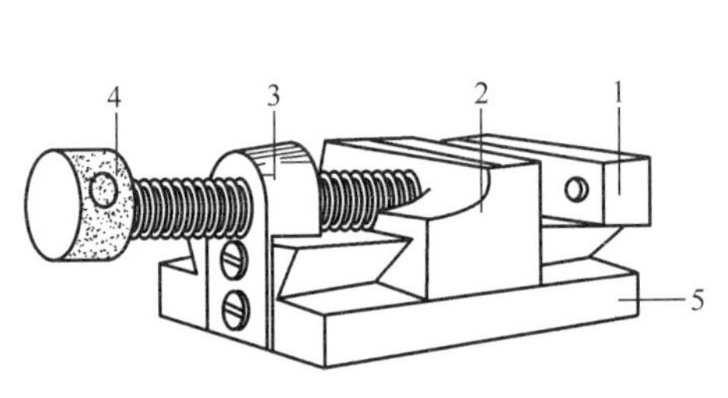

图 5－19　精密平口钳

1—平口钳口；2—活动钳口；3—凸台；4—螺杆；5—平口钳体。

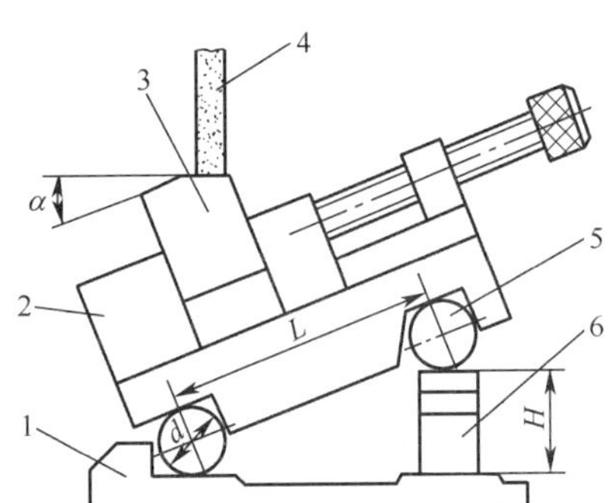

图 5－20　正弦精密平口钳

1—底座；2—精密平口钳；3—工件；4—砂轮；5—正弦圆柱；6—量块。

（3）正弦分中夹具。结构如图 5－21 所示，主要由正弦分度装置、工件装夹及正弦分度等三部分组成。前顶尖 7 和后顶尖 4 分别装在前顶座 8 和支架 2 内，前顶座固定在底座 1 上，而支架可以在底座的 T 形槽中移动位置。工件装夹在前、后顶尖之间，转动手轮时，通过蜗杆 14、主轴 9 及鸡心夹头 6 带动工件回转。主轴后端装有分度盘 12，用于回转角度精度要求不高时控制，回转角度要求精确时，应采用在正弦圆柱 13 与在底座上的量块垫板 15 之间垫量块的方法来控制夹具的回转角度。利用正弦分中夹具，一次装夹可磨削具有同一回转中心的圆弧面、多边形及有分度槽的工件。

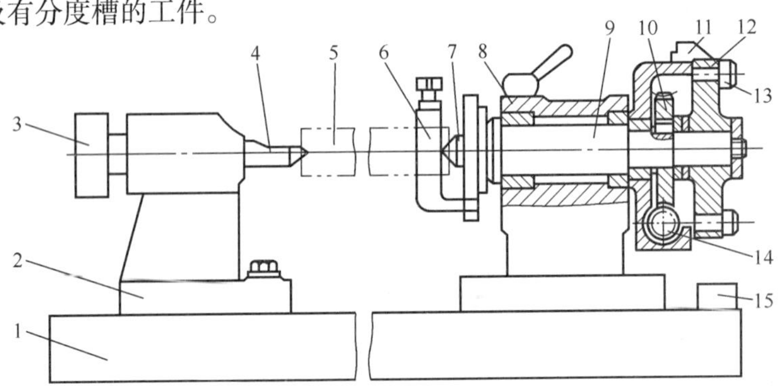

图 5－21　正弦分中夹具

1—底座；2—支架；3—手轮；4—后顶尖；5—工件；6—鸡心夹头；7—前顶尖；8—前顶座；9—主轴；10—蜗轮；11—零位指标；12—分度盘；13—正弦圆柱；14—蜗杆；15—量块垫板。

(4) 万能夹具。万能夹具结构如图 5－22 所示，主要由工件装夹、十字滑板、回转装置及正弦分度等四部分组成，十字滑板部分的小滑板 2 和中滑板 4 可在两个相互垂直的方向移动，以调整工件的圆弧中心（或回转中心）与夹具中心重合，转动手轮，可通过蜗杆 11、蜗轮 8、主轴带动十字滑板连同工件绕夹具主轴中心回转，其角度控制方法同正弦分中夹具。利用万能夹具，一次装夹不仅可以磨削和正弦分中夹具相同的工件，还可磨削具有多个回转中心圆弧面的工件，但不适合用顶尖装夹的工件。

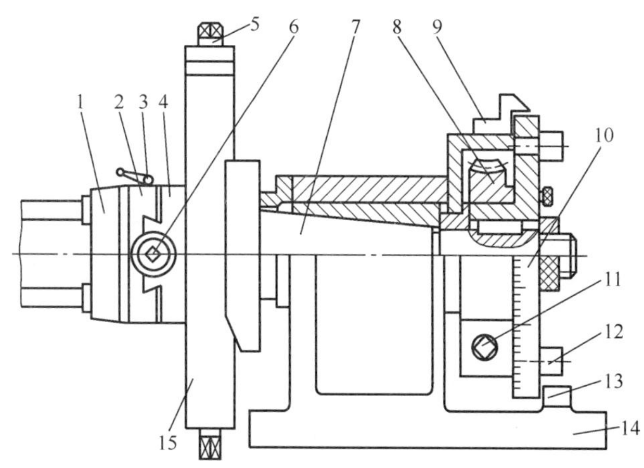

图 5－22　正弦分中夹具

1—转盘；2—小滑板；3—手柄；4—中滑板；5、6—丝杠；7—主轴；8—蜗轮；9—游标；10—正弦分度盘；11—蜗杆；12—正弦圆柱；13—量块垫板；14—夹具体；15—滑座板。

(5) 磁性夹具。磁性夹具是利用磁场的作用力来装夹工件的，它具有工件装夹迅速、操作简便、经久耐用、通用性好等特点，适用于装夹各种导磁材料制成的工件，尤其适用于装夹薄片工件。常用的磁性夹具有电磁吸盘、永久吸盘、正弦吸盘、导磁铁和导磁 V 形铁等。

① 电磁吸盘。如图 5－23 所示，接通电源后，吸盘通过电磁铁产生磁性，吸住铁块，切断电源，磁效应立即中断，铁块也不再被吸住。

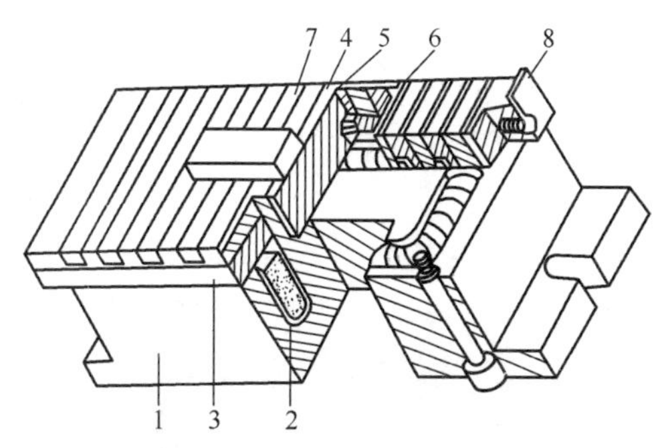

图 5－23　电磁吸盘结构

1—吸盘体；2—线圈；3、5、6、7—方铁；4—绝缘层；8—挡板。

从电磁吸盘取下面积较大的工件时，由于剩磁以及光滑表面间的粘附力较大，即使断电也不容易取下工件，此时可先将开关转到退磁位置，多次反复改变线圈电流方向，把剩磁退掉，然后根据情况，先用木棒、铜棒或扳手将工件扳松后再取下，切不能用力从电磁吸盘上将工件强行拖下来，使工件台表面与工件拉毛。

电磁吸盘使用较长时间后，中间部分的精度变低，如果要磨较小而平行度要求较高的工件,可将工件安装在台面的两端进行磨削,同时注意安放时要使绝缘层处于工件中间位置。电磁吸盘台面如果拉毛,可用油石或细砂纸修光,再用金刚砂纸将台面抛光,如果台面上划纹和细麻点较多,或台面已经不平时,可以对电磁吸盘进行一次修磨。

电磁吸盘使用后,吸盘面要擦干净,防止切削液渗入吸盘,损坏内部线圈。

② 永久吸盘。如图 5-24 所示,永久吸盘是指以永久磁铁代替电磁铁制成的磁性吸盘,具有电磁吸盘的优点,同时省略了线圈、整流器等辅助元部件,不受切削液侵蚀的影响,适应性强,但长期使用后磁力有减弱的趋势,减弱严重时要重新充磁。

③ 正弦吸盘。如图 5-25 所示,正弦吸盘工作原理与正弦精密平口钳相同,只是用正弦电磁吸盘代替了精密平口钳,适合于磨削扁平的工件。

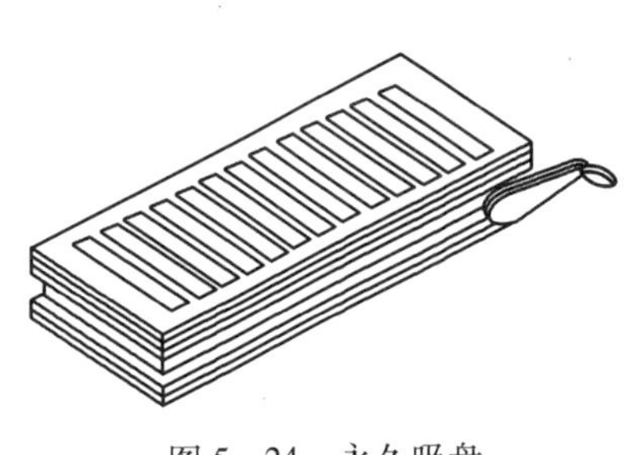

图 5-24　永久吸盘

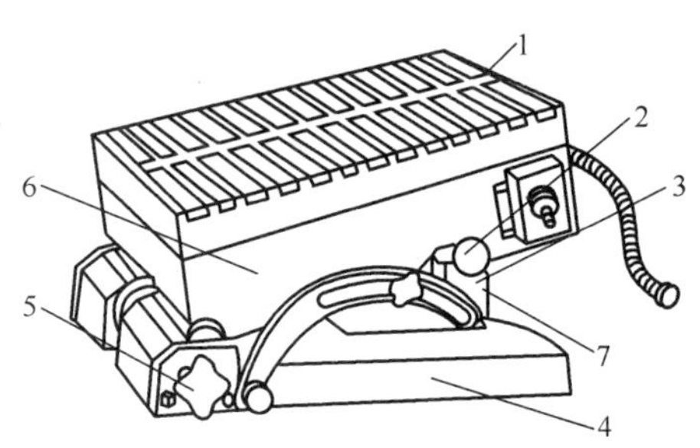

图 5-25　正弦吸盘

1—电磁吸盘;2—正弦圆柱;3—量块组;4—底座;
5—锁紧螺钉;6—正弦规;7—螺钉。

④ 导磁铁和导磁 V 形铁。如图 5-26 所示,在磨削平面时,有时不用直接将工件固定在磁性吸盘上,而是固定在导磁铁和导磁 V 形铁上。一般导磁铁用于磨削垂直面,导磁 V 形铁用于磨削倾斜面。

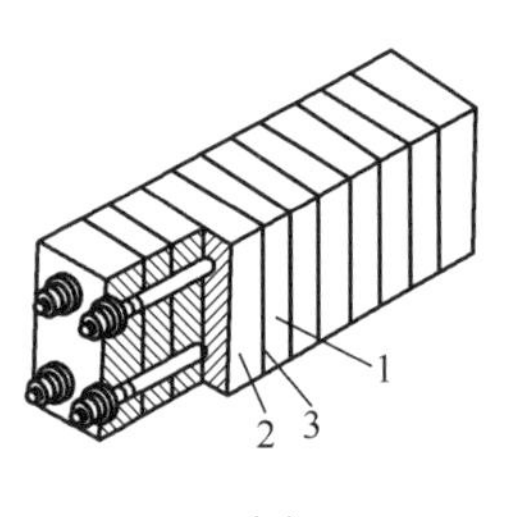

(a)

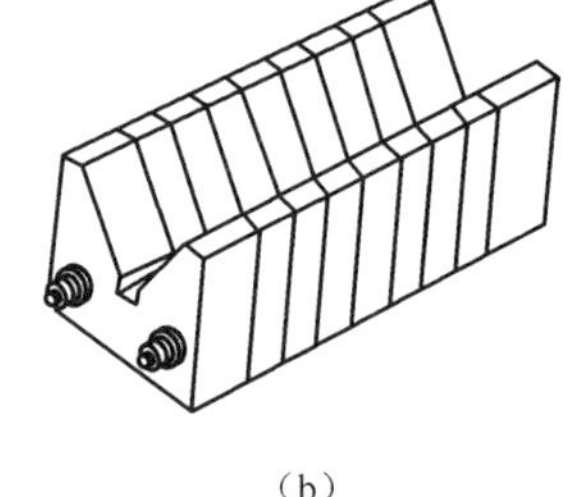

(b)

图 5-26　正弦电磁吸盘

(a)导磁铁;(b)导磁 V 形铁。

1、2—铁片;3—黄铜片。

第二节　零件表面机械加工方案的选择

选择定位基准后,再根据各表面精度和技术要求确定各表面(包括定位表面)机械加工方案,如图 5-27 所示。

选择零件表面加工方案时,要首先根据表面种类和技术要求,选出可供选用的最后加工方法,再确定前面一系列的预备加工方法,最后确定从毛坯到最后加工方法的加工路线,即加工方案。当有几种加工方案可供选择时,应综合考虑各方面因素,经分析比较后,再从中选择比

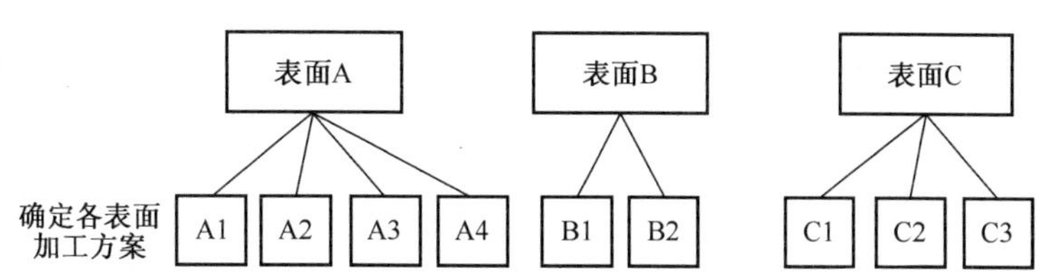

图 5－27　零件各表面机械加工方案

较合理的加工方案。

1. 常用机械加工方法可达到的经济精度

加工方法需要按照经济精度选择。每种加工方法在正常生产条件下能够较经济地达到的精度，称为该加工方法的经济精度。经济精度包括尺寸精度、形状与位置精度（简称形位精度）和表面粗糙度几个方面，当一个表面有多个方面的经济精度要求时，可按其中最高精度等级选择。

1）常用机械加工方法尺寸经济精度（表 5－2～表 5－7）

表 5－2　孔加工的经济精度

孔的公称直径/mm	钻及扩钻孔				扩孔				铰孔						拉孔	
	无钻模		有钻模		粗扩	铸或冲孔后一次扩		粗扩或钻后精扩	半精铰		精铰		细铰		粗拉铸孔或冲孔	
	加工尺寸公差等级 IT 和偏差值/μm															
	12	11	12	11	12	12	11	10	11	10	9	8	7	6	11	10
≥1～3	—	60	—	60	—	—	—	—	—	—	—	—	—	—	—	—
3～6	—	80	—	80	—	—	—	—	80	48	25	18	13	8	—	—
6～10	—	100	—	100	—	—	—	—	100	58	30	22	16	9	—	—
10～18	240	—	—	120	240	—	120	70	120	70	35	27	19	11	—	—
18～30	280	—	—	140	280	—	140	84	140	84	45	38	23	—	—	—
30～50	340	—	340	—	340	340	170	100	170	100	50	39	27	—	170	100
50～80	—	—	460	—	400	400	200	120	200	120	60	46	30	—	200	120
80～120	—	—	—	—	460	460	230	140	230	140	70	54	35	—	230	140
120～180	—	—	—	—	—	—	—	—	260	160	80	63	40	—	260	160
180～260	—	—	—	—	—	—	—	—	300	185	90	73	45	—	—	—
260～360	—	—	—	—	—	—	—	—	340	215	100	84	50	—	—	—
360～500	—	—	—	—	—	—	—	—	—	—	—	—	—	—	—	—

孔的公称直径/mm	拉孔			镗孔							磨孔			研磨	用钢球、挤压杆校整，用钢球或滚柱扩孔器挤孔			
	粗拉孔或钻孔后精拉孔			粗镗	半精镗	精镗			细镗		粗镗	精镗						
	加工尺寸公差等级 IT 和偏差值/μm																	
	9	8	7	12	11	10	9	8	7	6	9	8	7	6	10	9	8	7
≥1～3	—	—	—	—	—	—	—	—	—	—	—	—	—	—	—	—	—	—
3～6	—	—	—	—	—	—	—	—	—	—	—	—	—	—	—	—	—	—
6～10	—	—	—	—	—	—	—	—	—	—	—	—	—	—	—	—	—	—

（续）

孔的公称直径/mm	拉孔			镗孔							磨孔			研磨	用钢球、挤压杆校整，用钢球或滚柱扩孔器挤孔			
	粗拉孔或钻孔后精拉孔			粗镗	半精镗	精镗			细镗		粗镗	精镗						
	加工尺寸公差等级 IT 和偏差值/μm																	
	9	8	7	12	11	10	9	8	7	6	9	8	7	6	10	9	8	7
10~18	35	27	19	240	120	70	35	27	19	11	35	27	19	11	70	35	27	19
18~30	45	33	23	280	140	84	45	33	23	13	45	33	23	13	84	45	33	23
30~50	50	39	27	340	170	100	50	39	27	15	50	39	27	15	100	50	39	27
50~80	60	46	30	400	200	120	60	46	30	18	60	46	30	18	120	60	46	30
80~120	70	54	35	460	230	140	70	54	35	21	70	54	35	21	140	70	54	35
120~180	80	63	40	530	260	160	80	63	40	—	80	63	40	24	160	80	63	40
180~260	—	—	—	600	300	185	90	73	45	—	90	73	45	27	185	90	73	45
260~360	—	—	—	680	340	215	100	84	50	—	100	84	50	30	215	100	84	50
360~500	—	—	—	760	380	250	120	95	60	—	120	95	60	35	250	120	95	60

注：1. 孔加工精度与工具的制造精度有关；

2. 6 级精度细镗孔要采用金刚石工具；

3. 用钢球或挤压杆校整适用于孔径≤50mm

表 5-3 外圆柱表面加工的经济精度

外圆柱的公称直径/mm	车削					磨削				研磨	用钢珠或滚柱工具滚压			
	粗车	半精车或一次加工		精车		一次加工	粗磨	精磨						
	加工尺寸公差等级 IT 和偏差值/μm													
	13~12	12	11	10	9	7	9	7	6	5	10	9	7	6
≥1~3	120	120	60	40	20	9	20	9	6	4	40	20	9	6
3~6	160	160	80	48	25	12	25	12	8	5	48	25	12	8
6~10	200	200	100	58	30	15	30	15	10	6	58	30	15	10
10~18	240	240	120	70	35	18	35	18	12	8	70	35	18	12
18~30	280	280	140	84	45	21	45	21	14	9	84	45	21	14
30~50	620~340	340	170	100	50	25	50	25	17	11	100	50	25	17
50~80	740~400	400	200	120	60	30	60	30	20	13	120	60	30	20
80~120	870~460	460	230	140	70	35	70	35	23	15	140	70	35	23
120~180	1000~530	530	260	160	80	40	80	40	27	18	160	80	40	27
180~260	1150~600	600	300	185	80	47	90	47	30	20	185	90	47	30
260~360	1350~680	680	340	215	100	54	100	54	35	22	215	100	54	35
360~500	1550~760	760	380	250	120	62	120	62	40	25	250	120	62	40

表 5-4　端面加工的经济精度　　　　（单位：mm）

加工方法		直径			
		≤50	50~120	120~260	260~500
车削	粗	0.15	0.20	0.25	0.40
	精	0.07	0.10	0.13	0.20
磨削	普通	0.03	0.04	0.05	0.07
	精密	0.02	0.025	0.03	0.035
注：指端面至基准的尺寸精度					

表 5-5　平面加工的经济精度

基本尺寸（高或厚）/mm	刨削和圆柱铣刀及套式铣刀铣削									拉削					磨削					研磨	用钢球或滚柱工具滚压		
	粗			半精加工或一次加工		精	细			粗拉铸造或冲压表面		精拉			一次加工		粗	精	细				
	加工尺寸公差等级 IT 和偏差值/μm																						
	13	12	11	12	11	10	9	7	6	11	10	9	7	6	9	7	9	7	6	5	10	9	7
≥10~18	430	240	120	240	120	70	35	18	12	—	—	—	—	—	35	18	35	18	12	8	70	35	18
18~30	520	280	140	280	140	84	45	21	14	140	84	45	21	14	45	21	45	21	14	9	84	45	21
30~50	620	340	170	340	170	100	50	25	17	170	100	50	25	17	50	25	50	25	17	11	100	50	25
50~80	700	400	200	400	200	120	60	30	20	200	120	60	30	20	60	30	60	30	20	13	120	60	30
80~120	870	460	230	460	230	140	70	35	23	230	140	70	35	23	70	35	70	35	23	15	140	70	35
120~180	1000	530	260	530	260	160	80	40	27	260	160	80	40	27	80	40	80	40	27	18	160	80	40
180~260	1150	600	300	600	300	185	90	47	30	300	185	90	47	30	90	47	90	47	30	20	185	90	47
260~360	1350	680	340	680	340	215	100	54	35	—	—	—	—	—	100	54	100	54	35	22	215	100	54
360~500	1550	760	380	760	380	250	120	62	40	—	—	—	—	—	120	62	120	62	40	25	250	120	62

注：1. 表内数据适用于<1m、结构刚性好的零件加工，并用光洁的加工表面作为定位基准和测量基准；
2. 套式面铣刀铣削的加工精度在相同的条件下总体上比圆柱铣刀铣削高一级；
3. 细铣仅用于套式面铣刀铣削

表 5-6　公制螺纹加工的经济精度

加工方法		精度等级（GB/T 197—2003）	加工方法	精度等级（GB/T 197—2003）
车削	外螺纹	4h~6h	用带圆梳刀自动张开式板牙加工螺纹	4h~6h
	内螺纹	5H~7H		
用梳形刀车螺纹	外螺纹	4h~6h	旋风切削螺纹	6h~8h
	内螺纹	5H~7H	搓丝板搓螺纹	6h
用手用、机用丝锥攻内螺纹		4H~6H	滚丝模滚螺纹	4h~6h
用圆板牙加工外螺纹		6h~8h	单线或多线砂轮磨螺纹	4h 以上
梳形螺纹刀铣螺纹		6h~8h	研磨螺纹	4h

表 5－7　齿轮加工的经济精度

加工方法			精度等级（GB/T 10095—2001）	加工方法		精度等级（GB/T 10095—2001）
多头滚刀滚齿（m=1~20mm）			8~10	珩齿		6~7
单头滚刀滚齿（m=1~20mm）	滚刀精度等级	AA	6~7	磨齿	成形砂轮磨削法	5~6
		A	8		盘形砂轮展成法	3~6
		B	9		两个盘形砂轮展成法	3~6
		C	10		蜗杆砂轮展成法	4~6
圆盘形插齿刀插齿（m=1~20mm）	插齿刀精度等级	AA	6	用铸铁研磨轮研磨		5~6
		A	7	直齿圆锥齿轮刨齿		8
		B	8	螺旋圆锥齿轮刀盘铣齿		8
圆盘形剃齿刀剃齿（m=1~20mm）	剃齿刀精度等级	A	5	蜗轮模数滚刀滚蜗轮		8
		B	6	热轧齿轮（m=2~8mm）		8~9
		C	7	热轧后冷校齿形（m=2~8mm）		7~8
模数铣刀铣齿			9级以下	冷轧齿轮（m≤1.5mm）		7

2）常用机械加工方法形状与位置经济精度（表 5－8~表 5－11）

表 5－8　平面度、直线度的经济精度

加工方法	超精加工	精密加工		精加工	半精加工	粗加工
	超精磨、精研、精密刮	精密磨、研磨、精刮	精密车、精磨、刮	精车、精铣、精刨、拉、粗磨	半精车、半精铣、半精刨、插	各种粗加工方法
公差等级	1~2	3~4	5~6	7~8	9~10	11~12

表 5－9　圆度、圆柱度的经济精度

加工方法	超精加工	精密加工	精加工	半精加工	粗加工
	超精磨、精研	精密磨、研磨、精磨、珩磨、精密镗、金刚镗	精车、精镗、精铰、磨、拉	半精车、半精镗、精扩、铰	粗车、粗镗、钻
公差等级	1~2	3~4	5~6	7~8	9~10

表 5－10　平行度、倾斜度、垂直度的经济精度

加工方法	超精加工	精密加工	精加工	半精加工	粗加工
	超精磨、精研、精密刮	精密车、精磨、精刮	精车、精镗、精刨、精铣、磨、刮、坐标镗	半精车、半精镗、半精刨、半精铣、导套（扩、铰）	各种粗加工方法
公差等级	1~2	3~4	5~7	8~10	11~12

表 5－11　同轴度、跳动的经济精度

加工方法	超精加工	精密加工	精加工	半精加工	粗加工
	超精磨、精研	研磨、精磨、珩磨、精密车	精车、精镗、磨	半精车、半精镗、铰、拉	粗车、粗镗、钻
公差等级	1~2	3~4	5~6	7~8	9~10

3）常用机械加工方法经济表面粗糙度值（表5－12）

表5－12　各种加工方法的经济表面粗糙度值

加工方法			表面粗糙度 Ra/μm
自动气割、带锯或圆盘锯割断			50～12.5
切断	车		50～12.5
	铣		25～12.5
	砂轮		3.2～1.6
车削外圆	粗车		12.5～1.6
	半精车	金属	6.3～3.2
		非金属	3.2～1.6
	精车	金属	3.2～0.8
		非金属	1.6～0.4
	精密车（或金刚石车）	金属	0.8～0.2
		非金属	0.4～0.1
车削端面	粗车		12.5～6.3
	半精车	金属	6.3～3.2
		非金属	6.3～1.6
	精车	金属	6.3～1.6
		非金属	6.3～1.6
镗孔	精密车（或金刚石车）	金属	0.8～0.2
		非金属	0.4～0.2
高速镗			0.8～0.2
铰孔	半精铰（一次铰）	钢	6.3～3.2
		黄铜	6.3～1.6
	精铰（二次铰）	铸铁	3.2～0.8
		钢、轻合金	1.6～0.8
	精密磨	黄铜、青铜	0.8～0.4
		钢	0.8～0.2
		轻合金	0.8～0.4
		黄铜、青铜	0.2～0.1
圆柱铣刀铣削	粗		12.5～3.2
	精		3.2～0.8
	精密		0.8～0.4
端铣刀铣削	粗		12.5～3.2
	精		3.2～0.4
	精密		0.8～0.2

加工方法			表面粗糙度 Ra/μm
车削端面	精密车	金属	0.8～0.4
		非金属	0.8～0.2
切槽	一次行程		12.5
	二次行程		6.3～3.2
高速车削			0.8～0.2
钻孔	≤ϕ15mm		6.3～3.2
	>ϕ15mm		25～6.3
扩孔	粗（有表皮）		12.5～6.3
	精		6.3～1.6
锪孔的倒角			3.2～1.6
带导向的锪平面			6.3～3.2
镗孔	粗镗		12.5～6.3
	半精镗	金属	6.3～3.2
		非金属	6.3～1.6
	精镗	金属	3.2～0.8
		非金属	1.6～0.4
外圆磨内圆磨	精密、超精密磨削		0.05～0.025
	镜面磨削（外圆磨）		<0.05
平面磨	精		0.8～0.4
	精密		0.2～0.05
珩磨	粗（一次加工）		0.8～0.2
	精、精密		0.2～0.025
研磨	粗		0.2～0.4
	精		0.2～0.05
	精密		<0.05
超精加工	精		0.8～0.1
	精密		0.1～0.025
	镜面加工（二次加工）		<0.025
抛光	精		0.8～0.1
	精密		0.1～0.025
	砂带抛光		0.2～0.1
	砂布抛光		1.6～0.1
	电抛光		1.6～0.012

（续）

加工方法		表面粗糙度 $Ra/\mu m$
高速铣削	粗	1.6~0.8
	精	0.4~0.2
刨削	粗	12.5~6.3
	精	3.2~1.6
	精密	0.8~0.2
	槽的表面	6.3~3.2
插削	粗	25~12.5
	精	6.3~1.6
拉削	精	1.6~0.4
	精密	0.2~0.1
推削	精	0.8~0.2
	精密	0.4~0.025
外圆磨 内圆磨	半精（一次加工）	6.3~0.8
	精	0.8~0.2
	精密	0.2~0.1
刮	粗	3.2~0.8
	精	0.4~0.05
滚压加工		0.4~0.05

加工方法			表面粗糙度 $Ra/\mu m$
螺纹加工	切削	板牙、丝锥、自开式板牙头	3.2~0.8
		车刀或梳刀车、铣	6.3~0.8
		磨	0.8~0.2
		研磨	0.8~0.05
	滚轧	搓丝模	1.6~0.8
		滚丝模	1.6~0.2
齿轮及花键加工	切削	粗滚	3.2~1.6
		精滚	1.6~0.8
		精插	1.6~0.8
		精刨	3.2~0.8
		拉	3.2~1.6
		剃	0.8~0.2
		磨	0.8~0.1
		研	0.4~0.2
	滚轧	热轧	0.8~0.4
		冷轧	0.2~0.1
钳工锉削			12.5~0.8

2. 典型表面机械加工方案（表5-13~表5-16）

一些常见典型表面已有的成熟的机械加工方案，在拟定工艺方案时可直接进行选择。

表5-13　外圆柱表面典型加工方案

序号	加工方案	经济加工精度等级（IT）	加工表面粗糙度值 $Ra/\mu m$	适用范围
1	粗车	11~12	50~12.5	适用于淬火钢以外的各种金属
2	粗车—半精车	8~12	6.3~3.2	
3	粗车—半精车—精车	6~7	1.6~0.8	
4	粗车—半精车—精车—滚压（或抛光）	5~6	0.2~0.025	
5	粗车—半精车—磨削	6~7	0.8~0.4	主要用于淬火钢，也可用于未淬火钢，但不宜加工非铁金属
6	粗车—半精车—粗磨—精磨	5~6	0.4~0.1	
7	粗车—半精车—粗磨—精磨—超精加工（或轮式超精磨）	5~6	0.1~0.012	
8	粗车—半精车—精车—金刚车	5~6	0.4~0.025	主要用于要求较高的非铁金属加工

（续）

序号	加工方案	经济加工精度等级(IT)	加工表面粗糙度值 $Ra/\mu m$	适用范围
9	粗车—半精车—粗磨—精磨—超精磨(或镜面磨)	5级以上	<0.025	用于极高精度的钢或铸铁件外圆的加工
10	粗车—半精车—粗磨—精磨—研磨	5级以上	<0.1	

表5-14　孔的加工方案

序号	加工方案	经济加工精度等级(IT)	加工表面粗糙度值 $Ra/\mu m$	适用范围
1	钻	11~12	12.5	加工未淬火钢及铸铁的实心毛坯,也可用于加工非铁金属(但表面粗糙度稍高),孔径<15~20mm
2	钻—铰	8~9	3.2~1.6	
3	钻—粗铰—精铰	7~8	1.6~0.8	
4	钻—扩	11	12.5~6.3	同上,但孔径>15~20mm
5	钻—扩—铰	8~9	3.2~1.6	
6	钻—扩—粗铰—精铰	7	1.6~0.8	
7	钻—扩—机铰—手铰	6~7	0.4~0.1	
8	钻—(扩)—拉(或推)	7~9	1.6~0.1	大批量生产中的中、小零件的通孔
9	粗镗(或扩孔)	11~12	12.5~6.3	除淬火钢外的各种材料,毛坯有铸出孔或锻出孔
10	粗镗(粗扩)—半精镗(精扩)	9~10	3.2~1.6	
11	粗镗(粗扩)—半精镗(精扩)—精镗(铰)	7~8	1.6~0.8	
12	粗镗(粗扩)—半精镗(精扩)—精镗—浮动镗刀块精镗	6~7	0.8~0.4	
13	粗镗—半精镗—精镗—金刚镗	6~7	0.4~0.05	主要用于精度要求较高的非铁金属加工
14	钻—(扩)—粗铰—精铰—珩磨 钻—(扩)—拉—珩磨 粗镗—半精镗—精镗—珩磨	6~7	0.2~0.025	精度要求很高的孔
15	以研磨代替上述方案中的珩磨	5~6	<0.1	
16	钻(或粗镗)—扩(半精镗)—精镗—金刚镗—脉冲滚挤	6~7	0.1	成批、大量生产中的非铁金属零件中的小孔,铸铁箱体上的孔

表5-15　平面的加工方案

序号	加 工 方 案	经济加工精度等级(IT)	加工表面粗糙度值 $Ra/\mu m$	适 用 范 围
1	粗车—半精车	8~9	6.3~3.2	用于端面
2	粗车—半精车—精车	6~7	1.6~0.8	
3	粗车—半精车—磨削	7~9	0.8~0.2	

（续）

序号	加 工 方 案	经济加工精度等级(IT)	加工表面粗糙度值 $Ra/\mu m$	适 用 范 围
4	粗刨(或粗铣)—精刨(或精铣)	7~9	6.3~1.6	一般不淬硬的平面(端铣表面粗糙度值可较低)
5	粗刨(或粗铣)—精刨(或精铣)—刮研	5~6	0.8~0.1	用于精度要求较高的不淬火平面
6	粗刨(或粗铣)—精刨(或精铣)—宽刃精刨	6~7	0.8~0.2	批量较大时，宜采用宽刃精刨方案
7	精刨(或粗铣)—精刨(或精铣)—磨削	6~7	0.8~0.2	精度要求较高的淬硬平面或不淬硬平面
8	粗刨(或粗铣)—精刨(或精铣)—粗磨—精磨	5~6	0.4~0.25	
9	粗铣—拉	6~9	0.8~0.2	大量生产、较小的平面
10	粗铣—精铣—磨削—研磨	5 级以上	<0.1	高精度平面

表 5-16　中心孔加工方案

序号	加 工 方 案	零件标准公差等级要求(IT)
1	车(车外圆、端面)—钻中心孔	11~12
2	车(车外圆、端面)—钻中心孔—热处理(调质)—粗研(中心孔锥面)	8~9
3	粗车(车外圆、端面)—钻中心孔—热处理(调质)—精车(车外圆、端面)—钻中心孔—粗研(中心孔锥面)—精研(中心孔锥面)	6~7

第三节　拟定机械加工工艺路线基本原则

各表面定位基准与加工方案确定后，再根据拟定机械加工工艺路线的基本原则确定机械加工先后顺序，进行工序的组合与划分，再加入毛坯制造工序、热处理工序及辅助工序，拟定整个制造工艺过程，如图 5-28 所示。

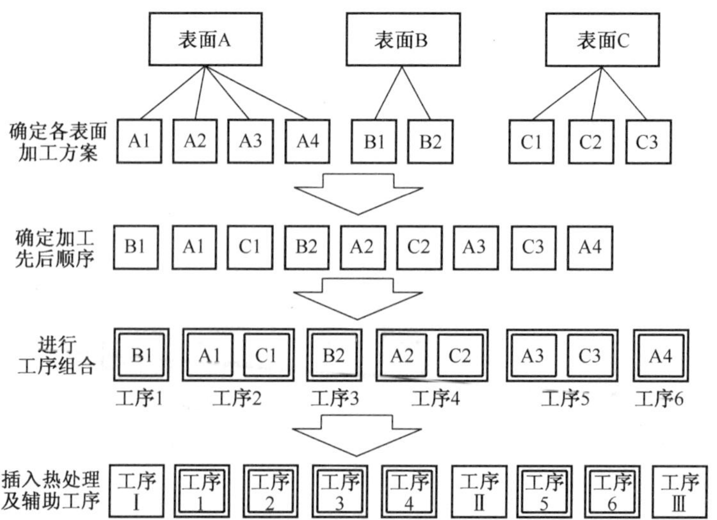

图 5-28　机械加工工艺线路拟定过程示意图

1. 加工顺序安排原则(表 5-17)

表 5-17　加工顺序安排原则

工序类别	工序	安　排　原　则
机械加工		1. 对于形状复杂、尺寸较大的毛坯或尺寸偏差较大的毛坯,首先安排划线工序,为精基准的加工提供找正基准 2. 按"先基准后其他"的顺序,首先加工精基准面,然后用它定位加工其他表面 3. 按"先粗后精"的顺序安排机械加工顺序。机械加工工艺过程一般可分为粗加工、半精加工和精加工三个阶段。当有些零件表面要求有很高的精度和很低的表面粗糙度值时,还需要增加光整加工阶段。这样有利于减小粗加工、半精加工时因切削力和切削热等因素所引起的应力和变形对后续加工的影响,同时粗精加工分开有利于合理地使用设备。先粗后精原则只是对零件整体加工过程而言,例如定位基准面精加工常在其他面粗加工之前完成 4. 按"先主后次"原则安排机械加工顺序。尽量先加工主要面,后加工次要面,尤其对于与主要面有位置要求的次要面更应安排在主要面加工之后完成 5. 热处理后继续进行加工时,应对精基准进行修正
热处理	退火与正火	属于毛坯预备性热处理,应安排在机械加工之前进行
	时效处理	为了消除残余应力,对于尺寸大、结构复杂的铸件,需在粗加工前、后各安排一次时效处理;对于一般铸件,在铸造后或粗加工后安排一次时效处理;对于精度要求高的铸件,在半精加工前、后各安排一次时效处理;对于精度高、刚度低的零件,在粗加工、粗磨、半精磨后需各安排一次时效处理
	淬火	淬火后工件硬度提高且易变形,应安排在精加工阶段的磨削加工前进行
	渗碳	渗碳易产生变形,应安排在精加工前进行,为控制渗碳层厚度,渗碳前应安排精加工工序
	渗氮	一般安排在工艺过程的后面、该表面的最终加工之前,渗氮处理前应调质
辅助工序	中间检查	一般安排在粗加工全部结束之后,精加工之前;送往外车间加工的前后(特别是热处理前后);花费工时较多或重要工序的前后
	特种检查	X 射线、超声波探伤等多用于工件材料内部质量的检查,一般安排在工艺过程的开始;荧光检查、磁力探伤主要用于表面质量的检查,通常安排在精加工阶段,荧光检查如用于检查毛坯的裂纹,则安排在加工前
	表面处理	电镀、涂层、发蓝、氧化、阳极化等表面处理工序一般安排在工艺过程的最后进行

2. 加工阶段的划分

1) 切削加工阶段的划分

金属切削加工可分为粗加工、半精加工、精加工、精密加工和超精密加工等 5 个阶段,对于绝大多数零件,一般只经过粗加工、半精加工和精加工三个阶段。各加工阶段的目的、尺寸公差等级和表面粗糙度 *Ra* 值的范围及相应加工方法见表 5-18。

表 5-18　切削加工阶段的划分

阶段名称	目　　的	尺寸公差等级范围	*Ra* 值范围 /μm	相应加工方法
粗加工	尽快从毛坯上切除多余材料,使其接近零件的形状和尺寸	IT12~IT11	25~12.5	粗车、粗镗、粗铣、粗刨、钻孔等

（续）

阶段名称	目　　的	尺寸公差等级范围		Ra 值范围/μm	相应加工方法
半精加工	进一步提高精度和降低表面粗糙度值，并留下合适的加工余量，为精加工作准备	IT10～IT9		6.3～3.2	半精车、半精镗、半精铣、半精刨、扩孔等
精加工	使一般零件的主要表面达到规定的精度和表面粗糙度要求，为精密加工作准备	一般精加工	IT8～IT7（精车外圆可达 IT6）	1.6～0.8	精车、精镗、精铣、精刨、粗磨、粗拉、粗铰等
		精密精加工	IT7～IT6（精车外圆可达 IT5）	0.8～0.2	精磨、精拉、精铰等
精密加工	在精加工基础上进一步提高精度和降低表面粗糙度值（对于只降低表面粗糙度值的加工又称光整加工）	IT5～IT3		0.1～0.008	研磨、珩磨、超精加工、抛光等
超精密加工	比精密加工更高的亚微米级加工或纳米级加工	高于 IT3		≥0.012	金刚石刀切削、超精密研磨和抛光等

2）加工阶段划分的作用

（1）避免毛坯内应力的释放而影响加工精度。这时因为铸件或锻件毛坯内部都存在一定的内应力，加工前内应力在工件内部是平衡的，每加工一次，内应力就要释放而获得新的平衡，应力释放就会使工件变形，使已加工过的表面精度降低。若先粗加工一遍，待内应力释放后再进行进一步加工，可以减小应力变形的影响。

（2）减小粗加工时较大的夹紧力和切削力所引起的弹性变形和热变形对精度的影响。粗加工时切削力大，所需夹紧力大，产生的切削热也多，因而工件变形大，需通过半精加工和精加工纠正。

（3）先进行粗加工，可及早发现毛坯内部缺陷，以决定是否可以进一步加工，避免造成加工浪费。

（4）可以合理使用设备。粗加工在功率大、刚性好、精度低的机床上进行，精加工在精度高的机床上进行，这样有利于发挥设备效率，同时有利于保持设备的精度。

（5）便于合理安排热处理工序。工件热处理应在精加工之前进行，这样可以通过精加工去除热处理后的变形。对锻件或铸件毛坯，在粗加工后安排去应力的时效处理，可减少内应力变形对精加工的影响。

3. 机械加工工序划分与组合的原则（表 5－19）

表 5－19　机械加工工序划分与组合的原则

原则类型	特　　点	适用范围
工序集中原则	工序集中就是工件的加工集中在少数几道工序内完成，每道工序的加工内容多，其特点如下： 1. 便于采用高效专用设备及工艺装备，生产效率高 2. 装夹次数少，易于保证表面间的位置精度，减少工序间的运输量，缩短生产周期	适于重型工件及单件小批量生产的工件

（续）

原则类型	特　点	适用范围
	3. 机床数量少，操作工人和生产面积少，可简化生产组织和计划工作 4. 因采用结构复杂的专用设备，因此投资大，调整复杂，生产准备量大，转换产品费时	
工序分散原则	工序分散就是将工件加工分散在较多的工序内进行，每道工序加工内容少，其特点如下： 1. 设备的工艺装备简单，调整维修方便，生产准备量少，易于适应产品更换 2. 可采用最合理的切削用量，提高加工效率 3. 设备数量多，操作工人多，生产面积大	适于精度高且刚性差的工件及大批量生产的工件

6 第六章　机械加工工艺过程内容设计

机械加工工艺过程内容设计主要包括确定各工序内容、时间定额、工艺设备及工艺装备等。工艺设备及工艺装备的选择详见第八章，刀具及磨具选择见第八章第二节。

工序内容包括加工表面、工序尺寸及公差、表面粗糙度及其他精度指标等。工序尺寸及公差的确定与上道工序（先于本道工序加工的那道工序）尺寸及公差有关，与本道工序加工余量有关，与工艺基准选择的不同有关。

第一节　机械加工余量的确定

1. 基本概念

机械加工余量是指加工时从加工表面上切除的金属层厚度。加工余量可分为工序余量和总余量。工序余量是指某一表面在一道工序中切除的金属层厚度，即相邻两工序的尺寸之差。毛坯经机械加工而达到零件图的设计尺寸，毛坯尺寸与零件图的设计尺寸之差，即从被加工表面上切除的金属层总厚度称为加工总余量，加工总余量也等于各工序余量之和。

工序余量可分为单边余量和双边余量。若相邻两工序的工序尺寸之差等于被切除的金属层厚度，此时工序余量称为单边余量，如加工平面；若加工对称旋转表面，在一个方向的金属层被切除时，对称方向上的金属层也等量地同时被切除掉，使相邻两工序的工序尺寸之差等于被切除金属层厚度的两倍，此时工序余量称为双边余量之和，如加工外圆。

2. 加工余量的确定方法

加工余量的确定方法一般有三种，即分析计算法、经验估算法和查表法。分析计算法采用可靠的数据资料和理论公式进行计算，适合于大批量生产及贵重材料的加工；经验估算法是根据工艺人员实际经验确定加工余量，通常所取的加工余量偏大，一般用于单件小批生产；查表法是通过查阅有关手册，再结合实际加工情况进行适当修正确定加工余量，此法适于各种生产情况，应用较为广泛。

需要注意的是，目前国内各种手册所给的工序余量为基本余量，即为最小余量，同时各种手册提供的数据不一定与具体加工情况完全相符，余量值大多偏大。

3. 常用机械加工余量

1）装夹及下料尺寸余量（表 6-1～表 6-7）

表 6-1　棒料、板材及焊接后的板材结构件各部分加工余量定义

类别	示　意　图	符号意义
棒料	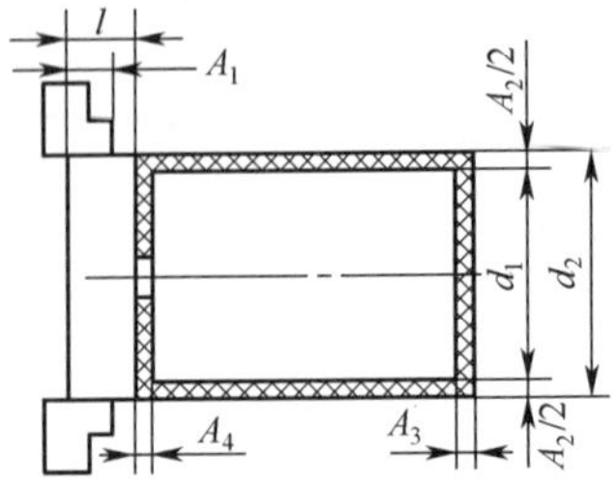 l　A_1　$A_2/2$　d_1　d_2　A_4　A_3　$A_2/2$	l——夹持长度 A_1——夹紧余量 A_2——直径余量 A_3——端面切削余量（单面） A_4——切断余量 d_1——零件外径 d_2——工件外径

（续）

类别	示 意 图	符号意义
板材		t——零件板厚尺寸 t_1——板料厚（两侧切削） t_2——板料厚（单侧切削） A_1——切削余量 A_2——端面切削余量（单侧） B——最大尺寸
焊接后的板材结构件		t——零件板厚尺寸 t_1——板料厚（单侧切削） A_1——切削余量 A_2——端面切削余量（单侧） H——最大尺寸

表 6-2　机床夹持长度及夹紧余量　（单位：mm）

使用设备	夹持长度	夹紧余量	应 用 范 围
卧式车床	5~10	7	用于加工直径较大、实心、不易切断的零件
	15		用于加工套、垫等类一次车好后不调头的零件
	20		用于加工有色金属薄壁管、套管零件
	25		用于加工各种螺纹、滚花和用样板刀车圆球及反车退刀件等
转塔车床	50	20	零件长度≤40mm
		25	零件长度>40mm
自动车床	40~47		
多轴自动车床	200		

注：1. 工件掉头装夹的不应加夹持长度；
2. 坯料加工成最后两件或者多件能调头互为夹持的，则不应加夹持长度

表 6-3　切断余量　（单位：mm）

切断方法	锯床切断			钢板剪切			气割
切断余量	6	8	10	1	2	3	7
适用钢材							
种类	尺寸						
圆钢	<100	100~240	>240	—	—	—	—
方钢、六角钢	<75	75~150	—	—	—	—	—
钢板	—	—	—	0.4~0.5	0.5~12	12~25	>25
钢管	<100	100~240	>240	—	—	—	—
型钢	<125	125~250	>250	—	—	—	—

(续)

适用钢材的尺寸是指圆钢的外径,方钢、六角钢的对边尺寸,钢板的厚度,钢管的外径,型钢为最长一边的尺寸
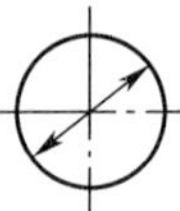 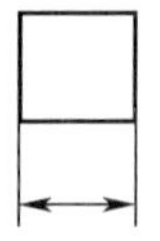 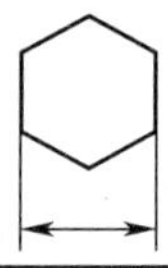  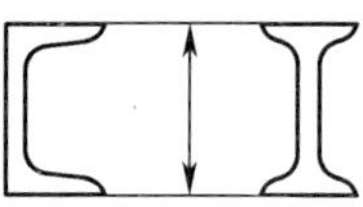 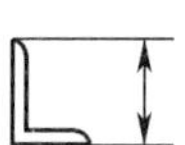

表 6-4　切断刀具切出的切口宽度　(单位:mm)

刀具名称		刀具宽度	切割零件的最大规格		刀具名称	刀具宽度	切割零件的最大规格	
弓锯锯条	手用	0.63			车床用切断刀	5	最大切断直径	50
	机用	1.2~1.7				6		100
圆锯锯片	ϕ800	6.5	切断原料最大直径	ϕ240		8		150
	ϕ1500	11.0		ϕ500		10		200
切口铣刀		0.2	切口深度	10		12		250
		0.5		15		30		300 以上
		0.8		15	锯床用切口刀	12	工件厚度	100
锯片铣刀		1.0	锯口宽度	15		15		120
		1.5		20		20		150
		2~3		35		30		200 以上
		3~4		50				
		4~5		70				
注:圆锯能切割方料的最大尺寸为圆料的 20%								

表 6-5　手工气割下料毛坯每边加工余量(JB/T 9168.11—1998)　(单位:mm)

毛坯长度或直径		毛坯厚度				
		≤25	>25~50	>50~100	>100~200	>200~300
		每面余量				
长度	≤100	3	4	5	8	10
	>100~250	4	5	6	9	
	>250~630					11
	>630~1000	5	6	7	10	
	>1000~1600					12
	>1600~2500	6	7	8	11	
	>2500~4000					13
	>4000~6000	7	8	9	12	
直径	≤100	5	7	10	14	16
	>100~150	6	8	11	15	17
	>150~200	7	9	12	16	18
	>200~250	8	10	13	17	19
	>250~300	9	11	14	18	20
公差		±1	±2	±3	±3	±4

表 6-6　常用型材锯削下料工艺留量与偏差(JB/T 9168.11—1998)　　(单位:mm)

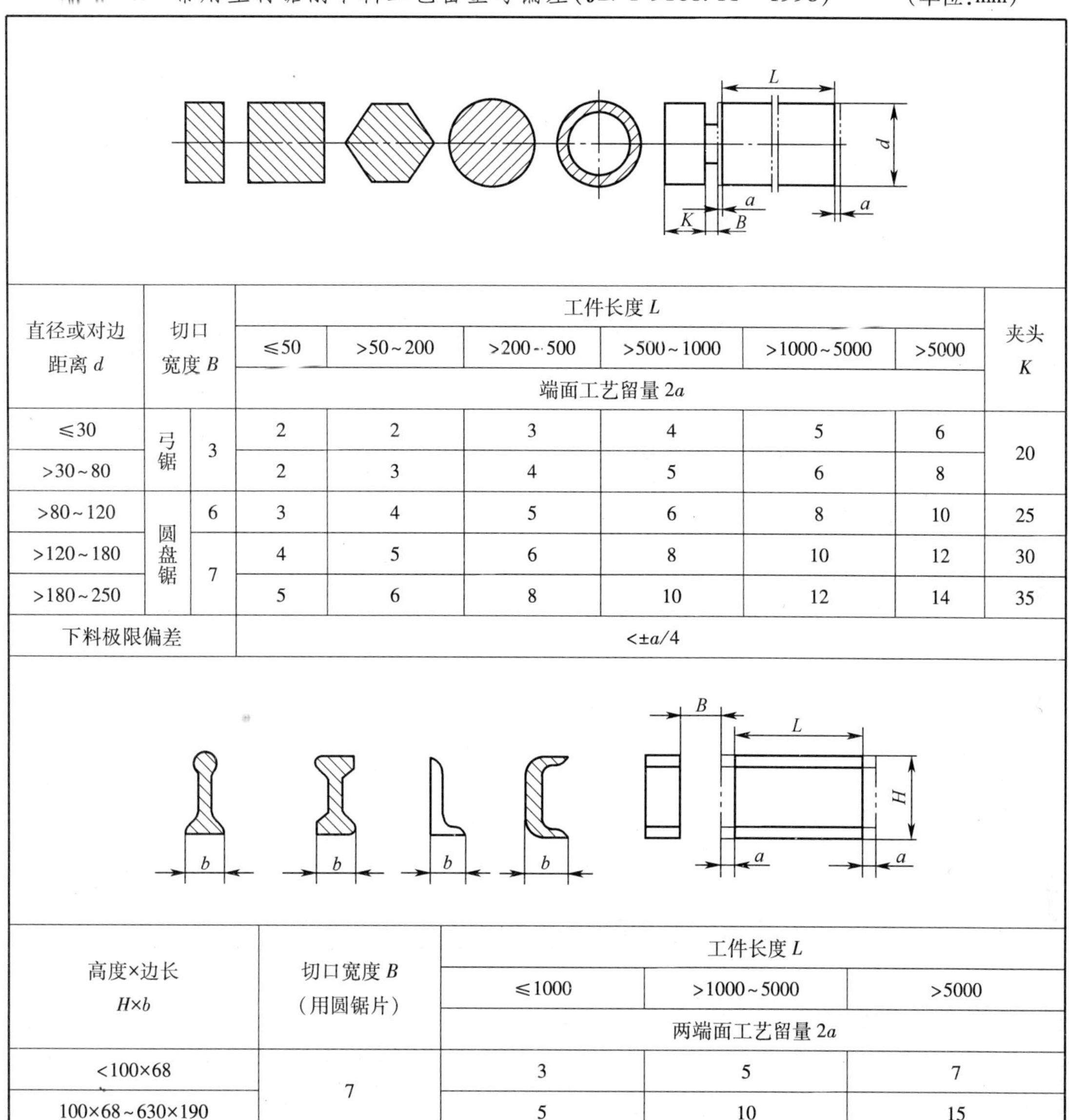

直径或对边距离 d	切口宽度 B		工件长度 L						夹头 K
			≤50	>50~200	>200~500	>500~1000	>1000~5000	>5000	
			端面工艺留量 $2a$						
≤30	弓锯	3	2	2	3	4	5	6	20
>30~80			2	3	4	5	6	8	
>80~120	圆盘锯	6	3	4	5	6	8	10	25
>120~180		7	4	5	6	8	10	12	30
>180~250			5	6	8	10	12	14	35
下料极限偏差			$<\pm a/4$						

高度×边长 $H\times b$	切口宽度 B（用圆锯片）	工件长度 L		
		≤1000	>1000~5000	>5000
		两端面工艺留量 $2a$		
<100×68	7	3	5	7
100×68~630×190		5	10	15
下料极限偏差		$<\pm a/4$		

表 6-7　薄片砂轮下料工艺留量(JB/T 9168.11—1998)　　(单位:mm)

直径或对边距离	切口宽度 B	工件长度 L		
		≤1000	>1000~5000	>5000
		两端面工艺留量 $2a$		
≤100	4	3	5	7
>100~150	6	4	6	8
下料极限偏差		$<\pm a/4$		

2）轴的机械加工余量

轴的折算长度见表 6-8,轴的机械加工余量见表 6-9~表 6-13。

表 6-8　轴的折算长度(确定半精车及磨削加工余量用折算长度)

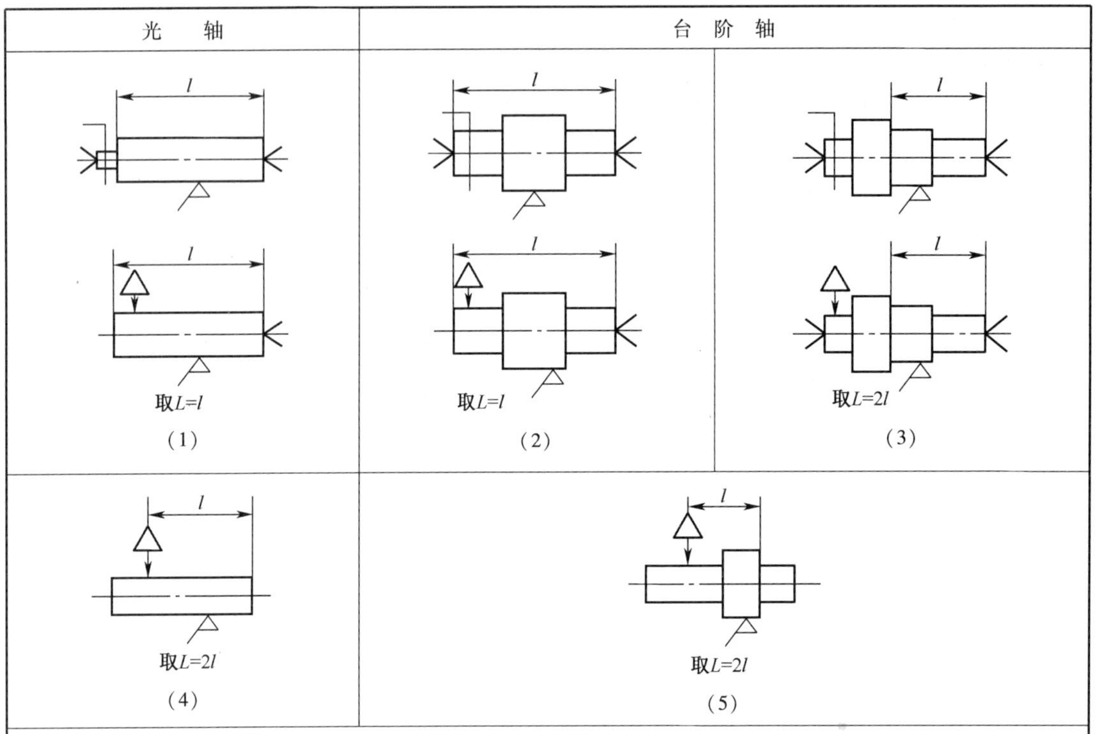

注:轴类零件在加工中受力变形与其长度和装夹方式(顶尖或卡盘)有关。轴的折算长度可分为表中五种情况:(1)、(2)、(3)轴件装在顶尖间或装在卡盘与顶尖间,相当于二支梁,其中(2)为加工轴的中段;(3)为加工轴的边缘(靠近端部的两段),轴的折算长度 L 是轴的断面到加工部分最远一端之间距离的 2 倍;(4)、(5)轴件仅一端夹紧在卡盘内,相当于悬臂,其折算长度是卡爪端面到加工部分最远一端之间距离的 2 倍

表 6-9　轴的机械加工余量(外旋转表面)　　(单位:mm)

基本尺寸	表面的加工方法	轴的折算长度				
		≤120	120~260	260~500	500~800	800~1250
		直径上的余量(分子表示用中心孔安装时)(分母表示用夹盘安装时)				
		车削高精度的轧制件				
≤30	粗车和一次车	1.2/1.1	1.7/—	—	—	—
	精车	0.25/0.25	0.3/—	—	—	—
	细车	0.12/0.12	0.15/—	—	—	—
30~50	粗车和一次车	1.2/1.1	1.5/1.4	2.2/—	—	—
	精车	0.3/0.25	0.3/0.25	0.35/—	—	—
	细车	0.15/0.12	0.16/0.13	0.2/—	—	—
50~80	粗车和一次车	1.5/1.1	1.7/1.5	2.3/2.1	3.1/—	—
	精车	0.25/0.20	0.3/0.25	0.3/0.3	0.4/—	—
	细车	0.14/0.12	0.15/0.13	0.17/0.16	0.25/—	—
80~120	粗车和一次车	1.6/1.2	1.7/1.3	2.0/1.7	2.5/2.3	3.3/—
	精车	0.25/0.25	0.3/0.25	0.3/0.3	0.3/0.3	0.35/—
	细车	0.14/0.13	0.15/0.13	0.16/0.15	0.17/0.17	0.2/—

（续）

基本尺寸	表面的加工方法	轴的折算长度				
		≤120	120~260	260~500	500~800	800~1250
		直径上的余量（分子表示用中心孔安装时）（分母表示用夹盘安装时）				
		车削高精度的轧制件				
≤30	粗车和一次车	1.3/1.1	1.7/—	—	—	—
	半精车	0.45/0.45	0.5/—	—	—	—
	精车	0.25/0.2	0.25/—	—	—	—
	细车	0.13/0.12	0.15/—	—	—	—
30~50	粗车和一次车	1.3/1.1	1.6/1.4	2.2/—	—	—
	半精车	0.45/0.45	0.45/0.45	0.45/—	—	—
	精车	0.25/0.2	0.25/0.25	0.3/—	—	—
	细车	0.13/0.12	0.14/0.13	0.16/—	—	—
50~80	粗车和一次车	1.5/1.1	1.7/1.5	2.3/2.1	3.1/—	—
	半精车	0.45/0.45	0.50/0.45	0.5/0.5	0.55/—	—
	精车	0.25/0.2	0.3/0.25	0.3/0.3	0.35/—	—
	细车	0.13/0.12	0.16/0.13	0.18/0.16	0.20/—	—
80~120	粗车和一次车	1.8/1.2	1.9/1.3	2.1/1.7	2.6/2.3	3.4/—
	半精车	0.5/0.45	0.5/0.45	0.5/0.5	0.5/0.5	0.55/—
	精车	0.25/0.2	0.25/0.25	0.3/0.25	0.3/0.3	0.35/—
	细车	0.15/0.12	0.16/0.13	0.16/0.14	0.18/0.17	0.20/—
120~180	粗车和一次车	2.0/1.3	2.1/1.4	2.3/1.8	2.7/2.3	3.5/3.2
	半精车	0.5/0.45	0.5/0.45	0.5/0.45	0.5/0.5	0.6/0.55
	精车	0.3/0.25	0.3/0.25	0.3/0.25	0.3/0.3	0.35/0.3
	细车	0.16/0.13	0.16/0.13	0.17/0.15	0.18/0.17	0.21/0.2
180~260	粗车和一次车	2.0/1.4	2.4/1.5	2.6/1.8	2.9/2.4	3.5/3.2
	半精车	0.5/0.45	0.5/0.45	0.5/0.5	0.55/0.5	0.6/0.55
	精车	0.3/0.25	0.3/0.25	0.3/0.25	0.3/0.3	0.35/0.35
	细车	0.17/0.13	0.17/0.14	0.18/0.15	0.19/0.17	0.22/0.2
注：本表宽度余量为双面余量，单面余量是表中所列数值的 1/2						

表 6-10　外圆磨削机械加工余量　（单位：mm）

轴径	热处理状态	轴的折算长度		
		≤100	100~250	250~500
≤10	未淬火	0.2	0.2	0.3
	淬硬	0.3	0.3	0.4
10~18	未淬火	0.2	0.3	0.3
	淬硬	0.3	0.3	0.4
18~30	未淬火	0.3	0.3	0.3
	淬硬	0.3	0.4	0.4
30~50	未淬火	0.3	0.3	0.4
	淬硬	0.4	0.4	0.5

(续)

轴径	热处理状态	轴的折算长度		
		≤100	100~250	250~500
50~80	未淬火 淬硬	0.3 0.4	0.4 0.5	0.4 0.5
80~120	未淬火 淬硬	0.4 0.5	0.4 0.5	0.5 0.6
120~180	未淬火 淬硬	0.5 0.5	0.6 0.7	0.6 0.7
180~260	未淬火 淬硬	0.5 0.6	0.6 0.7	0.6 0.7
注:本表宽度余量为双面余量,单面余量是表中所列数值的1/2				

表6-11 研磨外圆机械加工余量 (单位:mm)

零件基本尺寸	直径余量	零件基本尺寸	直径余量
≤10	0.005~0.008	50~80	0.009~0.012
10~18	0.006~0.009	80~120	0.010~0.014
18~30	0.007~0.010	120~180	0.012~0.016
30~50	0.008~0.011	180~260	0.015~0.020
注:经过精磨零件,其手工研磨量为3~8μm,机械研磨量为8~15μm			

表6-12 外圆抛光加工余量 (单位:mm)

零件基本尺寸	≤100	100~200	200~700	>700
直径余量	0.1	0.3	0.4	0.5
注:1. 抛光前的加工精度为IT7级; 2. 本表宽度余量为双面余量,单面余量是表中所列数值的1/2				

表6-13 外圆超精加工余量 (单位:mm)

上工序表面粗糙度值 *Ra*/μm	直径加工余量
0.63~1.25	0.01~0.02
0.16~0.63	0.003~0.01
注:本表宽度余量为双面余量,单面余量是表中所列数值的1/2	

3)孔的机械加工余量(表6-14~表6-20)

表6-14 扩孔、镗孔、铰孔加工余量 (单位:mm)

直径	扩孔或镗孔	粗铰	精铰
3~6	—	0.1	0.04
6~10	0.8~1.0	0.1~0.15	0.05
10~18	1.0~1.5	0.1~0.15	0.05
18~30	1.5~2.0	0.15~0.2	0.06
30~50	1.5~2.0	0.2~0.3	0.08

（续）

直径	扩孔或镗孔	粗铰	精铰
50~80	1.5~2.0	0.3~0.5	0.10
80~120	1.5~2.0	0.5~0.7	0.15
120~180	1.5~2.0	0.5~0.7	0.2
180~260	2.0~3.0	0.5~0.7	0.2
260~360	2.0~3.0	0.5~0.7	0.2
注:本表宽度余量为双面余量,单面余量是表中所列数值的 1/2			

表 6-15 磨孔加工余量

（单位:mm）

孔的直径	热处理状态	孔的长度				
		≤50	50~100	100~200	200~300	300~500
≤10	未淬硬	0.2	—	—	—	—
	淬硬	0.2	—	—	—	—
10~18	未淬硬	0.2	0.3	—	—	—
	淬硬	0.3	0.4	—	—	—
18~30	未淬硬	0.3	0.3	0.4	—	—
	淬硬	0.3	0.4	0.4	—	—
30~50	未淬硬	0.3	0.3	0.4	0.4	—
	淬硬	0.4	0.4	0.4	0.5	—
50~80	未淬硬	0.4	0.4	0.4	0.4	—
	淬硬	0.4	0.5	0.5	0.5	—
80~120	未淬硬	0.5	0.5	0.5	0.5	0.5
	淬硬	0.5	0.5	0.6	0.6	0.6
120~180	未淬硬	0.6	0.6	0.6	0.6	0.6
	淬硬	0.6	0.6	0.6	0.6	0.7
180~260	未淬硬	0.6	0.6	0.7	0.7	0.7
	淬硬	0.7	0.7	0.7	0.7	0.8
260~360	未淬硬	0.7	0.7	0.7	0.8	0.8
	淬硬	0.7	0.8	0.8	0.8	0.9
360~500	未淬硬	0.8	0.8	0.8	0.8	0.8
	淬硬	0.8	0.8	0.8	0.9	0.9
注:本表宽度余量为双面余量,单面余量是表中所列数值的 1/2						

表 6-16 金刚镗孔加工余量

（单位:mm）

镗孔直径	轻合金		巴氏合金		青铜—铸铁		钢	
	粗镗	精镗	粗镗	精镗	粗镗	精镗	粗镗	精镗
≤30	0.2	0.1	0.3	0.1	0.2	0.1	0.2	0.1
30~50	0.3	0.1	0.4	0.1	0.3	0.1	0.2	0.1
50~80	0.4	0.1	0.5	0.1	0.3	0.1	0.2	0.1
80~120	0.4	0.1	0.5	0.1	0.3	0.1	0.3	0.1
120~180	0.5	0.1	0.6	0.2	0.4	0.1	0.3	0.1

（续）

镗孔直径	轻合金		巴氏合金		青铜—铸铁		钢	
	粗镗	精镗	粗镗	精镗	粗镗	精镗	粗镗	精镗
180~260	0.5	0.1	0.6	0.2	0.4	0.1	0.3	0.1
260~360	0.5	0.1	0.6	0.2	0.4	0.1	0.3	0.1
360~500	0.5	0.1	0.6	0.2	0.5	0.2	0.4	0.1
500~640	0.5	—	—	—	0.5	0.2	0.4	0.1
640~800	—	—	—	—	0.5	0.2	0.4	0.1
800~1000	—	—	—	—	0.6	0.2	0.5	0.2
注:本表宽度余量为双面余量,单面余量是表中所列数值的 1/2								

表 6-17 拉削圆孔加工余量 （单位:mm）

直径 D	拉削余量 e	直径 D	拉削余量 e
10~12	0.4	30~40	0.8
12~18	0.5	40~60	1.0
18~25	0.6	60~100	1.2
25~30	0.7	100~160	1.4
注:本表宽度余量为双面余量,单面余量是表中所列数值的 1/2			

表 6-18 拉削花键孔加工余量 （单位:mm）

花 键 规 格		定 心 方 式	
键数	外径 D	外径定心	内径定心
6	35~42	0.4~0.5	0.7~0.8
6	45~50	0.5~0.6	0.8~0.9
6	55~90	0.6~0.7	0.9~1.0
10	30~42	0.4~0.5	0.7~0.8
10	45	0.5~0.6	0.8~0.9
16	38	0.4~0.5	0.7~0.8
16	50	0.5~0.6	0.8~0.9
注:本表宽度余量为双面余量,单面余量是表中所列数值的 1/2			

表 6-19 孔的珩磨余量 （单位:mm）

孔的基本尺寸	直 径 余 量					
	精磨以后		半精镗以后		粗磨以后	
	铸铁	钢	铸铁	钢	铸铁	钢
≤50	0.09	0.06	0.09	0.07	0.08	0.05
50~80	0.10	0.07	0.10	0.08	0.09	0.05
80~120	0.11	0.08	0.11	0.09	0.10	0.06
120~180	0.12	0.09	0.12	—	0.11	0.07
180~260	0.12	0.09	—	—	0.12	0.08

表 6-20　孔的研磨余量　(单位:mm)

孔 的 直 径	直径上的余量
≤50	0.010
50~80	0.016
80~120	0.020
注:本表宽度余量为双面余量,单面余量是表中所列数值的 1/2	

4) 平面的机械加工余量(表 6-21~表 6-28)

表 6-21　平面粗刨后精铣加工余量　(单位:mm)

平 面 长 度	平 面 宽 度		
	≤100	100~200	>200
≤100	0.6~0.7	—	—
100~250	0.6~0.8	0.7~0.9	—
250~500	0.7~1.0	0.8~1.0	0.8~1.1
>500	0.8~1.0	0.9~1.2	0.9~1.2

表 6-22　平面铣削加工余量　(单位:mm)

零件厚度	荒铣后粗铣						粗铣后半精铣					
	宽度≤200			宽度>200~400			宽度≤200			宽度>200~400		
	加工表面不同长度下的机械加工余量											
	≤100	>100~250	>250~400	≤100	>100~250	>250~400	≤100	>100~250	>250~400	≤100	>100~250	>250~400
6~30	1.0	1.2	1.5	1.2	1.5	1.7	0.7	1.0	1.0	1.0	1.0	1.0
30~50	1.0	1.5	1.7	1.5	1.5	2.0	1.0	1.0	1.2	1.0	1.2	1.2
>50	1.5	1.7	2.0	1.7	2.0	2.5	1.0	1.3	1.5	1.3	1.5	1.5

表 6-23　平面磨削加工余量　(单位:mm)

零件厚度	第一种					
	经热处理及未经热处理零件的终磨					
	宽度≤200			宽度 200~400		
	≤100	100~250	250~400	≤100	100~250	250~400
6~30	0.3	0.3	0.5	0.3	0.5	0.5
30~50	0.5	0.5	0.5	0.5	0.5	0.5
>50	0.5	0.5	0.5	0.5	0.5	0.5

零件厚度	第二种											
	热处理后											
	粗磨						半精磨					
	宽度≤200			宽度 200~400			宽度≤200			宽度 200~400		
	加工表面不同长度下的机械加工余量											
	≤100	100~250	250~400	≤100	100~250	250~400	≤100	100~250	250~400	≤100	100~250	250~400
6~30	0.2	0.2	0.3	0.2	0.3	0.3	0.1	0.1	0.2	0.1	0.2	0.2
30~50	0.3	0.3	0.3	0.3	0.3	0.3	0.2	0.2	0.2	0.2	0.2	0.2

表 6-24 平面刮研加工余量 (单位:mm)

加工面长度	平面宽度		
	≤100	100~300	300~1000
	加工余量		
≤300	0.15	0.15	0.20
300~1000	0.20	0.20	0.25
1000~2000	0.25	0.25	0.30

表 6-25 端面加工余量 (单位:mm)

零件长度（全长）	粗车后精车端面			磨削	
	余量(按端面最大直径取)				
	≤30	30~120	120~260	≤120	120~260
≤10	0.5	0.6	1.0	0.2	0.3
10~18	0.5	0.7	1.0	0.2	0.3
18~50	0.6	1.0	1.2	0.2	0.3
50~80	0.7	1.0	1.3	0.3	0.4
80~120	1.0	1.0	1.3	0.3	0.5
120~180	1.0	1.3	1.5	0.3	0.5

表 6-26 平面研磨加工余量 (单位:mm)

平面长度	≤25	25~75	75~150
≤25	0.005~0.007	0.007~0.010	0.010~0.014
25~75	0.007~0.010	0.010~0.014	0.014~0.020
75~150	0.010~0.014	0.014~0.020	0.020~0.024
150~260	0.014~0.018	0.020~0.024	0.024~0.030
注:经过精磨的零件,手工研磨余量,单面 0.003~0.005mm;机械研磨余量,单面 0.005~0.010mm			

表 6-27 外表面拉削加工余量 (单位:mm)

工作状态		单面余量	工作状态		单面余量
小件	铸造	4~5	中件	铸造	5~7
	模锻或精密铸造	2~3		模锻或精密铸造	3~4
	经预先加工	0.3~0.4		经预先加工	0.5~0.6

表 6-28 凹槽加工余量及偏差 (单位:mm)

凹槽尺寸			宽度余量		宽度偏差	
长	深	宽	粗铣后半精铣	半精铣后磨	粗铣(IT12~IT13)	半精铣(IT11)
≤80	≤60	3~6	1.5	0.5	+0.12~+0.18	+0.075
		6~10	2.0	0.7	+0.15~+0.22	+0.09
		10~18	3.0	1.0	+0.18~+0.27	+0.11
		18~30	3.0	1.0	+0.21~+0.33	+0.13
		30~50	3.0	1.0	+0.25~+0.39	+0.16
		50~80	4.0	1.0	+0.30~+0.46	+0.19
		80~120	4.0	1.0	+0.35~+0.54	+0.22
注:1. 半精铣后磨凹槽的加工余量,适用于半精铣后经热处理和未经热处理的工件; 2. 本表宽度余量为双面余量,单面余量是表中所列数值的 1/2						

5）齿轮、蜗轮、花键加工余量(表 6-29~表 6-31)

表 6-29　齿轮精加工齿厚余量　（单位:mm）

模数			2	3	4	5	6	7	8	9	10	11	12
滚齿或精插齿			0.6	0.75	0.9	1.05	1.2	1.35	1.5	1.7	1.9	2.1	2.2
磨齿			0.15	0.2	0.23	0.26	0.29	0.32	0.35	0.38	0.4	0.45	0.5
剃齿	*D*	≤50	0.08	0.09	0.10	0.11	0.12	—	—	—	—	—	—
		50~100	0.09	0.10	0.11	0.12	0.14	—	—	—	—	—	—
		100~200	0.12	0.13	0.14	0.15	0.16	—	—	—	—	—	—

注:1. 本表宽度余量为双面余量,单面余量是表中所列数值的 1/2;
2. *D* 为齿轮分度圆直径

表 6-30　蜗轮和蜗杆的精加工齿厚余量　（单位:mm）

模数		2	3	4	5	6	7	8	9	10	11	12
蜗杆	粗铣后精车	0.8	1.1	1.3	1.4	1.5	1.5	1.6	1.7	1.8	1.9	1.9
	淬火后精车	0.25	0.35	0.45	0.5	0.55	0.6	0.65	0.7	0.7	0.75	0.75
蜗轮		0.8	1.0	1.2	1.4	1.6	1.8	2.0	2.2	2.4	2.6	3.0

注:本表宽度余量为双面余量,单面余量是表中所列数值的 1/2

表 6-31　花键精加工余量　（单位:mm）

精铣					磨削				
花键轴的大径	花键的长度				花键轴的大径	花键的长度			
	≤100	100~200	200~350	350~500		≤100	100~200	200~350	350~500
>10~18	0.4~0.6	0.5~0.7	—	—	>10~18	0.1~0.2	0.2~0.3	—	—
18~30	0.5~0.7	0.6~0.8	0.7~0.9	—	18~30	0.1~0.2	0.2~0.3	0.2~0.4	—
30~50	0.6~0.8	0.7~0.9	0.8~1.0	—	30~50	0.2~0.3	0.2~0.4	0.3~0.5	
>50	0.7~0.9	0.8~1.0	0.9~1.2	1.2~1.5	>50	0.2~0.4	0.3~0.5	0.3~0.5	0.4~0.6

注:本表宽度余量为双面余量,单面余量是表中所列数值的 1/2

6）热处理后的机械加工余量(表 6-32~表 6-37)

表 6-32　调质件加工余量　（单位:mm）

直径	长度		
	<500	500~1000	1000~1800
10~20	2.0~2.5	2.5~3.0	—
22~45	2.5~3.0	3.0~3.5	3.5~4.0
48~70	2.5~3.0	3.0~3.5	4.0~4.5
75~100	3.0~3.5	3.0~3.5	5.0~5.5

注:本表宽度余量为双面余量,单面余量是表中所列数值的 1/2

表 6-33 不渗碳局部加工余量 (单位:mm)

设计要求渗碳深度	不渗碳表面留余量	设计要求渗碳深度	不渗碳表面留余量
0. 2~0. 4	1. 1+淬火时留余量	1. 1~1. 5	2. 2+淬火时留余量
0. 4~0. 7	1. 4+淬火时留余量	1. 5~2. 0	2. 7+淬火时留余量
0. 7~1. 1	1. 8+淬火时留余量		

表 6-34 轴、杆类件热处理后外圆磨削加工余量 (单位:mm)

直径或厚度	长度							
	≤50	50~100	100~200	200~300	300~450	450~600	600~800	800~1200
≤5	0. 35~0. 45	0. 45~0. 55	0. 55~0. 65					
5~10	0. 30~0. 40	0. 40~0. 50	0. 50~0. 60	0. 55~0. 65				
10~20	0. 25~0. 35	0. 35~0. 45	0. 45~0. 55	0. 50~0. 60	0. 55~0. 65			
20~30	0. 30~0. 40	0. 30~0. 40	0. 35~0. 45	0. 40~0. 50	0. 45~0. 55	0. 50~0. 60	0. 55~0. 65	
30~50	0. 35~0. 45	0. 35~0. 45	0. 35~0. 45	0. 40~0. 50	0. 40~0. 50	0. 40~0. 50	0. 50~0. 60	0. 60~0. 70
50~80	0. 40~0. 50	0. 40~0. 50	0. 40~0. 50	0. 40~0. 50	0. 40~0. 50	0. 40~0. 50	0. 50~0. 60	0. 60~0. 70
80~120	0. 50~0. 60	0. 50~0. 60	0. 50~0. 60	0. 50~0. 60	0. 50~0. 60	0. 50~0. 60	0. 60~0. 70	0. 65~0. 80
120~180	0. 60~0. 70	0. 60~0. 70	0. 60~0. 70	0. 60~0. 70	0. 60~0. 70			
180~280	0. 70~0. 90	0. 70~0. 90	0. 70~0. 90	0. 70~0. 90				

注:1. 粗磨后需人工时效的零件应较上表增加 50%;
2. 此表为断面均匀、全部淬火零件的余量,特殊零件另行协商解决;
3. 全长 1/3 以下局部淬火零件可取下限,淬火长度大于 1/3 的零件按全长确定。
4. ϕ80mm 以上短实心轴可取下限;
5. 高频淬火可取下限;
6. 本表宽度余量为双面余量,单面余量是表中所列数值的 1/2

表 6-35 轴、套、环类零件热处理后内孔磨削加工余量 (单位:mm)

类型	孔径公称尺寸									
	≤10	10~18	18~30	30~50	50~80	80~120	120~180	180~260	260~360	360~500
一般孔余量	0. 20~0. 30	0. 25~0. 35	0. 30~0. 45	0. 35~0. 45	0. 40~0. 60	0. 50~0. 75	0. 60~0. 90	0. 65~1. 00	0. 80~1. 20	0. 85~1. 30
复杂孔余量	0. 25~0. 40	0. 35~0. 45	0. 40~0. 50	0. 50~0. 65	0. 60~0. 80	0. 70~1. 00	0. 80~1. 20	0. 90~1. 35	1. 05~1. 50	1. 15~1. 75

注:1. 碳素钢工件一般均用水或水-油淬火,孔变形较大,应选上限;薄壁零件(外径/内径<2)应取上限;
2. 合金钢薄壁零件(外径/内径<1. 25 者)应取上限;
3. 合金钢零件渗碳后采用二次淬火者应取上限;
4. 同一零件有大小不同的孔时,应以大孔计算;
5. “一般孔”指零件形状简单、对称,孔是光滑圆孔或花键孔;“复杂孔”指零件形状复杂、不对称、薄壁,孔形不规则;
6. 外径/内径<1. 5 的高频淬火件,内孔余量应减少 40%~50%,外圆加大 30%~40%;
7. 本表宽度余量为双面余量,单面余量是表中所列数值的 1/2

表 6－36　渗碳零件磨削加工余量　　（单位：mm）

公称渗碳层深度	0.3	0.5	0.9	1.3	1.7
磨削余量	0.15～0.20	0.20～0.25	0.25～0.30	0.35～0.40	0.45～0.50
实际工艺渗碳深度	0.4～0.6	0.7～1.0	1.0～1.4	1.5～1.9	2.0～2.5

表 6－37　切除渗碳层余量　　（单位：mm）

渗碳层深度	0.4～0.6	0.6～0.8	0.8～1.1	1.1～1.4	1.4～1.8
直径余量	1.5～1.7	2～2.2	2.5～3.0	3.2～4.0	4.0～4.5
端面、平面单面余量	1.0～1.2	1.2～1.5	1.5～2.0	2.0～2.3	2.3～2.7

第二节　工序尺寸及公差的确定

零件设计尺寸一般要经过几道工序的加工才能得到，每道工序所应保证的尺寸称为工序尺寸，其变动范围称为工序尺寸公差。工序尺寸公差的确定分基准重合与基准不重合两种情况。

1. 工艺基准与设计基准重合时工序尺寸及公差的确定

当工序基准、定位基准或测量基准与设计基准重合时，计算工序尺寸及公差只需考虑各工序的加工余量和所能达到的精度，其计算顺序是由最后一道工序开始向前推算，计算步骤如下：

(1) 确定工序公差。最终工序尺寸公差等于设计尺寸公差，其余工序按经济精度确定，查有关手册。

(2) 求工序基本尺寸。从零件图上的设计尺寸开始，一直推算到毛坯尺寸，某工序基本尺寸等于后道工序基本尺寸加上或减去后一道工序加工余量（轴加工余量取正值，孔加工余量取负值）。

(3) 标注工序尺寸公差。最后一道工序的公差按设计尺寸标注，其余工序尺寸公差按“入体原则”标注，即工序尺寸等于工序最大实体尺寸，毛坯尺寸公差对称标注。

【例 6－1】 加工长度为 80mm 导柱的外圆柱面，设计尺寸及公差为 $\phi40^{+0.050}_{+0.034}$mm，表面粗糙度 $Ra0.4\mu m$。经工艺分析，毛坯采用圆型材，毛坯尺寸及公差为 $\phi(45\pm0.35)$mm；$\phi40^{+0.050}_{+0.034}$mm 精度等级为 IT6 级，采用加工方案为：粗车—半精车—磨削。试用查表法确定外圆柱面各工序的加工余量、工序尺寸及公差。

解：由最后工序往前推算。

磨削工序加工精度 IT6 级、表面粗糙度 $Ra0.4\mu m$，工序尺寸及公差即为设计尺寸及公差为 $\phi40^{+0.050}_{+0.034}$mm，查“表 6－10　外圆磨削余量”，选择磨削工序余量 0.6mm；半精车工序加工精度 IT9 级（查表公差值 0.062mm），表面粗糙度 $Ra1.6\mu m$，工序尺寸 $\phi(40+0.6)=\phi40.6$mm，工序尺寸及偏差 $\phi40.6^{0}_{-0.062}$mm，查“表 6－9　外圆半精车余量”，选择半精车工序余量 1mm；粗车工序加工精度 IT12 级（查表公差值 0.25mm），表面粗糙度 $Ra3.2\mu m$，工序尺寸 $\phi(40.6+1)=\phi41.6$mm，工序尺寸及偏差 $\phi41.6^{0}_{-0-0.25}$mm，粗车工序余量 $=\phi45-\phi41.6=3.4$mm。各工序加工余量、工序尺寸及公差见表 6－38。

表 6-38　加工导柱工序余量、工序尺寸及公差

工序名称	工序余量/mm	工序尺寸/mm	加工精度等级	工序尺寸及公差/mm	表面粗糙度 Ra/μm
磨削	0.6	$\phi40$	IT6	$\phi40^{+0.050}_{+0.034}$	0.4
半精车	1	$\phi40+0.6=\phi40.6$	IT9	$\phi40.6^{0}_{-0.062}$	1.6
粗车	$\phi45-\phi41.6=3.4$	$\phi40.6+1=\phi41.6$	IT12	$\phi41.6^{0}_{-0.25}$	3.2
毛坯	—	—	—	$\phi(45\pm0.35)$	—

【例 6-2】 某机床主轴箱体的主轴孔设计尺寸为 $\phi100^{+0.035}_{0}$ mm，表面粗糙度为 $Ra0.8\mu m$。毛坯采用铸件，由铸件设计规范获得主轴孔毛坯尺寸为 $\phi(92\pm1.5)$ mm。采用加工方案为：粗镗—半精镗—精镗—浮动镗。试用查表法确定主轴孔各工序的加工余量、工序尺寸及公差。

解：按机械加工手册所给数据，并按上述方法确定的工序尺寸及公差列于表 6-39。

表 6-39　主轴孔工序尺寸及公差的确定

工序名称	工序余量/mm	工序尺寸/mm	加工精度等级	工序尺寸及公差/mm	表面粗糙度 Ra/μm
浮动镗	0.1	$\phi100$	IT7	$\phi100^{+0.035}_{0}$	0.8
精镗	0.5	$\phi(100-0.1)=\phi99.9$	IT8	$\phi99.9^{+0.054}_{0}$	1.6
半精镗	2.4	$\phi(99.9-0.5)=\phi99.4$	IT10	$\phi99.4^{+0.14}_{0}$	3.2
粗镗	$\phi97-\phi92=5$	$\phi(99.4-2.4)=\phi97$	IT12	$\phi97^{+0.35}_{0}$	6.3
毛坯孔	—	—	—	$\phi(92\pm1.5)$	—

2. 工艺基准与设计基准不重合时工序尺寸及公差的确定

当测量基准、定位基准或工序基准等工艺基准与设计基准不重合时，需要利用工艺尺寸链原理进行工序尺寸及其公差的计算。

1）工艺尺寸链基本概念

在零件加工、测量或装配过程中，经常遇到的不是一些孤立的尺寸，而是一些相互关联的尺寸，将这些相关联的尺寸按一定顺序连接成封闭形式的尺寸图形，称为工艺尺寸链。

工艺尺寸链的主要特征为封闭性和关联性。

封闭性——尺寸链中各个尺寸的排列呈封闭形式，不封闭就不成为尺寸链。

关联性——任何一个直接保证的尺寸及其精度的变化，必将影响间接保证的尺寸和其精度。

2）工艺尺寸链组成

工艺尺寸链中各尺寸统称尺寸环。根据各尺寸环在尺寸链中的作用，可分为封闭环和组成环。

（1）封闭环：在加工、测量或装配过程中，间接获得，最后形成的尺寸，每个尺寸链只能有一个封闭环。如图 6-1 所示，A_0是零件装配后形成的间隙，间接获得，所以属于封闭环。

（2）组成环：除封闭环以外的其他环，称为组成环。组成环的尺寸是直接保证的，它又影响到封闭环的尺寸。按其对封闭环的影响又可分为增环和减环。当其余组成环不变，而该环增大（或减小）使封闭环随之增大（或减小）的环，称为增环。当其余组成环不变，该环增大（或减小）反而使封闭环减小（或增大）的环，称为减环。

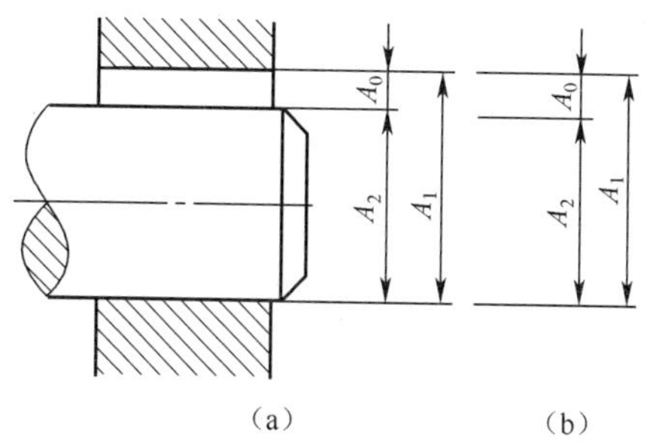

图 6-1　零件装配过程中的尺寸关系

3）工艺尺寸链计算步骤和基本公式

（1）尺寸链计算步骤。

建立尺寸链→判断封闭环和增减环→进行尺寸链计算。

（2）尺寸链计算基本公式。

封闭环基本尺寸=所有增环基本尺寸-所有减环基本尺寸；

封闭环上偏差=所有增环上偏差-所有减环下偏差；

封闭环下偏差=所有增环下偏差-所有减环上偏差；

封闭环中间尺寸=所有增环中间尺寸-所有减环中间尺寸。

【例 6-3】　如图 6-2 所示套筒零件，两端面已加工完毕，加工孔底面 C 时，要保证尺寸 $16_{-0.35}^{0}$mm，因该尺寸不便测量，而改为测量 C 面到右端面的距离，试标出此时的测量尺寸及公差。

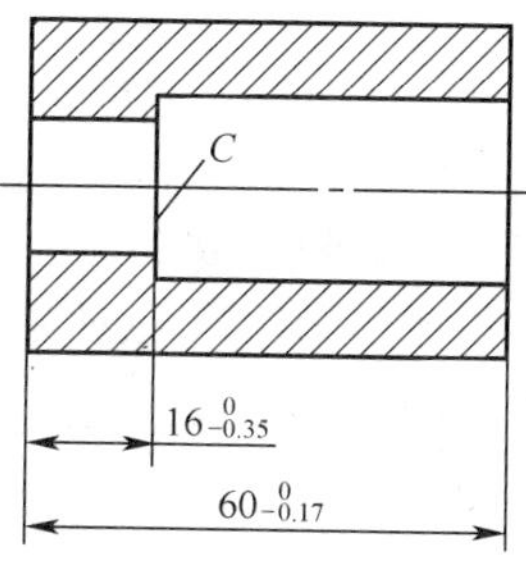

图 6-2　套筒零件图

解：属于测量基准与设计基准不重合，需要用尺寸链求解。

（1）建立尺寸链，如图 6-3 所示。

（2）判断尺寸环。

封闭环：A_0。

增环：A。

减环：X_b^a。

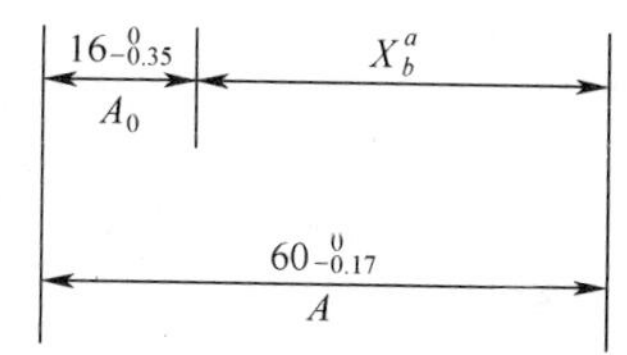

图 6-3　套筒孔加工测量工艺尺寸链

（3）计算尺寸链。

$16=60-X$，$X=44$mm。

$0=0-b$，$b=0$。

$-0.35=-0.17-a$，$a=0.18$mm。

得测量尺寸及公差为 $44_{0}^{+0.18}$mm。

【例 6-4】　如图 6-4 所示零件，孔 D 的设计基准为 C 面。镗孔前，表面 A、B、C 已加工。

镗孔时，为了使工件装夹方便，选择表面 A 为定位基准，并按工序尺寸 X 进行加工，试求工序尺寸 X 及公差。

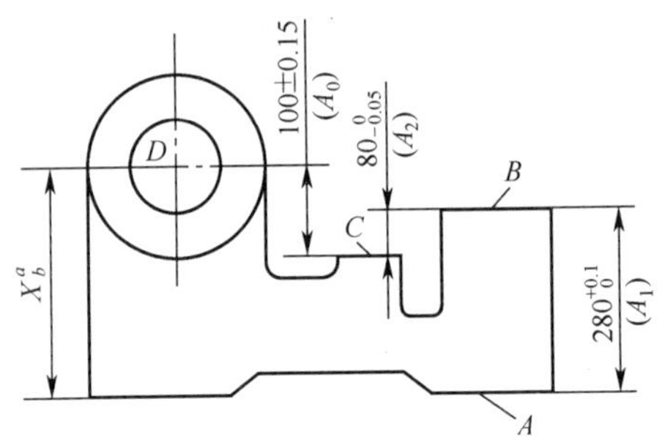

图 6-4　零件孔加工示意图

解：属于定位基准与设计基准不重合，需要用工艺尺寸链求解。

(1) 建立尺寸链，如图 6-5 所示。

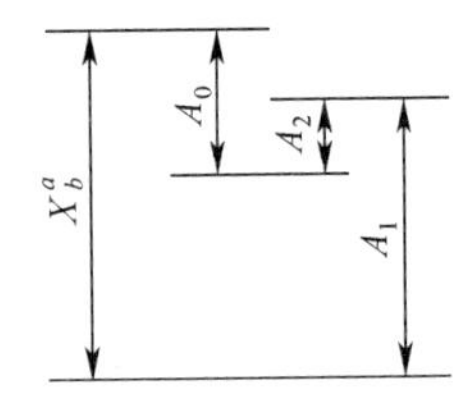

图 6-5　零件孔加工工艺尺寸链

(2)判断尺寸环。

封闭环：$A_0=(100\pm0.15)$ mm。

增环：X_b^a，$A_2=80_{-0.05}^{0}$ mm。

减环：$A_1=280_{0}^{+0.1}$ mm。

(3) 计算尺寸链。

$100=X+80-280$，$X=300$ mm。

$0.15=a+0-0$，$a=0.15$ mm。

$-0.15=b-0.05-0.1$，$b=0$。

得工序尺寸 X 及公差为 $300_{0}^{+0.15}$ mm。

【例 6-5】 加工如图 6-6 所示轴上键槽，键槽深 A_0 设计尺寸为 $\phi62_{-0.3}^{0}$ mm。由于该轴需要热处理，键槽需在热处理前加工，加工顺序为：车外圆 A_1 为 $\phi70.5_{-0.1}^{0}$ mm，铣键槽深为 A_2，磨外圆 A_3 为 $\phi70_{-0.06}^{0}$ mm。要求磨完外圆后，保证键槽深 A_0 设计尺寸，求键槽的深度 A_2 尺寸及公差。

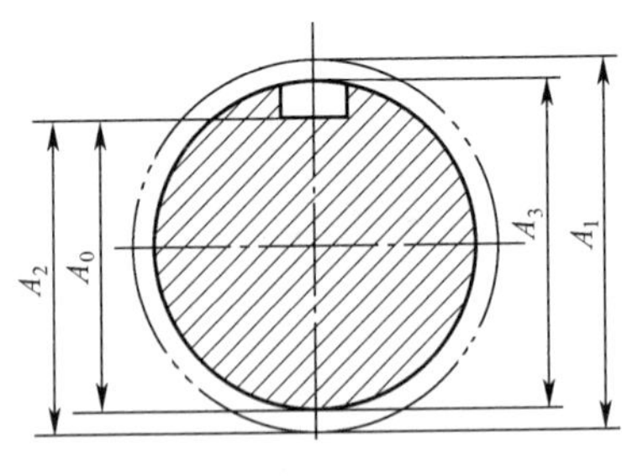

图 6-6　键槽剖面图

解：键槽 A_0 的设计基准为 A_3 外圆面，而加工时键槽的测量基准为 A_1，属于测量基准和设计基准不重合，需要用工艺尺寸链求解。

(1) 建立尺寸链，如图 6-7 所示。

(2) 判断尺寸环。

封闭环：$A_0=62_{-0.3}^{0}$ mm。

增环：$A_2=X_b^a$，$A_3/2=35_{-0.03}^{\ 0}$mm。

减环：$A_1/2=35.25_{-0.05}^{\ 0}$mm。

（3）计算尺寸链。

$62=X+30-30.25$，$X=62.25$mm。

$0=a+0-(-0.05)$，$a=-0.05$mm。

$-0.3=b+(-0.03)-0$，$b=-0.27$mm。

得键槽的深度 A_2 为 $62.25_{-0.27}^{-0.05}$mm。

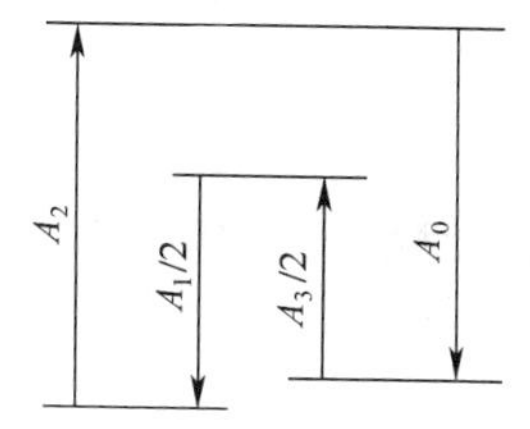

图 6-7　键槽加工工艺尺寸链

【例 6-6】　如图 6-8 所示偏心零件，表面 A 要求渗碳处理，渗碳层深度规定为 0.5～0.8mm。与此有关的加工过程如下：

（1）精车外圆 A 面，保证直径尺寸 $D_1=\phi38.4_{-0.1}^{\ 0}$mm。

（2）渗碳处理，控制渗碳层深度 H_1。

（3）精磨外圆 A 面，保证直径 $D_2=\phi38_{-0.016}^{\ 0}$mm。

试确定 H_1 的尺寸和公差。

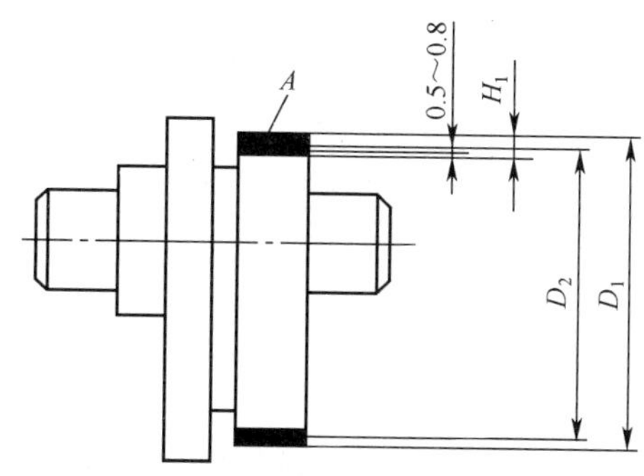

图 6-8　偏心零件渗碳层示意图

解：属于测量基准和设计基准不重合，需要用工艺尺寸链求解。

（1）建立尺寸链，如图 6-9 所示。

（2）判断尺寸环。

封闭环：$H_0=0_{+0.5}^{+0.8}$mm。

增环：$R_2=19_{-0.03}^{\ 0}$mm，$H_1=X_b^a$。

减环：$R_1=19.2_{-0.008}^{\ 0}$mm。

（3）计算尺寸链。

$0=19+X-19.2$，$X=0.2$。

$0.8=0+a-(-0.008)$，$a=0.792$mm。

$0.5=-0.03+b-0$，$b=0.503$mm。

得 H_1 的尺寸和公差为 $0.2_{+0.503}^{+0.729}$mm。

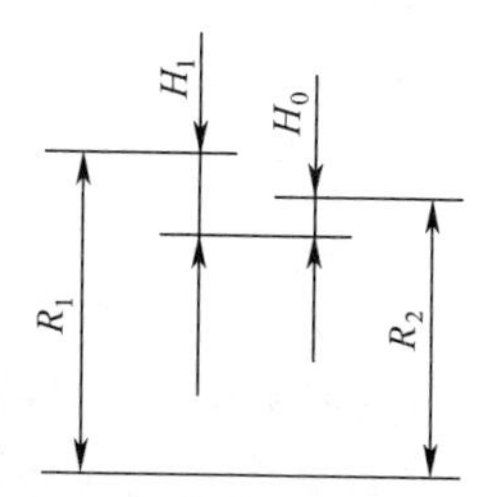

图 6-9　渗碳工艺尺寸链

7 第七章　机械加工工序内容设计

机械加工工序内容设计主要包括划分工步、确定工步内容、确定各工步切削用量及磨削用量、确定各工步工艺装备、计算时间定额等主要内容。机械加工工序卡一般需要配合工序图表达本工序的定位夹紧方式、加工要求等内容。本章介绍工序图的绘制及时间定额的计算，其他工序内容的确定见“第八章 金属切削加工条件的合理选择”。

第一节　工序图的绘制

1. 工序图绘制原则

工序图是机械加工工序卡片上附加的工艺简图，绘制时应满足下列要求：

1）主视图

图中主视图应处于加工位置，用细实线将零件的主要轮廓画出来，用粗实线表示加工表面。

2）表面粗糙度标注

加工表面上应标注加工表面的粗糙度符号。

3）尺寸公差及形位公差标注

工序图应标出本工序结束时应达到的尺寸偏差及形状、位置公差，与本工序无关的技术要求一律不写。对于内孔、外圆、平面或沟槽等表面中间工序的尺寸偏差，应按“入体原则”标注成单向偏差；对于孔轴心距或孔到平面的距离，应标注成对称偏差；毛坯应标注成对称偏差。

4）定位、夹紧和装置标注

工序图上应注明定位、夹紧和装置符号，用定位符号表示出定位基准，用夹紧符号表示出夹紧表面。

5）工序图简化原则

工序图以适当的比例、最少的视图，表示出工件在加工时所处的位置状态，与本工序加工无关的部位可不表示，在不引起误会的情况下，工序图中工件的结构可以简化。

6）工序尺寸公差大小确定

中间工序的公差可从相应方法的经济加工精度表中查得，最后工序的工序尺寸公差应按设计图样要求标注。

2. 定位、夹紧及装置符号

1）定位、夹紧与工艺装置符号的使用说明（表 7－1）

表 7－1　定位、夹紧与工艺装置符号的使用说明

符号名称	使用场合	使　用　说　明
定位、夹紧符号	一般用在专用工艺设备设计任务中	1. 定位、夹紧符号和装置符号可单独使用，也可联合使用 2. 尽可能用最少的视图标全定位、夹紧或装置符号 3. 夹紧符号的标注方向应与夹紧力实际方向一致

（续）

符号名称	使用场合	使 用 说 明
装置符号	一般用在工艺规程中	4. 仅当用符号表示不明确时,可用文字补充说明 5. 在文件的一个定位面上布置两个以上的定位点,且对定位点的位置无特殊要求时,允许用定位符号右边加数字的方法表示 6. 辅助支承符号不能代表定位件或定位点

2）定位支承符号(表 7－2)

表 7－2 定位支承符号

定位支承类型	符号			
	独立定位		联合定位	
	标注在视图轮廓线上	标注在视图正面①	标注在视图轮廓线上	标注在视图正面①
固定式				
活动式				
①图正面是指观察者面对的投影面				

3）辅助支承符号(表 7－3)

表 7－3 辅助支承符号

独立定位		联合定位	
标注在视图轮廓线上	标注在视图正面	标注在视图轮廓线上	标注在视图正面

4）夹紧符号(表 7－4)

表 7－4 夹紧符号

夹紧动力源类型	符号			
	独立夹紧		联合夹紧	
	标注在视图轮廓线上	标注在视图正面	标注在视图轮廓线上	标注在视图正面
手动夹紧				
液压夹紧	Y	Y	Y	Y
气动夹紧	Q	Q	Q	Q

（续）

夹紧动力源类型	符号			
	独立夹紧		联合夹紧	
	标注在视图轮廓线上	标注在视图正面	标注在视图轮廓线上	标注在视图正面
电磁夹紧	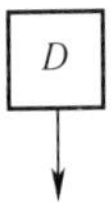 D	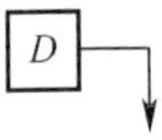 D	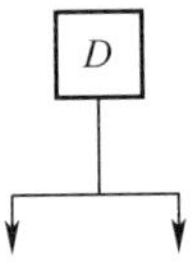 D	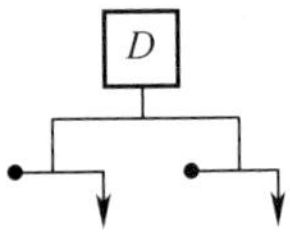 D

5）常用工艺装置符号(表7-5)

表7-5 常用工艺装置的符号

序号	符号	名称	简图	序号	符号	名称	简图
1		固定顶尖	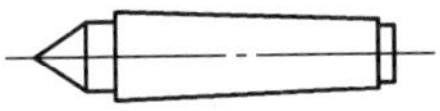	6		浮动顶尖	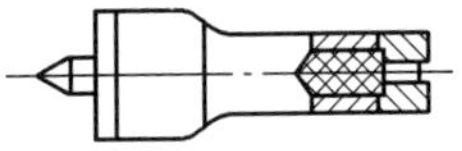
2		内顶尖	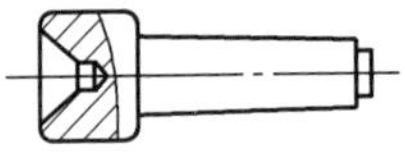	7		伞形顶尖	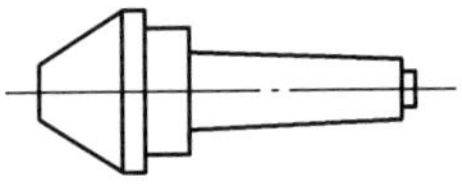
3		回转顶尖	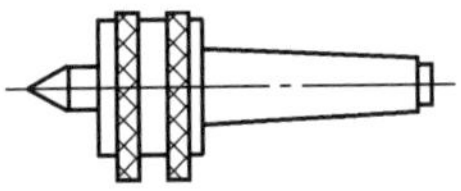	8	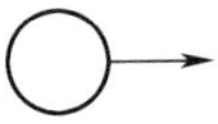	圆柱心轴	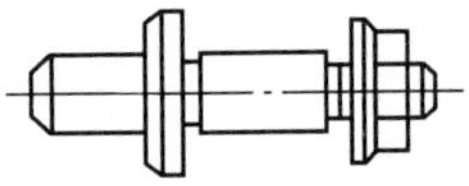
4		外拨顶尖	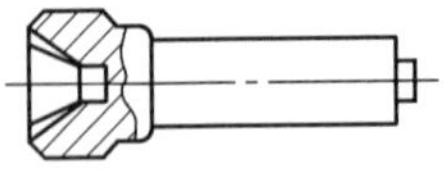	9	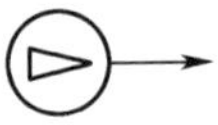	锥度心轴	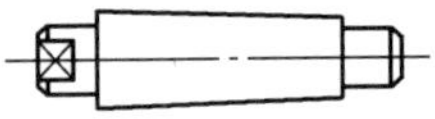
5		内拨顶尖	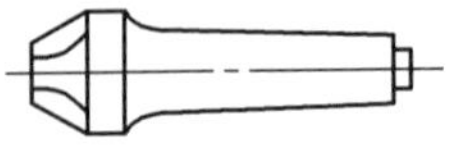	10		螺纹心轴	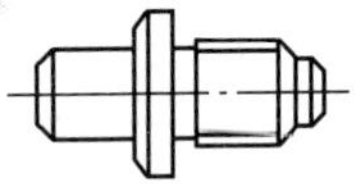 （花键心轴也用此符号）

(续)

序号	符号	名称	简图
11		弹性心轴	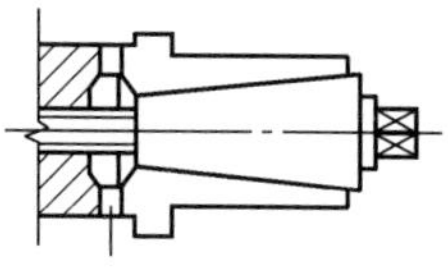 (包括塑料心轴)
		弹性夹头	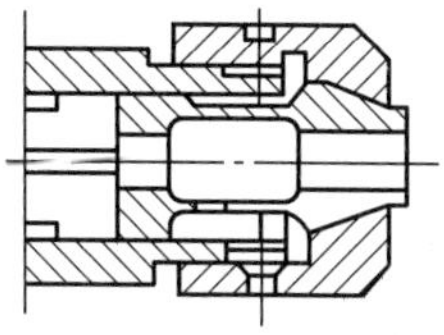
12		三爪卡盘	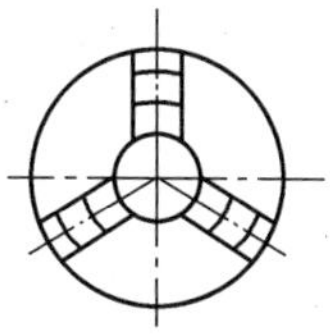
13	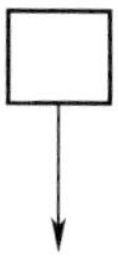	四爪卡盘	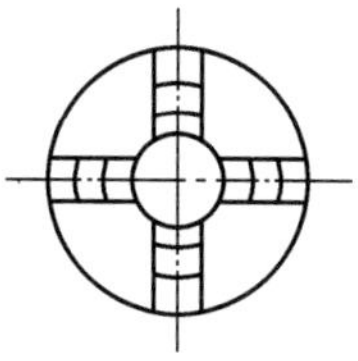
14		中心架	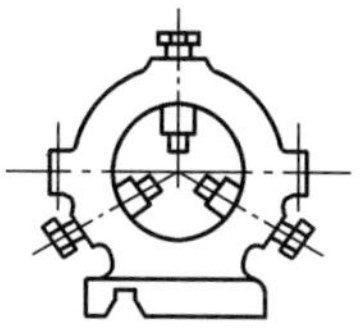
15	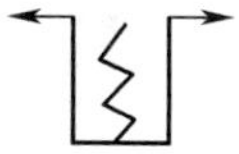	跟刀架	
16	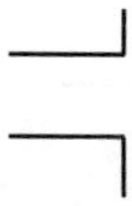	圆柱衬套	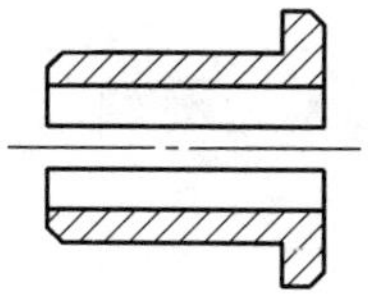
17	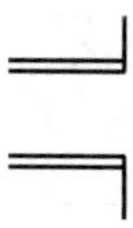	螺纹衬套	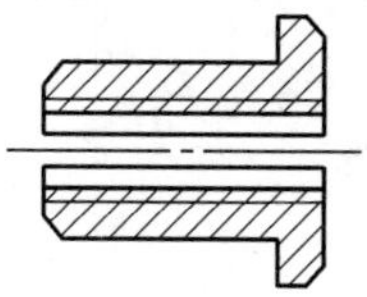
18		止口盘	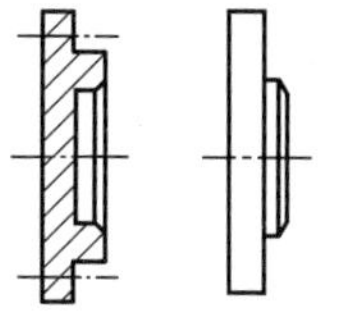
19	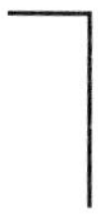	拨杆	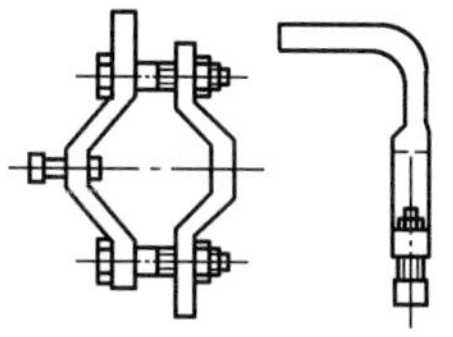
20		垫铁	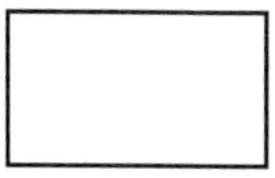
21	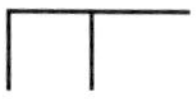	压板	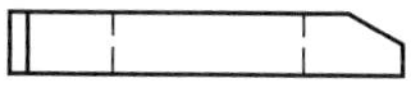
22		角铁	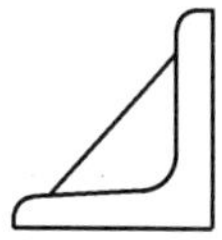
23		可调支承	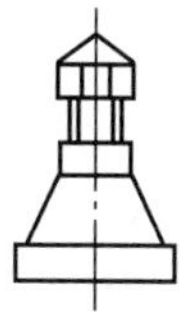
24	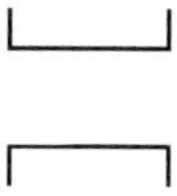	平口钳	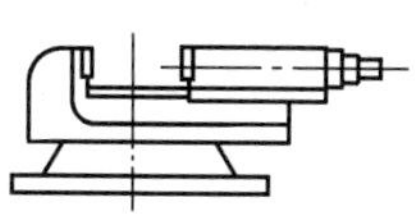
25	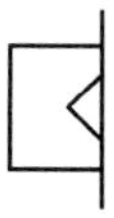	中心堵	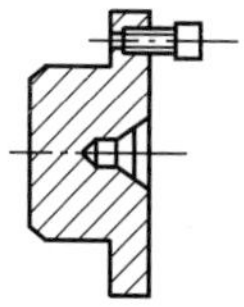
26		V形铁	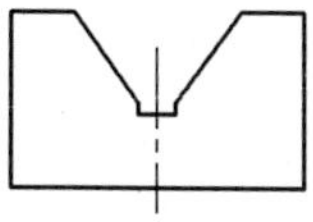
27	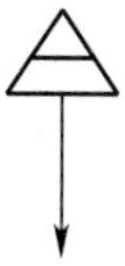	软爪	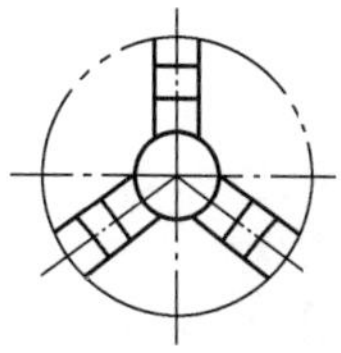

6）定位、夹紧符号和装置符号综合标注实例（表 7－6）

表 7－6　定位、夹紧符号和装置符号综合标注示例

序号	说　明	定位、夹紧符号标注示意图	装置符号标注示意图
1	床头固定顶尖、床尾固定顶尖定位，拨杆夹紧	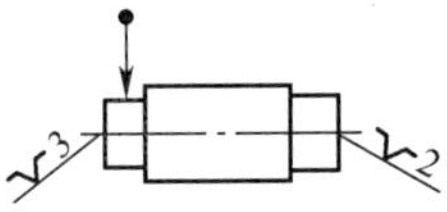	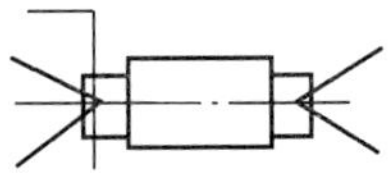
2	床头固定顶尖、床尾浮动顶尖定位，拨杆夹紧	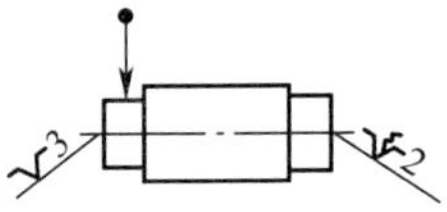	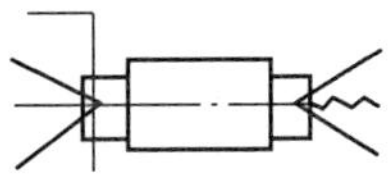
3	床头内拨顶尖、床尾回转顶尖定位夹紧	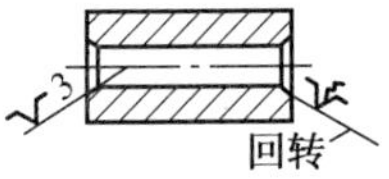 回转	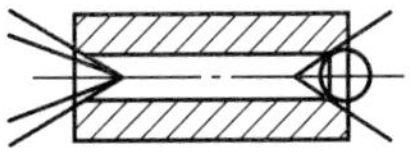
4	床头外拨顶尖、床尾回转顶尖定位夹紧	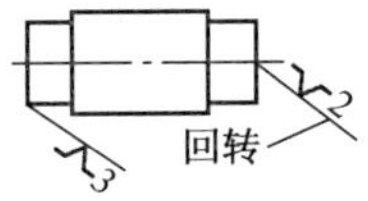 回转	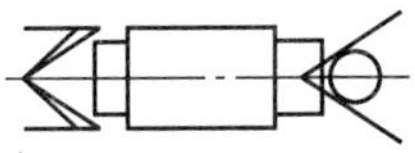
5	床头弹簧夹头定位夹紧，夹头内带有轴向定位，床尾内顶尖定位	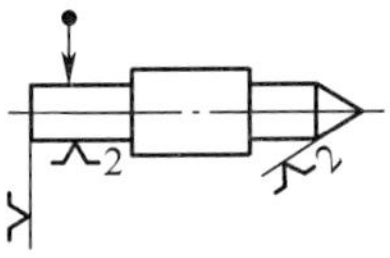	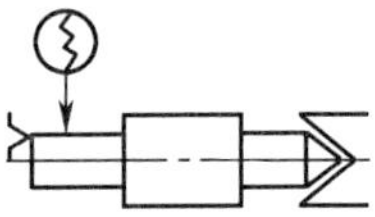
6	弹性夹头定位夹紧	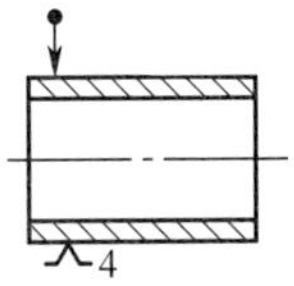	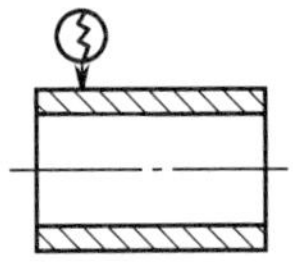
7	液压弹簧夹头定位夹紧，夹头内带有轴向定位	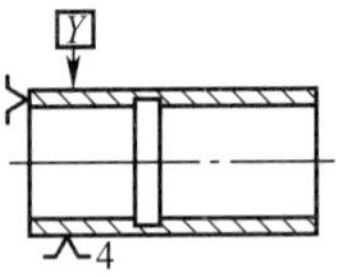 Y	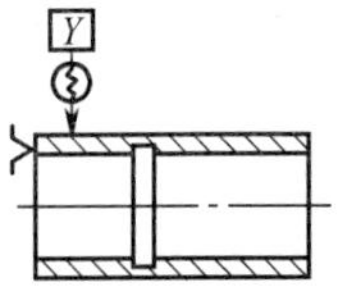 Y
8	弹性心轴定位夹紧	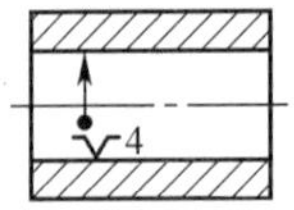	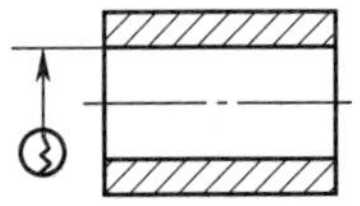
9	气动弹性心轴定位夹紧，带端面定位	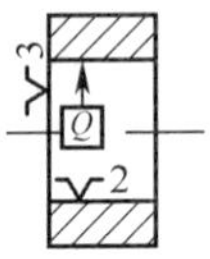 Q	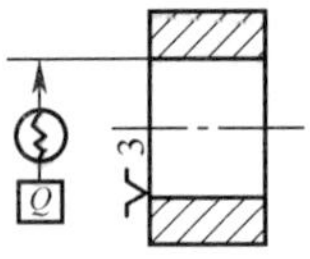 Q

（续）

序号	说　明	定位、夹紧符号标注示意图	装置符号标注示意图
10	锥度心轴定位夹紧	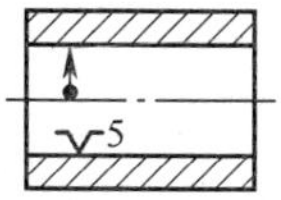	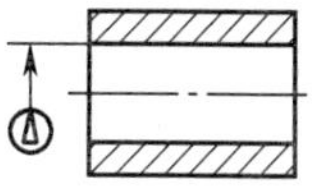
11	圆柱心轴定位夹紧，带端面定位（套类零件）	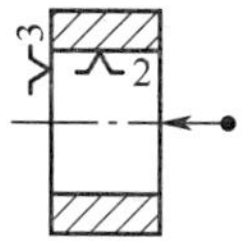	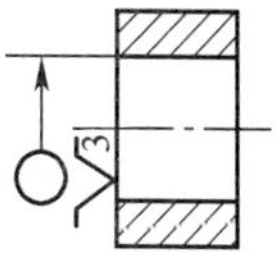
12	三爪自定心卡盘定位夹紧，带端面定位	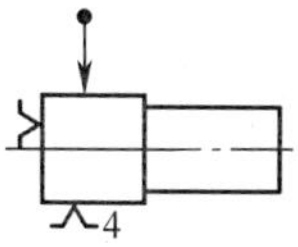	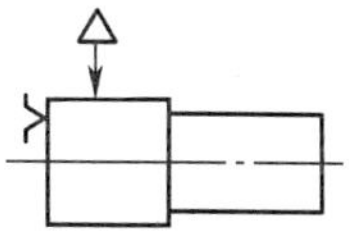
13	液压三爪卡盘定位夹紧，带端面定位	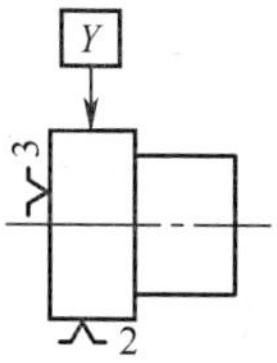	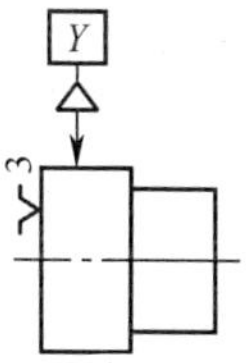
14	四爪卡盘定位夹紧，带轴向定位（短轴类零件）	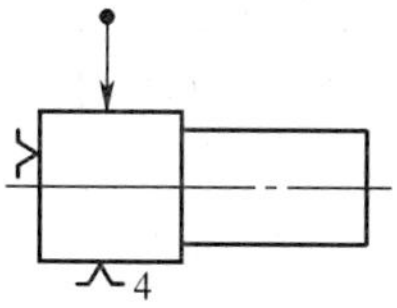	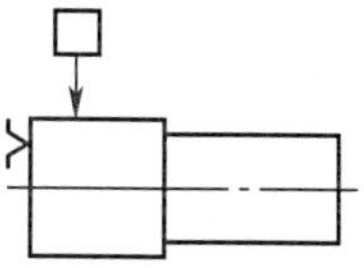
15	四爪单动卡盘定位夹紧，带端面定位（盘类零件）	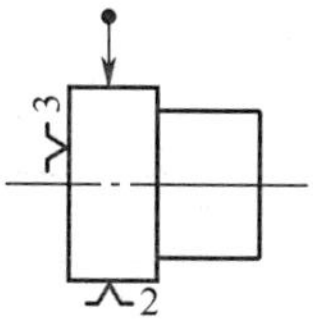	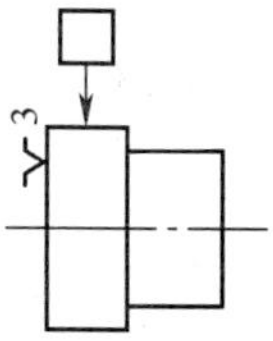
16	床头固定顶尖，床尾浮动顶尖，中部有跟刀架辅助支承定位，拨杆夹紧（细长轴类零件）	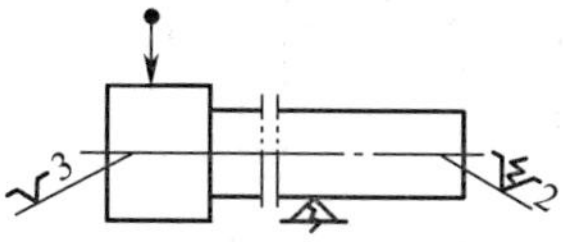	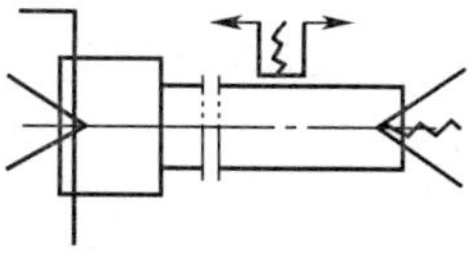
17	床头三爪自卡盘带轴向定位定位，床尾中心架支承定位（长轴类零件）	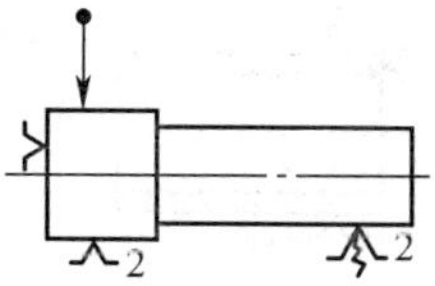	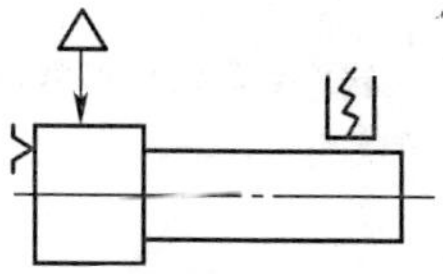
18	止口盘定位，螺栓压板夹紧	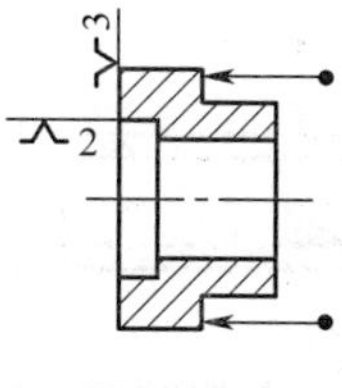	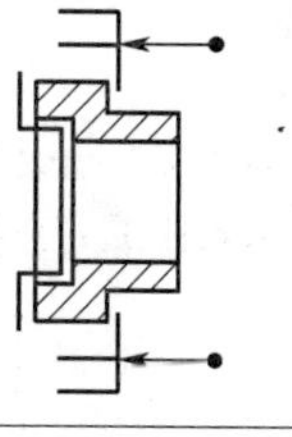

（续）

序号	说　明	定位、夹紧符号标注示意图	装置符号标注示意图
19	止口盘定位，气动压板联动夹紧	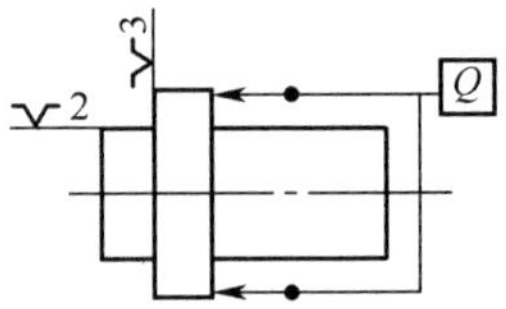	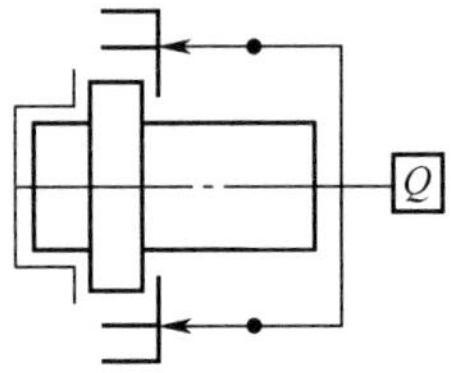
20	螺纹心轴定位夹紧	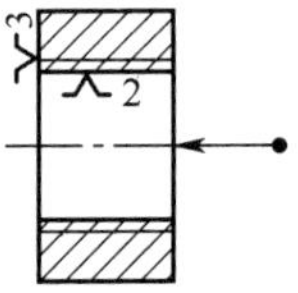	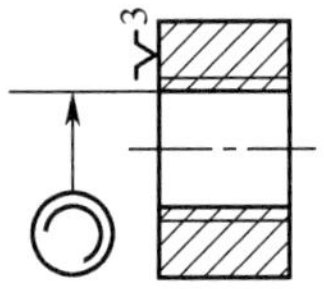
21	圆柱衬套带有轴向定位，外用三爪卡盘夹紧	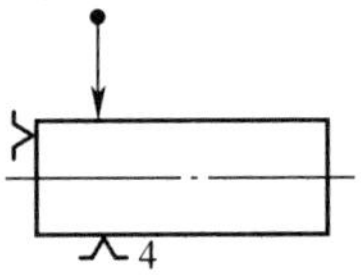	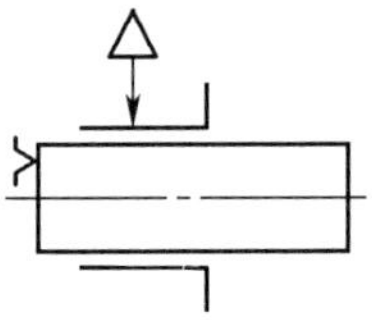
22	螺纹衬套定位，外用三爪卡盘夹紧	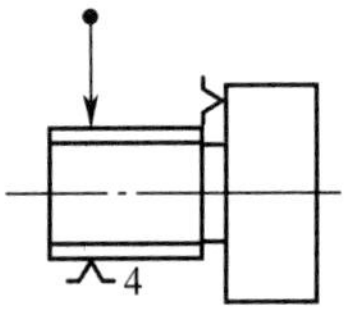	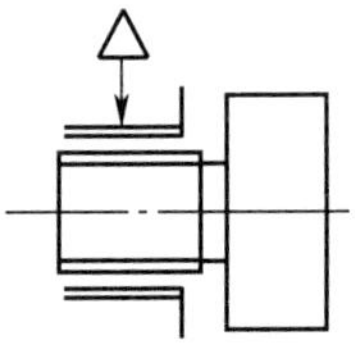
23	平口钳定位夹紧	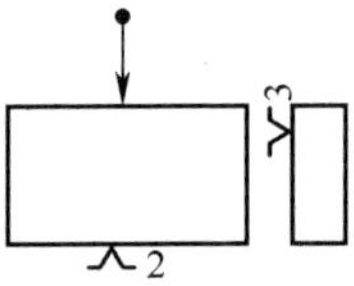	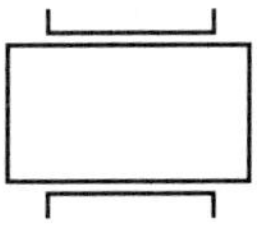
24	电磁吸盘定位夹紧	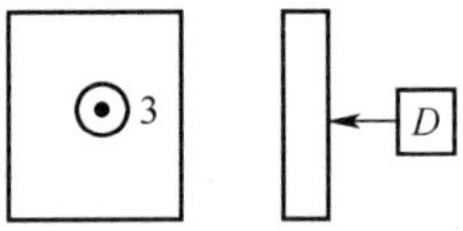	
25	软爪卡盘定位夹紧（薄壁类零件）	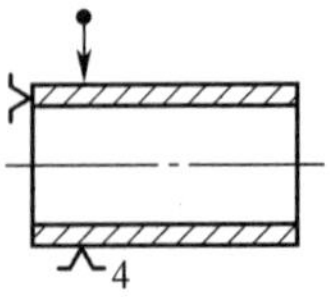	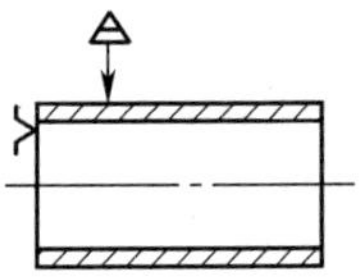
26	床头伞形顶尖、床尾伞形顶尖定位，拨杆夹紧	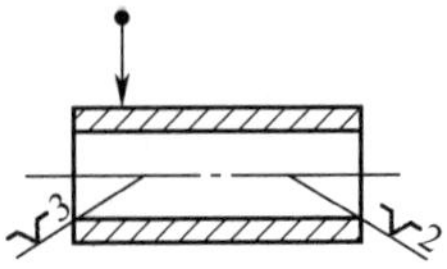	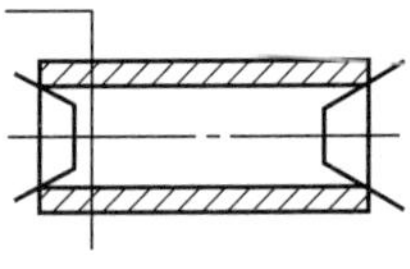

（续）

序号	说　明	定位、夹紧符号标注示意图	装置符号标注示意图
27	床头中心堵，床尾中心堵定位，拨杆夹紧	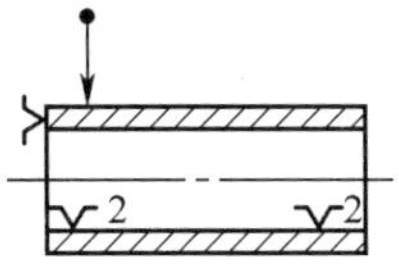	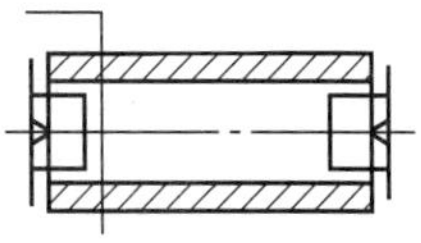
28	角铁、V 形铁及可调支承定位，下部加辅助可调支承，压板联动夹紧	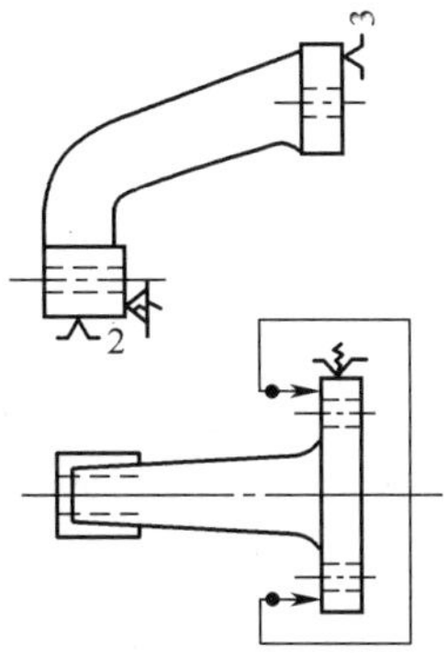	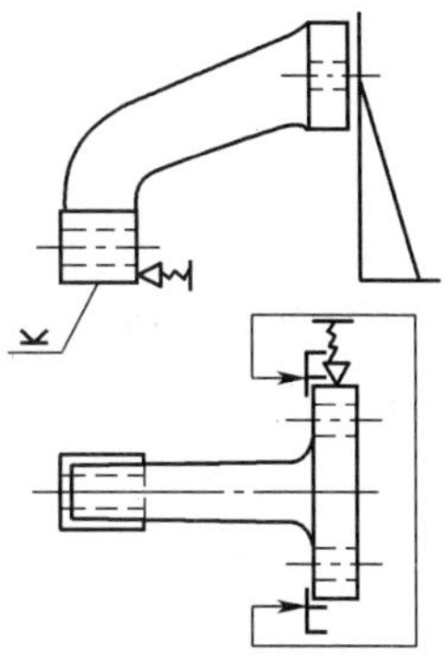
29	一端固定 V 形铁，下平面垫铁定位，一端可调 V 形铁定位夹紧	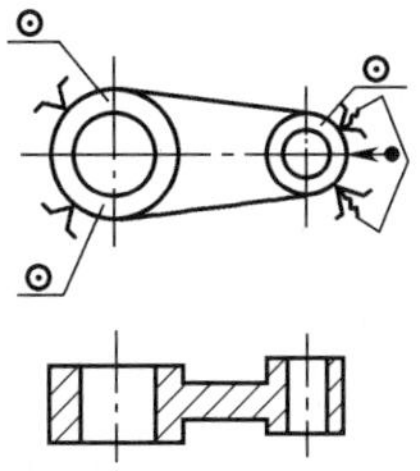	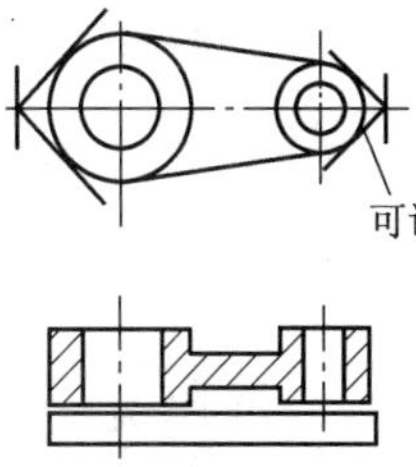 可调

第二节　时间定额的计算

1. 单件工时定额的组成

参照 JB/T 9169.6—1998，单件工时定额由单件时间和准备与终结时间组成。

1）单件时间（用 T_P 表示）

（1）作业时间（用 T_B 表示）。直接用于制造零部件所消耗的时间称为作业时间。作业时间分为基本时间和辅助时间两部分。其中，基本时间（用 T_b 表示，又称机动时间）是直接用于改变生产对象的尺寸、相对位置、表面状态或材料性质等工艺过程所消耗的时间。基本时间可由计算法确定，不同的加工类型有不同的计算公式，具体计算时可查手册。辅助时间（用 T_a 表示）是为实现上述工艺过程必须进行各种辅助动作所消耗的时间，包括装卸工件、开动和停止机床、加工中变换刀具（如刀架转位等）、改变加工范围（如改变切削用量）、试切和测量等消耗的时间，部分典型辅助动作时间定额见表 7－7。中等批量以上生产中，辅助动作时间常取作业时间的 0.15%～0.20% 来估算。

表 7-7 部分典型动作辅助时间定额 （单位:min）

动作		时间	动作		时间
1	拿取工件并放在夹具上	0.5~1	26	用划针找正并锁紧工件	0.2~0.3
2	拿取扳手	0.05~1	27	调整尾座偏心,以便车锥度	0.5
3	夹紧工件(手动)	0.5~1	28	调整刀架角度,以便车锥度	0.5
4	夹紧工件(气、液动)	0.02~0.05	29	拿取镗杆,将其穿过工件和镗模支架并连接在主轴上	1
5	启动机床	0.03	30	在钻头、铰刀或丝锥上刷油	0.1
6	工件快速趋近刀具	0.02~0.0	31	根据手柄刻度调整切削深度	0.05
7	接通自动进给	0.03	32	移动摇臂和钻头对准钻套	0.05~0.08
8	断开自动进给	0.03	33	更换普通钻套	0.3
9	工件或刀具退离并复位	0.03~0.05	34	用楔键从主轴打出锥柄钻头	0.5
10	变速或变换进给量	0.02	35	回转钻模转换方位	0.3~0.5
11	变换刀架或转移方位	0.05	36	在工作台上用手翻转钻模	0.2
12	放松—移动—锁紧尾座	0.4~0.5	37	更换单铣刀	8
13	更换夹具导套	0.1	38	更换组合铣刀	15
14	更换快换刀具(钻头、铰刀)	0.1~0.2	39	摇动分度头分度	0.15
15	取量具	0.04	40	调整牛头刀架以便刨斜面	0.4
16	测量一个尺寸(用极限验规)	0.1	41	关闭或移开磨床防护罩	0.02
17	放下量具	0.03	42	清理磁性工作台以便装工件	0.5
18	启动和调节切削液	0.05~0.1	43	将拉刀穿入工件并固定	0.15
19	拿取清扫工具	0.02	44	用压缩空气吹净夹具	0.05
20	清扫工件和夹具定位基面	0.1~0.2	45	穿系或解开起吊绳索	0.5~1
21	放下清扫工具	0.02	46	用内径千分尺测一个孔直径	0.3
22	放松夹紧(手动)	0.5~0.8	47	用深度尺测量一个孔深度	0.2
23	放松夹紧(气、液动)	0.02~0.40	48	自尾座上取下顶尖或换装钻头	0.6
24	操纵伸缩式定位件	0.02~0.05	49	打开或关上回转压板或钻模板	0.5
25	调整一个辅助支承	0.02~0.05	50	取下工件	0.5~0.8

注:1. 上述数据是在使用通用设备、加工中小零件时得到的;
2. 当同种动作不止一次时,表中时间应按重复次数计算;
3. 未给出的动作可借用已给的类似动作的时间,如“停止机床”可借用“启动机床”的时间(0.03min),“用压缩空气吹净工件”可借用“用压缩空气吹净夹具”的时间(0.05min)

(2) 布置工作地时间(用 T_s 表示)。为使加工正常进行,工人照管工作地(如润滑机床、清理切屑、收拾工具等)所需消耗的时间称为布置工作地时间。批量和大量生产时可按作业时间的 2%~7%计算,单件和小批量生产时可按表 7-8 计算。

(3) 休息与生理需要时间(用 T_r 表示)。即工人在工作班内为恢复体力和满足生理上的需要所消耗的时间,批量和大量生产时可按作业时间的 2%~4%计算,单件和小批量生产时可按表 7-8 计算。

表 7-8　布置工作地、休息和与生理需要时间

机床名称	布置工作地时间/min	休息与生理需要时间/min	共占作业时间百分比/%	机床名称		布置工作地时间/min	休息与生理需要时间/min	共占作业时间百分比/%
普通车床	56	15	21.8	立式圆工作台铣床		65	15	20
六角车床	51	15	15.9	单轴自动车床	一台	45	10	12.9
立式钻床	42	15	15.7		两台	58	10	16.5
摇臂钻床	47	15	17.4	多轴自动车床	一台	78	10	22.4
外圆磨床	60	15	18.5		两台	95	10	28
内圆磨床	50	15	15.7	半自动车床		70	15	21.5
柜台平面磨床	49	15	15.4	卧式拉床		53	15	16.5
圆台平面磨床	67	15	17.6	立式拉床		51	15	15.9
无心磨床	58	15	17.9	金刚镗床		60	15	18.5
卧式磨床	53	15	16.5	滚齿机		44	15	14
立式铣床	51	15	15.9	插齿机		25	15	9.1

若用公式表示，则单件时间 $T_P=T_B+T_s+T_r=T_b+T_a+T_s+T_r$。

2）准备与终结时间（简称准终时间，用 T_e 表示）

工人为了生产一批产品或零部件，进行准备和结束工作所需消耗的时间。若每批件数为 n，则分摊到每个零件上的准终时间就是 T_e/n。

准备与终结时间（T_e）参考值见表 7-9。

表 7-9　准备与终结时间（T_e）参考值

机床名称	卧式车床	立式车床	镗床	钻床	铣床	刨、插床	磨床	齿轮机床	拉床
准终时间/min	50~90	70~120	90~120	30~60	30~120	15~120	15~120	50~120	25

注：1. 单件小批量生产时，每批件数按 $n=10$ 考虑。
2. 批量小时取下限（小值），批量大时取上限（大值）

2. 单件工时定额（又称单件计算时间，用 T_C 表示）的计算

1）成批生产中

计算公式为

$$T_C=T_P+T_e/n=T_b+T_a+T_s+T_r+T_e/n$$

2）在大量生产中

由于 n 的数值大，$T_e/n\approx0$，即可忽略不计，所以计算公式为

$$T_C=T_P=T_b+T_a+T_s+T_r$$

3. 常用机械加工机动时间计算

1）车削、镗削加工机动时间计算（表 7-10）

车削、镗削加工机动时间计算表中符号含义如下：

T_b——机动时间（min）；

L——刀具或工作台行程长度（mm）；

f——主轴每转刀具的进给量（mm/r）；

a_p——切削深度（mm）；

n——机床主轴转速(r/mm);

i——进给次数;

d——零件或毛坯的直径(mm);

ν——切削速度(m/mim);

l——被加工面的长度(mm);

l_1——刀具的切入长度(mm)(见表 7-11);

l_2——刀具的切出长度(mm)(见表 7-11);

l_3——附加试切长度(mm),单件及小批量生产条件下试刀用,与测量工具有关(见表 7-12)。

表 7-10　车削和镗削加工机动时间计算公式

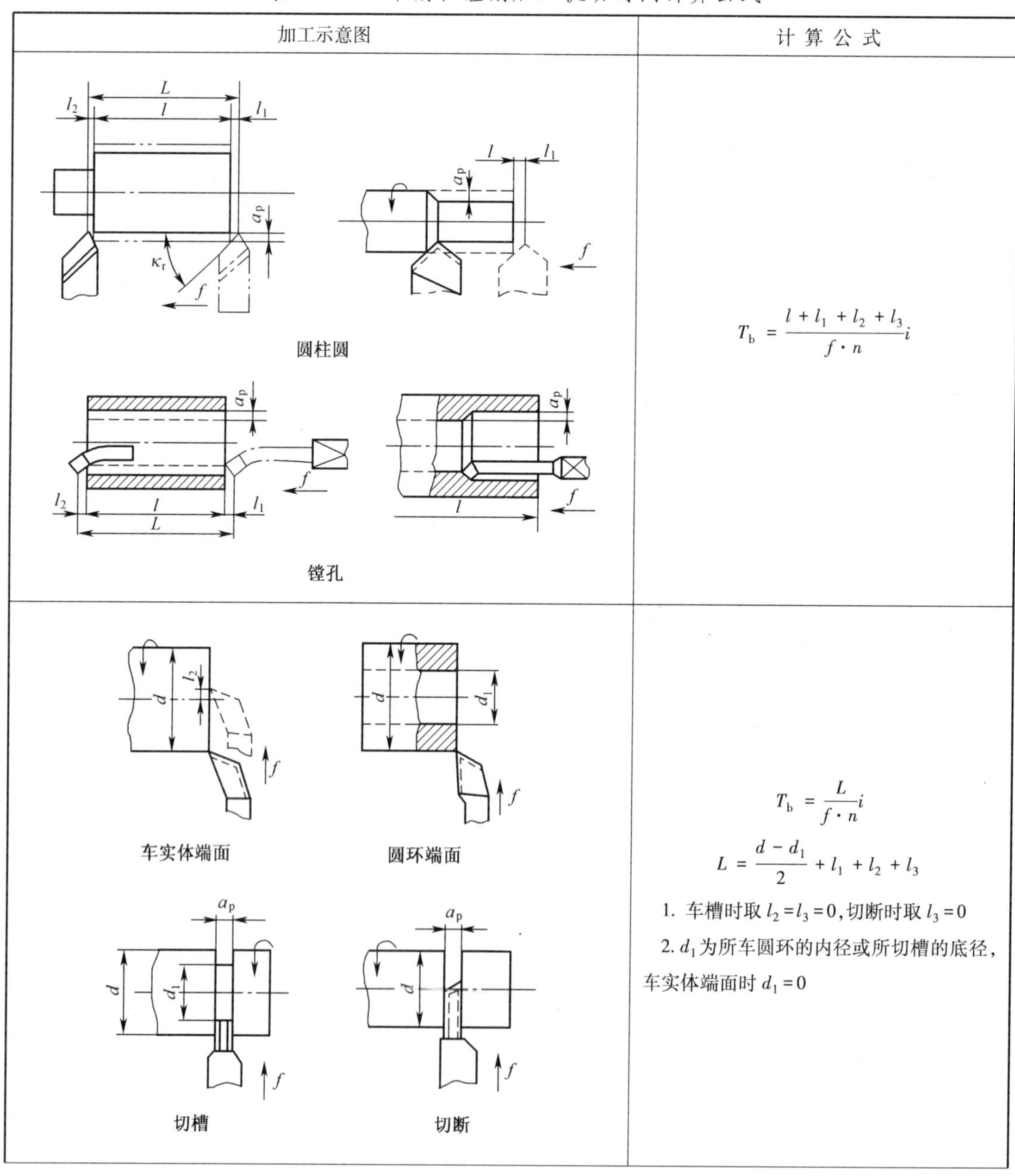

加工示意图	计 算 公 式
圆柱圆 镗孔	$T_b = \dfrac{l + l_1 + l_2 + l_3}{f \cdot n} i$
车实体端面　圆环端面 切槽　切断	$T_b = \dfrac{L}{f \cdot n} i$ $L = \dfrac{d - d_1}{2} + l_1 + l_2 + l_3$ 1. 车槽时取 $l_2 = l_3 = 0$,切断时取 $l_3 = 0$ 2. d_1 为所车圆环的内径或所切槽的底径,车实体端面时 $d_1 = 0$

（续）

加工示意图	计 算 公 式
车成形面	$T_b = \dfrac{L}{f \cdot n}$ $L = \dfrac{d - d_1}{2} + l_1$ 1. d_1取车削后的最小直径 2. 切削深度 a_p 等于成形车刀工作的切削刃总长
多刀车削	$T_b = \dfrac{l_{max} + l_1}{f \cdot n}$ l_{max}——最大加工长度

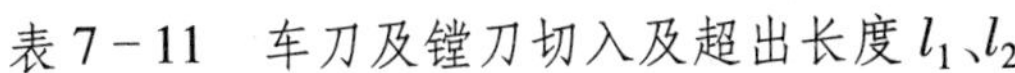

表 7-11 车刀及镗刀切入及超出长度 l_1、l_2 （单位:mm）

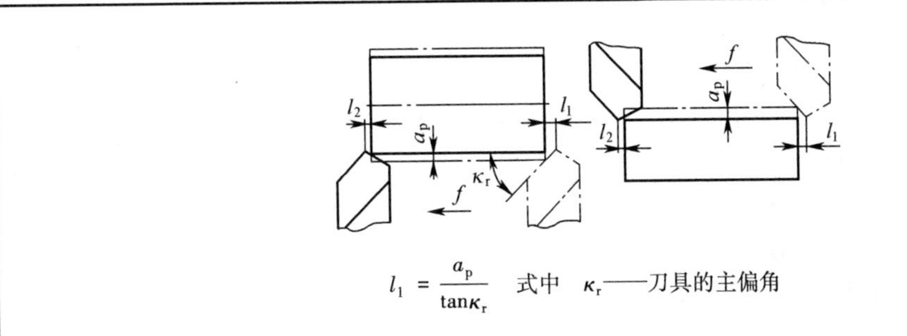

$l_1 = \dfrac{a_p}{\tan\kappa_r}$ 式中 κ_r——刀具的主偏角

1. 通切车刀与镗刀

切削深度 a_p	超出长度 l_2	切削深度 a_p	超出长度 l_2
≤2	1	8~20	3
2~8	2	≥20	≥5

2. 螺纹车刀:通切螺纹时,取 l_2 =(2~3)螺距;不通切螺纹时,取 l_2 =(1~2)螺距

3. 端面车刀:取 l_2 =3~5mm

4. 切槽刀:取 l_2 =2~3mm

5. 切断刀:取 l_2 =1~5mm

注:当加工到定位器、台阶时,取 l_2 =0

表 7-12　附加试切长度 l_3　（单位：mm）

测量工具	被测量的尺寸	试刀的附加长度	测量工具	被测量的尺寸	试刀的附加长度
直尺		5	深度尺		5
卷尺（按内径测量）		5	百分尺	≤250	5
卷尺（按圆周测量）		10		>250	8
外卡钳	≤250	3	卡规	≤250	5
	>250	5		>250	8
内卡钳		5	塞规		5
内径百分尺	≤1000	5	样板		5
	≤2000	10	活量杆	≤250	5
	≤3000	15		>250	10
游标卡尺		5			

注：1. 按划线找正加工时，试刀的附加长度约为 2mm；

2. 当计算试刀形成的基本时间时，应将加工长度加本表所列的试刀长度，如试刀为 2 次或 2 次以上者，试刀长度按试刀次数的倍数增加

2）刨削、插削加工机动时间计算（表 7-13）

刨削、插削加工机动时间计算表中符号含义如下：

T_b——机动时间（min）；

B——刨削、插削宽度（mm）；

h——被加工槽的深度（mm）；

f——每双行程刀具的进给量（mm）；

n——每分钟的双行程次数，公式为 $n=\dfrac{1000v}{L(1+K)}$，其中：$K=0.4\sim0.75$ 适用于龙门刨床，$K=0.65\sim0.93$ 适用于插床，$K=0.7\sim0.9$ 适用于牛头刨床；

H——刀具在切削深度方向的行程量（mm）；

l——被加工面的长度（mm）；

l_1——刀具的切入长度（mm）（见表 7-11）；

l_2——刀具的切出长度（mm）（见表 7-11）；

l_3——附加试切长度（mm），单件及小批量生产条件下试刀用，与测量工具有关（见表 7-12）；

l_4——工作行程开始时刀具对工件的超出长度（mm）（见表 7-14）；

l_5——工作行程结束时刀具对工件的超出长度（mm）（见表 7-14）；

i——行程次数。

3）钻削加工机动时间计算（表 7-15～表 7-19）

钻削加工机动时间计算表中符号含义如下：

T_b——机动时间（min）；

l——被加工面的深度（mm）；

l_1——刀具的切入长度（mm）；

l_2——刀具的切出长度（mm）；

f——进给量（mm/r）；

n——刀具或工件的转速(r/min);

i——行程次数。

表 7-13　刨削和插削加工机动时间计算公式

加工示意图	计算公式
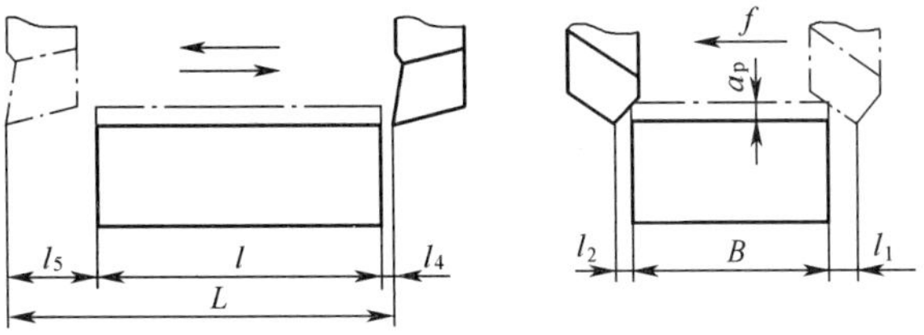 刨平面 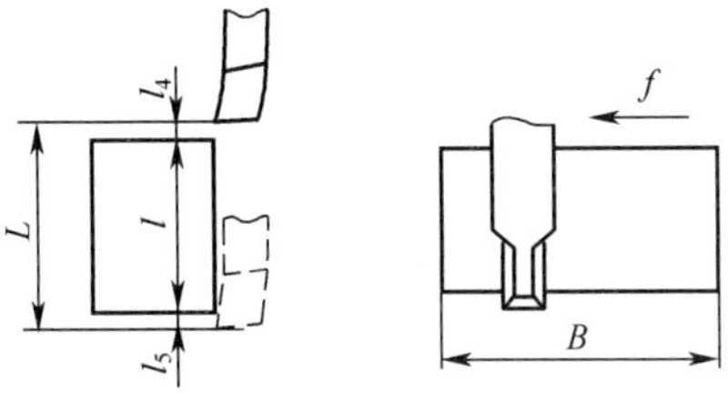 插平面	$T_b = \frac{B + l_1 + l_2 + l_3}{f \cdot n} i$ $n = \frac{1000v}{L(1 + K)}$ $L = l + l_1 + l_2 + l_3$
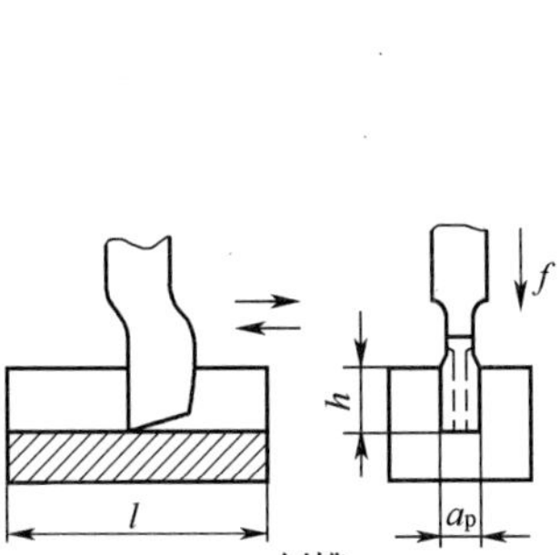 刨槽 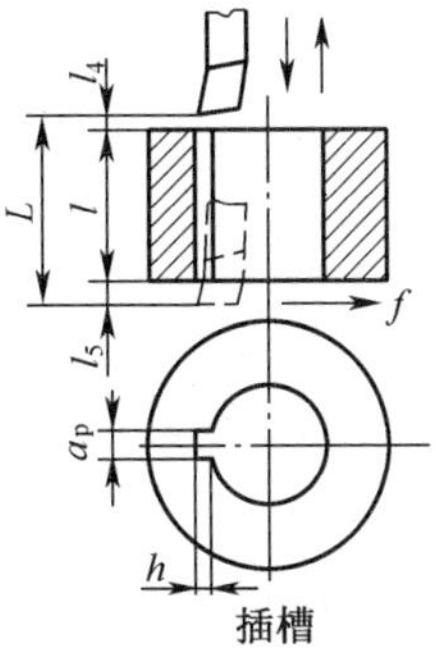　插槽	$T_b = \frac{H}{f \cdot n}$ $n = \frac{1000v}{L(1 + K)}$ $L = l + l_4 + l_5$ 手动进给时:$H=h$ 机动进给时:$H=h+1$mm

表 7-14　刨床和插床行程超出长度(l_4+l_5)　　(单位:mm)

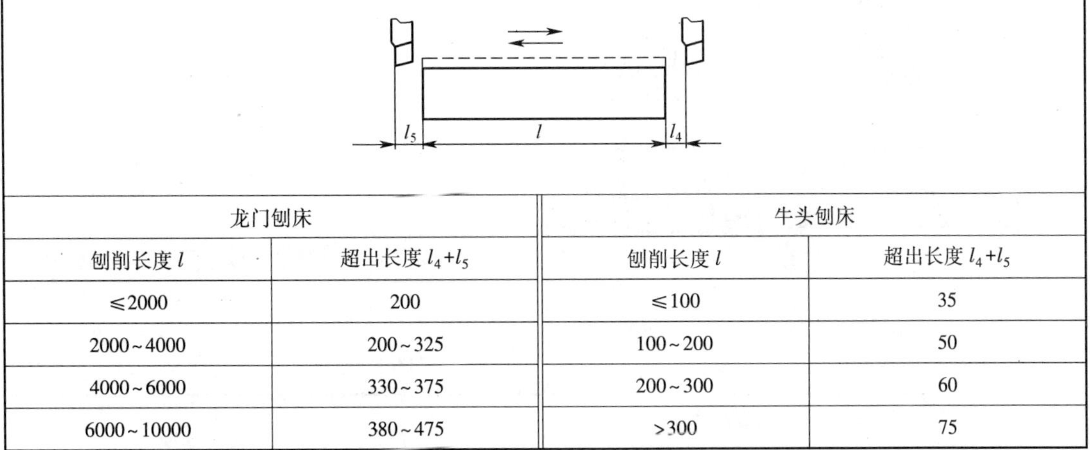

龙门刨床		牛头刨床	
刨削长度 l	超出长度 l_4+l_5	刨削长度 l	超出长度 l_4+l_5
≤2000	200	≤100	35
2000~4000	200~325	100~200	50
4000~6000	330~375	200~300	60
6000~10000	380~475	>300	75

表 7-15 钻削加工机动时间计算公式

加工示意图	计算公式
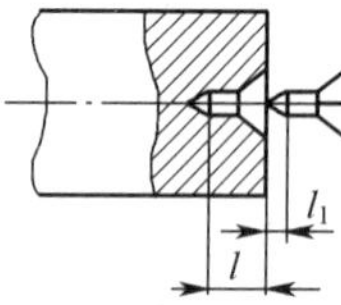 钻中心孔 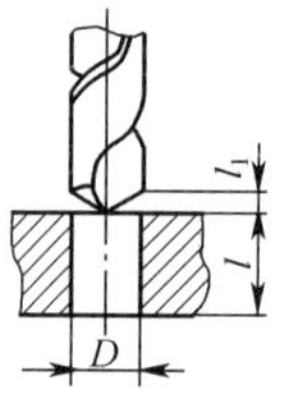　钻孔	$T_b = \frac{L}{f \cdot n} = \frac{l + l_1 + l_2}{f \cdot n}$ 1. 钻盲孔和中心孔时取 $l_2 = 0$ 2. 热处理后修整中心孔时间见表 7-16 3. l_1、l_2见表 7-17
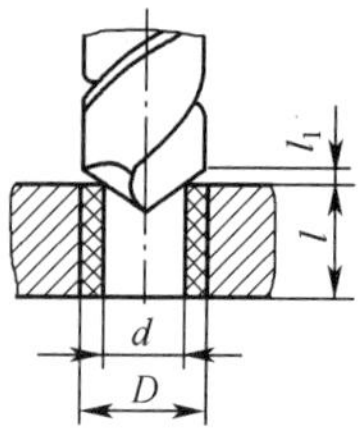 扩孔 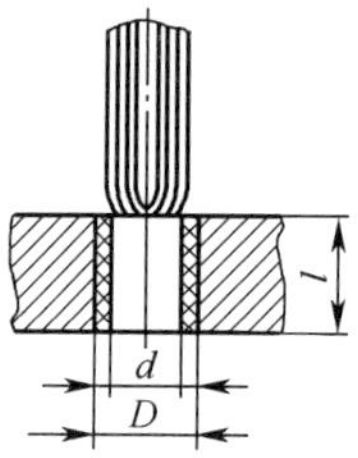　铰孔	$T_b = \frac{l + l_1 + l_2}{f \cdot n}$ 1. 扩盲孔和铰盲孔时,取 $l_2 = 0$ 2. d 为扩孔或铰孔前的尺寸,D 为扩孔或铰孔后的尺寸 3. 扩孔切入和超出长度见表 7-18 4. 铰孔切入和超出长度见表 7-19
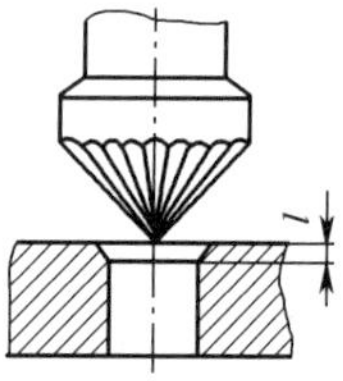 锪倒角 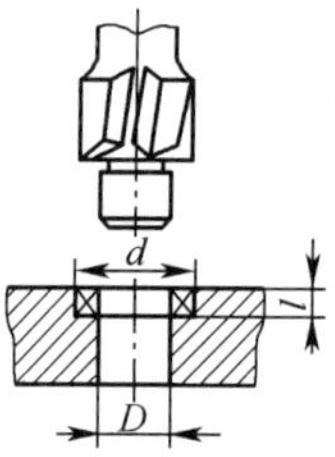　锪埋头孔 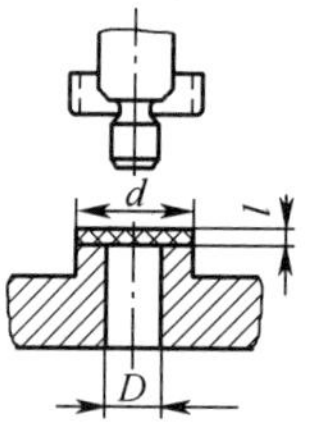　锪凸台	机动进给: $T_b = \frac{l + l_1}{f \cdot n}$ $l_1 = 0.5 \sim 2\text{mm}$ 手动进给: $T_b = \frac{l}{f \cdot n}$
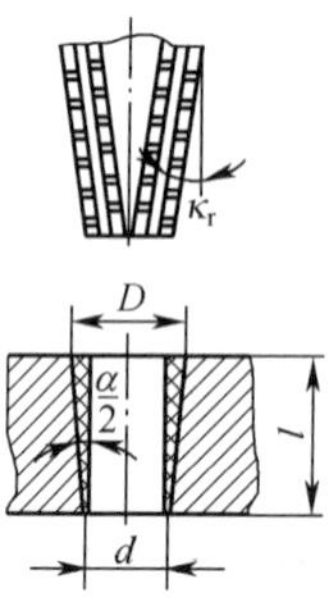 扩孔 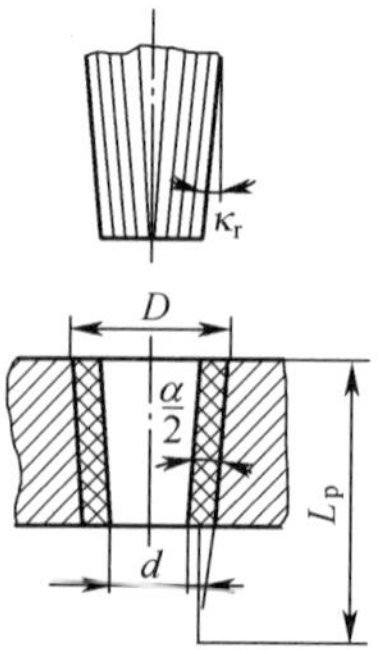　铰圆锥孔	$T_b = \frac{L_p + l_1}{f \cdot n} i$ $l_1 = 0.5 \sim 2\text{mm}$ 加工计算长度:$L_p = \frac{D - d}{2\tan\kappa_r}$ 主偏角:$\kappa_r = \frac{\alpha}{2}$

表 7 16 热处理后修整中心孔时间

	工件直径/mm	10	20	30	40	50
	修整两端中心孔时间/min	0.5	0.6	0.7	0.9	1.1

表 7－17 在实体材料上钻孔单刃磨钻头的切入及超出长度 （单位:mm）

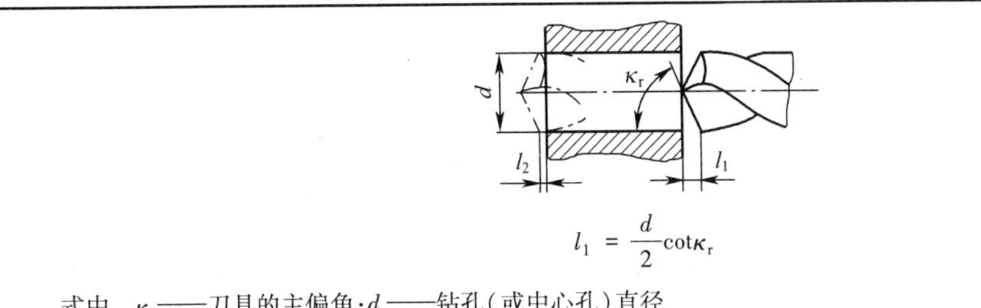

$$l_1 = \frac{d}{2}\cot\kappa_r$$

式中 κ_r——刀具的主偏角;d——钻孔(或中心孔)直径

钻头(或中心钻)直径 d	超出长度 l_2	钻头(或中心钻)直径 d	超出长度 l_2
≤3	0.5	16~26	2
3~8	1	26~36	2.5
8~16	1.5	36~60	3

注:加工盲孔时超出长度 $l_2=0$

表 7－18 扩孔的切入和超出长度 （单位:mm）

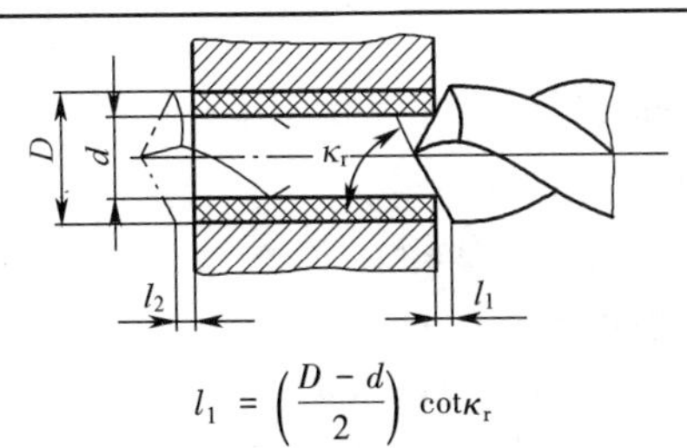

$$l_1 = \left(\frac{D-d}{2}\right)\cot\kappa_r$$

式中 κ_r——刀具的主偏角;d——扩孔前的尺寸;D——扩孔后的尺寸

切削深度 $a_p = \frac{D-d}{2}$	扩孔钻直径 D	超出长度 l_2	切削深度 $a_p = \frac{D-d}{2}$	扩孔钻直径 D	超出长度 l_2
1			2.5	26~35	2.5
1.5	12~16	1.5	3.0	36~60	3.0
2.0	17~25	2.0	4.0	61~100	4.0

注:1. 对于韧性金属(钢),建议 $\kappa_r=60°$,对于脆性金属(铸铁、青铜),$\kappa_r=45°\sim60°$,对于镶硬质合金的扩孔钻,$\kappa_r=60°\sim75°$;

2. 加工盲孔时超出长度 $l_2=0$

表 7-19　铰孔的切入和超出长度　(单位:mm)

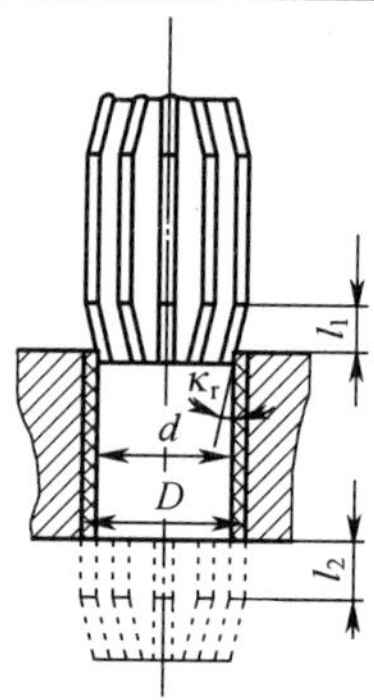

$$l_1 = \left(\frac{D-d}{2}\right)\cot\kappa_r$$

式中　κ_r——刀具的主偏角;d——扩孔前的尺寸;D——扩孔后的尺寸

切削深度 $a_p=\frac{D-d}{2}$	铰刀直径 D	超出长度 l_2	切削深度 $a_p=\frac{D-d}{2}$	铰刀直径 D	超出长度 l_2
0.05	≤6	13	0.20	21~35	28
0.10	7~10	15	0.25	36~60	39
0.125	11~16	18	0.30	61~80	45
0.15	17~20	22			

注:1. 对于脆性及硬金属,建议 $\kappa_r=3°\sim5°$, 对于韧性金属,$\kappa_r=12°\sim15°$,对于镶硬质合金的铣刀,$\kappa_r=30°\sim45°$;

2. 加工盲孔时超出长度 $l_2=0$

4) 铣削加工机动时间计算(表 7-20~表 7-25)

铣削加工机动时间计算表中符号含义如下:

T_b——机动时间(min);

L——工作台的行程长度(mm),$L=l+l_1+l_2+l_3$;

l——加工长度(mm);

l_1——刀具的切入长度(mm);

l_2——刀具的切出长度(mm);

f_M——工作台的每分钟进给量(mm/min);

f_z——铣刀的每齿进给量(mm);

f_{Mc}——工作台的每分钟垂直进给量(mm/min);

f_{Mz}——工作台的每分钟纵向进给量(mm/min);

f——铣刀的每转进给量(mm/r);

n——铣刀转速(r/min);

z——铣刀齿数;

a_p——铣削深度(mm);

D——铣刀直径(mm);

d——工件直径(mm);

B——铣削宽度(mm);

h——键槽的深度(mm);

i——行程次数。

表 7－20　铣削加工机动时间计算公式

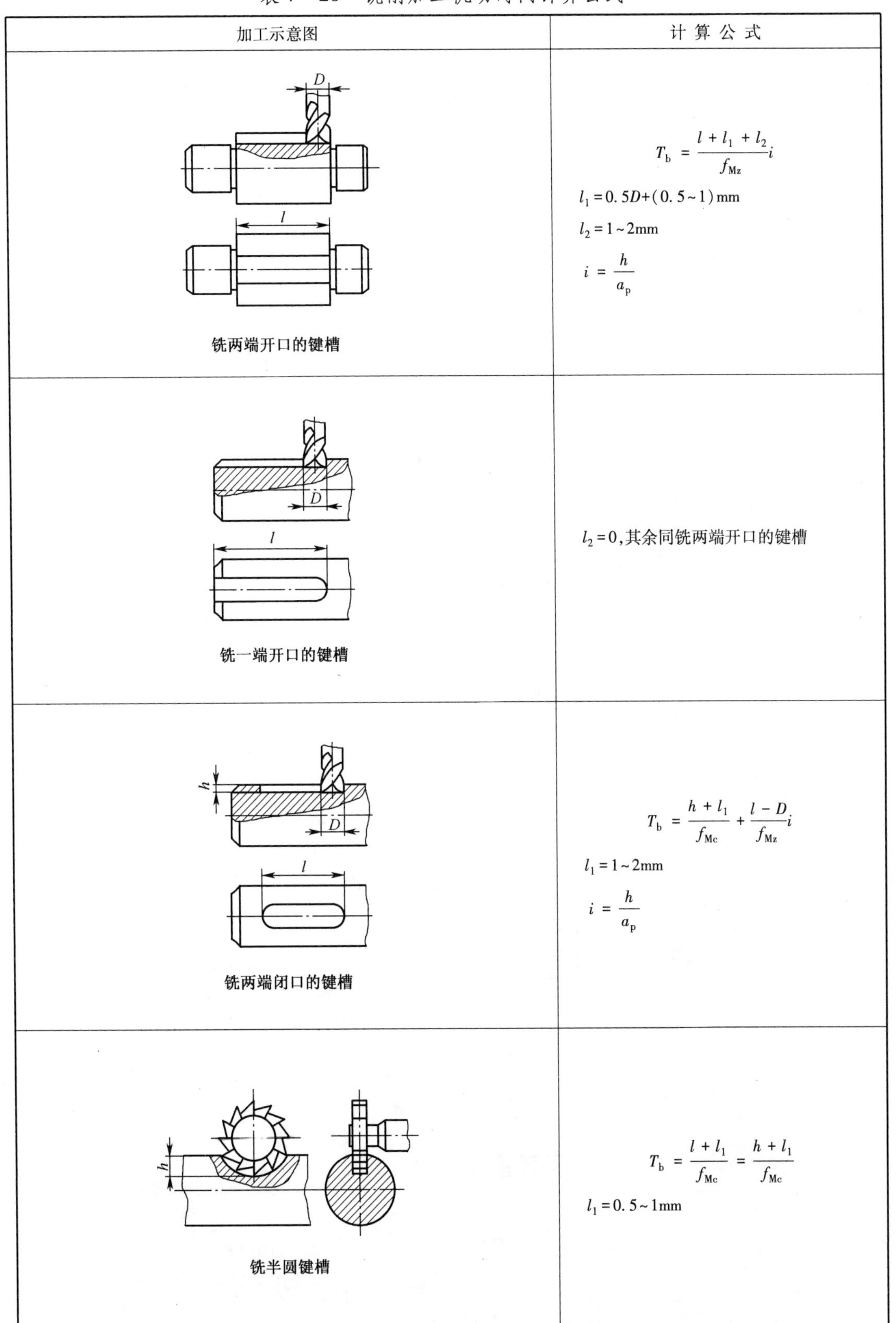

加工示意图	计算公式
铣两端开口的键槽	$T_b = \frac{l + l_1 + l_2}{f_{Mz}} i$ $l_1 = 0.5D + (0.5 \sim 1)$ mm $l_2 = 1 \sim 2$mm $i = \frac{h}{a_p}$
铣一端开口的键槽	$l_2 = 0$，其余同铣两端开口的键槽
铣两端闭口的键槽	$T_b = \frac{h + l_1}{f_{Mc}} + \frac{l - D}{f_{Mz}} i$ $l_1 = 1 \sim 2$mm $i = \frac{h}{a_p}$
铣半圆键槽	$T_b = \frac{l + l_1}{f_{Mc}} = \frac{h + l_1}{f_{Mc}}$ $l_1 = 0.5 \sim 1$mm

（续）

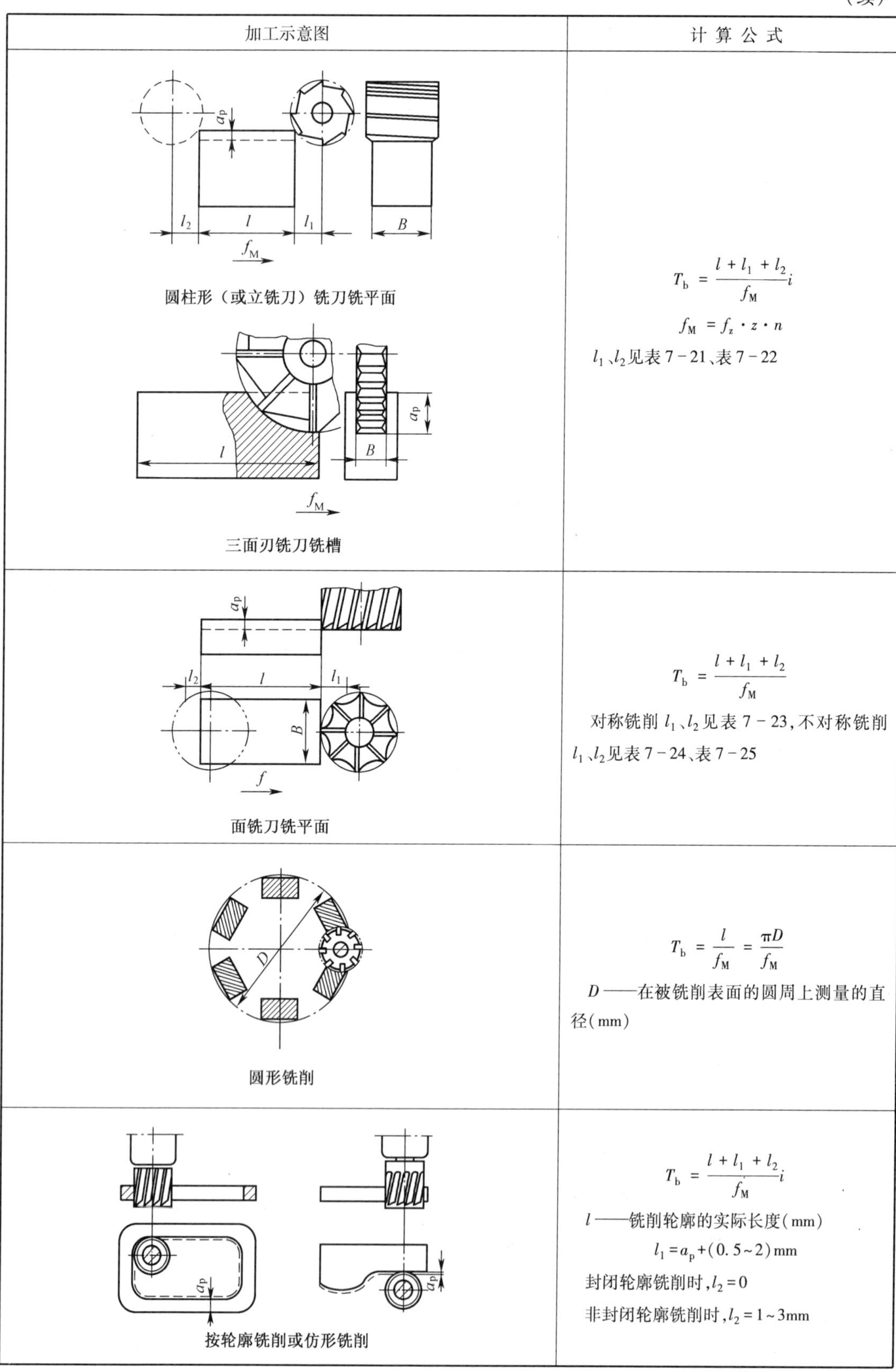

加工示意图	计 算 公 式
圆柱形（或立铣刀）铣刀铣平面 三面刃铣刀铣槽	$T_b = \frac{l + l_1 + l_2}{f_M} i$ $f_M = f_z \cdot z \cdot n$ l_1、l_2见表 7－21、表 7－22
面铣刀铣平面	$T_b = \frac{l + l_1 + l_2}{f_M}$ 对称铣削 l_1、l_2见表 7－23，不对称铣削 l_1、l_2见表 7－24、表 7－25
圆形铣削	$T_b = \frac{l}{f_M} = \frac{\pi D}{f_M}$ D——在被铣削表面的圆周上测量的直径(mm)
按轮廓铣削或仿形铣削	$T_b = \frac{l + l_1 + l_2}{f_M} i$ l——铣削轮廓的实际长度(mm) $l_1 = a_p + (0.5 \sim 2)$mm 封闭轮廓铣削时，$l_2 = 0$ 非封闭轮廓铣削时，$l_2 = 1 \sim 3$mm

表 7－21　圆柱铣刀（或立铣刀）、三面刃铣刀铣削矩形件平面的切入和超出长度

（单位：mm）

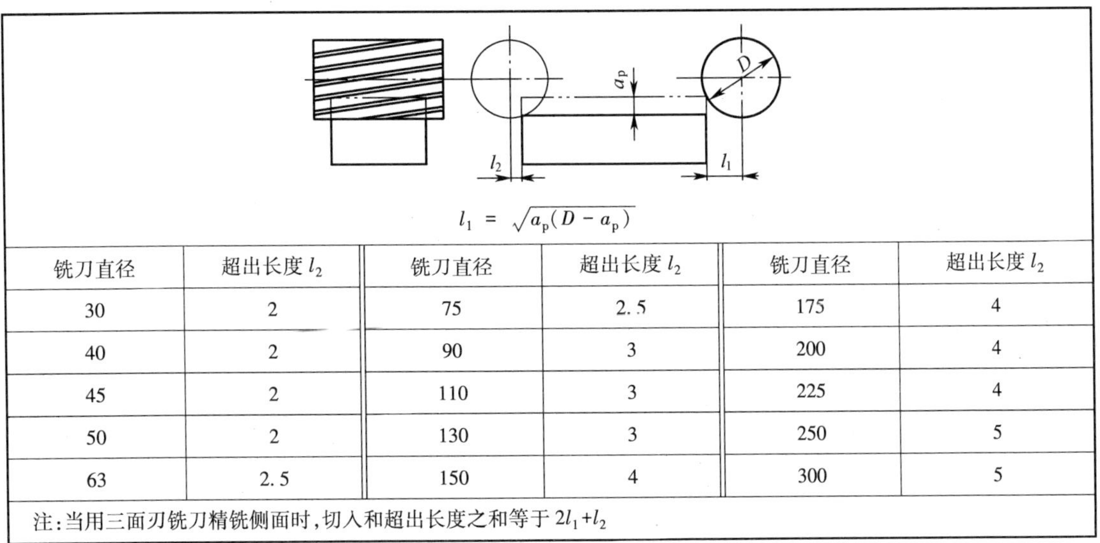

$$l_1 = \sqrt{a_p(D - a_p)}$$

铣刀直径	超出长度 l_2	铣刀直径	超出长度 l_2	铣刀直径	超出长度 l_2
30	2	75	2.5	175	4
40	2	90	3	200	4
45	2	110	3	225	4
50	2	130	3	250	5
63	2.5	150	4	300	5
注：当用三面刃铣刀精铣侧面时，切入和超出长度之和等于 $2l_1+l_2$					

表 7－22　圆柱铣刀（或立铣刀）、三面刃铣刀铣削圆柱形件平面的切入和超出长度

（单位：mm）

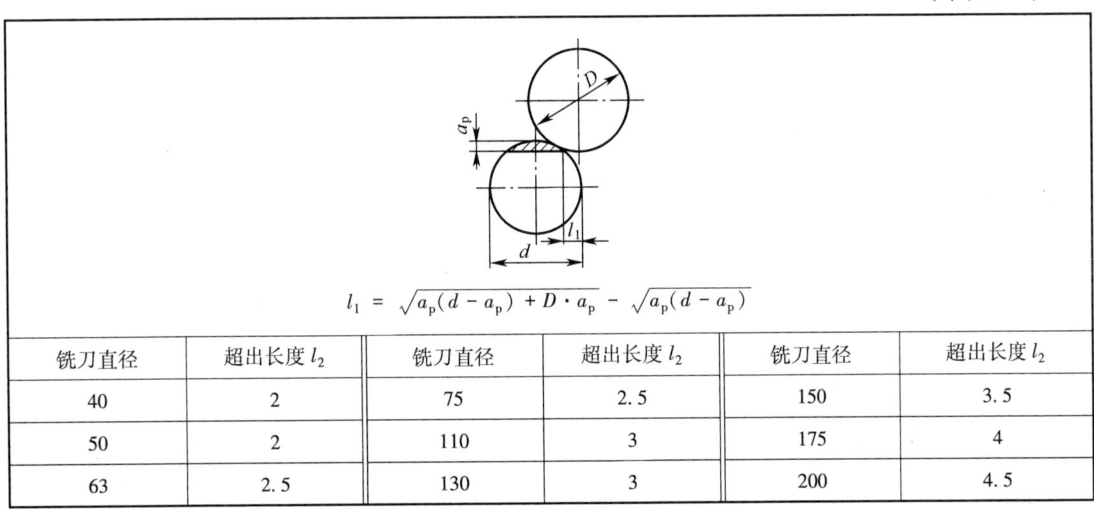

$$l_1 = \sqrt{a_p(d - a_p) + D \cdot a_p} - \sqrt{a_p(d - a_p)}$$

铣刀直径	超出长度 l_2	铣刀直径	超出长度 l_2	铣刀直径	超出长度 l_2
40	2	75	2.5	150	3.5
50	2	110	3	175	4
63	2.5	130	3	200	4.5

表 7－23　面铣刀对称铣削的切入和超出长度　（单位：mm）

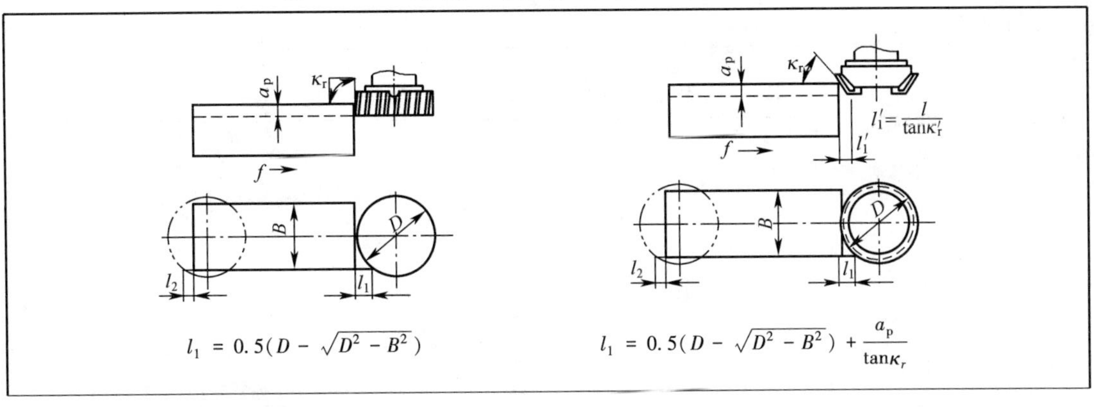

$$l_1 = 0.5(D - \sqrt{D^2 - B^2})$$

$$l_1 = 0.5(D - \sqrt{D^2 - B^2}) + \frac{a_p}{\tan\kappa_r}$$

（续）

铣刀直径	超出长度 l_2	铣刀直径	超出长度 l_2	铣刀直径	超出长度 l_2
16	1	75	2	250	4
20	1	90	3	300	5
30	1.5	110	3	350	5
35	1.5	130	3	400	5
40	1.5	150	3	450	5
45	1.5	175	4	500	6
50	2	200	4	630	6
63	2	225	4	800	6

注：1. 表内切入长度 l_1 用于 $\kappa_r=90°$ 的面铣刀加工，当面铣刀 $\kappa_r<90°$ 时，应按表内确定的切入和切出长度加上相应数值（随 a_p 和 κ_r 来决定）

2. 当精铣时，切入、切出长度之和应等于铣刀直径 $D+l_2$

表 7-24　面铣刀不对称铣削的切入和超出长度（一）　（单位：mm）

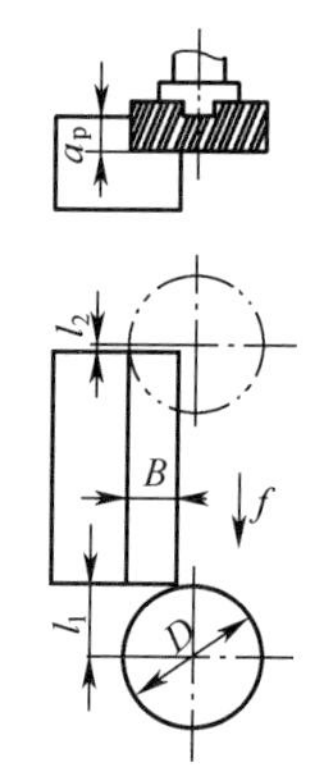

$$l_1 = \sqrt{B(D-B)}$$

铣刀直径	超出长度 l_2	铣刀直径	超出长度 l_2	铣刀直径	超出长度 l_2
40	1.5	90	3	175	4
50	2	110	3	200	4
63	2	130	3	225	4
75	2	150	3	250	4

注：当精铣时，切入、切出长度之和应等于铣刀直径 $D+l_2$

表 7-25　面铣刀不对称铣削的切入和超出长度（二）　（单位：mm）

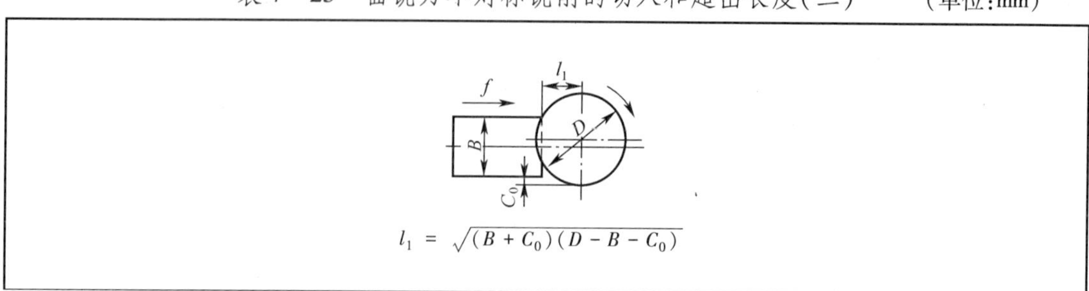

$$l_1 = \sqrt{(B+C_0)(D-B-C_0)}$$

(续)

C_0	铣刀直径 D											
	75	80	90	110	130	150	200	250	300	320	350	400
	切入及超出长度 l_1+l_2											
0.03D	28	29	33	39	47	53	70	87	104	110	120	137
0.05D	24	25	28	34	40	46	60	74	89	95	103	117
注:当精铣时,切入、切出长度之和应等于铣刀直径 $D+l_2$												

5）磨削加工机动时间计算(表 7-26~表 7-30)

磨削加工机动时间计算表中符号含义如下:

T_b——机动时间(min);

z_b——单面加工余量(mm);

D_M——砂轮的直径(mm);

B_M——砂轮的宽度(mm);

d——工件的直径(mm);

f_α——纵向(轴向)进给量(mm/r);

n(即 n_w)——工件转速(r/min);

f_{tx}——磨削深度方向(或横向)进给量,包括 f_{tr}(mm/r)、f_t(mm/单行程)、f_{ts}(mm/双行程)、f_{tm}(mm/min);

K——考虑加工终了时消除火花的光磨,以及为消除加工面宏观几何形状的不准确而进行局部补磨的系数,见表 7-27、表 7-28。

表 7-26　磨削加工机动时间计算公式

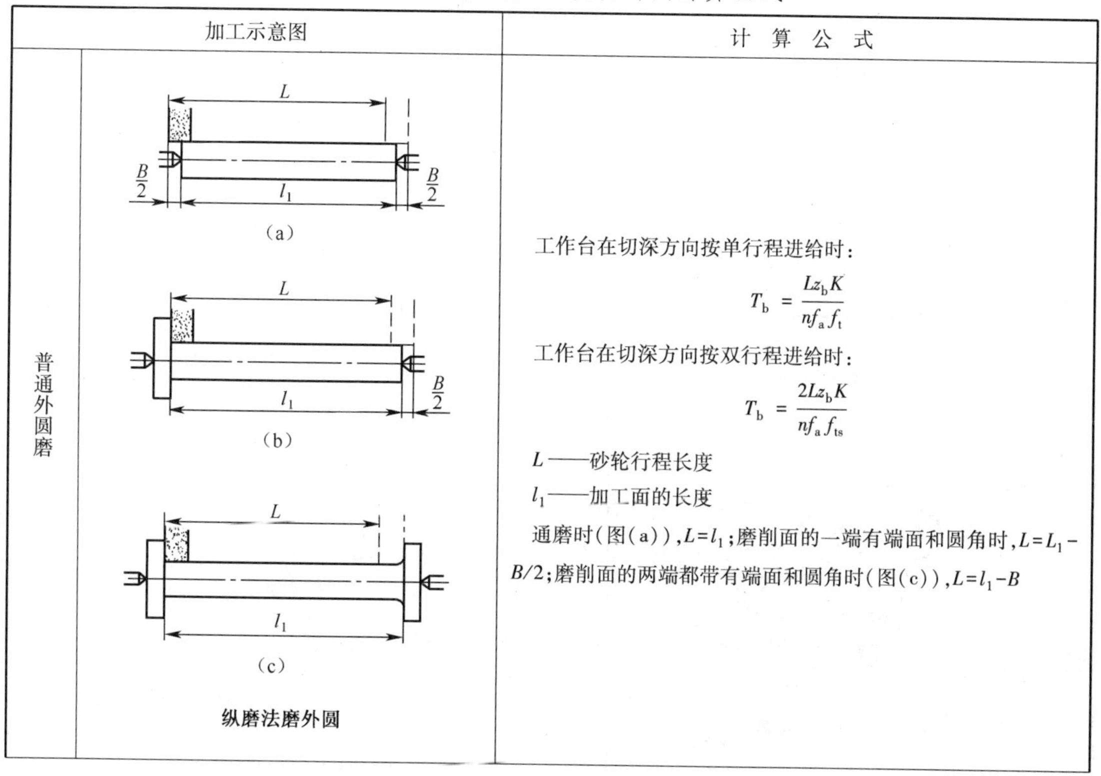

加工示意图		计算公式
普通外圆磨	(a) (b) (c) 纵磨法磨外圆	工作台在切深方向按单行程进给时: $T_b = \dfrac{Lz_bK}{nf_a f_t}$ 工作台在切深方向按双行程进给时: $T_b = \dfrac{2Lz_bK}{nf_a f_{ts}}$ L——砂轮行程长度 l_1——加工面的长度 通磨时(图(a)),$L=l_1$;磨削面的一端有端面和圆角时,$L=L_1-B/2$;磨削面的两端都带有端面和圆角时(图(c)),$L=l_1-B$

(续)

	加工示意图	计算公式
普通外圆磨	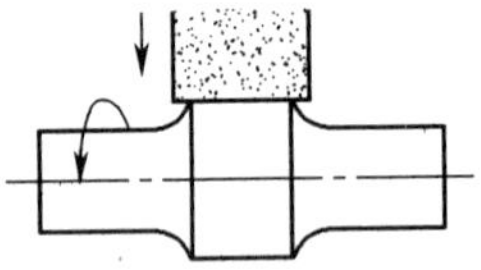 切入法磨外圆	$$T_b=\left(\frac{z_bA}{f_{tm}}+\tau K_1\right)K$$ A——切入次数 τ——光整时间(min),见表7-29 K_1——光磨时间修正系数,见表7-30
无心外圆磨	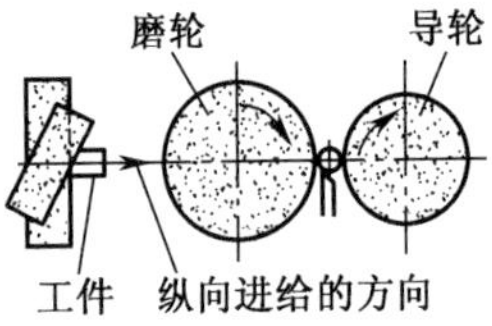 磨轮 导轮 工件 纵向进给的方向 通磨法磨外圆	$$T_b=\frac{(l\cdot q+B_M)iK}{f_{mz}q}$$ $$f_{zm}=1000v\sin\alpha=\pi D_dn_d\sin\alpha\eta$$ l——工件的磨削长度 i——行程次数 q——工件的每批数量 f_{zm}——每分钟纵向进给量(mm/min) α——导轮倾斜角(°),角度大小由加工特性来决定,对于粗磨采用3°~5°,对于精磨采用1°~3.5° η——工件与导轮间滑动系数,取0.85~0.9 D_d——导轮的直径(mm) n_d——导轮的转速(r/min)
	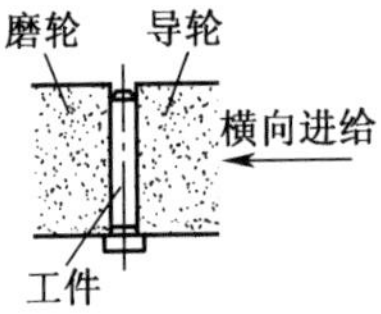 磨轮 导轮 横向进给 工件 切和法磨外圆	$$T_b=\frac{z_bK}{f_{tm}}=\frac{z_bdK}{n_dD_d\eta f_{tr}}$$ 式中符号含义同通磨法磨外圆
内圆磨	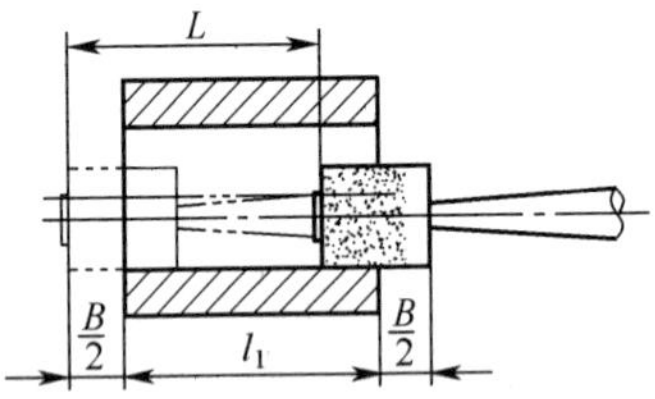 L $\frac{B}{2}$ l_1 $\frac{B}{2}$ 普通内圆磨	$$T_b=\frac{2Lz_bK}{nf_af_{ts}}$$ L——砂轮行程长度,$L=l$(l为加工表面长度)
	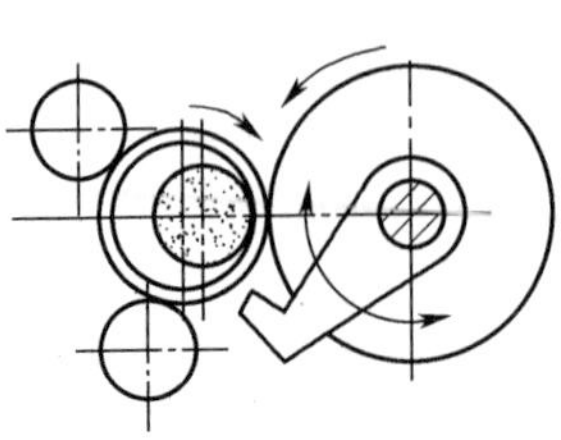 无心内圆磨	$$T_b=\frac{z_b}{n_df_{ts}}$$ n_d——砂轮每分钟双行程次数

（续）

	加工示意图	计 算 公 式
平面磨	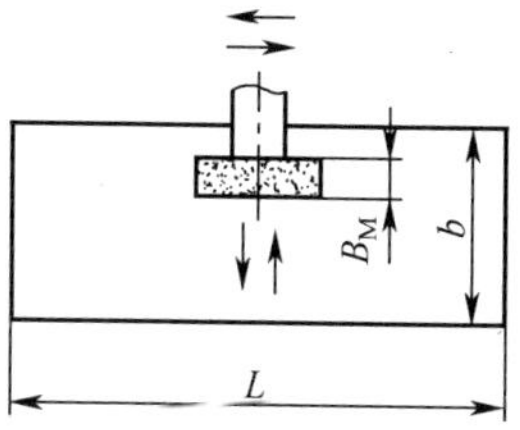 矩形工作台磨床用砂轮圆周磨平面	单行程进给： $$T_b = \frac{Lbz_b K}{1000 v f_a f_t z}$$ 双行程进给： $$T_b = \frac{2Lbz_b K}{1000 v f_a f_{ts} z}$$ $$L = l_1 + 20$$ L——磨削计算长度（mm） l_1——工件磨削面长度（mm） b——工件磨削面宽度（mm） v——工作台往复运动的速度（m/min） z——同时加工的工件数量
	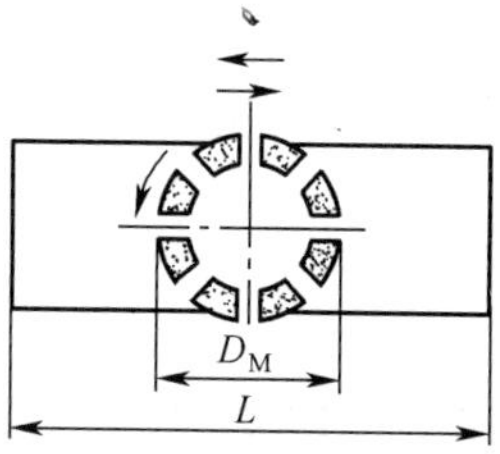 矩形工作台磨床用砂轮端面磨平面	$$T_b = \frac{Lz_b K}{1000 v f_t z}$$ $$L = l_1 + D_M + 10$$ 式中符号含义同上
	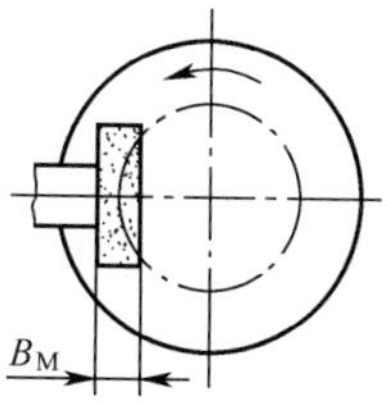 圆形工作台磨床用砂轮圆周磨平面	$$T_b = \frac{Lz_b K}{n f_a f_t z}$$ $$L = l_1 + B_M + 10$$ 式中符号含义同上
	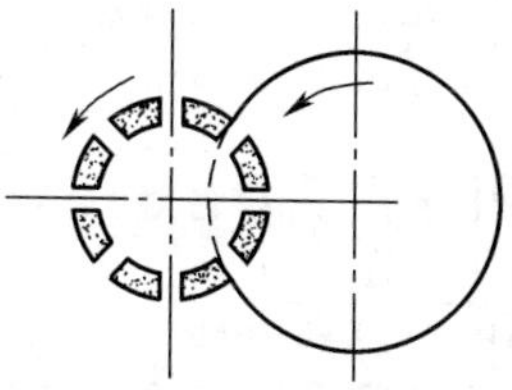 圆形工作台磨床用砂轮端面磨平面	$$T_b = \frac{z_b K}{n f_{tr} z}$$ 式中符号含义同上

（续）

加工示意图		计 算 公 式
珩磨	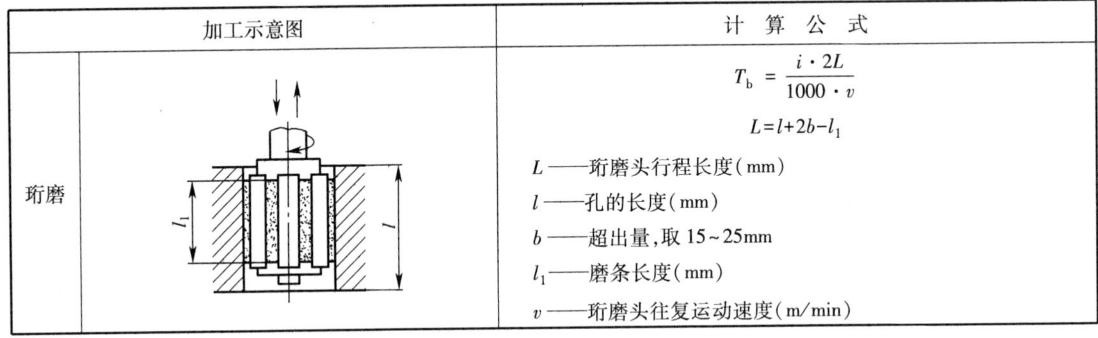 	$T_b = \frac{i \cdot 2L}{1000 \cdot v}$ $L = l + 2b - l_1$ L——珩磨头行程长度(mm) l——孔的长度(mm) b——超出量,取 15~25mm l_1——磨条长度(mm) v——珩磨头往复运动速度(m/min)

表 7-27 外圆磨系数 K

磨削方法	加工表面的形状	加工性质和表面粗糙度值			
		粗磨	精 磨		
			Ra1.25μm	Ra0.63μm	Ra0.32μm
纵磨法	圆柱体	1.1	1.4	1.4	1.55
横磨法	圆柱体	1.1	1.0	1.0	
	圆柱体带 1 个圆角	1.3	1.3	1.3	
	圆柱体带 2 个圆角	1.65	1.65	1.65	
	端面		1.4	1.4	

表 7-28 平面磨系数 K

磨削方法	磨削精度/mm				
	≥0.10	0.10~0.07	0.07~0.05	0.05~0.03	0.03~0.02
无心磨(通磨)		1.05	1.3	1.3	1.3
内圆磨	1.1	1.25	1.4	1.7	2.0
平面磨	1.0	1.07	1.2	1.44	1.7

表 7-29 外圆磨的光磨时间 τ

工件磨削表面直径 D/mm	表面粗糙度																	
	Ra1.25μm									Ra0.63μm								
	工件的磨削表面长度 τ/mm																	
	20	30	40	50	60	80	100	120	150	20	30	40	50	60	80	100	120	150
	光磨时间 τ/min																	
20	0.05	0.07	0.10	0.13	0.15	0.20	0.26	0.31	0.42	0.08	0.11	0.16	0.21	0.24	0.32	0.42	0.50	0.67
30	0.06	0.09	0.12	0.15	0.19	0.25	0.32	0.38	0.52	0.10	0.14	0.19	0.24	0.30	0.40	0.51	0.60	0.83
40	0.07	0.10	0.14	0.17	0.21	0.28	0.36	0.43	0.57	0.12	0.16	0.22	0.27	0.34	0.45	0.57	0.70	0.95
50	0.08	0.12	0.16	0.19	0.24	0.32	0.41	0.50	0.67	0.14	0.19	0.25	0.30	0.39	0.51	0.66	0.80	1.08
60	0.09	0.13	0.17	0.22	0.26	0.35	0.46	0.55	0.73	0.15	0.21	0.27	0.35	0.42	0.56	0.73	0.90	1.15
80	0.10	0.15	0.19	0.25	0.30	0.40	0.51	0.63	0.84	0.16	0.24	0.30	0.40	0.48	0.64	0.82	1.00	1.35
100	0.11	0.16	0.22	0.27	0.38	0.45	0.57	0.69	0.92	0.18	0.26	0.35	0.45	0.60	0.72	0.91	1.10	1.45
120	0.12	0.18	0.25	0.31	0.40	0.50	0.65	0.80	1.05	0.19	0.29	0.40	0.50	0.64	0.80	1.05	1.30	1.70
150	0.13	0.20	0.28	0.35	0.43	0.57	0.72	0.90	1.20	0.21	0.32	0.45	0.56	0.69	0.91	1.15	1.45	1.90

注:外圆磨的光磨时间应乘以修正系数 K_1(见表 7-30)

表 7-30　外圆磨的光磨时间的修正系数 K_1

工件材料	IT5、IT6 级精度							IT7、IT8、IT9 级精度						
	直径余量 h/mm													
	0.2	0.3	0.4	0.5	0.6	0.8	1.0	0.2	0.3	0.4	0.5	0.6	0.8	1.0
	修正系数 K_1													
耐热钢	0.9	1.1	1.3	1.4	1.5	1.75	2.0	1.1	1.3	1.5	1.75	1.9	2.2	2.5
非淬火钢及铸铁	0.8	0.95	1.11	1.25	1.36	1.58	1.76	1.0	1.2	1.4	1.6	1.7	2.0	2.2
淬火钢	0.64	0.77	0.89	1.0	1.09	1.26	1.41	0.8	0.95	1.11	1.2	1.36	1.58	1.76

6）齿轮加工机动时间计算（表 7-31、表 7-32）

齿轮加工机动时间计算表中符号含义如下：

T_b——机动时间（min）；

B——齿轮的宽度（mm）；

β——螺旋角（°）；

m——齿轮的模数（mm）；

h——全齿高，$h=2.2m$（mm）；

z——齿轮的齿数；

f_M——每分钟进给量（mm/min）；

q——滚刀头数；

D——刀具直径（mm）；

l_1——切入长度（mm）；

l_2——超出长度（mm）；

i——行程次数。

表 7-31　齿轮加工机动时间计算公式

加工示意图	计算公式
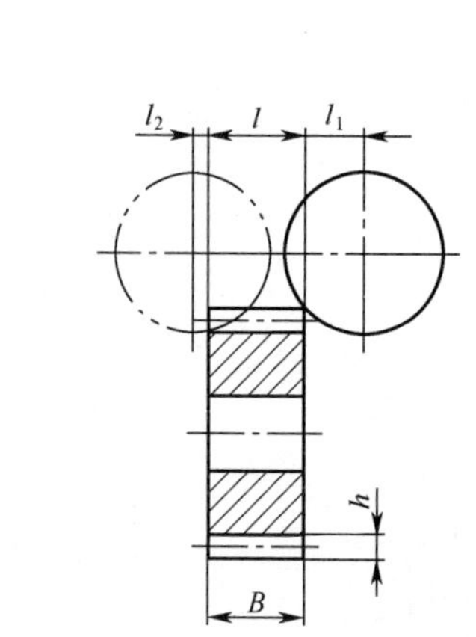 用模数盘形铣刀铣削圆柱齿轮	$$T_b=\frac{\left(\frac{B}{\cos\beta}+l_1+l_2\right)z\cdot i}{f_M}$$ $$l_1=\sqrt{h(D-h)}$$ $$l_2=2\sim4\text{mm}$$ 1. 当 $\beta=0°$ 时，为铣直齿齿轮 2. 当同时切削两个或两个以上的齿轮时，B 为所有齿轮宽度之和，但求出的时间应除以齿轮个数 3. 当全齿高 $h\leqslant13$mm 时，可一次切除，即 $i=1$；当 $h=14\sim26$mm 时，需二次切除，即 $i=2$，第一次切除 13mm 余量，余下的第二次切除，然后分别计算 l_1，取其平均值代入上式；当 $h=27\sim39$mm 时，需三次切除，即 $i=3$，第一次、第二次分别切除 13mm 余量，余下的第三次切除，计算过程同上

(续)

加工示意图	计 算 公 式
用滚刀滚圆柱齿轮	$T_b = \dfrac{(\dfrac{B}{\cos\beta} + l_1 + l_2)z}{q \cdot n \cdot f_a}$ $l_1 = \sqrt{h(D-h)}$ $l_2 = 2 \sim 5\text{mm}$ f_a——工件轴向进给量(mm/r) 式中其他符号含义同上 1. 当$\beta = 0°$时,为滚直齿齿轮 2. 当全齿高 $h \leqslant 13\text{mm}$ 时,可一次切除,即 $i=1$;当 $h>13\text{mm}$ 时,需二次切除,即 $i=2$,第一次 $h=1.4\text{m}$,第二次 $h=0.85\text{m}$,分别计算 l_1,取其平均值代入上式
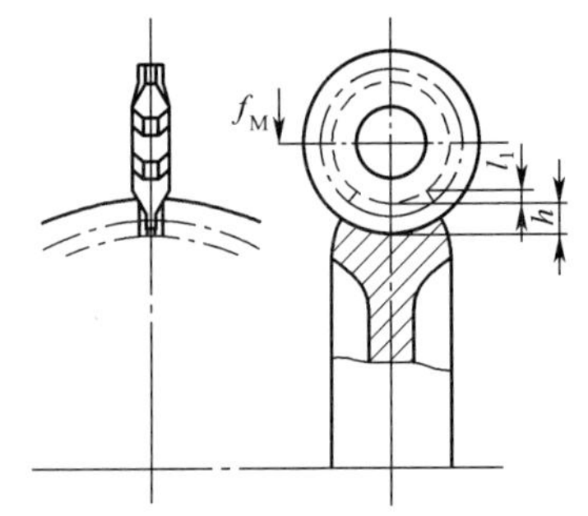 用模数盘形铣刀铣蜗轮	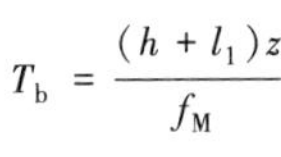 $T_b = \dfrac{(h + l_1)z}{f_M}$ $l_1 = 0.55m(\text{mm})$
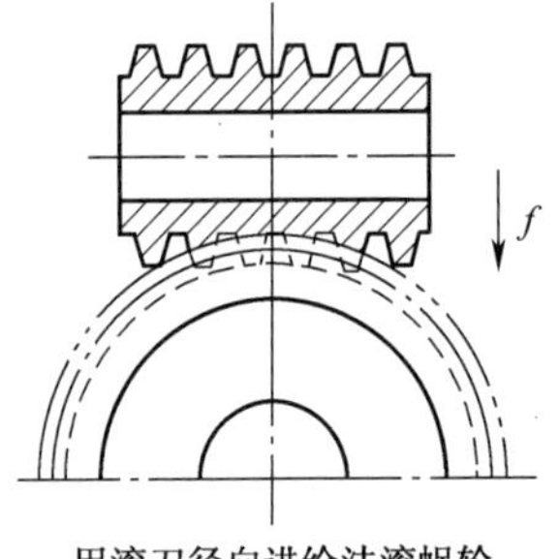 用滚刀径向进给法滚蜗轮	$T_b = \dfrac{(h + l_1 + l_2)z}{q \cdot n \cdot f_r} = \dfrac{(2.2m + 0.55m + 0.25m)z}{q \cdot n \cdot f_r} = \dfrac{3m \cdot z}{q \cdot n \cdot f_r}$ $l_1 = 0.55\ m(\text{mm})$ $l_2 = 0.25\ m(\text{mm})$ f_r——工件径向进给量(mm/r)
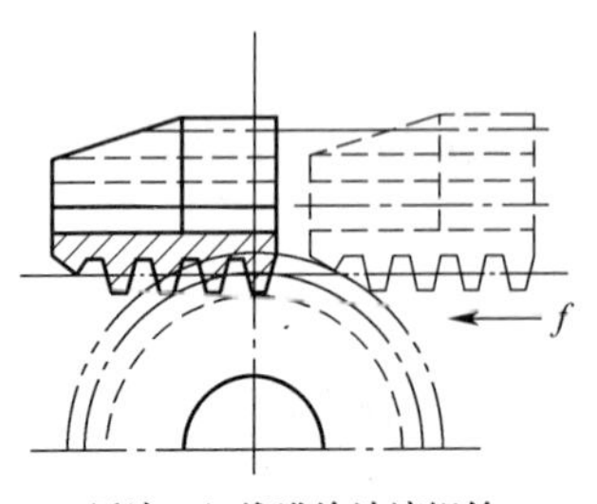 用滚刀切线进给法滚蜗轮	$T_b = \dfrac{L \cdot z}{q \cdot n \cdot f_q}$ $L = 2.94m\sqrt{z}$ L——滚刀在切线方向移动的总长(mm) f_r——工件在切线方向的进给量(mm/r)

（续）

加工示意图	计 算 公 式
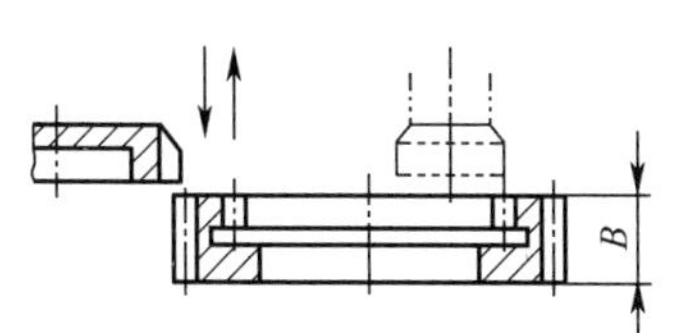 用圆盘插齿刀插圆柱齿轮	$$T_b = \frac{h}{n \cdot f_r} + \frac{\pi \cdot d \cdot i}{n \cdot f_s}$$ $$n = \frac{1000 \cdot v}{2L}$$ $$L = B + l_1 + l_2$$ d——工件分度圆直径 f_r——插齿刀每双行程的径向进给量(mm) f_s—插齿刀每双行程的圆周进给量(mm) n——插齿刀每分钟双行程数 L——插齿刀行程程度(mm) l_4+l_5——插齿刀的切入和超出长度(mm)(见表7-32)
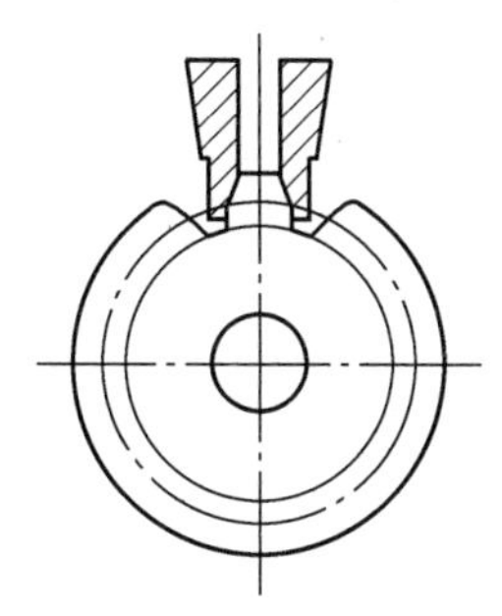 在刨齿机上刨锥齿轮	$$T_b = t \cdot z \cdot i$$ $$t = \frac{n_z}{n_M}$$ $$n_M = \frac{1000 \cdot v}{2L}$$ $$L = l + l_4 + l_5$$ $$l = \frac{B}{\cos\beta}$$ t——每齿的刨削时间(min) n_z——加工一个齿的双行程数 n_M——刀具每分钟双行程数 L——刀具的行程长度(mm) l——齿长(mm) l_4+l_5——刨齿刀的切入和超出长度(mm)(见表7-33)
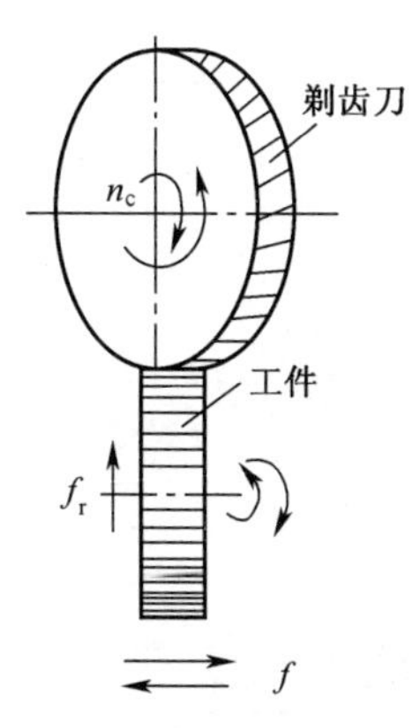 用盘形剃齿刀剃齿	$$T_b = \frac{(l + l_1 + l_2)z}{f \cdot n \cdot z_1} \cdot \frac{a_p}{f_r}$$ $$l = \frac{B}{\cos\beta}$$ $$l_1 + l_2 = 10\text{mm}$$ l——齿长(mm) f——工件每转工作台的纵向进给量(mm/r) a_p——每面剃削余量(mm) n——剃齿刀转速(r/min) z——工件齿数 z_1——剃齿刀齿数 f_r——径向进给量(mm/r)

（续）

加工示意图	计算公式
用双砂轮范成法磨齿 （YA7063类磨齿机）	$T_b = z\left[\frac{L}{n_0}\left(\frac{i_1}{f_1}+\frac{2i_2}{f_2}+\frac{2i_3}{f_3}\right)+i_1t_1+2i_2t_2+2i_3t_3\right]$ $L = l + 2\sqrt{h(D-h)} + 10$ L——工作台行程长度（mm） l——齿长（mm） h——齿高（mm） D——砂轮直径（mm） z——工件齿数 n_0——每分钟范成次数 i_1、i_2、i_3——分别为粗行程数、半精行程数、精行程数 f_1、f_2、f_3——分别为每次范成纵向进给量的粗、半精、精行程 t_1——粗磨分度转换时间（min） t_2、t_3——半精磨及精磨分度转换时间（min）（见表7-34）

表 7-32　插齿机的切入和超出长度　（单位：mm）

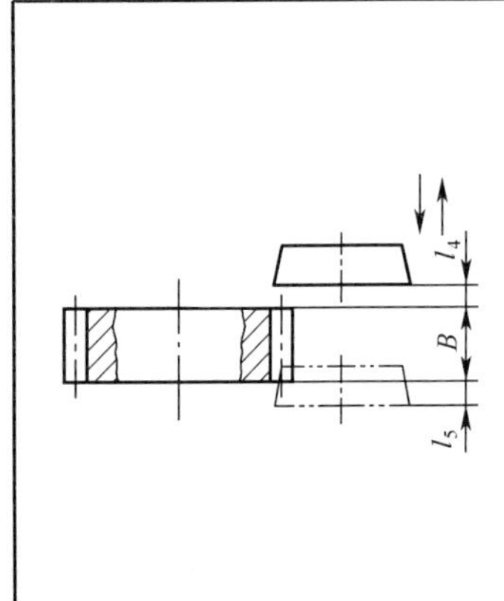	齿轮模数 m	齿轮形状		
		直齿	斜齿	
			15°	30°
		l_4+l_5		
	≤2	5	5	6
	3	5	6	7
	4	5	7	8
	5	5	8	10
	6	6	8	10
	8	6	10	12

表 7-33　刨齿机的切入和超出长度　（单位：mm）

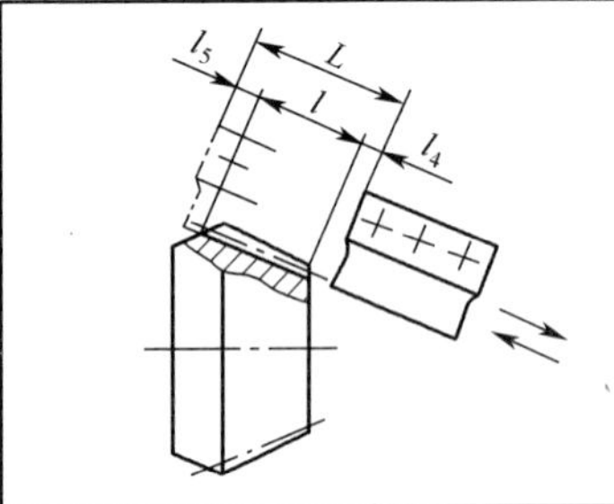	齿轮模数 m	l_4+l_5
	≤5	10
	5~10	15
	10~15	20
	15~20	25

表 7-34　半精磨及精磨分度转换时间（双砂轮范成法磨齿）

砂轮直径 D/mm	t_2/min	t_3/min
280	0.03	0.02
220	0.02	0.015

7）螺纹加工机动时间计算（表 7－35）

螺纹加工机动时间计算表中符号含义如下：

T_b——机动时间（min）；

l——切削长度（mm）；

d——螺纹直径（mm）；

n——刀具或工件转速（r/min）；

f——工件（或刀具）每转进给量，等于工件螺纹的螺距（mm/r）；

g——螺纹线数；

i——进给次数；

l_1、l_2——切入、超出长度（mm）。

表 7－35　螺纹加工机动时间计算公式

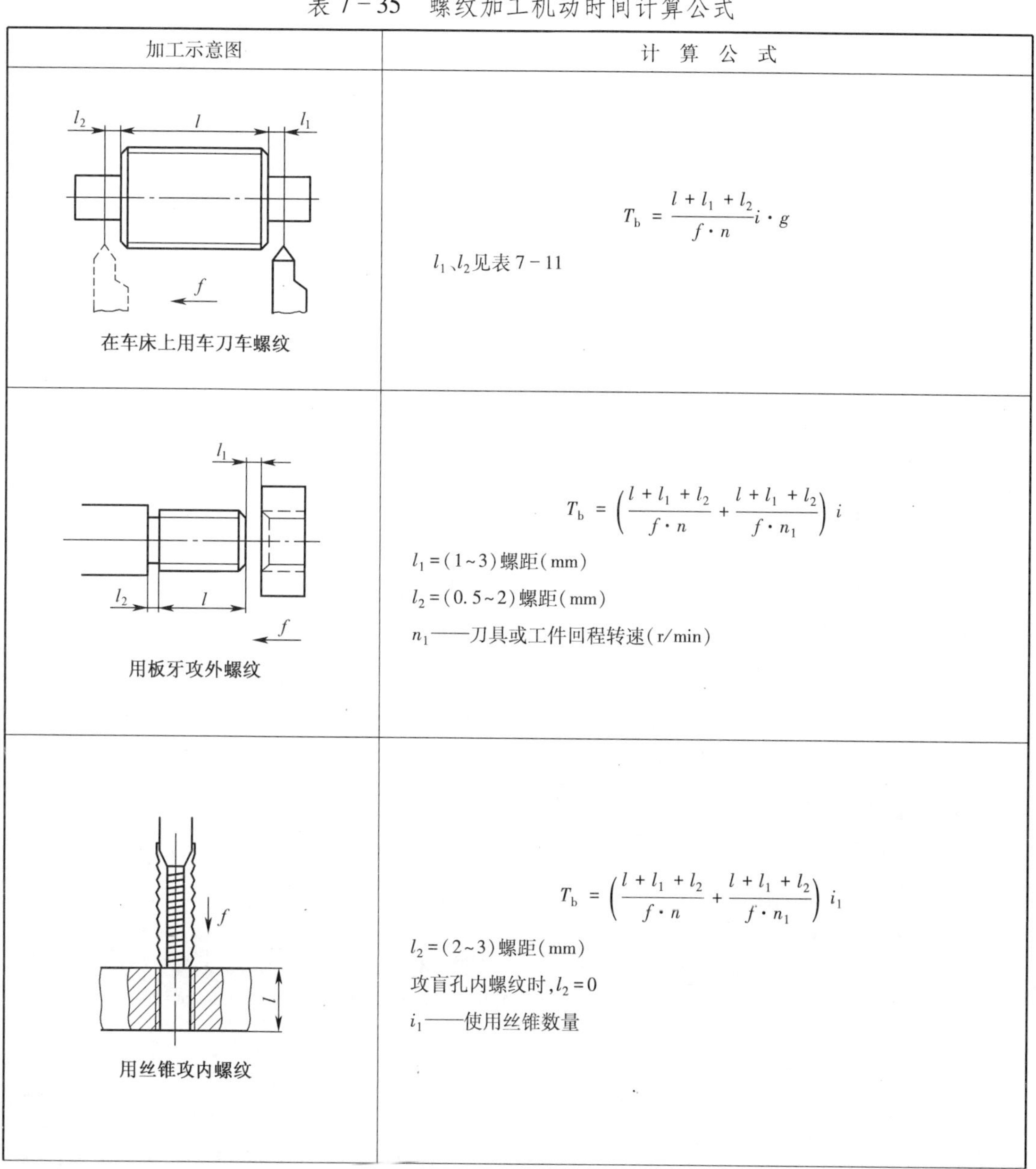

加工示意图	计　算　公　式
在车床上用车刀车螺纹	$$T_b = \frac{l + l_1 + l_2}{f \cdot n} i \cdot g$$ l_1、l_2见表 7－11
用板牙攻外螺纹	$$T_b = \left(\frac{l + l_1 + l_2}{f \cdot n} + \frac{l + l_1 + l_2}{f \cdot n_1}\right) i$$ $l_1 =（1\sim3）$螺距（mm） $l_2 =（0.5\sim2）$螺距（mm） n_1——刀具或工件回程转速（r/min）
用丝锥攻内螺纹	$$T_b = \left(\frac{l + l_1 + l_2}{f \cdot n} + \frac{l + l_1 + l_2}{f \cdot n_1}\right) i_1$$ $l_2 =（2\sim3）$螺距（mm） 攻盲孔内螺纹时，$l_2 = 0$ i_1——使用丝锥数量

（续）

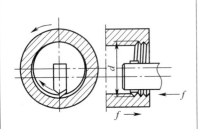

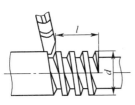

加工示意图	计 算 公 式
用旋风切削头切削螺纹	$$T_b = \frac{l+l_1+l_2}{f \cdot n} i$$ $$n = \frac{f \cdot n_d \cdot z}{\pi \cdot d_1}$$ l_2=(1~2)螺距(mm) l_2=(0.5~2)螺距(mm) z——旋风切削头的切刀数 n_d——刀具转速(r/min)
用盘铣刀铣螺纹	$$T_b = \frac{l+l_1+l_2}{f} \cdot \frac{\pi \cdot d}{f_M \cdot \cos\alpha} i \cdot g$$ $$T_b = f_z \cdot z \cdot n_x$$ l_2=(1~3)螺距(mm) l_2=(0.5~2)螺距(mm)，当用定位器时 $l_2=0$ f_M——螺纹铣刀沿螺纹展开线的进给量(mm/min) f_z——螺纹铣刀每齿进给量(mm/z) z——螺纹铣刀齿数 n_x——螺纹铣刀转速(r/min) α—螺纹的旋转角(°)
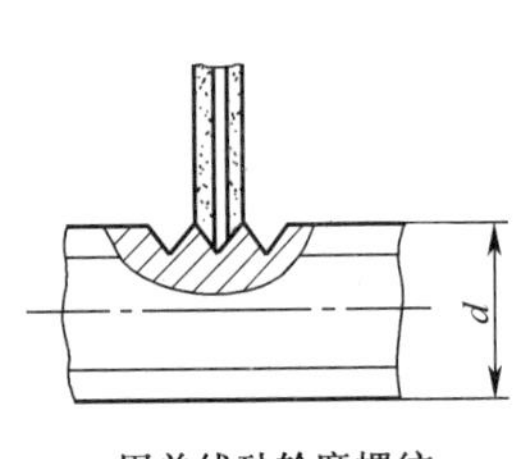 用单线砂轮磨螺纹	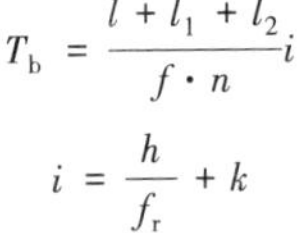 $$T_b = \frac{l+l_1+l_2}{f \cdot n} i$$ $$i = \frac{h}{f_r} + k$$ l_2=(1~3)螺距(mm) 通磨时 l_2=(1~3)螺距(mm)，当用定位器时 $l_2=0$ n——工件转速(r/min) h——螺纹中径磨削余量(mm) f_r——径向进给量(mm/min) k——停止径向进给后的行程次数，粗磨时 $k=1$，精磨时 $k=1\sim2$
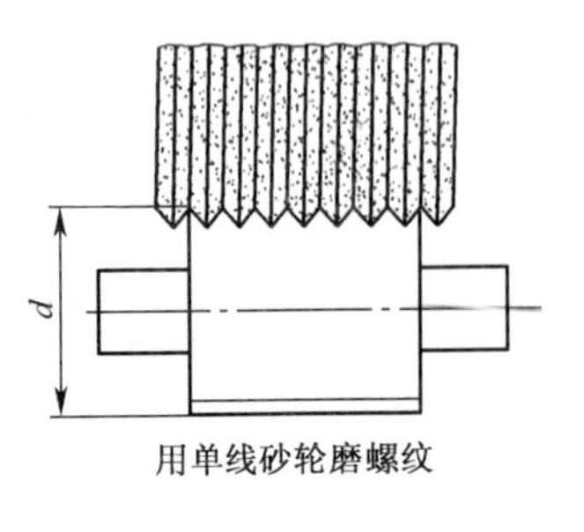 用单线砂轮磨螺纹	$$T_b = \frac{\pi \cdot d}{v \cdot 1000} \cdot n$$ v——工件圆周速度(m/min) n——在磨削螺纹时间内工件的转数(与螺距有关)，$n=1\sim4$

8 第八章　金属切削加工条件的合理选择

第一节　工装设备的选择

工艺装备是产品制造过程中的各种工具总称，包括夹具、量具、辅具、钳工工具和工位器具等。工艺设备是完成工艺过程的主要生产装置，如各种机床、加热炉、电镀槽等。工艺装备和工艺设备统称工装设备。

1. 工装设备选择的基本原则(表 8-1)

表 8-1　金属切削机床及工艺装备选择基本原则

项目		考虑因素
金属切削机床		1. 机床规格应与零件外形尺寸相适应 2. 机床加工精度应与工序要求的加工精度相适应 3. 机床的生产率应与零件的生产类型相适应 4. 选择机床应考虑企业现有的设备条件
工艺装备	刀具	1. 一般采用标准刀具 2. 中批以上生产可采用高效率的复合刀具和专用刀具 3. 刀具的类型、规格、材料及精度应符合加工要求
	量具	1. 单件、小批生产时，尽可能采用通用量具 2. 大批生产时应采用专用量具 3. 量具的精度等级应与被测工件的精度等级相适应
	夹具	1. 单件、小批生产时，应尽可能采用通用夹具 2. 中批以上生产时，应采用专用夹具 3. 夹具的精度应与工序的加工精度相适应

2. 金属切削机床加工精度指标和主要技术参数(表 8-2～表 8-7)

表 8-2　车床加工的形状与位置经济精度

机床类型	最大加工直径 /mm	圆度 /mm	圆柱度 /(mm/mm)(长度)	平面度(凹入) (mm/mm)(直径)
卧式车床	250	0.01	0.015/100	0.015/≤200
	320			0.02/≤300
	400			0.025/≤400
	500	0.015	0.025/300	0.03/≤500
	630			0.04/≤600
	800			0.05/≤700

（续）

机床类型	最大加工直径/mm	圆度/mm	圆柱度/(mm/mm)(长度)	平面度(凹入)(mm/mm)(直径)
精密车床	250	0.005	0.01/150	0.01/200
	320			
	400			
	500			
高精度车床	250	0.001	0.002/100	0.002/1000
	32			
	400			
转塔车床	≤12	0.007	0.01/300	0.02/300
	12~32	0.01	0.02/300	0.03/300
	32~80	0.01	0.02/300	0.04/300
	>80	0.02	0.025/300	0.05/300
立式车床	≤1000	0.01	0.02	0.04
仿形车床	≥50	0.008	0.02（仿形尺寸偏差）	0.04

车床上镗孔	两孔轴心线的距离误差或自孔轴心线到平面的距离误差/mm
按划线	1.0~3.0
在角铁式夹具上	0.1~0.3

表 8-3 磨床加工的形状、位置经济精度

<table>
<tr><th>机床类型</th><th>最大加工直径/mm</th><th colspan="4">圆度/mm</th><th colspan="3">圆柱度/(mm/mm)(长度)</th><th>平面度(凹入)/(mm/mm)(直径)</th></tr>
<tr><td rowspan="3">外圆磨床</td><td>≤200</td><td rowspan="3">卡盘上</td><td>0.005</td><td rowspan="3">顶尖间</td><td>—</td><td colspan="3">0.006/≤500</td><td rowspan="3">0.01/300</td></tr>
<tr><td>200~320</td><td>0.005</td><td>0.003</td><td colspan="3">0.008/≤1000</td></tr>
<tr><td>>320</td><td>0.007</td><td>0.005</td><td colspan="3">0.012/>1000</td></tr>
<tr><td rowspan="2">内圆磨床</td><td>≤100</td><td colspan="4">0.003</td><td colspan="3">0.003/50</td><td rowspan="2"></td></tr>
<tr><td>>100</td><td colspan="4">0.005</td><td colspan="3">0.005/100</td></tr>
<tr><td rowspan="2">无心磨床</td><td>≤30</td><td colspan="4">0.002</td><td rowspan="2">砂轮宽度B</td><td rowspan="2">≤100
100~200
200~300
>300</td><td rowspan="2">0.002
0.003
0.004
0.005</td><td rowspan="2"></td></tr>
<tr><td>>30</td><td colspan="4">0.003</td></tr>
</table>

<table>
<tr><th colspan="2">机床类型</th><th>平面度(加工面对基面)/(mm/mm)(长度)</th><th>垂直度(加工面对基面)/(mm/mm)(长度)</th></tr>
<tr><td rowspan="5">平面磨床</td><td>卧轴柜台</td><td>0.005/300
最大为0.03</td><td>—</td></tr>
<tr><td>精密卧轴磨床</td><td>0.01/1000</td><td>0.005</td></tr>
<tr><td>立轴柜台</td><td>0.015/1000</td><td>—</td></tr>
<tr><td>卧轴柜台</td><td rowspan="2">工作台直径：
≤500 0.005
500~1000 0.010
1000~1600 0.015</td><td rowspan="2">—</td></tr>
<tr><td>立轴柜台</td></tr>
</table>

表 8-4　钻床加工的形状、位置经济精度　　(单位:mm)

加工精度 / 加工方法	垂直孔轴心线间垂直度	垂直孔轴心线间位置度	平行孔轴心线的距离误差或自孔轴心线到平面的距离误差	孔轴心线与端面垂直度
按划线钻孔	0.5~1.0/100	0.5~2	0.5~1.0	0.3/100
用钻模钻孔	0.1/100	0.5	0.1~0.2	0.1/100

表 8-5　镗床加工的形状、位置经济精度

机床类型	镗杆直径/mm	圆度/mm		圆柱度/(mm/mm)(长度)	平面度(凹)/(mm/mm)(直径)	平面度(孔系间)/(mm/mm)(长度)	垂直度(孔与端面)/(mm/mm)(长度)
卧式铣镗床	≤100	外圆	0.025	0.03/200	0.04/300	—	—
		内孔	0.02				
	100~160	外圆	0.025	0.03/300	0.05/600	0.05/300	0.05/300
		内孔	0.025				
	>160	外圆	0.03	0.035/400	—	—	—
		内孔	0.025				
立式金刚镗床		0.03		0.04/300	—	—	0.03/300

加工方法		镗垂直孔轴心线垂直度/mm	镗垂直孔轴心线垂直度/mm	镗平行孔轴心线距离误差或自孔轴心线到平面的距离误差/mm
卧式镗床上镗孔	按划线	0.5~1.0/100	0.5~2	0.4~0.6
	用镗模	0.04~0.2/100	0.02~0.06	0.05~0.08
	回转工作台	0.06~0.3/100	0.03~0.08	—
	带有百分表的回转工作台	0.06~0.15/100	0.05~0.10	—
	用游标尺	—	—	0.2~0.4
	用内径规或塞尺	—	—	0.05~0.25
	按定位器的显示读数	—	—	0.04~0.06
	用程序控制的坐标装置	—	—	0.04~0.05
	按定位样板	—	—	0.08~0.20
	用块规	—	—	0.05~0.10
坐标镗床上镗孔		—	—	0.004~0.015
金刚镗床上镗孔		—	—	0.008~0.02

表 8-6　铣床加工的形状、位置经济精度

机床类型	加工范围	平面度/mm	平行度		(加工面相互间)
			(加工面对基面)	(两侧加工面之间)	
升降台铣床	立式	0.02	0.03	—	0.02/100
	卧式	0.02	0.03		0.02/100
工作台不升降铣床	立式	0.02	0.03	—	0.02/100
	卧式	0.02	0.03		0.02/100

(续)

机床类型	加工范围		平面度/mm	平 行 度		(加工面相互间)
				(加工面对基面)	(两侧加工面之间)	
龙门铣床	加工长度/m	≤2	—	0.03	0.02	0.02/300
		2~5		0.04	0.03	
		5~10		0.05	0.05	
		>10		0.08	0.08	
摇臂铣床			0.02	0.03	—	0.02/100

铣床上镗孔	镗垂直孔轴心线的垂直度/mm	镗垂直孔轴心线的位置度/mm
回转工作台	0.02~0.05/100	0.1~0.2
回转分度头	0.05~0.1/100	0.3~0.5

表 8-7 刨、插、拉床加工的形状、位置经济精度

机床类型	加工长度/mm	平面度/mm	平行度(加工面对基面)/(mm/mm)	垂直度/(mm/mm)		
				加工面对基面	加工面相互间	
牛头刨床	200~500	0.02	0.02	0.01	两侧加工面间平行度	0.04
	500~800	0.025	0.03	0.02		0.05
	800~1000	0.03	0.04	0.03		0.06
龙门刨床		加工面直线度 0.02/2000	0.03/2000	—	0.02/300	
插床	200	0.015		0.02	0.02	
	320	0.015		0.02	0.02	
	50	0.025		0.04	0.03	
	630	0.025		0.04	0.03	
	800	0.03		0.045	0.03	
	1000	0.035		0.070	0.05	

机床类型	垂直度/(mm/mm)	
	孔轴线对基面	拉削面对基面
卧式内拉床	0.08/200	—
立式拉床	0.06/200	0.04/300

3. 机床夹具的选择

机床夹具的类型和结构形式需与生产纲领和生产类型相适应。对于大批量生产，应最大限度地考虑保证产品质量和使用效率，尽量采用由机床夹具标准零部件组成的专用夹具，在结构上最大可能地机械化及自动化，其元件很少重复使用。对于中批和小批生产，可选用通用可调夹具、专用可调夹具或成组夹具，以提高夹具的适应性、继承性和柔性。对于单件、小批量生产或试制任务，应选用由可重复利用标准元件和组件组成的组合夹具，并尽可能利用通用夹具。

机床夹具类型的选择原则见表 8-8。常用机床通用夹具见第五章第一节。

表8-8 机床夹具类型的选择原则

<table>
<tr><th colspan="2">夹具种类</th><th colspan="4">生产类型及适用范围</th><th rowspan="2">特　　点</th></tr>
<tr><th>分类</th><th>说明</th><th>单件小批</th><th>中批</th><th>大批</th><th>大量</th></tr>
<tr><td>通用夹具</td><td>加工两种或两种以上工件的同一夹具</td><td>Δ</td><td></td><td></td><td></td><td>不需进行特殊调整，不能更换定位或夹紧元件。用于一定外形尺寸范围的各种类似工件，具有很大的通用性，常作为机床附件</td></tr>
<tr><td>组合夹具</td><td>由可循环使用的标准夹具零部件（专用零部件）组装成易于连接和拆卸的夹具</td><td>Δ</td><td></td><td></td><td></td><td>分槽系列和孔系列两大类，由一整套预制的不同形状规格、具有互换性和耐磨性的标准元件、部件组成。可迅速多次拼合成各种专用夹具。夹具使用后，元件、部件可拆散保存</td></tr>
<tr><td>可调夹具：通用可调夹具</td><td>通过调整或更换个别零部件即能适用于多种工件加工的夹具</td><td>Δ</td><td>Δ</td><td></td><td></td><td>针对一定范围的工件设计，由通用基体和壳调整部分组成，可换定位件，可调整夹紧元件。用于一组或一类工件的典型工序，调整范围大，加工对象不定，可用于成组夹具</td></tr>
<tr><td>可调夹具：专用可调或成组夹具</td><td>根据成组技术原理设计的用于成组加工的夹具</td><td>Δ</td><td>Δ</td><td></td><td></td><td>根据一组结构形状及尺寸相似、加工工艺相近的不同产品零件的某道工序专门设计的，常带动力装置。对不同组零件具有专用性，对同一组零件具有可调性。也可用于专业化成批、大量生产</td></tr>
<tr><td>专用夹具</td><td>专为某一工件的某一工序而设计的夹具</td><td></td><td></td><td>Δ</td><td>Δ</td><td>适用于产品固定不变、批量较大的生产</td></tr>
<tr><td>高效专用夹具</td><td>具有动力装置、机械化和自动化程度较高的夹具</td><td></td><td></td><td></td><td>Δ</td><td>具有顺序动作及自动化高的特点，生产效率高，适用于稳定的大批大量生产</td></tr>
</table>

4. 量具的选择

1）量具的分类

量具是可以用来单独或与辅助设备一起测定被测对象量值的仪器或装置。按照用途，量具可分为以下三类：

（1）标准量具。标准量具仅代表某一固定尺寸或精度指标，用来校对和调整其他量具或作为标准与被测件进行比较，如量块、角度块、多面棱体、平晶、刀口尺、表面粗糙度样块等。

（2）专用量具。专用量具是指专门为检测工件某一技术参数而设计制造的量具，如量规、样板、内外沟槽卡尺、钢丝绳卡尺、步距规等。专用量具不能测出被测零件的具体结果，只能检验被测零件的尺寸和形状是否合乎要求。

（3）通用量具。通用量具也称万能量具，可用来测量和检测任何零件或机构的尺寸与形状。这种量具一般都有刻度，可得到具体的数值。根据结构特点和工作原理，通用量具可分为以下几种：

① 固定刻线量具。如钢直尺、钢卷尺等。

② 游标量具。游标量具包括游标卡尺、深度游标卡尺、高度游标卡尺、万能角度尺等。

③ 微动螺旋量具。微动螺旋量具包括外径千分尺、内径千分尺、深度千分尺、螺纹千分尺、公法线千分尺等。

④ 机械量仪。机械量仪属于利用机械传动机构把被测量的变动量放大的一种测量器具，如百分表、内径百分表、千分表、水平仪、机械比较仪等。

⑤ 光学量仪。光学量仪属于利用光学方法把被测量进行转换或放大的测量器具，如读数显微镜、光学分度头、万能测长仪、光学比较仪等。

⑥ 气动量仪。气动量仪属于通过气动系统流量和压力的变化实现原始信号转换的一种测量器具，如水柱式气动量仪、浮标式气动量仪等。

⑦ 电动量仪。电动量仪属于把尺寸、形状变化转变为电量参数的一种测量器具，如电感比较仪、电动轮廓仪等。

2）常用量具

（1）量块。量块又称块规，属于无刻度的端面量具，具有尺寸稳定、硬度高和耐磨性好等特点，量块常用的材料有轴承钢和陶瓷。量块除了用于长度尺寸传递系统中的计量标准器外，还可用于计量器具、机床、夹具的调整以及工件的测量和检验。

量块外形为长方块，如图 8－1 所示，其上、下两面为两个极为光滑平整的平行测量面，具有精确的垂直距离，称为标称尺寸或量块示值，四个侧面为非测量面。每个量块上均标记有标称长度数字，刻印在测量面或侧面。我国按制造精度从高到低将量块分成 00、0、1、2、3 和标准级 K 等 6 级，量块的精度选择见表 8－9、表 8－10。

量块都是按一定尺寸系列成套生产的，并装在一盒中，如图 8－2 所示。

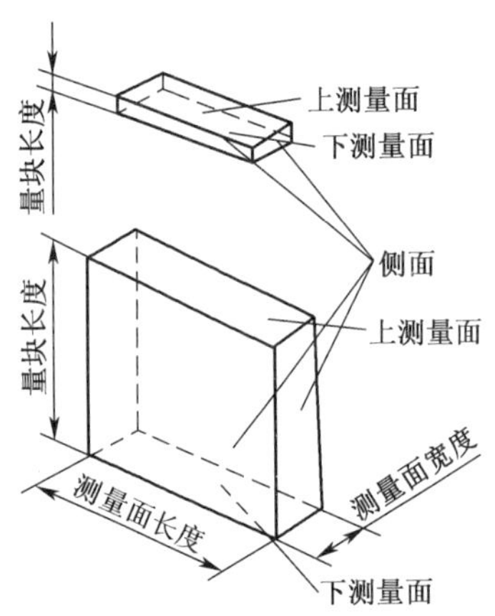

图 8－1　量块

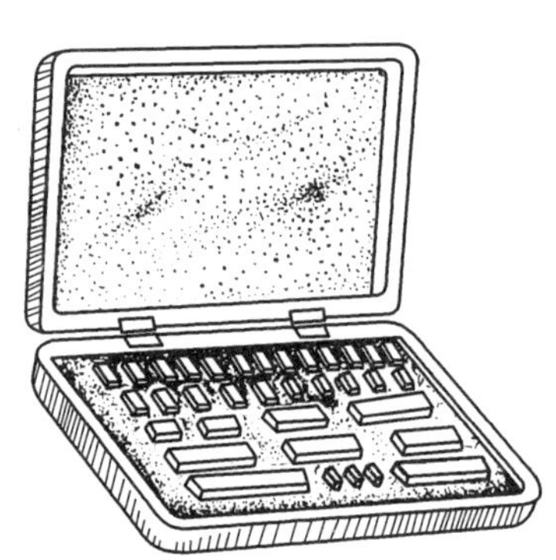

图 8－2　成套量块

表 8－9　检验量具或仪器时量块精度的选择

量块精度等级	被检验的量具或仪器
1	分度值为 0.002mm 的测微计、杠杆千分尺、杠杆卡规、千分表、外径千分尺和分度值为 0.01mm 的 0 级外径千分尺
2	分度值为 0.005mm 和 0.01mm 的测微计、杠杆卡规；分度值为 0.01mm 的 0 级百分表、1 级千分尺、1 级内径千分尺；分度值为 0.005mm 的千分表；工具显微镜
3	分度值为 0.02mm 和 0.05mm 的游标卡尺、深度游标卡尺和高度游标卡尺；分度值为 0.01mm 的 2 级千分尺、1 级和 2 级百分表；2 级深度尺；2 级内径千分尺；分度值为 0.10mm 的游标卡尺、高度游标卡尺

表 8-10　检验工件时量块精度的选择

量块精度等级	和量块联合使用的仪器或量具允许的示值误差/mm	被检测工件的名义尺寸/mm	被检测工件的精度等级	
			孔	轴
2	0.001 0.002 0.003	≤30 30～180 180～500	—	IT5
3	0.001 0.002 0.003 0.005	≤6 6～80 80～260 260～500	IT6～IT7	IT6～IT7
3	0.003 0.005 0.007 0.01	≤50 50～120 120～360 360～500	IT8 及更低精度	IT8 及更低精度

(2) 表面粗糙度比较样块。表面粗糙度比较样块具有规定的表面形貌及表面粗糙度值，用其与被测工件表面进行比较，以确定被测工件的表面粗糙度，因而比较样块又称为工艺样块。表面粗糙度比较样块分为机械加工、电火花加工、铸造、喷砂喷丸加工、抛光加工等多种表面粗糙度比较样块。

机械加工表面粗糙度比较样块应采用与被检测表面同样的加工方法，同时按规定的表面形状和纹理制造。机械加工表面粗糙度样块的分类及参数值见表 8-11。选择铸造表面的比较样块，除了应为铸造获得外，还应与被测件采用同样的铸型、合金种类、铸造方法得到，铸造样块分类及参数值见表 8-12。电火花、抛(喷)丸、喷砂、锉、研磨、抛光加工等表面粗糙度比较样块可参考 GB/T 6060.3—2008。

表 8-11　机械加工表面粗糙度比较样块(GB/T 6060.2—2006)

纹理形式	加工方法	样块表面形式	粗糙度参数 *Ra* 公称值/μm	表面纹理特征
直纹理	圆周磨削	平面、圆柱凸面	0.025,0.05,0.1,0.2,0.4 0.8,1.6,3.2	
	车	圆柱凸面	0.4,0.8,1.6,3.2,6.3,12.5	
	镗	圆柱凹面		
	平铣	平面	0.4,0.8,1.6,3.2,6.3,12.5	
	插	平面	0.8,1.6,3.2,6.3,12.5	
	刨	平面		
弓形纹理	端车	平面	0.4,0.8,1.6,3.2,6.3,12.5	
	端铣			

（续）

纹理形式	加工方法	样块表面形式	粗糙度参数 *Ra* 公称值/μm	表面纹理特征
交叉式弓形纹理	端铣	平面	0.025,0.05,0.1,0.2,0.4 0.8,1.6,3.2	
	杯形砂轮磨	平面		
	端磨	平面	0.4,0.8,1.6,3.2,6.3,12.5	

表 8-12 铸造表面粗糙度比较样块参考值(GB/T 6060.1—1997)

铸型类型		砂型类									金属型类						
合金种类		钢			铁		铜	铝	镁	锌	铜		铝		镁	锌
铸造方法 / 粗糙度参数公称值		砂型铸造	壳型铸造	熔模铸造	砂型铸造	壳型铸造	砂型铸造	砂型铸造	砂型铸造	砂型铸造	金属型铸造	压力铸造	金属型铸造	压力铸造	压力铸造	压力铸造
Ra	0.2														○	○
	0.4													○	○	○
	0.8			○									○	○	√	√
	1.6		○	○		○						○	○	√	√	√
	3.2		○	√	○	○	○	○	○	○	○	○	√	√	√	√
	6.3		√	√	○	√	○	○	○	○	○	√	√	√	√	√
	12.5	○	√	√	√	√	√	√	√	√	√	√	√	√	√	√
	25	○	√		√	√	√	√	√	√	√	√	√	√	√	√
	50	√	√		√		√	√	√	√	√	√				
	100	√			√		√	√	√	√	√					
Rz	800	√			√		√	√	√	√						
	1600	√														
注:√—采用一般可达到的表面粗糙度;○—采用特殊措施方能达到的表面粗糙度																	

(3) 90°角尺。90°角尺又称直角尺,主要用于测量工件的垂直度,也可以用来划线。90°角尺分为圆柱角尺、刀口矩形角尺、矩形角尺、三角形角尺、宽座角尺和刀口角尺等,各种 90°角尺都分为长边和短边(圆柱角尺长边为圆柱面,短边为断面),长边的前后面为测量面,短边为基面,测量面的形状有平面形和刀口形(圆柱角尺属于刀口形),其中宽座角尺、圆柱角尺和刀口角尺结构如图 8-3 所示。

用 90°角尺间隙法检测工件垂直度的方法如图 8-4 所示。测量前,要擦净被测面和角尺。测量时,将 90°角尺的基面靠在零件的基准面(或平板)上,使测量面慢慢地靠向被测表面,根据透光间隙大小来判断零件相邻面间的垂直度;如果需要得到误差的具体数值,可用塞尺测量间隙,计算出角度的大小。

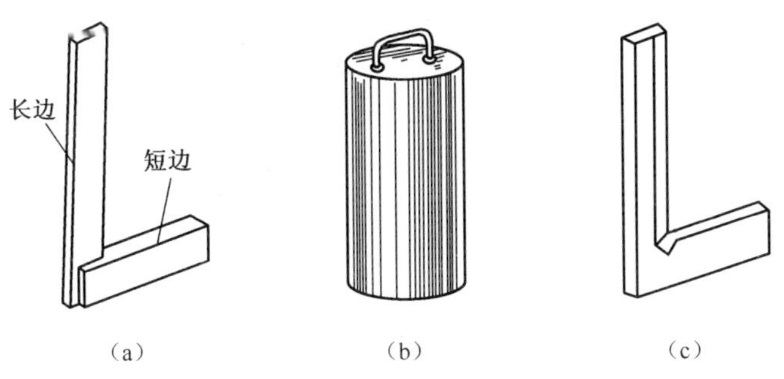

图 8－3　90°角尺

(a)宽座角尺;(b)圆柱角尺;(c)刀口角尺。

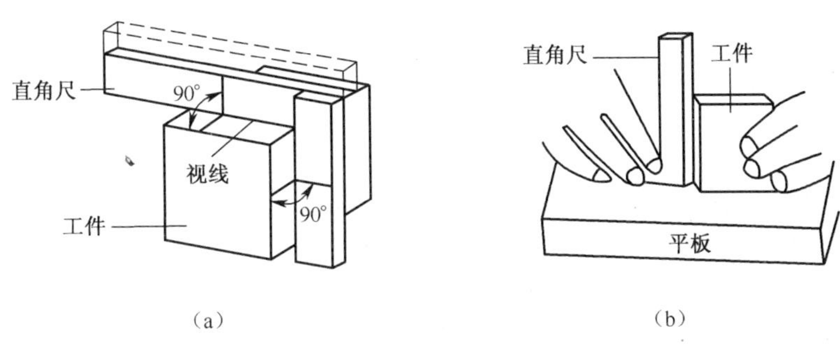

图 8－4　90°角尺检测两面垂直度

(a)直接测量;(b)在平板上测量。

90°角尺按精度由高到低分为 00、0、1、2 四个精度等级。选用时,一方面要根据被测零件的形状和位置精度公差等级,另一方面应考虑以下几点:

① 00 级的 90°角尺一般作为基准,在计量部门作检验量具用;

② 0 级和 1 级的 90°角尺一般用于检验人员检验精密零件或调试仪器;

③ 宽座角尺一般用于生产现场检验普通零件;

④ 当被测面为圆弧面时,应选用平面形测量面 90°角尺进行测量;

⑤ 当被测面为平面时,应选用圆柱角尺或刀口形测量面 90°角尺进行测量。

(4) 量规。

① 光滑极限量规。光滑极限量规用于检验孔和轴的极限尺寸,按其检测表面分为塞规和卡规(或环规),常用于大批量生产的检测中。

a. 塞规用于检测孔径的极限尺寸,其测量面为圆柱面。其中,圆柱直径具有被检测孔径最小极限的为孔用通规,称为通端;具有被检测孔径最大极限尺寸的为孔用止规,称为止端。一般将通规和止规作为一体,长圆柱体端为通端测头,短圆柱端为止端测头,如图 8－5 所示。检测时,通端测头能通过,止端测头不能通过,则认为工件是合格的;如果止端测头、通端测头都不能通过,则被加工孔小了;如果止端测头、通端测头都能通过,则被加工孔大了。

图 8－5　塞规

b. 卡规(或环规)用于检测轴径的极限尺寸。常用的卡规有单头双极限卡规和双头卡规,如图 8-6 所示。卡规一端为通端,其尺寸等于被测尺寸的最大极限尺寸;另一端为止端,其尺寸等于被测尺寸的最小极限尺寸。双头卡规通端和止端做在一起。使用时,将卡规卡在轴上,如果通端测头通过,止端测头通不过,则被加工轴合格。

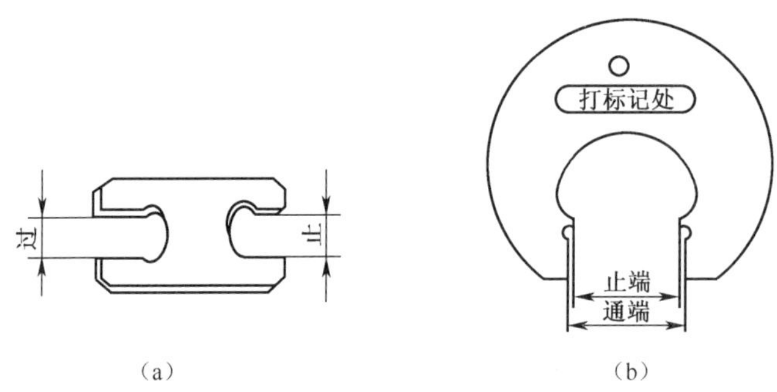

图 8-6　卡规的形式

(a)双头卡规;(b)单头双极限卡规。

光滑极限量规按用途可分为工作量规、验收量规和校对量规。工作量规是指零件制造过程中,操作者对零件进行自检时所使用的量规,工作量规尺寸及公差由被测孔、轴的基本尺寸及公差决定。验收量规是检验部门或用户代表在验收零件时所使用的量规,一般不专门制造,可从磨损较多但又未超过极限的旧工作量规中挑选出来,这样由操作者自检合格的零件,验收人员验收时也一定合格。校对量规是用于检验工作量规的量规,其中孔用工作量规使用通用计量器具测量很方便,不需要校对量规,只有轴用工作量规才使用校对量规,一般校对量规尺寸公差为被校对轴用工作量规公差的 1/2。

工作量规尺寸公差和校对量规要求可参考 GB/T 1957—2006《光滑极限量规验收条件》。

② 螺纹综合量规。螺纹综合量规是用于对内、外螺纹进行综合测量的专用量具,能综合控制螺纹的几个主要性能参数,以保证互换性。螺纹综合量规分为螺纹塞规和螺纹环规,也分通端和止端。螺纹塞规通端和止端常做成一体,而螺纹环规通端和止端分别制作,如图 8-7 所示。

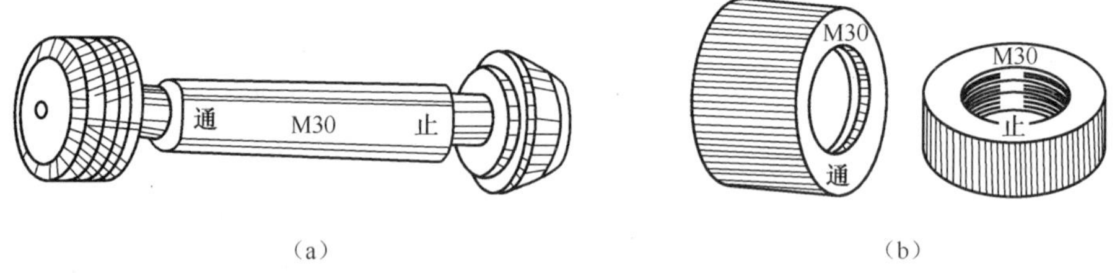

图 8-7　螺纹综合量规结构

(a)螺纹塞规;(b)螺纹卡规。

螺纹综合量规使用方法同光滑极限量规,但螺纹综合塞规用于检测内螺纹时,只控制内螺纹的中经和大径;螺纹环规用于检测外螺纹时,只控制外螺纹的中径和小径。加工外螺纹要先做成光滑圆柱,加工内螺纹要先做成光滑内孔,因此内螺纹的小径和外螺纹的大径要分别用光滑极限量规来检验。

螺纹综合量规的功能及使用规则可参考 GB/T 3934—2003《普通螺纹量规技术条件》，见表 8－13。

表 8－13 螺纹综合量规的功能及使用规则

量规名称	代号	功能	特征	使用规则
通端螺纹塞规	T	检查工件内螺纹的作用中径和大径	完整的外螺纹牙型	应与工件内螺纹旋合通过
止端螺纹塞规	Z	检查工件内螺纹的单一中径	截短的外螺纹牙型	允许与工件内螺纹两端的螺纹部分旋合，旋合量应不超过两个螺距，对于三个或少于三个螺距的工件内螺纹，不应完全旋合通过
通端螺纹环规	T	检查工件外螺纹的作用中径和小径	完整的内螺纹牙型	应与工件外螺纹旋合通过
止端螺纹环规	Z	检查工件外螺纹的单一中径	截短的内螺纹牙型	允许与工件外螺纹两端的螺纹部分旋合，旋合量应不超过两个螺距，对于三个或少于三个螺距的工件外螺纹，不应完全旋合通过
校通-通螺纹塞规	TT	检查新的通端螺纹环规的作用中径	完整的外螺纹牙型	应与新的通端螺纹环规旋合通过
校通-止螺纹塞规	TZ	检查新的通端螺纹环规的单一中径	截短的外螺纹牙型	允许与新的通端螺纹环规两端螺纹部分旋合，但旋合量应不超过一个螺距
校通-损螺纹塞规	TS	检查使用中通端螺纹环规的单一中径	截短的外螺纹牙型	允许与通端螺纹环规两端的螺纹部分旋合，但旋合量应不超过一个螺距
校止-通螺纹塞规	ZT	检查新的止端螺纹环规的单一中径	完整的外螺纹牙型	应与新的止端螺纹环规旋合通过
校止-止螺纹塞规	ZZ	检查新的止端螺纹环规的单一中径	完整的外螺纹牙型	允许与新的止端螺纹环规两端螺纹部分旋合，但旋合量应不超过一个螺距
校止-止损螺纹塞规	ZS	检查使用中止端螺纹环规的单一中径	完整的外螺纹牙型	允许与止端螺纹环规两端螺纹部分旋合，但旋合量应不超过一个螺距
通端光滑塞规	T	检查内螺纹小径	外圆柱面	应通过内螺纹小径
止端光滑塞规	Z	检查内螺纹小径	外圆柱面	可以进入内螺纹小径的两端，但进入量不应超过一个螺距
通端光滑环规或卡规	T	检查外螺纹大径	内圆柱面或两平行平面	应通过外螺纹大径
止端光滑环规或卡规	Z	检查外螺纹大径	内圆柱面或两平行平面	不应通过外螺纹大径

（5）塞尺。塞尺主要用于检测两平面或两配合表面之间的间隙，与等高垫铁配合使用时，还可检查工作台台面的平面度。塞尺的测量精度一般为 0.01mm。

塞尺是由许多不同厚度的薄钢片（称塞尺片）组成的，每个塞尺片有两个平行的测量平面，且都有厚度标记。塞尺一般成组供应，成组塞尺外形如图 8－8 所示。塞尺片分为 A 型和 B 型，每种尺片又分为特级和普通级两个级别，其厚度和弯曲度公差见表 8－14。

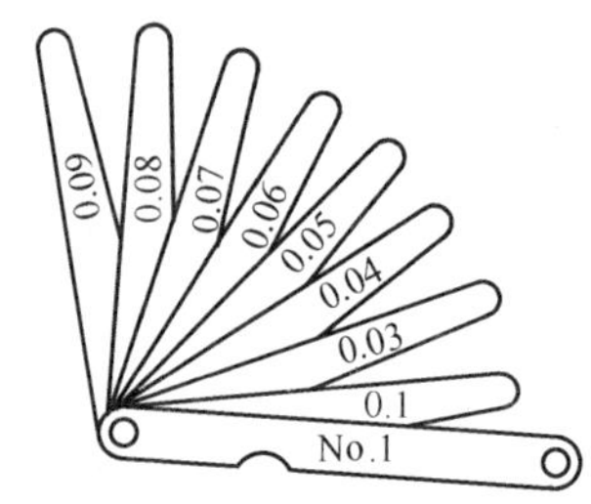

图 8-8　成组塞尺

表 8-14　塞尺的厚度偏差和弯曲度公差　（单位:mm）

塞尺片厚度 A 型、B 型	厚度偏差				弯曲度	
	特级		普通级			
	上偏差	下偏差	上偏差	下偏差	特级	普通级
>0.02~0.10	+0.003	-0.002	+0.005	-0.003	—	—
0.10~0.30	+0.005	-0.003	+0.008	-0.005	0.004	0.006
0.30~0.60	+0.007	-0.004	+0.012	-0.007	0.005	0.009
0.60~1.00	+0.010	-0.005	+0.015	-0.009	0.007	0.012
注:在工作边缘 1mm 范围内的厚度不计						

（6）半径样板。半径样板又称半径规或 R 规，主要用于检验工件凸、凹圆弧半径，还可作为极限量规使用。半径样板也是成组供应，其外形如图 8-9 所示。成组半径样板按其尺寸范围分为 1、2、3 组，其测量面的半径尺寸及偏差见表 8-15。

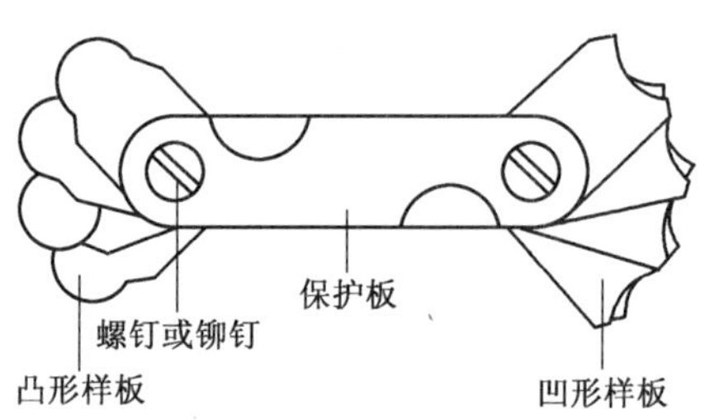

图 8-9　半径样板

表 8-15　半径样板测量面的半径尺寸及偏差　（单位:mm）

半径尺寸	极限偏差	半径尺寸	极限偏差
>1~3	±0.020	10~18	±0.035
3~6	±0.024	18~25	±0.042
6~10	±0.029		

使用半径样板时，应依次按由小到大（或由大到小）的顺序用不同半径尺寸的样板进行检测，当测量面和工件圆弧面密合一致时，该半径样板的尺寸即为被测圆弧表面半径。

（7）螺纹样板。螺纹样板又称螺距规，是一种带有不同螺距基本牙型的薄片，通过比较法检验螺纹螺距和牙型角。螺纹样板也是成组供应，其外形如图 8-10 所示。使用时，根据工件螺距选择螺纹样板，将样板和工件擦净，把样板的牙型扣在工件螺纹的牙型上，若两者牙型处吻合无光隙，说明工件螺纹的螺距和牙型角正确。螺纹样板可用来检验普通螺纹，也可用来检验英制螺纹。成套的螺纹样板螺距尺寸系列可参考 JB/T 7981—2010《螺纹样板》，见表8－16。

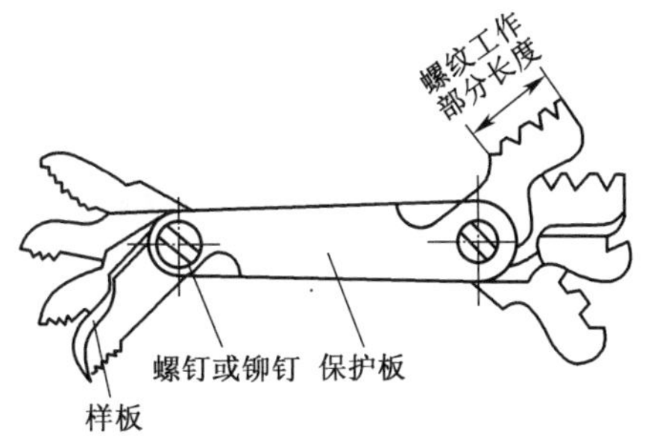

图 8－10　螺纹样板

表 8－16　成套螺纹样板螺距尺寸系列

螺距种类	普通螺纹螺距/mm	英制螺纹螺距/(牙/英寸①)
螺纹尺寸系列	0.40、0.45、0.50、0.60、0.70、0.75、0.80、1.00、1.25、1.50、1.75、2.00、2.50、3.00、3.50、4.00、4.50、5.50、6.00	28、24、22、20、19、18、16、14、12、11、10、9、8、7、6、5、4.5、4
样板数	20	18
① 1 英寸＝25.4mm		

普通螺纹样板主要用于低精度螺纹零件的螺距和牙型角的检验。检验螺距时，将螺纹样板卡在被测螺纹零件上，如果不密合，则根据密合情况更换相邻的螺纹样板检验，直至密合，这时该螺纹样板标记的尺寸即为被测零件的螺距。检验牙型角时，把螺距相同的螺纹样板卡在被测螺纹零件上，然后用透光法检验其接触情况。如果没有间隙透光，则说明螺纹的牙型角正确。

(8) 钢直尺。钢直尺是用于测量长度尺寸的量具，常在金属或木材下料和对制件粗加工时使用，也可用于确定卡钳两爪之间距离。钢直尺由不锈钢制成，常用钢直尺有 150mm、300mm、500mm、1000mm、1500mm、2000mm 等六种规格，其结构如图 8－11 所示。

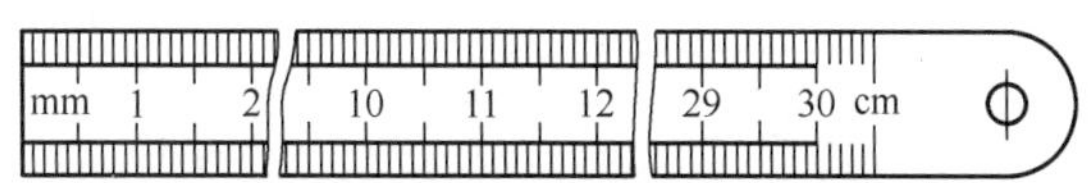

图 8－11　钢直尺

钢直尺的分度刻线距离偏差见表 8－17，两纵边平行度公差见表 8－18。

表 8－17　钢直尺分度刻线距离偏差　（单位:mm）

测量范围	允许偏差	测量范围	允许偏差	测量范围	允许偏差
0~150	±0.08	0~500	±0.15	0~1500	±0.27
0~300	±0.10	0~1000	±0.20	0~2000	±0.35
注:钢直尺第一个毫米分度离开端面的误差应不大于±0.08mm					

表 8－18　钢直尺两纵边的平行度公差　（单位:mm）

测量范围	允许偏差	测量范围	允许偏差	测量范围	允许偏差
0~150	0.10	0~500	0.30	0~1500	0.50
0~300	0.20	0~1000	0.40	0~2000	0.60

(9) 卡钳。卡钳是一种间接测量量具,需和其他带有刻线的量具(如钢直尺等)配合使用。卡钳分为外卡钳和内卡钳两种,其结构如图 8-12 所示。外卡钳用于测量工件的外径、厚度等外形尺寸,内卡钳用于测量工件的内径、内槽等内形尺寸。

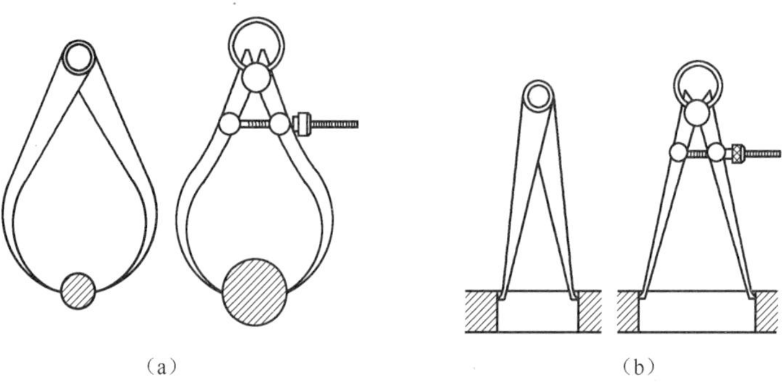

图 8-12 内、外卡钳结构

(a)内卡钳;(b)外卡钳。

卡钳的钳口是否平整对测量的精度有很大的影响。如能正确使用,测量精度可达到 0.02~0.05mm。

(10) 游标卡尺。游标卡尺主要用于测量工件的内、外尺寸,带深度尺的游标卡尺还可以测量工件的深度,其结构如图 8-13 所示。游标卡尺一般分为 0.1mm、0.05mm、0.02mm 三种读数值,其示值误差见表 8-19。

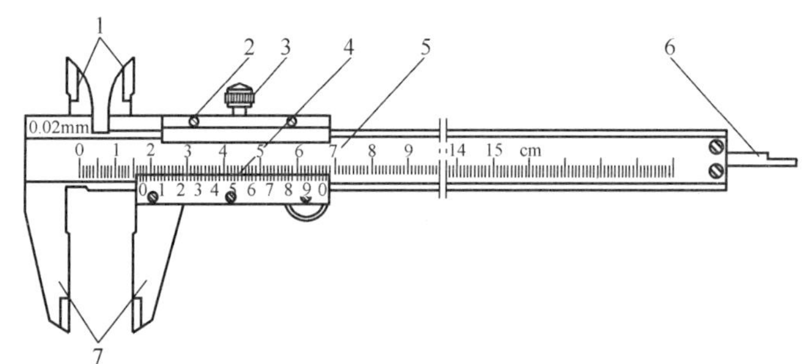

图 8-13 带有深度尺的游标卡尺

1—刀口内量爪;2—尺框;3—紧固螺钉;4—游标;5—尺身;6—深度尺;7—外量爪。

表 8-19 游标卡尺的示值误差 (单位:mm)

测量长度	示值误差		
	游标读数值		
	0.02	0.05	0.10
0~150	±0.02	±0.05	±0.1
>150~200	±0.03	±0.05	
>200~300	±0.04	±0.08	
>300~500	±0.05	±0.08	
>500~1000	±0.07	±0.10	±0.15
测量深度为 20mm 的示值误差	±0.02	±0.05	±0.10

(11) 深度游标卡尺。深度游标卡尺主要用于测量孔、槽的深度和台阶的高度,其结构如图 8-14 所示。测量时,将卡尺紧贴工件表面,再将主尺插到底部,旋紧紧固螺钉,从游标卡尺上读出测量尺寸。深度游标卡尺示值误差见表 8-20。

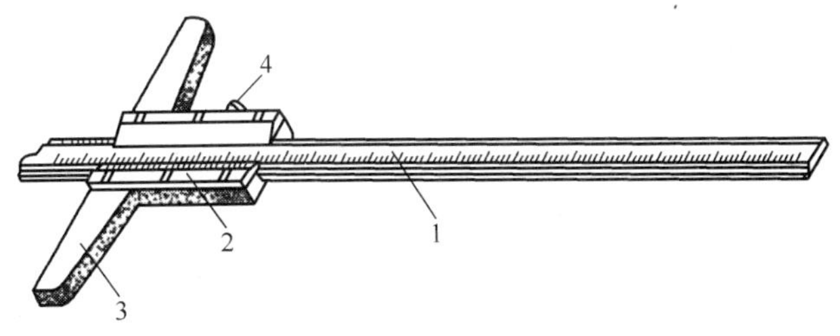

图 8-14 深度游标卡尺

1—主尺;2—游标尺框;3—尺座;4—紧固螺钉。

表 8-20 深度游标卡尺的示值误差 (单位:mm)

测量长度	示值误差		测量长度	示值误差	
	游标读数值			游标读数值	
	0.02	0.05		0.02	0.05
>0~150	±0.02	±0.05	200~300	±0.04	±0.08
150~200	±0.03	±0.05	300~500	±0.05	±0.08

(12) 高度游标卡尺。高度游标卡尺又称高度尺,主要用于在平台上测量工件的高度或进行划线,其结构如图 8-15 所示。测量时,要将平台和高度尺底座清理干净,使底座和平台面良好地贴合,再进行测量;划线时,要换上划线爪,调整好划线位置,紧固尺座后,再进行划线。高度游标卡尺示值误差见表 8-21。

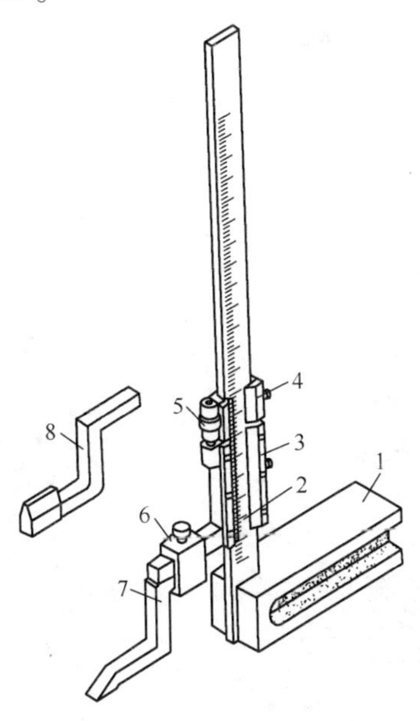

图 8-15 高度游标卡尺

1—尺座;2—主尺;3—游标尺框;4—微动尺框;5—微动螺母;
6—夹持器;7—划线爪;8—量爪。

表 8-21　高度游标卡尺的示值误差　（单位:mm）

测量长度	示值误差		测量长度	示值误差	
	游标读数值			游标读数值	
	0.02	0.05		0.02	0.05
0～200	±0.03	±0.05	0～500	±0.05	±0.08
0～300	±0.05	±0.08	0～1000	±0.07	±0.10

（13）万能角度尺。万能角度尺又称游标角度尺，是用来测量精密零件内外角度或进行角度划线的量具，其结构如图 8-16 所示。常用的万能角度尺游标读数值为 2′。

万能角度尺的读数方法和游标卡尺相同，先在主尺的游标零线前读出角度的“度”的数值，再从游标上读出角度“分”的数值，两者相加就是被测零件的角度数值。如图 8-16 所示读数值，主尺上读数为 50°，游标第三个刻线与主尺刻线对齐，即为 3×2′=6′，则所测角度为 50°6′。

万能角度尺可以测量 0°～320°的任何角度，其测量方式如图 8-17 所示。

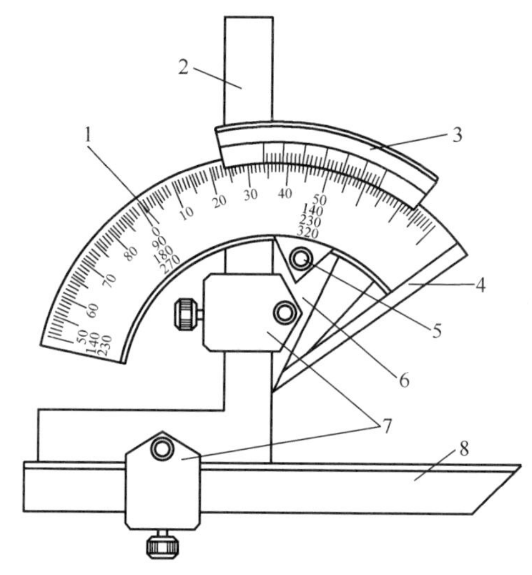

图 8-16　万能角度尺

1—主尺；2—角尺；3—游标；4—基尺；5—制动器；6—伞形板；7—卡块；8—直尺。

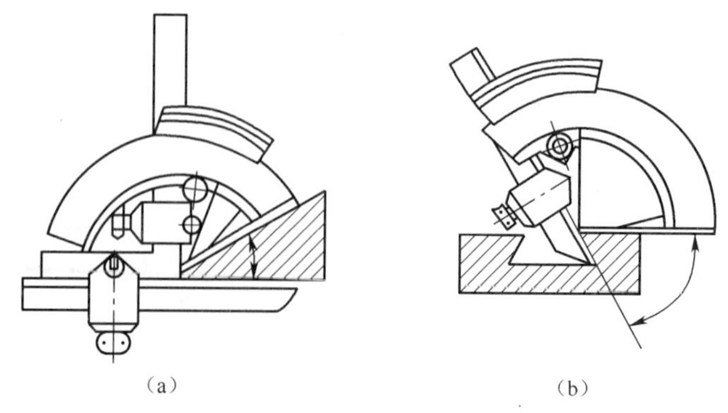

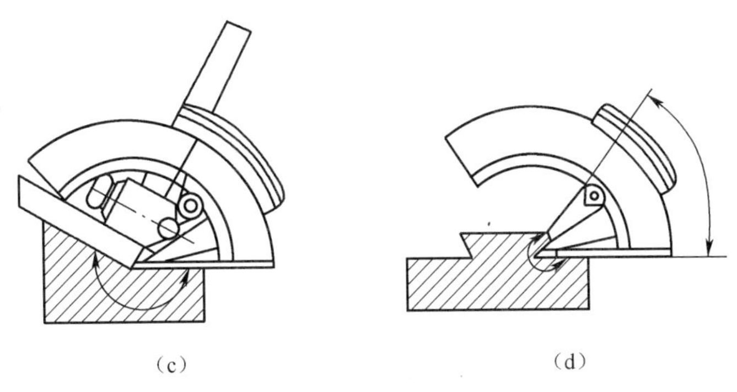

图 8-17　万能角度尺测量范围及测量示意图

(a)测量 0°~50°;(b)测量 50°~140°;(c)测量 140°~230°;(d)测量 230°~320°。

(14) 外径千分尺。外径千分尺主要用于测量外径、厚度长度等外表面尺寸，其结构如图 8-18 所示。外径千分尺示值误差见表 8-22。

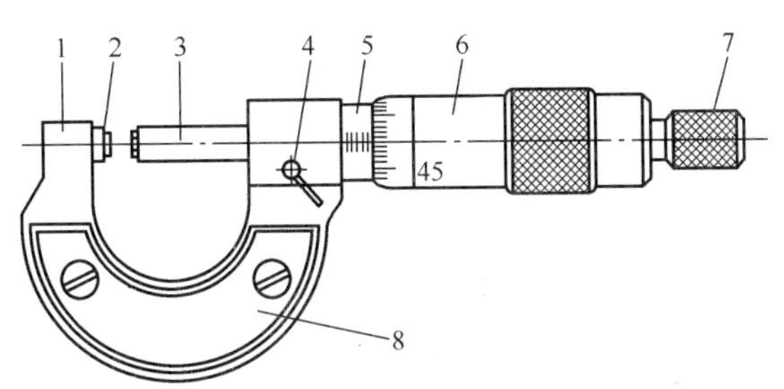

图 8-18　外径千分尺

1—尺架;2—测砧;3—测微螺杆;4—紧固装置;
5—固定套管;6—微分筒;7—测力装置;8—隔热装置。

表 8-22　外径千分尺的示值误差

测量长度/mm	示值误差/μm	测量长度/mm	示值误差/μm	测量长度/mm	示值误差/μm
0~25,25~50	4	250~275,275~300	9	500~600	15
50~75,75~100	5	300~325,325~350	10	600~700	16
100~125,125~150	6	350~375,375~400	11	700~800	18
150~175,175~200	7	400~425,425~450	12	800~900	20
200~225,225~250	8	450~475,475~500	13	900~1000	22

(15) 内径千分尺。内径千分尺主要用于测量孔径、槽宽等内表面尺寸，分为普通式和杠杆式两种。

普通式内径千分尺用于测量小孔，其结构如图 8-19 所示。它的刻线方向与外径千分尺相反。按测量长度分为 0~25mm、25~50mm 两种，示值误差为±8μm，测量方法如图 8-22(b)所示。

杠杆式内径千分尺用于测量较大的孔径，其结构如图 8-20 所示。它的刻线方向与外径千分尺相同。为了扩大测量范围，可在尺头旋入不同长度的接长杆。内径千分尺与接长杆是成套供应的，接长杆可以一个接一个地连接起来，测量范围最大可达到 5000mm。杠杆式内径

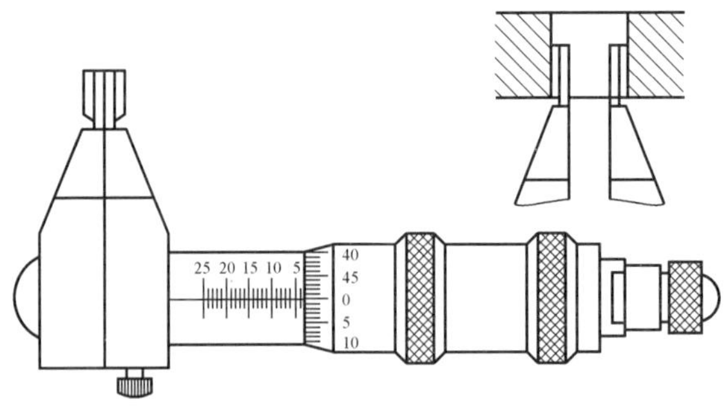

图 8-19 普通式内径千分尺

千分尺示值误差见表 8-23。

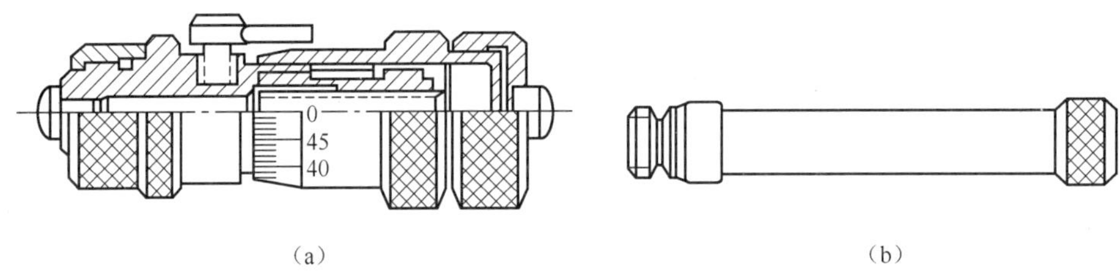

(a)　　　　(b)

图 8-20 杠杆式内径千分尺

(a)尺头;(b)接长杆。

表 8-23 杠杆式内径千分尺示值误差

测量长度/mm	示值误差/μm	测量长度/mm	示值误差/μm	测量长度/mm	示值误差/μm
>50~125	±6	200~325	±10	500~800	±16
125~200	±8	325~500	±12	800~125	±22

使用内径千分尺时,先要用标准卡规进行零位调整。测量时,一只手扶住固定端,另一只手旋转微分筒,并作上下左右摆动,以提高测量精度。

(16) 深度千分尺。深度千分尺用以测量孔深、槽深和台阶高度等,其结构如图 8-21 所示。测量时,使底座下表面贴紧工件,转动棘轮,使测量杆端面与被测量面接触,即可得到测量

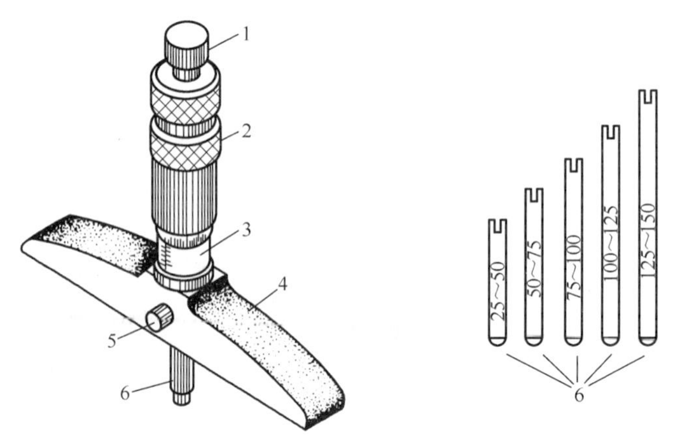

图 8-21 深度千分尺

1—测力装置;2—微分筒;3—固定套筒;4—底座;5—制动器;6—测量杆。

尺寸。为了扩大测量范围，可更换不同长度的测量杆，更换后用锁紧装置锁紧。深度千分尺示值误差见表 8－24。

表 8－24　深度千分尺示值误差

测量长度/mm	示值误差/μm	测量长度/mm	示值误差/μm	测量长度/mm	示值误差/μm
0~25	4	0~100	5	0~150	7

使用深度千分尺时，同样应先进行零位调整，测量前清理测量面。测量时，使底座紧贴工件，测轴与被测表面保持垂直，然后旋转棘轮，使测量轴端面接触被测表面，即可得到准确的读数。

(17) 螺纹千分尺。螺纹千分尺主要用于测量外螺纹的中径和圆柱齿轮的底径，其结构如图 8－22(a)所示，测量方法如图 8－22(b)所示。

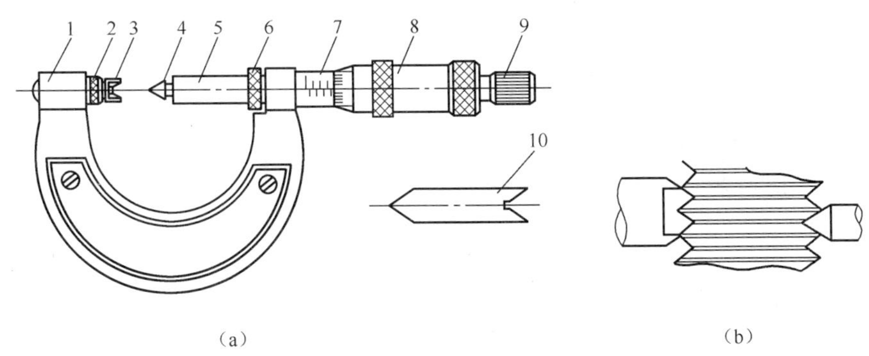

图 8－22　螺纹千分尺

1—尺架；2—调节螺母；3—V 形测头；4—锥形测头；5—测微装置；6—锁紧装置；7—固定套管；8—微分筒；9—测力装置；10—校对规。

螺纹千分尺的结构原理与外径千分尺基本相同，不同的是螺纹千分尺带有多对不同规格和形状的测头，使用时可分别插入测砧和测微螺杆端面上的小孔中。螺纹千分尺常见测头形状如图 8－23 所示。

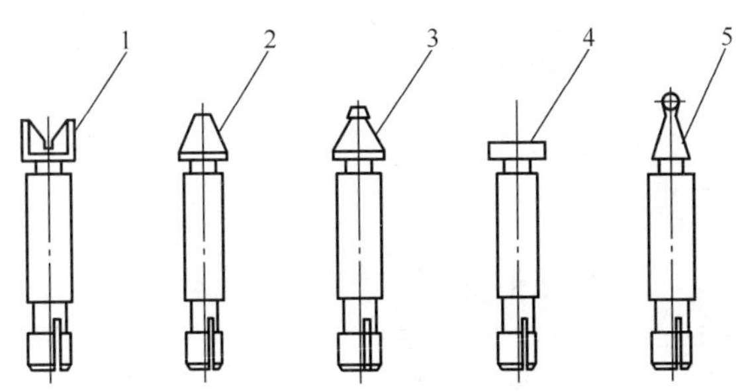

图 8－23　螺纹千分尺测头

1—V 形测头；2—锥形测头；3—短锥形测头；4—平测头；5—球形测头。

测量外螺纹时一般用 V 形测头和锥形测头，同一规格的 V 形测头和锥形测头只能用测量一定范围螺距的螺纹，V 形测头和锥形测头规格及适用范围见表 8－25。用螺纹千分尺测量外螺纹的适用范围及示值误差见表 8－26。

表 8-25　V 形测头与锥形测头规格及适用范围

测头的规格	1M	2M	3M	4M	5M	6M
适用测量的螺纹范围/mm	0.4~0.6	0.6~1.0	1.0~1.75	1.75~3.0	3.0~5.0	5.0~7.5

表 8-26　螺纹千分尺的测量范围与示值误差

测量中径/mm	测头数目/对	被测螺距/mm	示值误差/μm
0~25	5	0.4~0.5;0.6~0.8;1~1.25;1.5~2;2.5~3.5	4
25~50	4	0.6~0.8;1~1.25;1.5~2;2.5~3.5;4~6	4
50~75	4	1~1.25;1.5~2;2.5~3.5;4~6	5
75~100			
100~125	3	1.5~2;2.5~3.5;4~6	5
125~150			

测量螺纹时,先按被测螺纹螺距和牙型角选择一对合适的测头,装入螺纹千分尺并锁紧。测量时,螺纹千分尺要放平,使测头的中心线和螺纹中心线垂直,使 V 形测头与被测螺纹的齿峰部分相接触,使圆锥形测头与该齿对应的齿谷接触,即可读出螺纹中径的尺寸,如图 8-22(b)所示。由于 V 形测头牙型角误差,因此螺纹千分尺测量精度不高,如测量螺纹中径误差最高可达 0.1~0.15mm。

(18) 百分表。百分表主要用于测量工件外表面尺寸变动量,按外形结构分大、中、小型,外圈直径分别为 ϕ80mm、ϕ60mm、ϕ42mm,其结构如图 8-24 所示。百分表读数值为 0.01mm(千分表读数值为 0.001mm),即主指针每摆动一格,量杆移动 0.01mm。百分表测量范围及示值误差见表 8-27。

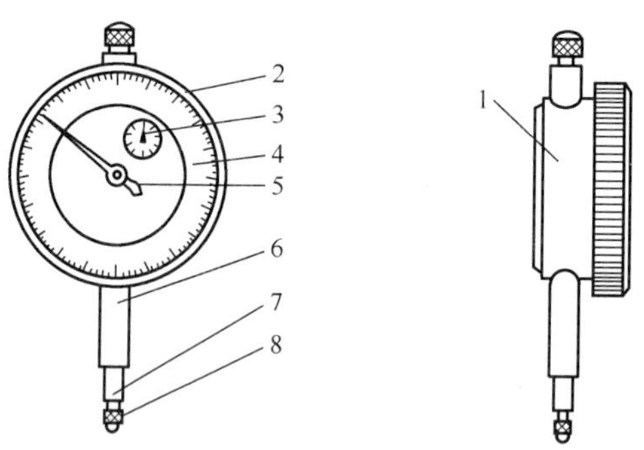

图 8-24　百分表外形结构

1—表体;2—表圈;3—转数指针;4—表盘;5—指针;6—装夹套筒;7—测头。

表 8-27　百分表测量范围及示值误差

测量范围/mm	任意 0.1mm 误差/μm	任意 0.5mm 误差/μm	任意 1mm 误差/μm	任意 2mm 误差/μm	示值总误差/μm
0~3	5	8	10	12	14
0~5					16
0~10					18

(19) 内径百分表。内径百分表是一种把活动测头的直线位移通过机械传动转变为百分表指针角位移的内尺寸测量工具,即活动测头移动 1mm,测量杆也移动 1mm。内径百分表常用来测量孔径、槽宽尺寸及其几何形状误差,特别适合于深孔的测量,其结构如图 8-25(a)所示,测量方法如图 8-25(b)所示。

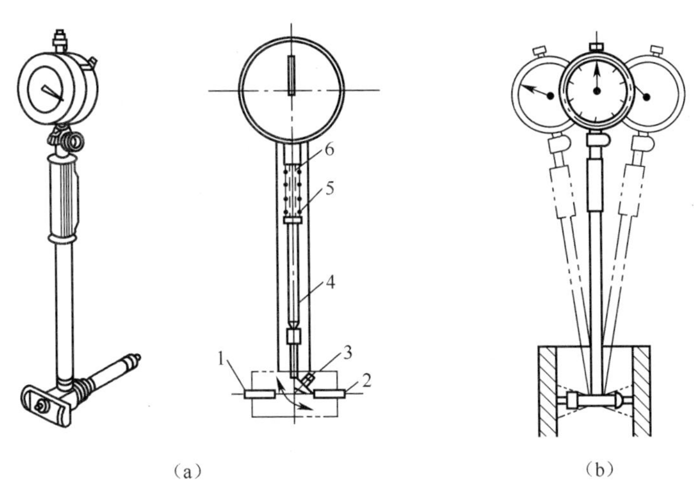

图 8-25 内径百分表

(a)内径百分表结构;(b)内径百分表的使用方法。

1—可换测头;2—活动测头;3—摆块;4—推杆;5—弹簧;6—百分表测头。

内径百分表带有不同移动量的活动测头,小尺寸测头为 0~1mm,大尺寸测头为 0~3mm,其测量范围通过更换或调整可换测头(固定测头)的长度来实现。因此,内径百分表都配有成套的可换测头。内径百分表根据可测孔深度分为Ⅰ型和Ⅱ型,其技术规格见表 8-28。内径百分示值误差见表 8-29。

表 8-28 内径百分表的技术规格 (单位:mm)

测量范围		6~10	10~18	18~35	35~50	50~100	100~160	160~250	250~450
活动测量头工作行程		0.6	0.8	1	1.2	1.6	1.6	1.6	1.6
Ⅰ型	测量深度 H	≤40	≤50	≤63	≤80	≤100	≤125	≤200	≤300
Ⅱ型		≥80	≥100	≥125	≥160	≥200	≥250	≥400	≥500
注:以活动测量头压缩 0.1mm 时,作为活动测量头工作行程的起点									

表 8-29 内径百分表的示值误差

测量范围/mm	示值总误差/μm	相邻误差/μm	定中心误差/μm
6~18	12	6	2
18~50	15	5	3
>50	18	6	3

用内径百分表测量内径是用比较量法。测量前,根据被测量的尺寸选取相应的测量头,使被测尺寸在活动测头总移动量的中间位置,装在表架上,然后利用标准环规或外径百分尺调整内径百分表的零位。

用标准环规调整内径百分表的零位如图 8-25(b)所示。先按几次活动测量头进行试表,再将表稍作摆动，找出最小值（即指针的拐点），然后转动百分表的刻度盘，将拐点刻度线调到零位，反复摆动几次，检验拐点是否在对正零位，反复调整，直到合格。

测量时，操作方法与调整内径百分表零位的方法相同。读数时，指针的指示数值就是被测孔与标准环规孔径的差值。如果指针正好指在零位，表明被测孔与标准环规孔径尺寸相同；如果指针顺时针方向离开零位，表明被测孔径尺寸小于标准环规孔径；如果指针逆时针方向离开零位，表明被测孔径尺寸大于标准环规孔径。

（20）杠杆百分表。杠杆百分表是一种把活动测头的摆动位移通过机械传动转变为百分表指针角位移的测量工具，即摆动测头摆动 1mm，测量杆也移动 1mm。杠杆百分表主要用于测量尺寸较小的孔、窄槽等工件表面的尺寸变动量，其结构如图 8-26 所示。杠杆百分表示读数值为 0.01mm，其示值误差见表 8-30。

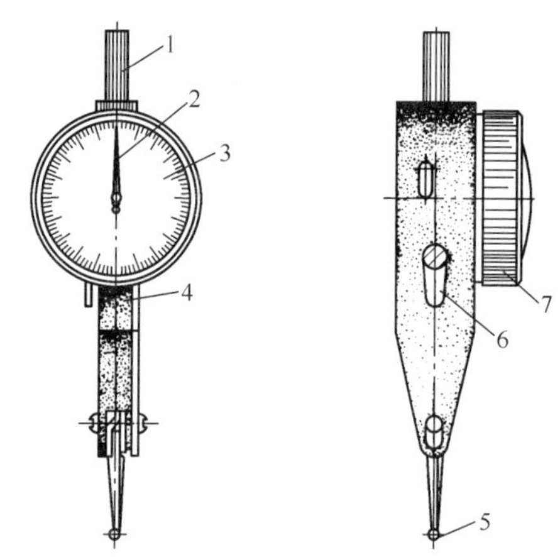

图 8-26　杠杆百分表

1—连接杆；2—指针；3—表盘；4—表体；5—测头；6—换向器；7—表圈。

表 8-30　杠杆百分表的示值误差　（单位：mm）

测量范围	分度值	示值总误差	示值变动量
0~0.8	0.01	0.013	0.003

杠杆百分表体积较小，且能改变测杆的运动方向，因而能够测量用普通百分表难以接近的表面，如用杠杆百分表测量凹槽和小孔时，可将球面测量端伸入被测表面内，如图 8-27 所示。

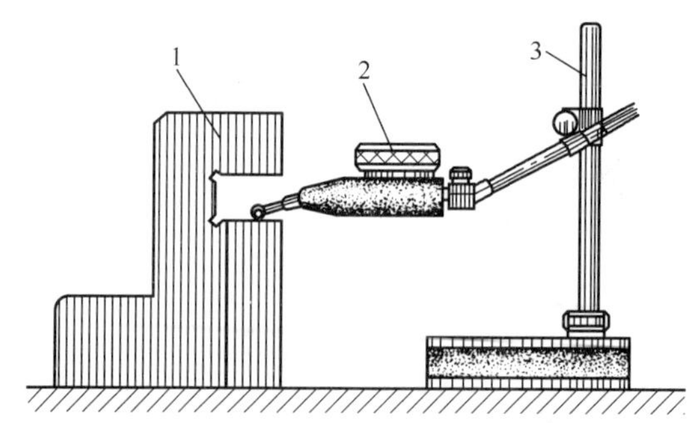

图 8-27　杠杆百分表的使用

1—被测工件；2—杠杆百分表；3—表架。

杠杆百分表使用注意事项与百分表基本相同，但杠杆百分表测量范围较小。测量时，可通过换向器调整测头方向，使测量方向与测头中心线垂直，如图8-28(a)所示。若不能使测头中心线与被测方向垂直，如图8-28(b)所示，可按下列公式计算出被测实际尺寸：

$$L_{实际} = L_{读}\cos\alpha$$

式中 $L_{实际}$——被测实际值(mm)；

$L_{读}$——被测读数值(mm)；

α——测量倾斜角(°)。

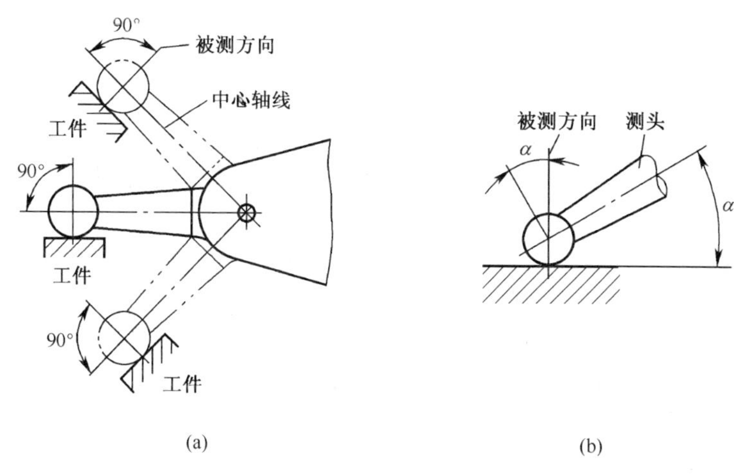

图8-28 杠杆百分表的使用

(21)水平仪。水平仪是利用液体中的气泡向高处移动的原理工作的量具，主要用于测量工件的水平或垂直要素微小角度变化的数值。水平仪按工作原理可分为水准泡式水平仪和电子水平仪。水准泡式水平仪有条式和框式两种，其结构如图8-29所示。根据测量精度不同，水平仪的刻度值可分为0.02~0.05mm/m。如刻度值为0.02mm/m，表示气泡每移动一格，在被测长度1m的两端高度差为0.02mm。常用水平仪器的规格见表8-31。

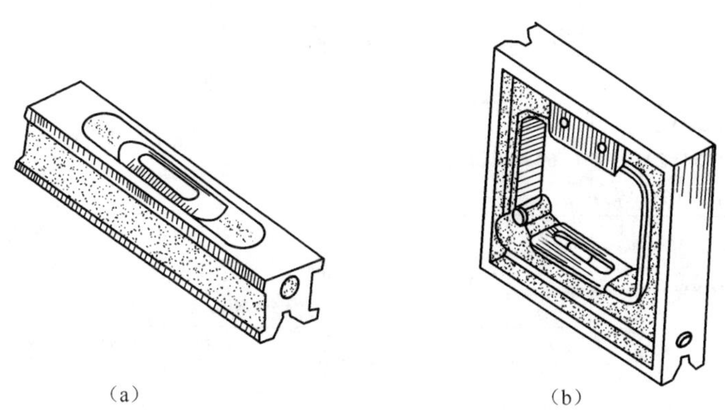

图8-29 水平仪的基本结构

(a)条式水平仪；(b)框式水平仪。

表 8-31 常用水平仪规格表

品种	外形尺寸/mm			刻 度 值	
	长	宽	高	组别	(mm/m)
框式	100	25~35	100	Ⅰ	0.02
	150	30~40	150		
	200	35~40	200		
	250	40~50	250	Ⅱ	0.03~0.05
	300		300		
条式	100	30~35	35~40		
	150	35~40	35~45		
	200	40~45	40~50	Ⅲ	0.06~0.15

第二节 金属切削加工刀具的选择

金属切削加工工具分为刀具和磨具，刀具和磨具统称为刃具。刃具的选择是影响加工表面质量、切削效率、加工成本的关键因素。

1. 刀具的选择

金属切削加工常用刀具有车刀、铣刀、刨刀和插刀、齿轮刀具和钻头等，刀具的选择包括刀具材料及刀具几何参数两个方面。

1）刀具材料的选择

刀具材料主要是指刀具切削部分的材料，是影响加工质量、生产效率和刀具寿命的重要因素。生产中常用刀具材料的种类及用途见表 8-32，使用最多的是高速钢与硬质合金。

（1）常用高速钢牌号和用途见表 8-33。

表 8-32 常用刀具材料的种类及用途

种类	常用牌号	硬度	耐热性/℃	用 途
碳素工具钢	T7~T13 T7A~T13A	60~64HRC	~200	主要用于手动刀具，如木工刀具、手动丝锥、刮刀、板牙、铰刀、锯条、锉刀等
合金工具钢	9CrSi、CrWMn 等	60~65HRC	200~250	主要用于手动或低速机动切削、加工硬度较低材料的刀具，如钻头、丝锥、板牙、铰刀、车刀、插刀、铣刀等
高速钢	W18Cr4V、 W6Mn5Cr4V2Al、 W10Mo4Cr4V3Al 等	62~70HRC	540~600	主要用于各种小型及形状较复杂的刀具，如钻头、铣刀、拉刀、齿轮刀具、丝锥、板牙、刨刀等
硬质合金	K(YG)类、P(YT)类、M(YW)类	89~94HRA	800~1000	主要用于镶嵌刀片，车刀刀头大部分采用硬质合金镶嵌刀片，部分铣刀、钻头、滚刀、丝锥等也使用
陶瓷材料	P_1、P_2、M_4、M_5等	91~94HRA	>1200	主要用于铸铁、淬硬合金钢等脆性材料的连续切削加工，以及大平面的加工，多用于车刀
立方氮化硼	BN	7300~9000HV	<1000	主要用于高硬度、高强度材料的精加工
金刚石		10000HV	700~800	主要用于有色金属及非金属的精加工

表 8-33　常用高速钢牌号、特性和用途

序号	统一数字代号	牌号	硬度/HRC	600℃时的硬度/HRC	主要特性及用途
1	T51841	W18Cr4V	63~66	48.5	综合性能好，通用性强，可磨性好，适于制造用于轻合金、碳素钢、合金钢、普通铸铁的精加工的刀具，以及螺纹车刀、成形车刀、拉刀等复杂刀具
2	T66541	W6Mo5Cr4V2	63~66	47~48	强度和韧性略高于 W18Cr4V，热硬性略低于 W18Cr4V，热塑性好，适于制造热塑性要求高的刀具（如轧制钻头）和受较大冲击负荷的刀具
3	T66543	W6Mo5Cr4V3	63~66	51.7	硬度及耐磨性较高，但强度及韧性较低，耐热性比通用型高速钢差，可磨削性差，适于制造形状简单、耐磨性要求高的刀具
4	T69341	W9Mo3Cr4V	65~66.5	52~53	刀具寿命高于 W18Cr4V 和 W6Mo5Cr4V2，适于加工普通轻合金、钢及铸铁
5	T71245	W12Cr4V5Co5	66~68	54	耐磨性好，耐热性高，但可磨性差，适于加工高温合金、不锈钢等，不适于制作复杂刀具
6	T77445	W7Mo4Cr4V2Co5	67~69	54	可磨性次于 W2Mo9Cr4Co8，适于加工高强度钢、高温合金、钛合金等难加工材料
7	T66546	W6Mo5Cr4V2Al	67~69	55	耐热性高，高温硬度高，强度和韧性较好，但可磨性差，过热敏感性稍大，适于加工难加工材料
8	T77445	W7Mo4Cr4V2Co5	67~69	54	硬度及高温硬度高，可磨性好，适于加工高强度耐热钢、高温合金、钛合金等难加工材料，以及制造精密复杂刀具，但不适于在冲击切削条件下工作
9	T71010	W10Mo4Cr4V3Co10	67~69	55.5	
10	T72948	W2Mo9Cr4VCo8	67~69	55	

（2）硬质合金牌号、特性和用途。根据我国新标准 GB/T 18376.1—2001（相当于国际 ISO 标准），切削刀具用硬质合金牌号分为六类：P、M、K、N、S、H，见表 8-34。每类又分成不同组别，各组别作业条件推荐使用情况见表 8-35。我国旧标准 YB 849—1975 中将切削刀具用硬质合金分为四类：钨钴类（YG 类）、钨钴钛类（YT 类）、含添加剂硬质合金（YW 类）、TiC 基硬质合金（YN 类），其特性和用途见表 8-36。两种硬质合金分类牌号对照见表 8-37。

表 8-34　切削刀具用硬质合金种类

类别	使　用　领　域
P	长切屑材料的加工，如钢、铸铁、长切削可锻铸铁等
M	用于通用合金、不锈钢、铸钢、锰钢、可锻铸铁、合金钢、合金铸铁等的加工
K	短切屑材料的加工，如铸铁、冷硬铸铁、短切削可锻铸铁、灰铸铁等的加工
N	有色金属、非金属材料的加工，如铝、镁、塑料、木材等的加工
S	耐热和优质合金的加工，如耐热钢，含镍、钴、钛的各类合金材料的加工
H	硬切削材料的加工，如淬硬钢、冷硬铸铁等材料的加工

表 8-35 切削工具用硬质合金作业条件推荐使用表

<table>
<tr><th rowspan="2">组别</th><th colspan="2">作 业 条 件</th><th colspan="2">性能提高方向</th></tr>
<tr><th>被加工材料</th><th>适应的加工条件</th><th>切削性能</th><th>合金性能</th></tr>
<tr><td>P01</td><td>钢、铸钢</td><td>高切削速度、小切屑截面、无振动条件下的精车、精镗</td><td rowspan="5">↑切削速度 进给量↓</td><td rowspan="5">↑耐磨性 韧性↓</td></tr>
<tr><td>P10</td><td>钢、铸钢</td><td>高切削速度、中小切屑截面条件下的车削、仿形车削、车螺纹和铣削</td></tr>
<tr><td>P20</td><td>钢、铸钢、长切削可锻铸铁</td><td>中等切削速度、中等切屑截面条件下的车削、仿形车削和铣削，小切削截面的刨削</td></tr>
<tr><td>P30</td><td>钢、铸钢、长切削可锻铸铁</td><td>中或低速切削、中等或大切屑截面条件下的车削、铣削、刨削和不利条件下①的加工</td></tr>
<tr><td>P40</td><td>钢、含砂眼和气孔的铸钢件</td><td>低切削速度、大切削角、大切屑截面及不利条件下①的车、刨削、切槽和自动机床上加工</td></tr>
<tr><td>M01</td><td>不锈钢、铁素体钢、铸钢</td><td>高切削速度、小载荷、无振动条件下的精车、精镗</td><td rowspan="5">↑切削速度 进给量↓</td><td rowspan="5">↑耐磨性 韧性↓</td></tr>
<tr><td>M10</td><td>钢、铸钢、锰钢、灰口铸铁和合金铸铁</td><td>中和高等切削速度，中、小切屑截面条件下的车削</td></tr>
<tr><td>M20</td><td>钢、铸钢、奥氏体钢、锰钢、灰铸铁</td><td>中等切削速度、中等切削截面条件下的车削、铣削</td></tr>
<tr><td>M30</td><td>钢、铸钢、奥氏体钢、灰铸铁、耐高温合金</td><td>中等切削速度、中等或大切削截面条件下的车削、铣削、刨削</td></tr>
<tr><td>M40</td><td>低碳易切削钢、低强度钢、有色金属和轻合金</td><td>车削、切断，特别适于自动机床上加工</td></tr>
<tr><td>K01</td><td>特硬灰铸铁、淬火钢、冷硬铸铁、高硅铝合金、高耐磨塑料、硬纸板、陶瓷</td><td>车削、精车、铣削、镗削、刮削</td><td rowspan="5">↑切削速度 进给量↓</td><td rowspan="5">↑耐磨性 韧性↓</td></tr>
<tr><td>K10</td><td>布氏硬度高于220HBW的铸铁、短切屑的可锻铸铁、硅铝合金、铜合金、塑料、玻璃、陶瓷、石料</td><td>车削、铣削、镗削、刮削、拉削</td></tr>
<tr><td>K20</td><td>布氏硬度低于220HBW的灰铸铁、有色金属(铜、黄铜、铝)</td><td>用于要求硬质合金有高韧性的车削、铣削、捏削、刮削、拉削</td></tr>
<tr><td>K30</td><td>低硬度灰铸铁、低强度钢、压缩木料</td><td>用于在不利条件下①可能采用大切削角的车削、铣削、刨削、切槽加工</td></tr>
<tr><td>K40</td><td>有色金属、软木和硬木</td><td>用于在不利条件下①可能采用大切削角的车削、铣削、刨削、切槽加工</td></tr>
</table>

(续)

组别	作业条件		性能提高方向	
	被加工材料	适应的加工条件	切削性能	合金性能
N01	有色金属、塑料、木材、玻璃	高切削速度下，有色金属铝、铜、镁、塑料、木材等非金属材料的加工	↑切削速度 进给量↓	↑耐磨性 韧性↓
N10		较高切削速度下，有色金属铝、铜、镁、塑料、木材等非金属材料的加工或半精加工		
N20	有色金属、塑料	中等切削速度下，有色金属铝、铜、镁、塑料、木材等非金属材料的精加工或半精加工		
N30		中等切削速度下，有色金属铝、铜、镁、塑料、木材等非金属材料的粗加工		
S01	耐热和优质合金，含镍、钴、钛的各类合金材料	中等切削速度下，耐热钢和钛合金的精加工	↑切削速度 进给量↓	↑耐磨性 韧性↓
S10		低切削速度下，耐热钢和钛合金的半精加工或粗加工		
S20		较低切削速度下，耐热钢和钛合金的半精加工或粗加工		
S30		较低切削速度下，耐热钢和钛合金的断续切削，适于半精加工或粗加工		
H01	淬硬钢、冷硬铸铁	低切削速度下，淬硬钢、冷硬铸铁的连续轻载精加工	↑切削速度 进给量↓	↑耐磨性 韧性↓
H10		低切削速度下，淬硬钢、冷硬铸铁的连续轻载精加工、半精加工		
H20		低切削速度下，淬硬钢、冷硬铸铁的连续轻载半精加工、粗加工		
H30		低切削速度下，淬硬钢、冷硬铸铁的半精加工、粗加工		
注：①不利条件系指原材料或铸造、锻造的零件表面硬度不均，加工时切削深度不均、间断切削及振动等情况				

表 8-36　切削工具用硬质合金牌号、特性及用途(YB 849—1975)

牌号	特　性	用　途
YG3	在 YG 类合金中，耐磨性仅次于 YG3X、YG6A，能使用较高的切削速度，但对冲击和振动比较敏感	适合铸铁、有色金属及其合金、非金属材料(橡胶、纤维、塑料、板岩、玻璃、石墨电极等)连续精车及半精车
YG3X	属细晶粒合金，是 YG 类合金中耐磨性最好的一种，但冲击韧度较差	适合铸铁、有色金属及其合金的精车、精镗等，也适用于淬硬钢及钨、钼材料的精加工
YG6	耐磨性较高，但低于 YG6X、YG3X 及 YG3	适合铸铁、有色金属及其合金、非金属材料连续切削时的粗车，间断切削时的半精车、精车，连续断面的半精铣与精铣
YG6X	属细晶粒合金，其耐磨性较 YG6 高，而使用强度接近 YG6	适合冷铸铁、合金铸铁、耐热钢的加工，也适于普通铸铁的精加工，并可用于制造仪器仪表工业用的小型刀具和小模数滚刀
YG8	使用强度较高，抗冲击和抗振动性能较 YG6 好，耐磨性和允许的切削速度较低	适合铸铁、有色金属及其合金、非金属材料的粗加工
YG8X	属粗晶粒合金，使用强度较高，接近于 YG11	适合重载切削下的车刀、刨刀等

（续）

牌号	特　　性	用　　途
YG6A（YA6）	属细晶粒合金，耐磨性和使用强度与 YG6X 相似	适合硬铸铁、灰铸铁、球磨铸铁、有色金属及其合金、耐热合金钢的半精加工，也可用于高锰钢、淬硬钢及合金钢的半精加工和精加工
YT5	在 YT 类合金中，强度最高，抗冲击和抗振动性能最好，但耐磨性差	适合碳钢及合金钢不连续面的粗车、粗刨、半精刨、粗铣、钻孔等
YT14	使用强度、抗冲击性能和抗振动性能较 YT5 稍差，但耐磨性及允许的切削速度较 YT5 高	适合碳钢及合金钢不连续面的粗车、间断切削时的半精车和精车、连续面的粗铣等
YT15	耐磨性优于 YT14，但冲击韧度较 YT14 差	适合碳钢与合金钢加工中，连续切削时的粗车、半精车及精车，间断切削时的断面精车，连续面的半精铣与精铣等
YT30	耐磨性及允许的切削速度较 YT15 高，但使用强度及冲击韧度较差，焊接及刃磨极易产生裂纹	适合碳钢及合金钢的精加工，如小断面精车、精镗、精扩等
YW1	扩大了 YT 类合金的使用性能，能承受一定的冲击载荷，通用性较好	适合耐热钢、高锰钢、不锈钢等难加工材料的精加工，也适合一般钢材和铸铁及有色金属的精加工
YW2	耐磨性稍次于 YW1 合金，但使用强度较高，能承受较大的冲击载荷	适合耐热钢、高锰钢、不锈钢等难加工材料的精加工、半精加工，也适合一般钢材和铸铁及有色金属的精加工
YN10	耐磨性和耐热性好，硬度与 YT30 相当，强度比 YT30 稍高，焊接性能与刃磨性能较 YT30 好	适合碳素钢、合金钢、不锈钢、工具钢及淬硬钢的连续面精加工。对于较长件和表面粗糙度值要求小的工件，加工效果更好
YN05	硬度和耐磨性是硬质合金中最高的，耐磨性接近陶瓷，但抗冲击和抗振动性能差	适合钢、淬硬钢、合金钢、不锈钢和合金铸铁的高速精加工及工艺系统刚性好的细长件的精加工

表 8-37　我国新旧标准切削刀具用硬质合金牌号对照表

合金牌号		化学成分 质量分数/%				力学物理性能							相近 ISO 牌号
		WC	TiC	TaC (NbC)	Co	硬度 (HRA)	硬度 (HRC)	抗弯强度 /GPa	冲击韧度 /(MJ/m²)	热导率/ [W/(m·K)]	线膨胀系数 /(×10⁻⁶/℃)	密度/ (g/cm³)	
WC 基合金													
WC+Co	YG3X	97	—	—	3	91	78	1.20		87.9	—	14.9~15.3	K01
	YG6X	94	—	—	6	89.5	75	1.45	0.03	79.6	4.5	14.6~15.0	K21
	YG8X	92	—	—	8	89	74	1.50		75.4	4.5	14.5~14.9	K30
	YG3X	97	—	<0.5	3	91.5	80	1.10		—	4.1	15.0~15.3	K01
	YG6X	93.5	—	<0.5	6	91	78	1.4		79.6	4.4	14.6~15.0	K10
WC+TiC+Co	YT30	66	30	—	4	92.5	81.5	0.90	0.003	20.9	7.00	9.35~9.7	P01
	YT15	79	15	—	6	91	78	1.15		33.5	6.51	11~11.7	P10
	YT14	78	14	—	8	90.5	77	1.20	0.007	33.5	6.21	11.2~12.7	P20
	YT5	85	5	—	10	89.5	75	1.40		62.8	6.06	12.5~13.2	P30

（续）

合金牌号		化学成分 质量分数/% WC	TiC	TaC (NbC)	Co	力学物理性能 硬度 (HRA)	硬度 (HRC)	抗弯强度 /GPa	冲击韧度 /(MJ/m²)	热导率/ [W/(m·K)]	线膨胀系数 /(×10⁻⁶/℃)	密度/ (g/cm³)	相近ISO牌号
WC 基合金													
WC+TiC+TaC(NbC+Co)	YW1	84	6	4	6	92	80	1.20				12.6~13.5	M10
	YW2	82	6	4	8	91	78	1.35				12.4~13.5	M20
TiC 基合金													
TiC+Ni+Mo	YN10	15	62	1	Ni-12Mo-10	92.5	80.5	1.10				6.3	P01
	YN05	8	71		Ni-7Mo-14	93	82	0.95				5.9	P01
注：Y—硬质合金；G—钴，其后数字表示含钴量；X—细晶粒合金；T—碳化钛，其后数字表示 TiC 含量；A—含 TaC(NdC)的钨钴类合金；W—通用合金；N—以镍、钼作粘结剂的合金													

2）常用刀具切削部分几何参数的选择

（1）刀具的组成。金属切削刀具虽然种类很多，但它们切削部分的几何形状和参数却有着一定的共性，不论刀具构造如何复杂，它们的切削部分总是可以近似地看作由外圆车刀切削部分演变而来，如图 8-30 所示。

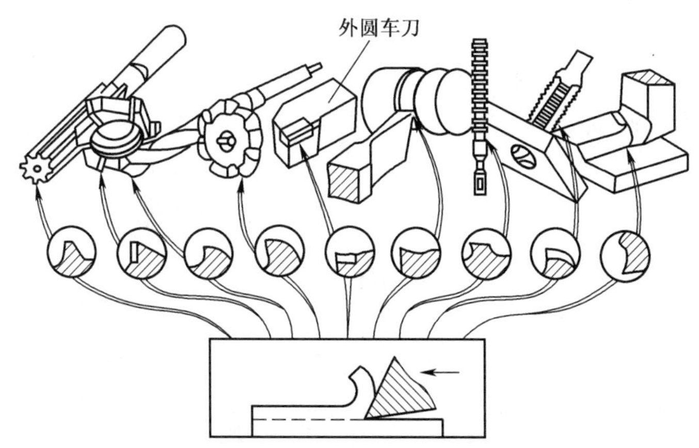

图 8-30　各种刀具切削部分形状

国际 ISO 组织以外圆车刀定义刀具的组成及几何参数，如图 8-31 所示。前刀面是刀具切屑流过的表面；主后刀面是刀具上与工件过渡表面相对的表面；副后刀面是刀具上与工件已加工表面相对的表面；主切削刃是前刀面与主后刀面的交线，靠近刀尖部分参加少量切削工作；刀尖是主切削刃与副切削刃连接处的那一小部分切削刃，为了增加刀尖处的强度，改善散热条件，通常将刀尖修成有圆弧或倒角的过渡刃。

（2）刀具切削角度的定义。为能够定义刀具切削角度，必须把刀具放在一个确定的参考坐标系中，这个坐标系称为刀具参考坐标系。刀具参考坐标系可分为刀具标注角度参考系（又称静态坐标系）和刀具工作角度参考系（又称工作坐标系）。在刀具标注角度参考系中定

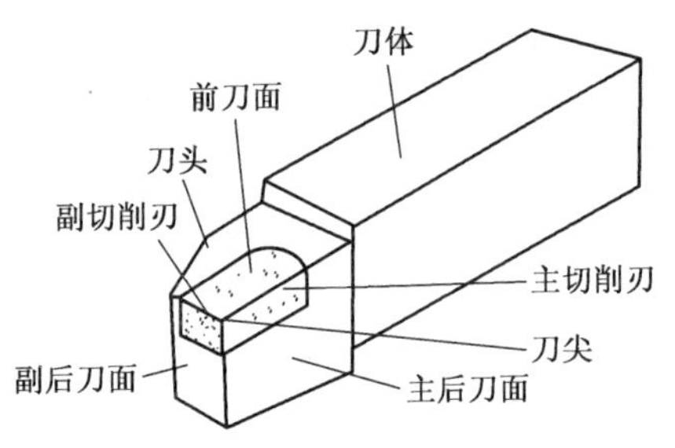

图 8-31　外圆车刀的组成

义的刀具角度称为刀具标注角度，在刀具工作角度参考系中刀具实际角度称为刀具工作角度，同一刀具标注角度常常不等于刀具工作角度。

① 刀具标注角度。刀具标注角度是刀具设计时在刀具标注角度参考系中定义的刀具角度，用于刀具的制造、刃磨和测量。刀具标注角度参考系不考虑进给速度的大小，此时切削速度方向和主运动方向相同，同时刀具需安装在理想位置。对于外圆车刀，其理想安装位置即为刀尖与工件轴线等高，并且刀柄中心线与进给运动方向垂直。

刀具标注角度参考系主要坐标平面有基面 p_r、切削平面 p_s、正交平面 p_o、法平面 p_n、假定工作平面 p_f 和背平面 p_p 等，如图 8-32 所示。由基面 p_r、切削平面 p_s 和正交平面 p_o 组成的坐标系称为正交平面参考系，是标注刀具角度的主要坐标系；由基面 p_r、切削平面 p_s 和法平面 p_n 组成的坐标系称为法平面参考系，法平面坐标系可由正交平面坐标系转动一定角度得到；由基面 p_r、假定工作平面 p_f 和背平面 p_p 组成的坐标系称为背平面参考系。

基面 p_r：通过切削刃上的选定点，并与该点切削速度方向相垂直的平面。

切削平面 p_s：通过切削刃上的选定点，与切削刃相切并垂直于基面的平面。

正交平面 p_o：通过切削刃上的选定点，同时垂直于基面和切削平面的平面。

法平面 p_n：通过切削刃上的选定点，垂直于切削刃在该点的切线的平面。

假定工作平面 p_f：过切削刃上的选定点，垂直于基面且平行于进给运动方向的平面。

背平面 p_p：过切削刃上的选定点，垂直于基面和假定工作平面的平面。

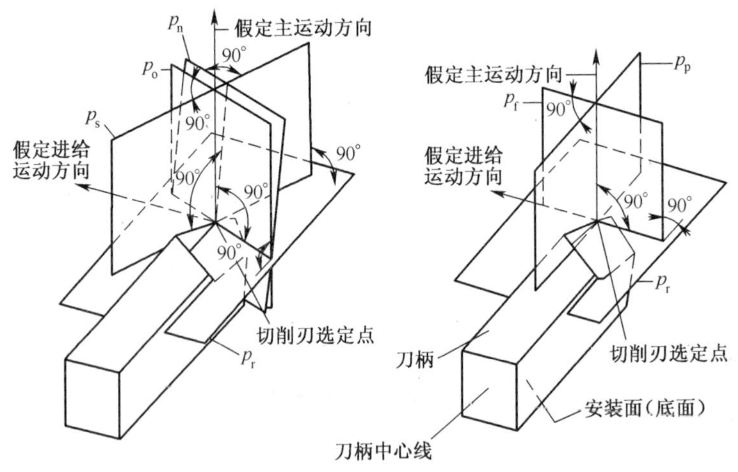

图 8-32　刀具标注角度参考系参考平面

在正交平面坐标系中标注的刀具角度如图 8-33 所示，各角度定义如下：

前角(γ_o):在正交平面内测量的前刀面与基面间的夹角,小于90°时为正值,大于90°时为负值。

后角(α_o):在正交平面内测量的主后刀面与切削平面间的夹角,小于90°时为正值,大于90°时为负值。

楔角(β_o):在正交平面内测量的前刀面与主后刀面的夹角。

主偏角(κ_r):在基面内测量的主切削刃在基面上的投影与进给运动方向间的夹角,它总为正值。

副偏角(κ_r'):在基面内测量的副切削刃在基面上的投影与进给运动反方向间的夹角。

刀尖角(ε_r):在基面内测量的主切削平面与副切削平面间的夹角,$\varepsilon_r=180°-(\kappa_r+\kappa_r')$。

刃倾角(λ_s):在切削平面内测量的主切削刃与基面间的夹角,当刀尖在主切削刃上为最高点时为正值,反之为负值。

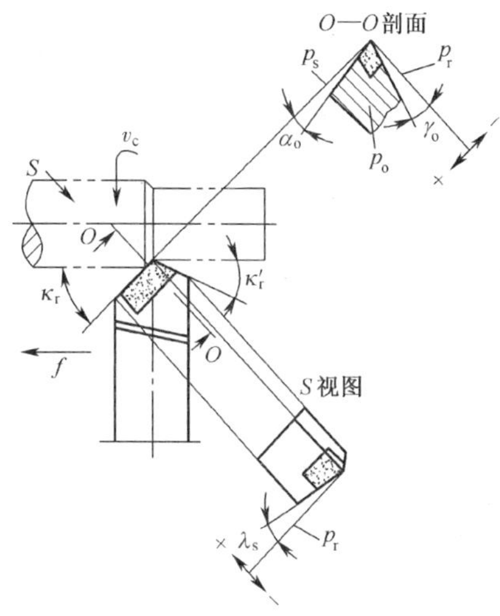

图8-33 在正交平面坐标系中标注的刀具角度

② 刀具的工作角度。上述刀具标注角度是在刀具标注角度参数系中定义的,在实际切削过程中,由于进给运动的影响或当刀具相对于工件安装位置发生变化时,会使刀具实际的切削角度发生变化,这些变化对切削加工将产生一定的影响。这种在实际切削过程中刀具的角度,称为工作角度。例如,切断车刀安装高低对工作前角、后角的影响如图8-34所示。

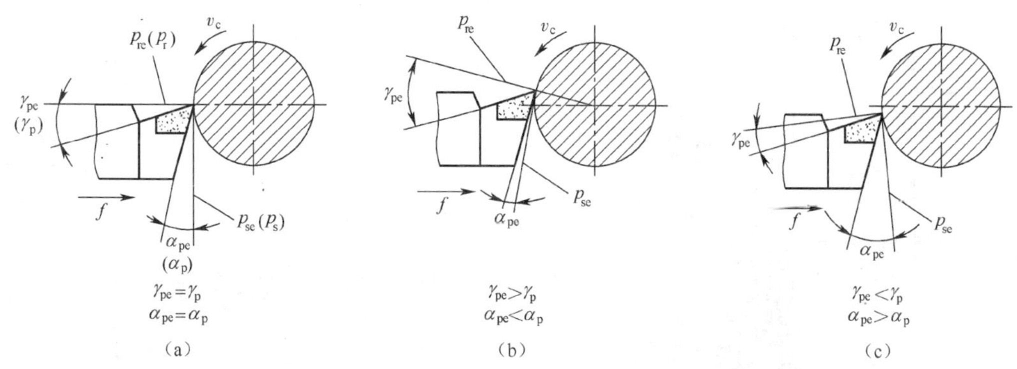

图8-34 切断车刀安装高低对工作前角、后角的影响

(a)刀尖与工件轴线等高;(b)刀尖高于工件轴线;(c)刀尖低于工件轴线。

p_{re}—工作基面;p_{se}—工作切削平面;γ_{pe}—工作前角;α_{pe}—工作后角。

(3) 刀具切削角度的作用见表 8-38。

表 8-38 刀具主要切削角度的作用

角度名称	作　用
前角 γ_o	前角的主要作用是减小切削变形和前刀面与切屑间的摩擦阻力,使切削力、切削功率及切削热减小。前角过大将导致切削刃强度降低,刀头散热体积减小,降低刀具寿命
后角 α_o	后角的主要作用是减小刀具后刀面与工件之间的摩擦。后角过大会使刀具刃口强度降低,并使散热条件变差,使刀具耐用度降低
主偏角 κ_r	主偏角减小,可使刀尖强度增加,且使切削刃长度增加,有利于散热和减轻单位刃口长度上的负荷,提高刀具的寿命。减小主偏角还可使工件已加工表面残留切痕的高度降低,降低已加工表面粗糙度值;增大主偏角可减小径向切削分力,增大进给分力,降低工艺系统的振动和变形
副偏角 κ_r'	较小的副偏角可以减小已加工表面的粗糙度值,增加刀尖的散热面积,但副偏角过小会加剧副后刀面与工件已加工表面的摩擦,易引起振动
刃倾角 λ_S	刃倾角影响切屑流出方向。当 λ_s 为正值时,切屑流向待加工表面;当 λ_s 为负值时,切屑流向已加工表面;当 $\lambda_s=0°$ 时,切屑垂直于切削刃流出。当 λ_s 为负值时,刀尖位于切削刃的最低点,切削时离刀尖较远的切削刃先与工件接触,而后逐渐切入,切削过程平稳,可减小对刀尖冲击,有利于保护刀尖。增大 λ_S 可增大实际工作前角,可减小切削力
楔角 β_o	增大楔角可使刀头强度增加,但切削抗力增大,在精加工时应采用较小楔角,从而使刀具锋利,减小切削力

(4) 车刀的选择。

① 常用车刀的结构形式与种类。车刀指在车床上使用的刀具。常用车刀的结构形式见表 8-39,常用车刀的种类见表 8-40。

表 8-39 常用车刀的结构形式

结构形式	简　图	特点及用途
整体式	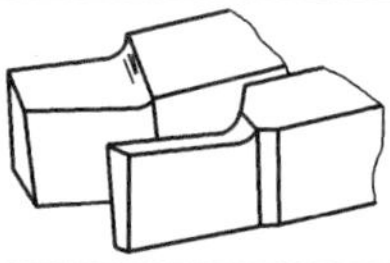	1. 一般用整体高速钢制造,可磨出较锋利的刃口 2. 用于小型车床或有色金属的加工
焊接式	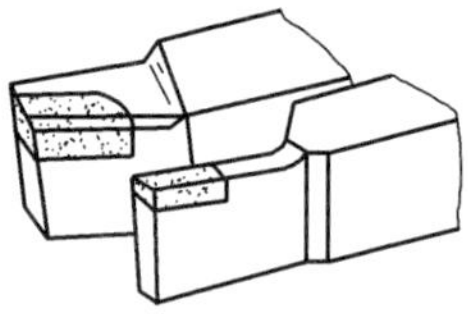	1. 由硬质合金刀片和普通结构钢或铸铁刀杆焊接而成,连接强度高,结构简单、紧凑,刚性好,抗振性强,制造、刃磨方便,使用灵活 2. 有焊接应力,易使刀片产生裂纹、过烧、氧化等缺陷,一般刀杆不能重复使用,换刀时间长 3. 广泛用于各类车刀,特别是小型刀具
机夹式	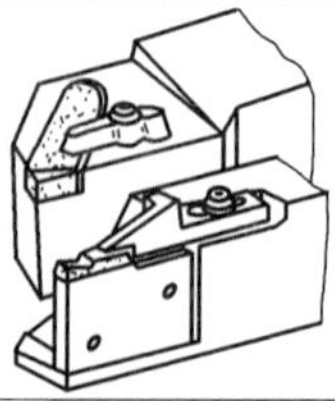	1. 避免了焊接缺陷,刀杆可重复使用,刀片可集中刃磨获得所需参数,使用灵活方便,换刀时间短 2. 连接强度不高,结构不紧凑,受小孔、特殊表面限制较多,刀片装夹复杂,易破裂 3. 用于外圆、端面、镗孔、割断、螺纹车刀等
可转位式	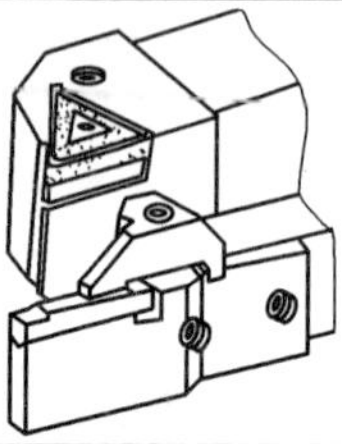	1. 与机夹式相比刀片可快换转位,生产率更高,断屑稳定,可使用涂层刀片 2. 对刀槽尺寸要求更为严格,刀具结构复杂 3. 用于大中型车床加工外圆、端面、镗孔,特别适用于自动线、数控机床

表 8-40 常用车刀的种类

种类	简图	特点及用途
外圆车刀	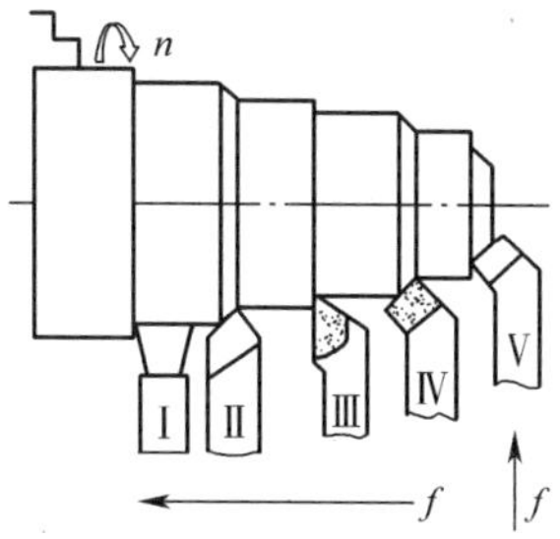	1. 宽刃精车刀Ⅰ的切削刃宽度大于进给量,可获得表面粗糙度较低的已加工表面,但径向力较大,不适用于工艺系统刚度低的场合 2. 直头外圆车刀Ⅱ用于车削外圆和倒角 3. 90°偏刀Ⅲ切削时径向力较小,适用于加工阶梯轴或细长轴零件的外圆面或台肩 4. 弯头车刀Ⅳ、Ⅴ通用性较好,可加工外圆、端面、倒角等
端面车刀	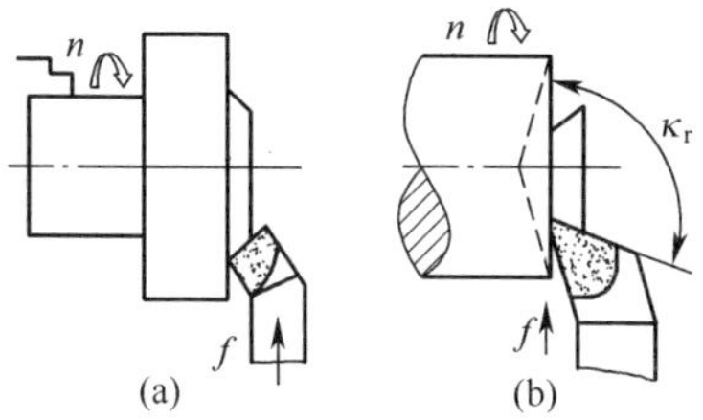 (a) (b)	1. 端面车刀常用于车削垂直于轴线的平面,一般端面车刀从外缘向中心进给,如图(a)所示;若端面上已经有孔,则可采用由工件中心向外缘进给的方法 2. 一般端面车刀主偏角 $\kappa_r \leq 90°$,否则易引起"扎刀"现象,使加工出的工件端面内凹,如图(b)所示
内孔车刀	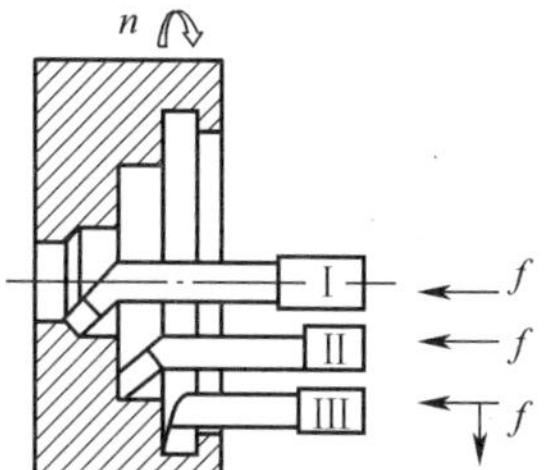	Ⅰ型用于车削通孔,Ⅱ型用于车削盲孔,Ⅲ型用于车削凹槽和倒角
切断刀或切槽刀	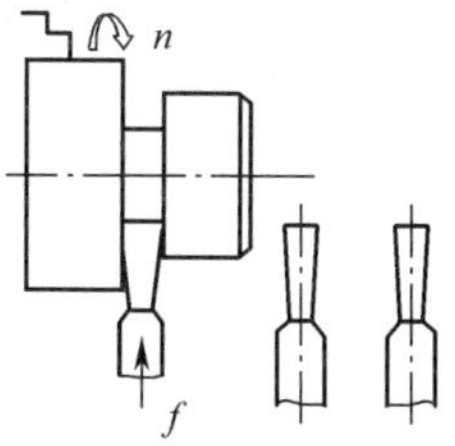	切断刀用于从棒料上切下已加工好的零件或切断较小直径的棒料,也可以切窄槽。按刀头与刀身的相对位置,切断刀可分为对称和不对称(不对称分左偏和右偏)两种结构
螺纹车刀	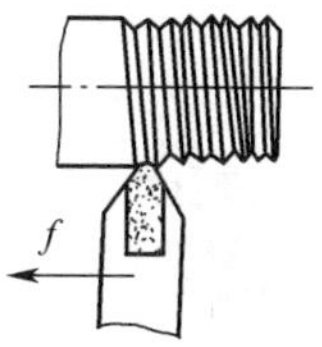	螺纹车刀切削部分与所加工螺纹的牙型相同,按所加工的螺纹牙型不同,螺纹车刀可分为普通螺纹车刀、梯形螺纹车刀、矩形螺纹车刀、锯齿形螺纹车刀等
成形车刀	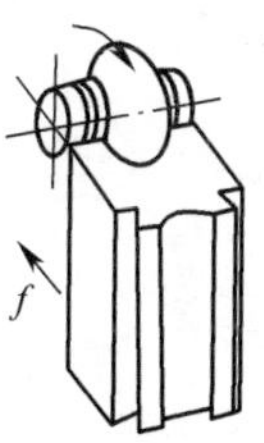	成形车刀与加工型面形状相反,用于加工回转体类的内、外成形表面。成形车刀设计与制造比较麻烦、成本高,主要用于大批量生产

②车刀几何参数的选择见表 8－41、表 8－42。

表 8－41　车刀刀杆尺寸的选择

1. 刀杆尺寸类型								
断面形状 $B\times H$/(mm×mm)	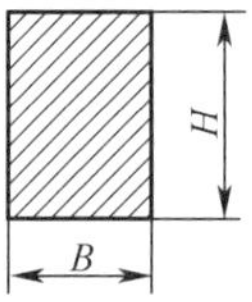							
矩形刀杆	10×16	12×20	16×25	20×30	25×40	30×45	40×60	50×80
方形刀杆	12×12	16×16	20×20	25×25	30×30	40×40	50×50	65×65
2. 根据车床中心高选择刀杆尺寸								
车床中心高/mm	150		180～200		260～300		350～400	
刀杆横断面 $B\times H$/(mm×mm)	12×20		16×25		20×30		25×40	

表 8－42　刀具主要切削角度选择参考值

工件材料	刀具材料	前角 γ_o	后角 α_o	主偏角 κ_r	刃倾角 λ_s	副偏角 κ_r'	刀尖半径 r_e/mm
低碳钢 (Q235)	YT5、YT15	20°～30°	8°～10°	45°～90°	0°～－5°	6°～10°	0.2～1
中碳钢 (45 正火)	YT5、YT15	15°～20°	5°～8°	45°～90°	－5°～5°	6°～10°	0.2～1
中碳钢 (45 调质)	YT15、YT30	10°～18°	5°～8°	45°～90°	－5°～5°	6°～10°	0.2～1
合金钢 (40Cr 正火)	YT5、YT15	13°～20°	5°～8°	45°～90°	0°～5°	6°～10°	0.2～1
合金钢 (45Cr 调质)	YT15、YT30	10°～18°	5°～8°	45°～90°	0°～5°	6°～10°	0.2～1
钢锻件 45、40Cr	YT5、YT15	10°～15°	5°～7°	45°～90°	0°～5°	6°～10°	1～1.5
不锈钢 1Cr18Ni9Ti	YG8、YA6	15°～20°	6°～8°	45°～90°	0°～5°	6°～10°	0.2～1
淬火钢 45 40～50HRC	YT30、YA6	－5°～－15°	8°～12°	45°～75°	5°～12°	6°～8°	1～2
高锰钢 50Mn18Cr4	YT15、YW1	3°～－3°	8°～13°	25°～45°	0°～5°	6°～8°	1～2
冷硬铸铁	YA6、YW2	0°～－3°	4°～6°	15°～30°	0°	8°～10°	1～1.5
纯铁	W18Cr4V、YG8	25°～35°	8°～10°	75°～90°	0°～3°	5°～15°	0.2～1
纯钨	YG6X	5°～15°	6°～8°	45°～60°	10°～13°	10°～15°	0.5～1
高温合金 GH122、K14	YA6、YG6X	5°～10°	8°～15°	45°～75°	0°～3°	8°～10°	0.5～1
灰铸铁 HT20-40	YG6、YG3	5°～15°	4°～8°	45°～90°	0°～－5°	6°～10°	0.5～1

（续）

工件材料	刀具材料	前角 γ_o	后角 α_o	主偏角 κ_r	刃倾角 λ_s	副偏角 κ_r'	刀尖半径 r_e/mm
青铜 ZQSn10-1	YG8、YG6	10°~15°	6°~8°	45°~90°	0°~-5°	6°~10°	0.5~1
脆黄铜 HPb59-1	YG8、YG6	8°~12°	6°~8°	45°~90°	0°~5°	6°~10°	0.5~1
铝合金 LY12	YG8、YG6	30°~40°	8°~12°	45°~90°	5°~-10°	6°~10°	0.5~1
有机玻璃	W18Cr4V、YG8	20°~30°	10°~12°	75°~90°	0°	10°~12°	0.5~1
尼龙 1010	W18Cr4V、YG8	15°~20°	10°~12°	75°~90°	0°	10°~12°	0.5~1

（5）铣刀的选择。

① 常用铣刀的种类及应用范围见表 8-43。

表 8-43　常用铣刀的种类及应用范围

种类		应用范围
立铣刀		1. 铣削沟槽（包括螺纹槽）与工件上各种形状的孔 2. 铣削台阶面、凸台平面、侧面与工件上的小凹平面 3. 用靠模仿形法铣削内外曲线面 4. 铣削各种平板凸轮与圆柱凸轮
T 形槽铣刀		铣削 T 形槽
键槽铣刀		铣削键槽
半圆键铣刀		铣削半圆键槽
燕尾槽铣刀		铣削燕尾槽
槽铣刀		铣削螺钉与其他工件上的槽
锯片铣刀	粗齿	1. 切断（有色金属）板料、棒料与各种型材 2. 铣削各种槽
	细齿	1. 切断（钢、铸铁）板料、棒料与各种型材 2. 铣削各种槽
三面刃铣刀	直齿	1. 铣削各种槽（优先选用错齿与镶齿） 2. 铣削台阶面 3. 铣削工件的侧面及凸台平面
	错齿与镶齿	
圆柱形铣刀	粗齿	粗铣及半精铣平面
	细齿	
齿轮铣刀	盘形齿轮铣刀	在卧式铣床上铣齿加工模数 $m \leqslant 25$mm 的圆柱齿轮、斜齿轮和锥齿轮
	指形齿轮铣刀	在立式铣床上铣齿加工大模数的圆柱齿轮、斜齿轮和锥齿轮
铲背成形铣刀	凹半圆铣刀	铣削 $R(1\sim20)$ mm 的凸半圆成形面
	凸半圆铣刀	铣削 $R(1\sim20)$ mm 的半圆槽与凹半圆成形面
	圆角铣刀	铣削 $R(1\sim20)$ mm 的圆角与圆弧

（续）

种　类		应 用 范 围
角度铣刀	单角铣刀	1. 刀具开齿、铣削各种刀具的外圆齿槽与端面齿槽 2. 铣削各种锯齿形离合器与棘轮的齿形
	对称双角铣刀	1. 铣削各种 V 形槽 2. 铣削尖齿、梯形齿离合器的齿形
	不对称双角铣刀	刀具开齿，铣削各种刀具上的外圆直齿、斜齿与螺旋齿槽
镶齿面铣刀	高速钢	粗铣与半精铣各种平面（铣削速度 $v \leqslant 30\mathrm{m/min}$）
	硬质合金	粗铣与精铣钢、铸铁、有色金属工件上的各种平面（优先选用）
成形铣刀		铣削各种曲线面

② 铣刀几何参数的选择。各类铣刀切削部分的几何角度及代号如图 8－35 所示，铣刀几何参数的选择见表 8－44～表 8－46。

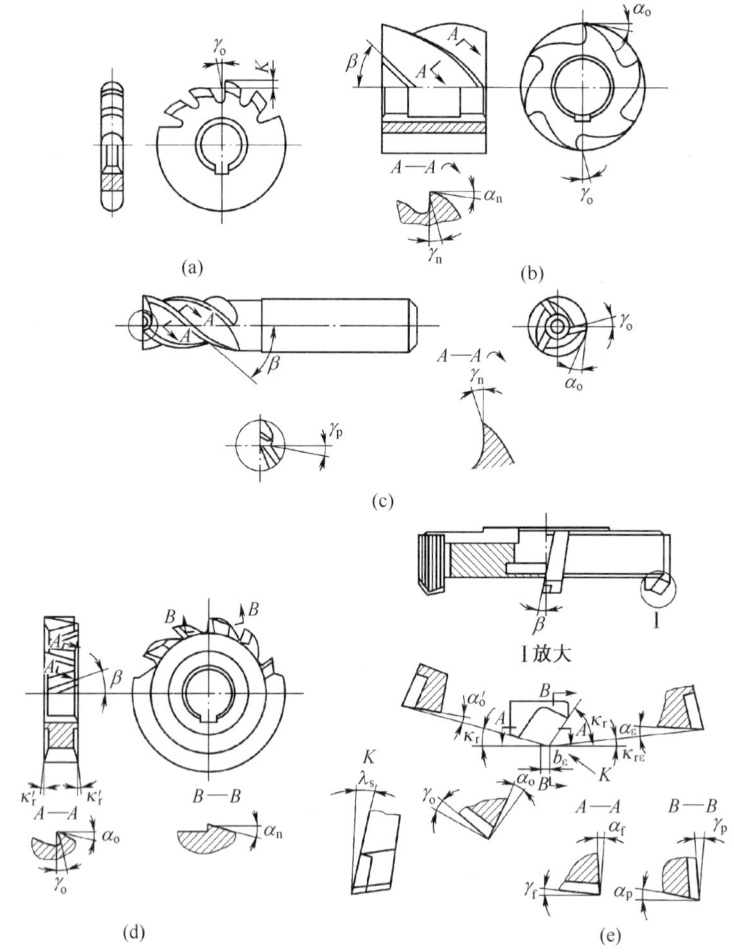

图 8－35　各类铣刀几何角度的定义

(a)半圆铣刀；(b)圆柱铣刀；(c)立铣刀；(d)错齿三面刃铣刀；(e)端面铣刀。

γ_o—前角；γ_p—切深前角；γ_f—法向前角；α_o—后角；

α_o'—副后角；α_p—切深后角；α_n—法向后角；α_f—进给后角；

α_ε—过渡刃后角；κ_r—主偏角；κ_r'—副偏角；$\kappa_{r\varepsilon}$—过渡刃偏角。

表 8-44 铣刀直径的选择 (单位:mm)

<table>
<tr><td colspan="8">1. 圆柱铣刀</td></tr>
<tr><td>背吃刀量 a_p</td><td colspan="2">5</td><td colspan="3">8</td><td colspan="2">10</td></tr>
<tr><td>铣削宽度</td><td colspan="2">70</td><td colspan="3">90</td><td colspan="2">100</td></tr>
<tr><td>铣刀直径</td><td colspan="2">60~75</td><td colspan="3">90~110</td><td colspan="2">110~130</td></tr>
<tr><td colspan="8">2. 套式面铣刀</td></tr>
<tr><td>背吃刀量 a_p</td><td>4</td><td>4</td><td>5</td><td>6</td><td>6</td><td>8</td><td>10</td></tr>
<tr><td>铣削宽度</td><td>40</td><td>60</td><td>90</td><td>120</td><td>180</td><td>260</td><td>350</td></tr>
<tr><td>铣刀直径</td><td>50~75</td><td>75~90</td><td>110~130</td><td>150~175</td><td>200~250</td><td>300~350</td><td>400~500</td></tr>
<tr><td colspan="8">3. 三面刃铣刀</td></tr>
<tr><td>背吃刀量 a_p</td><td colspan="2">8</td><td colspan="2">12</td><td colspan="2">20</td><td>40</td></tr>
<tr><td>铣削宽度</td><td colspan="2">20</td><td colspan="2">25</td><td colspan="2">35</td><td>50</td></tr>
<tr><td>铣刀直径</td><td colspan="2">60~75</td><td colspan="2">90~110</td><td colspan="2">110~150</td><td>175~200</td></tr>
<tr><td colspan="8">4. 花键铣刀、槽铣刀及锯片铣刀</td></tr>
<tr><td>背吃刀量 a_p</td><td colspan="2">5</td><td colspan="2">10</td><td colspan="2">12</td><td>25</td></tr>
<tr><td>铣削宽度</td><td colspan="2">4</td><td colspan="2">4</td><td colspan="2">5</td><td>10</td></tr>
<tr><td>铣刀直径</td><td colspan="2">40~60</td><td colspan="2">60~75</td><td colspan="2">75</td><td>110</td></tr>
<tr><td colspan="8">注:背吃刀量(铣削深度)a_p是指与刀具轴向平行的切削层尺寸,铣削切削层公称宽度(铣削宽度)a_w是指垂直于铣刀轴线方向的切削层尺寸</td></tr>
</table>

表 8-45 铣刀几何角度参考值

<table>
<tr><td colspan="8">1. 高速钢铣刀角度及选用</td></tr>
<tr><td colspan="8">(1)前角 γ_o/(°)</td></tr>
<tr><td colspan="2" rowspan="2">加工材料</td><td rowspan="2">端铣刀、圆柱铣刀、盘铣刀、立铣刀</td><td colspan="2">切槽、切断铣刀</td><td colspan="2">成形、角度铣刀</td><td rowspan="2">说明</td></tr>
<tr><td>≤3mm</td><td>>3mm</td><td>粗铣</td><td>精铣</td></tr>
<tr><td rowspan="3">碳钢及合金钢 σ_b /MPa</td><td>≤600</td><td>20</td><td rowspan="3">5</td><td rowspan="3">10</td><td rowspan="2">15</td><td>10</td><td rowspan="10">1. 用圆柱铣刀铣削 σ_b<600MPa 钢料,当刀齿螺旋角 β>30°时,取前角 γ_o=15°
2. 用端铣刀铣削耐热钢时,前角取表中较大值;用圆柱形铣刀铣削时,则前角取表中较小值</td></tr>
<tr><td>600~1000</td><td>15</td><td rowspan="2">5</td></tr>
<tr><td>>1000</td><td>10</td><td>10</td></tr>
<tr><td colspan="2">耐热钢</td><td>10~15</td><td>—</td><td>10~15</td><td>5</td><td>—</td></tr>
<tr><td rowspan="3">铸铁 HBW</td><td>≤150</td><td>15</td><td>5</td><td>10</td><td>15</td><td rowspan="3">5</td></tr>
<tr><td>150~220</td><td>10</td><td>5</td><td>10</td><td rowspan="2">10</td></tr>
<tr><td>>220</td><td>5</td><td>25</td><td>25</td></tr>
<tr><td colspan="2">铜合金</td><td>10</td><td>8</td><td>10</td><td>10</td><td>5</td></tr>
<tr><td colspan="2">铝合金</td><td>25</td><td colspan="2" rowspan="2"></td><td>—</td><td>—</td></tr>
<tr><td colspan="2">塑料</td><td>6~10</td><td>—</td><td>—</td></tr>
</table>

（续）

(2)后角、偏角/(°)及过渡刃长度/mm								
铣刀类型		α_o	α'_o	κ_r	κ'_r	$\kappa_{r\varepsilon}$	b_ε	说明
端铣刀	细齿	16	8	90	1~2	45	1~2	1. 端铣刀 κ_r 主要按工艺系统刚性选取。系统刚性较好、铣削余量较小时，取 $\kappa_r=30°\sim45°$；中等刚性而余量较大时，取 $\kappa_r=60°\sim75°$；铣削相互垂直表面的端铣刀，取 $\kappa_r=90°$ 2. 用端铣刀铣耐热钢时，取 $\kappa_r=30°\sim60°$ 3. 刃磨铣刀时，在后刀面上可沿切削刃留一宽度小于0.1mm的刃带，但槽铣刀和切断铣刀不可留刃带
	粗齿	12		30~90		15~45		
圆柱形铣刀	整体细齿	16	8	—	—	—	—	
	粗齿及镶齿	12						
两面刃及三面刃铣刀	整体	20	6	—	1~2	45	1~2	
	镶齿	16						
切槽铣刀		20	—	—	1~2	—	—	
切断铣刀(L>3mm)		20	—	—	0.25~1	45	0.5	
立铣刀		14	18	—	3	45	0.5~1	
成形铣刀及角度铣刀	尖齿	16	8	—	—	—	—	
	铲齿	12						
键槽铣刀	$d_0\leq16$mm	20	8	—	1.5~2	—	—	
	$d_0>16$mm	16						

(3)螺旋角/(°)						
铣刀类型		β	铣刀类型			β
端铣刀	整体	25~40	盘铣刀	两面刃		15
	镶齿	10		三面刃		8~15
圆柱形铣刀	细齿	30~45		错齿三面刃		10~15
	粗齿	40		镶齿三面刃	L>15mm	12~15
	镶齿	20~45			$L\leq$15mm	8~10
立铣刀		30~45		组合齿三面刃		15
键槽铣刀		15~25				

2. 硬质合金铣刀角度/(°)及选用													
铣刀种类	加工材料		γ_o	α_o		α'_o	$\alpha_{o\varepsilon}$	β(λ_β)	κ_r	κ'_r	$\kappa_{r\varepsilon}$	b_ε	说明
				$\alpha_f<$0.25mm/z	$\alpha_f>$0.25mm/z								
端铣刀	钢 σ_b/MPa	<650	+5	12~16	6~8	8~10	$=\alpha_o$	$-12\sim-15=\lambda_s$	20~75	5	$\kappa_r/2$	1~1.5	1. 半精铣和精铣钢(σ_b=600~800MPa)时，$\gamma_o=-5°$，$\alpha_o=5°\sim10°$ 2. 在工艺系统刚性好、铣削余量<3mm时，取 $\kappa_r=20°\sim30°$；在中等刚性、余量为3~6mm时，取 $\kappa_r=45°\sim75°$ 3. 端面铣刀对称铣削，初始背吃刀量 $a_\varepsilon=0.05$mm时，取 $\kappa_r=-15°$；非对称铣削($a_\varepsilon<0.45$mm)时，取 $\lambda_s=-5°$；当用 $\kappa_r=45°$ 的端铣刀铣削铸铁时，取 $\lambda_s=-20°$；当 $\kappa_r=60°\sim75°$ 时，取 $\lambda_s=-10°$
		650~950	+5										
		950~1200	-10										
	耐热钢		+8	10	10	8~10	10	$0=\lambda_s$	20~75	10	1mm$=\lambda_s$	—	
	灰铸铁 HBW	<200	+5	12~15	6~8	8~10	$=\alpha_0$	$-12\sim-15=\lambda_s$	20~75	5	$\kappa_r/2$	1~1.5	
		200~250	0										
	可锻铸铁		+7	6~8	6~8	8~10	6~8	$-12\sim-15=\lambda_s$	60	2	$\kappa_r/2$	1~1.5	

（续）

2. 硬质合金铣刀角度/(°)及选用												
铣刀种类	加工材料	γ_o	α_o α_f<0.25 mm/z	α_o α_f>0.25 mm/z	α_o'	$\alpha_{o\varepsilon}$	β (λ_β)	κ_r	κ_r'	$\kappa_{r\varepsilon}$	b_ε	说明
圆柱形铣刀	碳钢及合金钢 σ_b<750MPa 铸铁<200HBW 青铜<140HBW	+5	17		—	—	24~30	—	—	—	—	后刀面上允许沿刀刃有宽度不大于0.1mm的刃带
	碳钢及合金钢 $\sigma_b \geqslant$1100MPa 铸铁≥200HBW 青铜≥140HBW	0	17									
	耐热钢及钛合金	6~15	15									
圆盘铣刀	钢 σ_b/MPa ≤800	-5	20		4	20	8~15	—	2~5	45	1	
	钢 σ_b/MPa >800	-10	20~25			20~25						
	灰铸铁	+5	10~15		4	10~15	8~15	—	2~5	45	1	
	耐热钢及钛合金	10~15	15		—	—	—	—	—	—	—	
立铣刀	碳钢及合金钢 σ_b<750MPa 铸铁<200HBW 青铜<140HBW	+5	17		6	17	22~40	—	3~4	45	0.8~1.3	1. 当工艺系统差及铣削截面大（$a_p \geqslant d_0$，$a_w \geqslant 0.6d_0$）①，及 v<100m/min时，γ_0=5°~8° 2. 立铣刀端齿前角取3°~-3°，铣削硬度低的钢时取大值，铣削硬度高的钢时取小值
	碳钢及合金钢 σ_b=750~1100MPa 铸铁≥200HBW 青铜≥140HBW	0	17		6	17	22~40	—	3~4	45	0.8~1.3	
	碳钢及合金钢 $\sigma_b \geqslant$1100MPa	-6	15		6	17	22~40	—	3~4	45	0.8~1.3	
	耐热钢及钛合金	10~15	15		—	—	—	—	—	—	—	
①a_p—背吃刀量；a_w—铣削宽度；d_0—铣刀直径												

（6）刨刀与插刀的选择。

① 刨刀的选择。常用刨刀种类及应用范围见表8-47，刨刀角度参考值见表8-48。

表 8-46　铣刀齿数

（单位：mm）

铣刀名称	直径范围		齿数		
	大于	至	粗齿	中齿	细齿
直柄立铣刀	3	7.5	3	4	
	7.5	15			5
	15	30			6
	30	60	4	6	8
	60	75	6	8	10
锥柄立铣刀	5	15	3	4	5
	15	30			6
	30	47.5	4	6	8
	47.5	90	6	8	10
圆柱形铣刀	50		6		8
	63				10
	80		8		12
	100		10		14
圆刃面铣刀	12		1		
	12	30	2		
	30	50	3		
镶齿三面刃铣刀	80		10		
	100		10、12		
	125		12、14		
	160		16、18		
	200		18、20、22		
	259		22、24		

铣刀名称	直径范围		齿数		
	大于	至	粗齿	中齿	细齿
套式面铣刀	40		6~8		
	50				
	63		8~10		
	80				
	100		10~12		
	125		12~14		
	160		14~16		
镶齿套式面铣刀	80		10		
	100				
	125		14		
	160		16		
	200		20		
	250		26		
直齿三面刃铣刀	50		12、14		
	63		14、16		
	80		16、18		
	100		18、20		
	125		20、22		
	160		24、26		
	200		28、30		
直柄键槽铣刀			2、3		
锥柄键槽铣刀			2、3		

表 8-47　常用刨刀的种类及应用范围

种类	简　图	特点及应用范围	种类	简　图	特点及应用范围
直杆刨刀	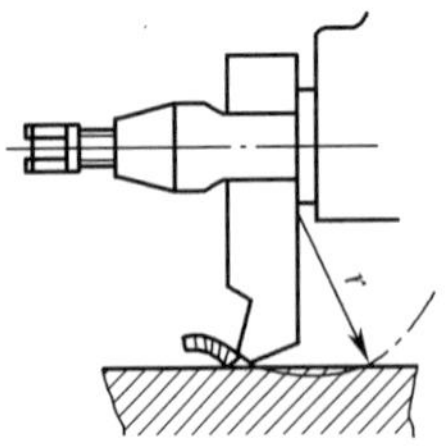	刀杆为直杆，刨削时，刀杆产生弹性弯曲变形，易导致“扎刀”，主要用于粗加工	内孔刀	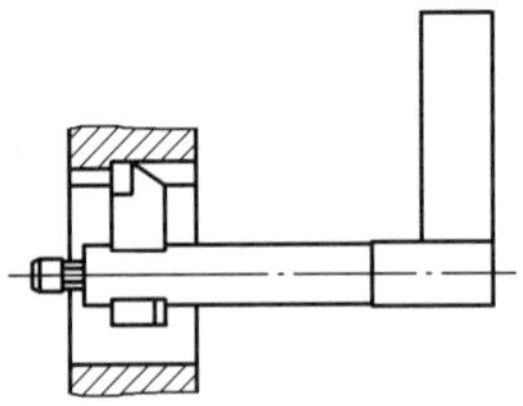	用于加工内孔表面与内孔槽
弯颈刨刀	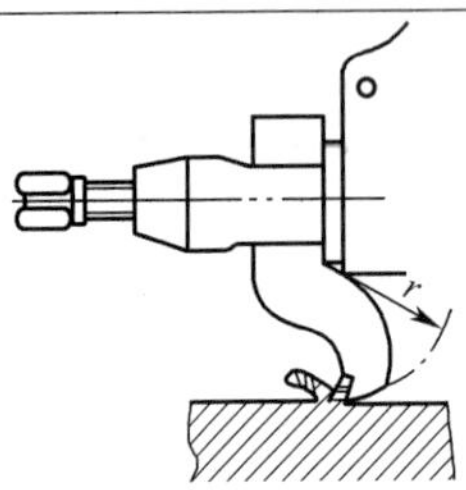	刀杆的刀头部分向后弯曲，在切削力作用下产生弯曲变形时不扎刀，用于切断、切槽和精加工	弯切刀	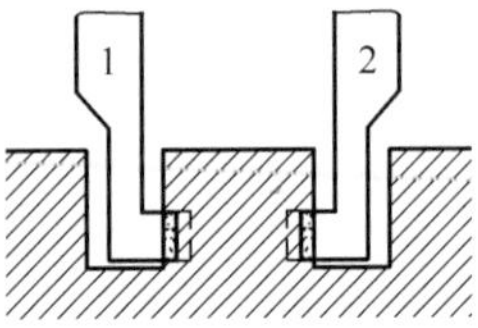 1—左弯偏刀 2—右弯偏刀	用于加工 T 形槽、侧面槽等

（续）

种类	简图	特点及应用范围	种类	简图	特点及应用范围
弯头刨刀	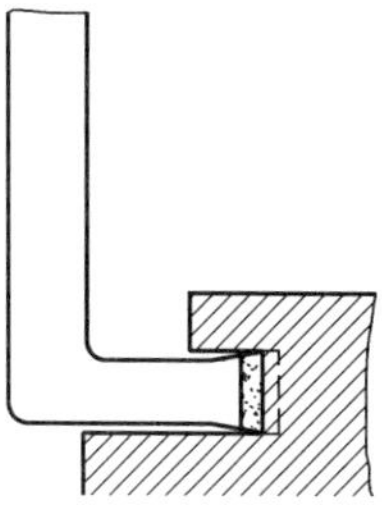	刀头部分向左或向右弯曲，主要用于切槽	成形刀	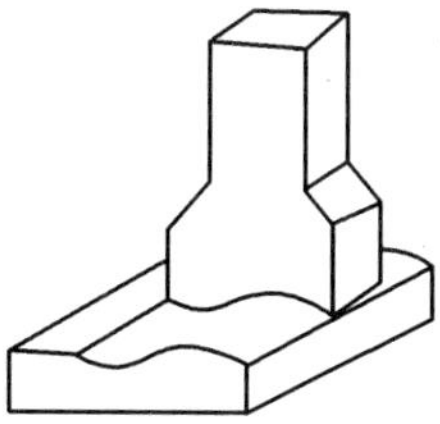	用于加工特殊形状表面，刨刀刀刃形状与工件表面形状一致，一次刨削成形
平面刨刀	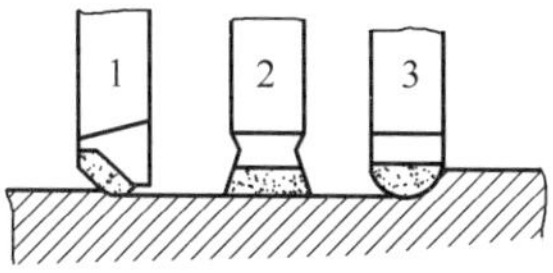 1—尖头平面刨刀； 2—平头平面刨刀； 3—圆头平面刨刀	用于粗、精刨平面	粗刨刀	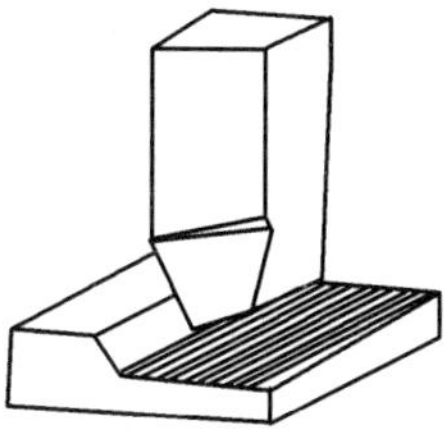	用于粗加工表面，多为强力刨刀，以提高切削效率
偏刀	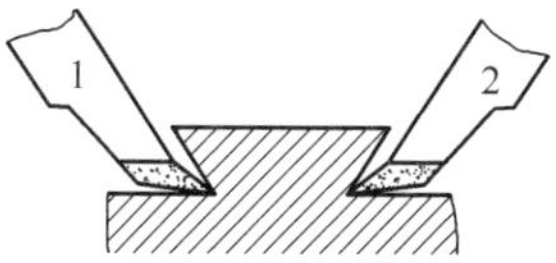 1—左偏刀；2—右偏刀	用于加工互成角度的平面、斜面、垂直面等	精刨刀	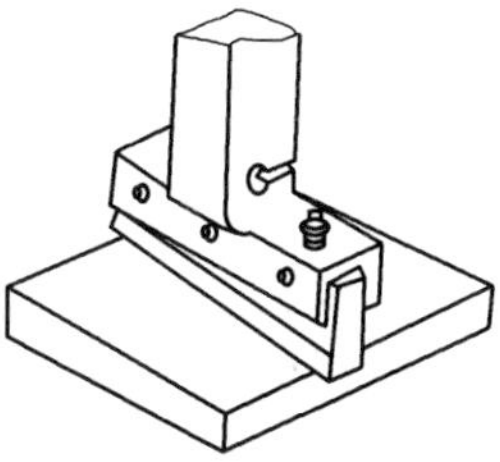	多为宽刃刨刀，用于加工表面粗糙度值较小的表面
切刀	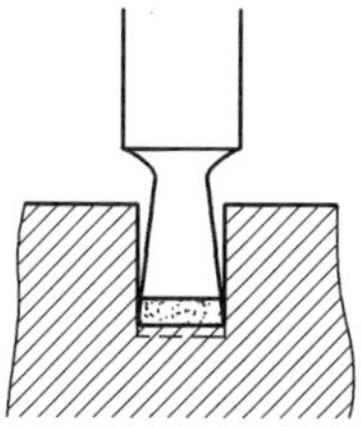	用于切槽、切断、刨台阶			

表 8－48　刨刀角度参考值

刨刀种类	工件材料	工具材料	前角 γ_o	后角 α_o①	刃倾角 λ_s	主偏角 κ_r②
粗加工	铸铁或黄铜	W18Cr4V	10°～15°	7°～9°	－10°～－15°	45°～75°
		YG8、YG6	10°～13°	6°～8°	－10°～－20°	
	钢 σ_b<750MPa	W18Cr4V	15°～20°	5°～7°	－10°～－20°	45°～75°
		YW2、YT15	15°～18°	4°～6°	－10°～－20°	
	淬硬钢	YG8、YG6X	－15°～－10°	10°～15°	－15°～－20°	10°～30°
	铝	W18Cr4V	40°～45°	5°～8°	－3°～－8°	

（续）

刨刀种类	工件材料	工具材料	前角 γ_o	后角 α_o①	刃倾角 λ_s	主偏角 κ_r②
精加工	铸铁或黄铜	W18Cr4V	−10°～0°	6°～8°	5°～15°	0°～45°
		YG8、YG6X	−15°～−10° 10°～20°③	3°～5°	0°～15°	
	钢 σ_b<750MPa	W18Cr4V	25°～30°	5°～7°	3°～15°	
		YW2、YG6X	22°～28°	5°～7°	5°～10°	
	淬硬钢	YG8、YG8A	−15°～−10°	10°～20°	15°～20°	10°～30°
	铝	W18Cr4V	45°～50°	5°～8°	−5°～0°	

①精刨时，可根据情况在后刀面上磨出消振棱，一般倒棱后角−1.5°～0°，倒棱宽度0.1～0.5mm；

②机床功率较小、刚性较差时，主偏角选大值；反之选小值，主刀刃和副刀刃之间宜采用圆弧过渡；

③两组推荐值都可用，视具体情况选用

② 插刀的选择。常用插刀种类及应用范围见表8－49，插刀角度参考值见表8－50。

表8－49　常用插刀种类及用途

种类	简　　图	特点及应用范围
尖刀	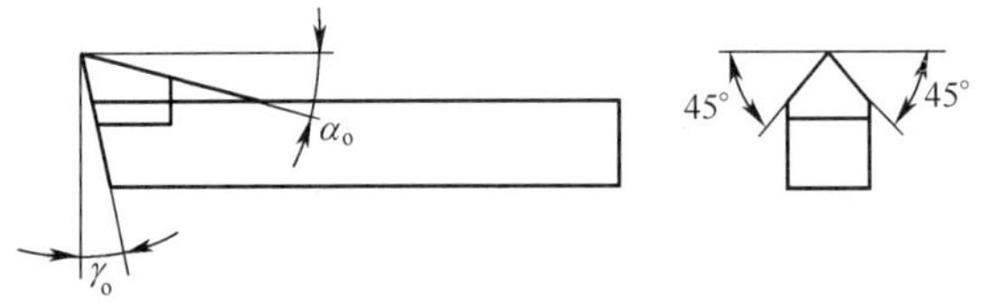	常用于粗插或插削各种多边形孔
切刀	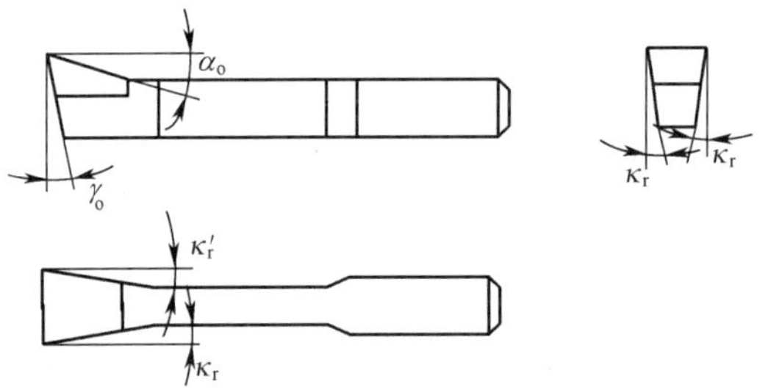	常用于插削直角形沟槽和各种多边形孔
小刀头	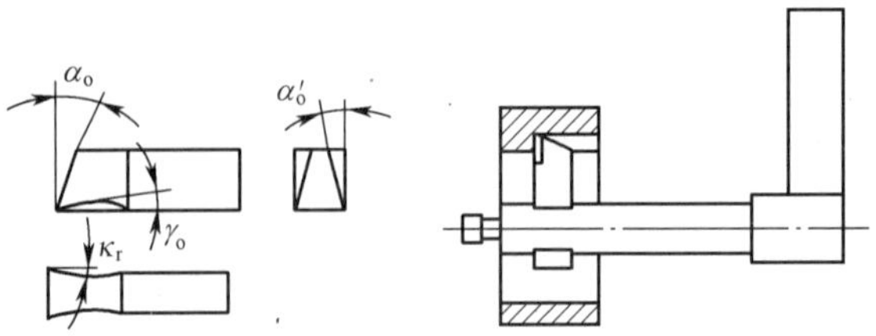	可按加工要求刃磨成各种形状，装夹在刀杆中，适用于粗、精和成形加工。因受刀杆尺寸限制，不适于加工小孔、窄槽或不通孔
成形刀	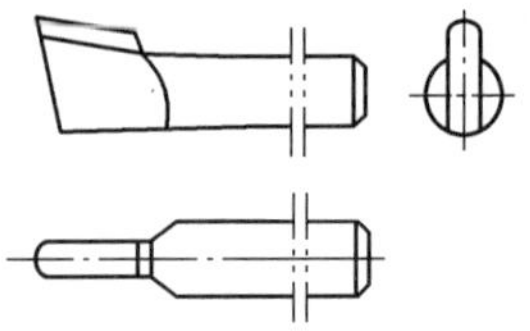	根据工件加工表面形状刃磨刀刃形状。按刀刃形状分为角度、圆弧和齿形等成形插刀

表 8－50　插刀主要几何角度参考值

简图	前角 γ_o			后角 α_o	副偏角 κ_r'	副后角 α_o'
	普通钢	铸铁	硬韧钢			
α_o, γ_o, κ_r'	3°～12°	0°～5°	1°～3°	4°～8°	1°～2°	1°～2°

（7）齿轮刀具的选择。常用齿轮刀具种类及应用范围见表 8－51。

表 8－51　齿轮刀具种类及应用范围

种类及尺寸范围/mm	特点及应用范围
小模数齿轮滚刀 $m=0.1\sim1$；$D=25$、32	用于滚切压力角为 20°的渐开线圆柱齿轮，滚刀精度分 AAA、AA、A 三级
整体硬质合金小模数齿轮滚刀 $m=0.1\sim0.9$；$D=25$、32	用于滚切压力角为 20°的渐开线圆柱齿轮，滚刀精度分 AAA、AA、A、B 四级
磨前齿轮滚刀 $m=1\sim10$；$D=50\sim150$	用于滚切压力角为 20°的渐开线圆柱齿轮
剃前齿轮滚刀 $m=1\sim8$；$D=50\sim125$	用于滚切剃压力角为 20°的渐开线圆柱齿轮，滚刀精度分 A、B 两级
硬质合金刮削滚刀 $m=2\sim30$	用于刮削压力角为 20°，齿面硬度为 45～60HRC 的渐开线圆柱齿轮，滚刀精度分 AA、A、B 三级
齿轮滚刀（径节制） DP＝2～24；$D=50\sim170$	用于滚切径节制圆柱齿轮，滚刀精度分 AA、A、B 三级
圆弧齿轮滚刀 $m=2\sim10$；$D=80\sim160$	用于滚切具有凸、凹双圆弧齿形的圆柱齿轮，滚刀精度分 AA、A、B 三级
双圆弧齿轮滚刀 $m=1.5\sim10$；$D=50\sim200$	用于滚切具有凸、凹双圆弧齿形的圆柱齿轮，滚刀精度分 AA、A、B 三级
硬质合金镶片齿轮滚刀 $m=1\sim30$	用于滚切压力角为 20°的渐开线圆柱齿轮，滚刀精度分 A、B 两级
渐开线花键滚刀 $m=0.25\sim10$；$D=32\sim125$	用于滚切压力角为 30°，$m=0.5\sim10$ 渐开线花键，滚刀精度分 A、B、C 三级
	用于滚切压力角为 45°，$m=0.25\sim2.5$ 渐开线花键，滚刀精度只有 C 三级
矩形齿花键滚刀 $D=63\sim125$	用于滚切小径定心的矩形花键轴。花键规格：键数 6～10、外径 20～125、小径 16～112、键宽 4～18，滚刀精度分 A、B 两级。A 级用于加工定心直径留有磨削余量的花键轴；B 级用于加工键侧和定心直径都留有磨削余量的花键轴
滚子链和套筒链链轮滚刀 $D=70\sim180$	用于滚切链轮。链轮规格：节距 9.525～63.5，滚子直径 6.35～39.68

（续）

种类及尺寸范围/mm	特点及应用范围
蜗轮滚刀 $m=1\sim25$	加工 GB10087 中 ZA、ZL、ZN 蜗杆传动的蜗轮，滚刀精度分 A、B、C 三级，加工精度分别为 GB/T 10089—1988 规定的 8、9、10 级
小模数直齿插齿刀 锥柄：$m=0.1\sim0.9$，$D_{分}=25$ 盘形：$m=0.2\sim0.9$，$D_{分}=40$、63 碗形：$m=0.3\sim0.9$，$D_{分}=63$	用于加工压力角为 20°的渐开线直齿圆柱齿轮，插齿刀精度分 AA、A、B 三级
锥柄直齿插齿刀 $m=1\sim2.75$，$1\sim3.74$ $D_{分}=25$、38	用于加工压力角为 20°的渐开线直齿圆柱齿轮，插齿刀精度分 A、B 两级
盘形直齿插齿刀 $m=1\sim12$ $D_{分}=75$、100、125、160、200	用于加工压力角为 20°的渐开线直齿圆柱齿轮，插齿刀精度分 AA、A、B 三级
碗形直齿插齿刀 $m=1\sim8$ $D_{分}=50$、75、100、125	用于加工压力角为 20°的渐开线直齿圆柱齿轮，插齿刀精度分 AA、A、B 三级
渐开线内花键插齿刀 $m=1\sim10$	用于加工渐开线花键孔
球面蜗杆插齿刀 $\phi94.28\sim\phi143.2$	用于加工球面蜗杆
小模数盘形剃齿刀 $m=0.2\sim1$，螺旋角 15°，$D_{分}=63$ $m=0.3\sim0.8$，螺旋角 10°，$D_{分}=85$	用于剃削压力角为 20°的渐开线直齿圆柱齿轮。剃齿刀螺旋角有左、右旋两种，应与被加工斜齿轮的螺旋方向相反
盘形剃齿刀 $m=1\sim1.5$，$D_{分}=85$ $m=1.25\sim6$，$D_{分}=180$ $m=2\sim8$，$D_{分}=240$	用于剃削压力角为 20°的渐开线直齿圆柱齿轮，剃齿刀精度分 A、B 两级
直齿锥齿轮精刨刀 Ⅰ型：$m=0.3\sim3.25$ Ⅱ型：$m=0.5\sim5.5$ Ⅲ型：$m=1\sim10$ Ⅳ型：$m=3\sim20$	用于加工直齿锥齿轮，刨刀分四种类型，按机床型号选用
弧齿锥齿轮铣刀 铣刀直径 $\phi3.95\sim\phi18$ 英寸	用于加工弧齿锥齿轮。分单面、双面、三面及粗、精加工铣刀
盘形齿轮铣刀 $m=1\sim16$	用于加工圆柱齿轮
盘形齿轮铣刀（径节制） DP=2~30	用于加工径节制圆柱齿轮
带模滚刀 $D=70\sim180$	用于加工节距 5.080~31.750mm、基本轮廓按 GB/T 11616—1989 的同步带的带模，带型号为 XL、L、H、XH、XXH
齿条滚刀 $m=1\sim8$，$D=100\sim160$	用于加工压力角为 20°的齿条

（续）

种类及尺寸范围/mm	特点及应用范围
指形齿轮铣刀 $m=14\sim40$	用于加工渐开线圆柱齿轮
带轮滚刀	用于加工带轮。带轮规格:名义节距 5.08~31.75;带轮型号为 XL、L、H、XH、XXH;基本轮廓按 GB/T 11361—2008
注:其他齿轮刀具均可按需要向工具厂订购	

（8）钻头的选择。麻花钻几何角度的定义如图 8-36 所示,通用型麻花钻的主要几何参数见表 8-52,加工不同材料时麻花钻头的主要几何角度参考值见表 8-53。

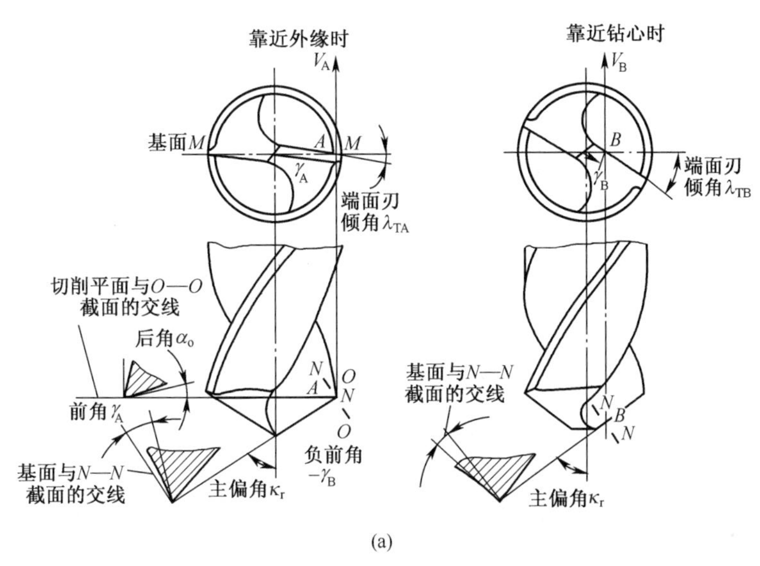

(a)

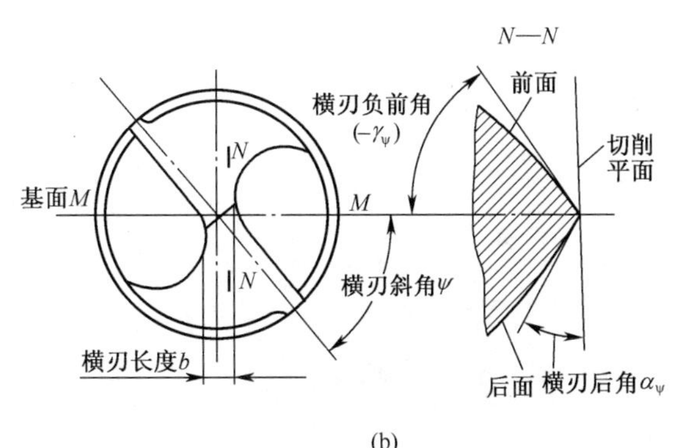

(b)

图 8-36 麻花钻的几何角度

(a)麻花钻的前角、后角、主偏角和刃倾角;(b)横刃。

表 8－52　通用型麻花钻主要几何参数

钻头直径 d/mm	螺旋角 β/(°)	锋角 $2\kappa_r$/(°)	后角 α_o/(°)	横刃斜角 ψ/(°)	钻头直径 d/mm	螺旋角 β/(°)	锋角 $2\kappa_r$/(°)	后角 α_o/(°)	横刃斜角 ψ/(°)
0.1～0.28	19	118	28	40～60	3.4～4.7	27	118	16	40～60
0.29～0.35	20				4.8～6.7	28			
0.36～0.49			26		6.8～7.5	29			
0.5～0.7	22		24		7.6～8.5			14	
0.72～0.98	23				8.6～18.0	30		12	
1.0～1.95	24		22		18.25～23.0			10	
2.0～2.65	25		20		23.25～100			8	
2.7～3.3	26		18						

注：直径大于 30mm 的孔建议采用两个钻头两次钻出，第一个用直径为 15mm 的钻头，第二个用相当于孔径的钻头

表 8－53　加工不同材料时麻花钻的主要几何角度参考值

加工材料	锋角 $2\kappa_r$/(°)	后角 α_o/(°)	横刃斜角 ψ/(°)	螺旋角 β/(°)
一般材料	116～118	12～15	35～45	20～32
一般硬材料	116～118	6～9	25～35	20～32
铝合金（通孔）	90～120	12	35～45	17～20
铝合金（深孔）	118～130	12	35～45	32～45
软黄铜和青铜	118	12～15	35～45	10～30
硬青铜	118	5～7	25～35	10～30
铜和铜合金	110～130	10～15	35～45	30～40
软铸铁	90～118	12～15	30～45	20～32
冷（硬）铸铁	118～135	5～7	25～35	20～32
淬火钢	118～125	12～15	35～45	20～32
铸钢	118	12～15	35～45	20～32
锰钢（7%～13%锰）	150	10	25～35	20～32
高速钢	135	5～7	25～35	20～32
镍钢（250～400HBW）	130～150	5～7	25～35	20～32
木材	70	12	35～45	30～40
硬橡胶	60～90	12～15	35～45	10～20

2. 磨具的选择

磨具按磨料硬度可分为普通磨料磨具和超硬磨料磨具两大类。

1）普通磨料磨具的选择

普通磨料磨具的选择主要包括磨料、结合剂、硬度、组织、形状和尺寸等几个方面。一般普通磨料磨具选择步骤如下：首先，根据被加工工件的材料选择合适的磨料；其次，由加工的精度和表面粗糙度的要求，选择磨料的粒度；然后，根据磨削的其他条件，选择磨具的结合剂、硬度、组织等；最后，按表面形状和加工的尺寸选择合适的磨床、磨削方法和磨具的形状尺寸等。

（1）普通磨料磨具的磨料选择。

① 普通磨料种类、代号及适用范围见表 8-54。

表 8-54 普通磨料种类、代号及适用范围

种类	名称	代号	特性	适用范围
刚玉类	棕刚玉	A(GZ)	呈棕褐色，硬度较高，韧性较好，价格相对较低	适用于磨削抗拉强度较高的金属材料，如碳钢、合金钢、可锻铸铁、硬青铜等
	白刚玉	WA(GB)	呈白色，硬度比棕刚玉高，韧性较棕刚玉低	适用于磨削淬火钢、合金钢、高碳钢，磨削螺纹及薄壁件等
	单晶刚玉	SA(GD)	呈淡黄或白色，强度与韧性比棕、白刚玉高	适用于磨削不锈钢、高钒类高速钢等高硬度、高韧性材料，也适于高速磨削和低表面粗糙度值工件的磨削
	微晶刚玉	MA(GW)	呈棕黑色，韧性好，强度高，自锐性能好	适用于磨削不锈钢、轴承钢、特种球磨铸铁等较难磨材料，也适于重负荷和精密磨削
	锆刚玉	ZA(GA)	呈现灰白色，韧性高，耐磨性好	适用于磨削耐热合金钢、钴合金钢和奥氏体不锈钢，也适用于重负荷磨削
	铬刚玉	PA(GG)	呈玫瑰红或紫红色，韧性比白刚玉高，硬度与白刚玉相近	适用于刀具、量具、仪表、螺纹等工件的精密磨削，及淬火钢类零件的磨削
	黑刚玉	BA(GH)	又称人造金刚砂，呈黑色，硬度比棕刚玉低，具有一定韧性	适用于研磨、抛光、除锈等
碳化物类	黑碳化硅	C(TH)	呈黑色，有光泽，硬度高，导热和导电性能好，自锐性优于刚玉类，但塑性差	适用于磨削强度较低的脆性金属材料，如铸铁、青铜、黄铜等，也适于磨削非金属材料，如半导体、玻璃、陶瓷、皮革、橡胶、塑料、宝石、玉器等
	绿碳化硅	GC(TL)	呈绿色，在普通磨料中硬度仅次于碳化硼，自锐性好，但韧性差，价格较高	除与黑碳化硅相同用途外，还适用于磨削硬质合金刀具，以及贵重金属、半导体的切割、研磨等
	立方碳化硅	SC(TF)	呈淡绿色，强度和韧性介于黑碳化硅和绿碳化硅之间	适于磨削韧性、黏性高的材料，如不锈钢，尤其适于轴承沟槽的精密加工
	碳化硼	BC(TP)	呈黑色，在普通磨料中硬度最高，耐磨性好	适于精密磨削硬质合金、陶瓷、宝石等硬脆材料
注：括号内为旧标准代号				

② 普通磨料粒度的选择。磨料粒度指磨料颗料直径的大小，普通磨料由粗到细所分粒度号见表 8－55。

表 8－55 标准普通磨料粒度号

F4、F5、F6、F7、F8、F10、F12、F14、F16、F20、F22、F24、F30、F36、F40、F46、F54、F60、F70、F80、F90、F100、F120、F150、F180、F220、F230、F240（240#）、F280（W63）、F320（W50）、F360（W40）、F400（W28）、F500（W20）、F600（W14）、F800（W10）、F1000（W7）、F1200（W5）
注：F4～F24 属于粗粒度，F30～F220 属于中粒度，F230～F1200 属于微粉粒度

磨料粒度的选择应考虑加工工件的尺寸、几何精度、表面粗糙度、磨削效率等因素，并要避免某些磨削缺陷的产生。一般情况下，要求生产率较高、表面粗糙度值较大、砂轮与工件接触面大、工件材料韧性大以及加工薄壁工件时，应选择粗一些的粒度；加工高硬度、脆性、组织紧密的材料，精磨，成形磨或高速磨削时，应选择较细的粒度。普通磨料粒度号适用范围见表8－56。

表 8－56 普通磨料粒度号适用范围参考表

磨料粒度	适 用 范 围
F14 以上	用于荒磨或重负荷磨削、磨皮革、磨地板、喷砂、除锈等
F14～F24	用于粗磨、磨钢锭、钢料切断，打磨铸件毛刺等
F30～F46	用于一般精度的磨削
F60～F100	用于精磨、刀具刃磨等
F120～F600	用于精磨、刀具刃磨、螺纹磨、研磨、珩磨等
F1000 以上	用于超精磨、镜面磨、精研磨与抛光等

（2）普通磨料磨具其他性能参数的选择。

① 普通磨具硬度的选择。磨具硬度也称为磨具自锐性，是指磨具表面上的磨粒在磨削力作用下脱落的难易程度。磨具硬度软，表示砂轮的磨粒容易脱落，自锐性好；磨具硬度硬，表示磨粒较难脱落，自锐性差。同一种磨料可以做成不同硬度的磨具，其硬度高低主要决定于结合剂的性能、数量以及磨具制造的工艺。磨具的硬度等级及代号见表 8－57。

表 8－57 磨具的硬度等级及代号

等级	大级	超软			软			中软		中		中硬			硬		超硬
	小级	CR			R_1	R_2	R_3	ZR_1	ZR_2	Z_1	Z_2	ZY_1	ZY_2	ZY_3	Y_1	Y_2	CY
代号		D	E	F	G	H	J	K	L	M	N	P	Q	R	S	T	Y

工件硬度或韧性越高、导热性越差、加工精度越高、磨削速度越高、磨具和工件接触面积越大，选用磨具硬度应越低；内孔磨削磨具硬度应比外圆磨削磨具硬度低；成形磨削或断续磨削，应选较硬磨具。按不同磨削条件和磨削方式选择磨具硬度分别见表 8－58、表 8－59。

表 8－58 不同磨削条件选择磨具硬度原则

软 ⟵	硬度	⟶ 硬
硬、脆 ⟵	工件材质	⟶ 软、黏
宽 ⟵	加工时接触面积	⟶ 窄
高 ⟵	砂轮速度	⟶ 低

(续)

软 ⟵	硬度	⟶ 硬
低 ⟵	工件转速	⟶ 高
良好 ⟵	机床精度	⟶ 不良
熟练 ⟵	操作者熟练程度	⟶ 不熟练

表 8-59　不同磨削方式普通磨具硬度选择范围

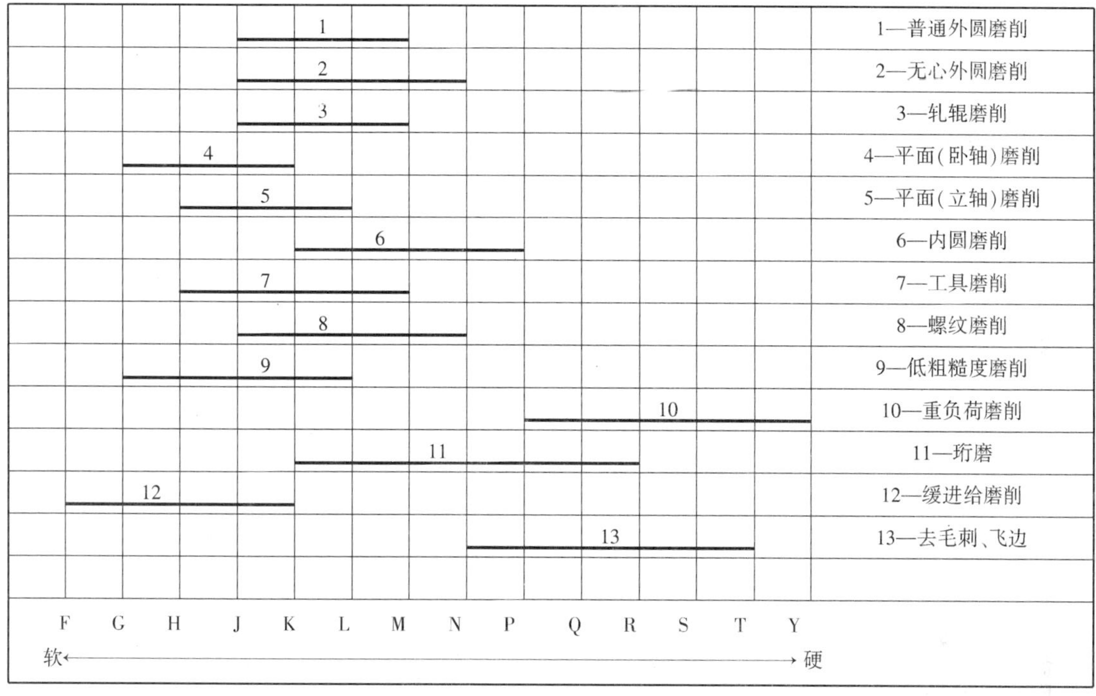

② 普通磨料磨具的组织号及适用范围。普通磨料磨具中磨料的含量用组织表示,表示方法有两种:一是用磨具体积中磨粒占体积的百分比来表示,即磨粒率表示法;二是用磨具中气孔所占体积比来表示,即气孔率表示法。通常用磨料率表示砂轮的组织号。磨削硬度低而韧性大的材料,应选用大组织号磨具;半精磨应选用细粒度、中等组织号磨具;成形磨削、沟槽磨削、宽接触面平面磨削、精密磨削、高负荷磨削,应选用小组织号磨具。普通磨料磨具的组织号及适用范围见表 8-60。

表 8-60　普通磨料磨具组织号及适用范围

磨粒率	磨粒率由大 ⟶ 小														
组织号	0	1	2	3	4	5	6	7	8	9	10	11	12	13	14
磨粒率/%	62	60	58	56	54	52	50	48	46	44	42	40	38	36	34
适用范围	重负荷磨削,成形、精密磨削、间断磨削及自由磨削、或加工脆硬材料等				无心磨,内、外圆磨和工具磨,淬火钢工件磨削及刀具刃磨等				粗磨和磨削韧性大、硬度不高的工件,磨削机床导轨和硬质合金刀具,磨削薄壁、细长工件,或砂轮与工件接触面积大及平面磨削等					磨削热敏性大的钨银合金、磁钢、有色金属,以及塑料橡胶等非金属材料	

③ 普通磨料磨具结合剂的代号、性能及适用范围。结合剂起磨粒粘结作用，砂轮的硬度、抗冲击性、耐热性、抗腐蚀性及使用寿命等主要取决于结合剂性能。常用结合剂的代号、性能及使用范围见表 8-61。

表 8-61 常用普通磨料磨具结合剂的代号、性能及适用范围

类别	名称及代号（GB/T 2484—1994）	原料	性能	适用范围
无机结合剂	陶瓷结合剂 V	黏土、长石、硼玻璃、石英及滑石等	化学性能稳定，耐热，抗酸、碱，气孔率大，磨耗小，强度较高，能较好保持磨具的几何形状，但脆性较大	适用于内、外圆，无心，平面，螺纹及成形磨削，以及刃磨、珩磨、超精磨等；适用于碳钢、合金钢、不锈钢、铸钢、铸铁、非铁金属以及玻璃、陶瓷等材料的磨削
	菱苦土结合剂 Mg	氧化酶及氯化镁等	工作时发热量小，其结合能力次于陶瓷结合剂，有良好的自锐性，强度较低且易水解	适于磨削热传导性差的材料，及磨具与工件接触面积较大的工件，同时广泛用于石材加工和磨米
有机结合剂	树脂结合剂 B 增强树脂结合剂 BF	酚醛树脂或环氧树脂等	结合强度高，具有一定的弹性，能在高速下进行工作，自锐性能好，但其耐热性、坚固性较陶瓷结合剂差，且不耐酸、碱	适用于荒磨、切断和自由磨削，如磨钢锭，打磨铸、锻件毛刺等，可用来制造高速、低表面粗糙度、重负荷、薄片切断砂轮，以及各种特殊要求的砂轮
	橡胶结合剂 R 增强橡胶结合剂 RF	合成及天然橡胶	强度高、弹性好，磨具结构紧凑，气孔率小。磨粒钝化后易脱落，但耐酸、耐油及耐热性能较差，磨削时有异味	适于制造无心磨导轮，精磨、抛光砂轮，超薄型切断用片状砂轮以及轴承精加工用砂轮

④ 普通磨料磨具强度。磨具强度是指磨具高速旋转时抵抗自身破碎的能力，用最高工作速度表示。普通磨料砂轮最高工作速度见表 8-62。

表 8-62 普通磨料砂轮最高工作速度

序号	砂轮名称	形状代号[①]	最高工作速度/(m/s)				
			陶瓷结合剂	树脂结合剂	橡胶结合剂	菱苦土结合剂	增强树脂结合剂
1	平行砂轮	1(P)	35	40	35	—	—
2	丝锥板牙抛光砂轮	1(P)	—	—	20	—	—
3	石墨抛光砂轮	1(P)	—	30	—	—	—
4	镜面磨砂轮	1(P)	—	25	—	—	—
5	柔性抛光砂轮	1(P)	—	—	23	—	—
6	磨螺纹砂轮	1(P)	50	50	—	—	—
7	树脂重负荷钢坯修磨砂轮	1	—	50~60	—	—	—
8	筒形砂轮	2(N)	25	30	—	—	—
9	单斜边砂轮	3(PDX1-2)	35	40	—	—	—
10	双斜边砂轮	4(PDX1-3)	35	40	—	—	—
11	单面凹砂轮	5(PDA)	35	40	35	—	—
12	杯形砂轮	6(B)	30	35	—	—	—
13	双面凹一号砂轮	7(PSA)	35	40	35	—	—

(续)

序号	砂轮名称	形状代号①	最高工作速度/(m/s)				
			陶瓷结合剂	树脂结合剂	橡胶结合剂	菱苦土结合剂	增强树脂结合剂
14	双面凹二号砂轮	8(PSA)	30	30	—	—	—
15	碗形砂轮	11(BW)	30	35	—	—	—
16	碟形砂轮	12a(Da) 12b(Db)	30	35	—	—	—
17	单面凹带锥砂轮	23(PZA)	35	40	—	—	—
18	双面凹带锥砂轮	26(PSZA)	35	40	—	—	—
19	钹形砂轮	27(JB)	—	—	—	—	60~80
20	砂瓦	31	30	30	—	—	—
21	螺栓紧固平行砂轮	36(PL)	—	35	—	—	—
22	单面凸砂轮	38(PDT)	33	—	—	—	—
23	薄片砂轮	41(PB)	35	50	50	—	60~80
24	磨转子槽砂轮	41(PB)	35	35	—	—	—
25	碾米砂轮	JM1-7	20	20	—	—	—
26	菱苦土砂轮	—	—	—	—	20~30	—
27	磨薄刀片砂轮	JD1-3	—	25	—	25	—
28	高速砂轮	—	50~60	50~60	—	—	—
29	磨头	52 53	25	25	—	—	—
30	棕刚玉 30#及更粗、更硬的砂轮	—	40	40	—	—	—
31	缓进给强力磨砂轮	—	35	—	—	—	—
32	小砂轮	—	35	35	35	—	—

注:1. 特殊最高工作速度的磨具,应按用户要求制造但必须有醒目标志;
2. ①括号内字母为旧标准砂轮形状代号

(3) 普通磨料砂轮形状及尺寸的选择。砂轮形状尺寸应与选用的磨床及加工表面相适应。砂轮形状选择可参考表 8-63,砂轮直径选择可参考表 8-64,砂轮宽度可取磨削长度的 3/4 左右。

表 8-63 部分普通磨料砂轮形状代号及主要用途(GB/T 2484—1994)

代号	砂轮名称	断面形状	形状尺寸标记	主要用途
1	平形砂轮	D, T, H	1-型面①- $D \times T \times H$	用于磨削外圆、内圆、平面和无心磨等
2	筒形砂轮	D, W, T, ($W \leqslant 0.17D$)	2- $D \times T - W$	用于立式平面磨床

（续）

代号	砂轮名称	断面形状	形状尺寸标记	主要用途
3	单斜边砂轮	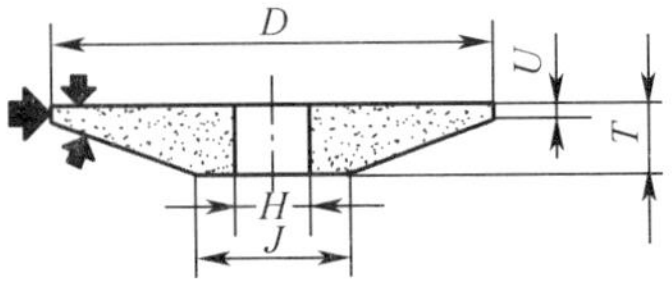	3- *D/J×T/U×H*	用于磨削各种锯齿，如圆锯、横锯片等；刃磨刀具，如铣刀、铰刀及插齿刀等
4	双斜边砂轮	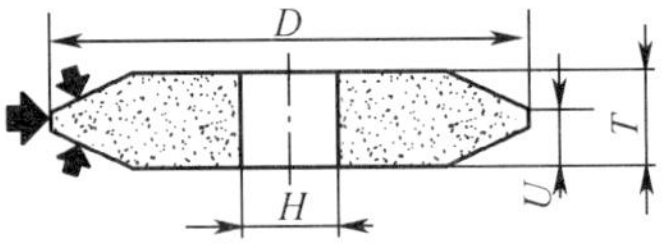	4- *D×T/U×H*	用于磨削齿轮齿面和单线螺纹，磨削端面和外圆
5	单面凹砂轮	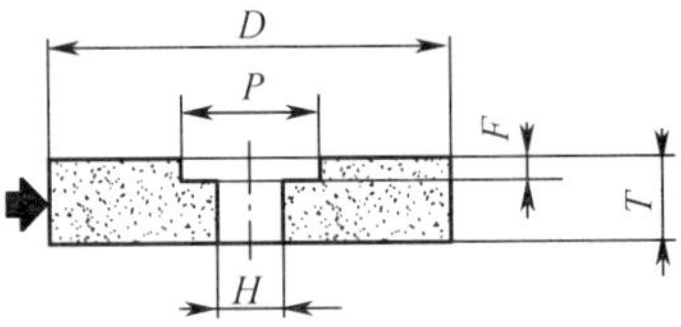	5-型面① *D×T×H-P,F*	用于磨削内圆和平面，外径较大者可用于磨削外圆
6	杯形砂轮	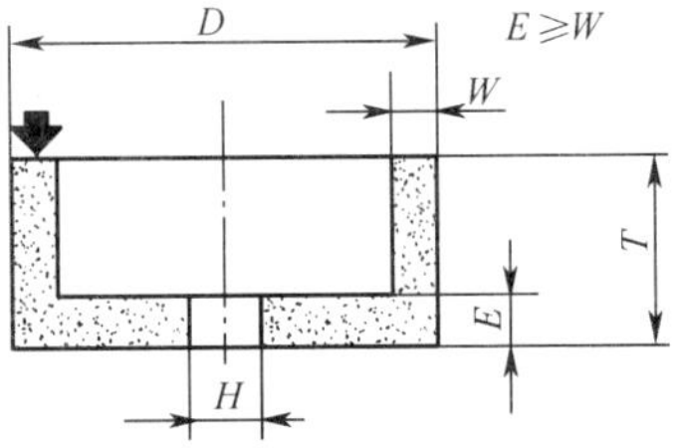	6- *D×T×H-W,F*	可用其端面磨削平面和刃磨刀具，用其圆周面磨削圆柱面和内圆
7	双面凹一号砂轮	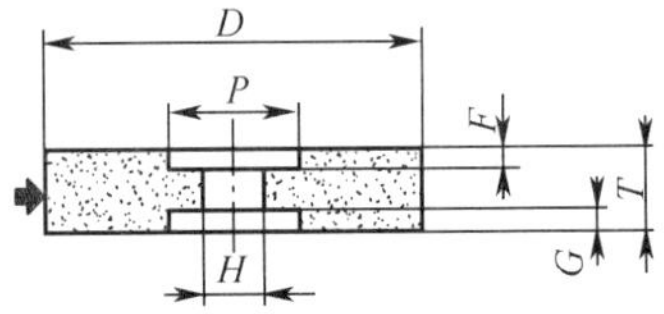	7-型面① *D×T×H-P,F,G*	用于磨削外圆、无心磨和刃磨刀具
8	碗形砂轮	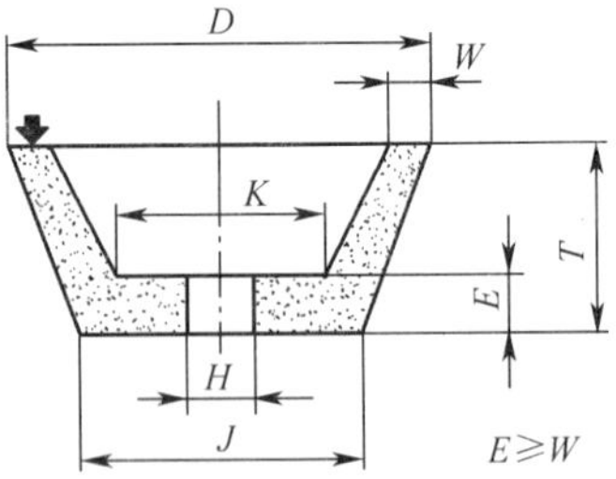	11- *D/J×T×H-W,E,K*	用于导轨磨及刀具刃磨
9	碟形一号砂轮	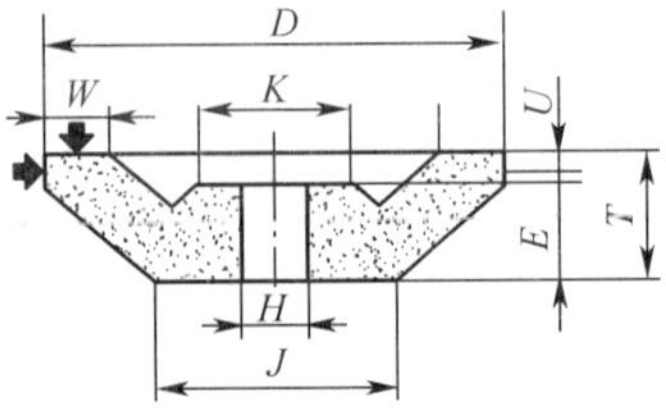	12a- *D/J×T/U×H-W,E,K*	用于刃磨刀具，大型碟形砂轮可磨削齿轮齿面

（续）

代号	砂轮名称	断面形状	形状尺寸标记	主要用途
10	碟形二号砂轮	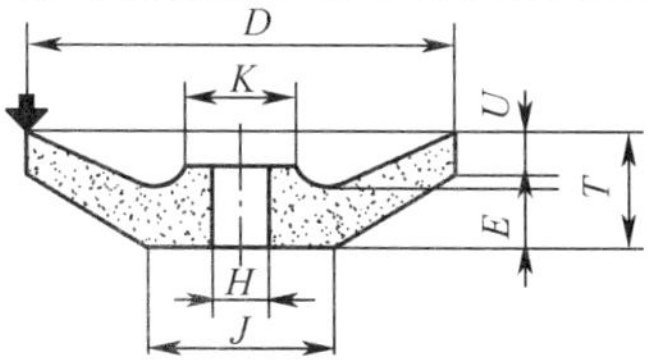 D, K, U, E, T, H, J	12b- $D/J\times T/U\times H-E, K$	用于磨削齿条，可用双砂轮磨削齿轮齿面
12	单面凹带锥砂轮	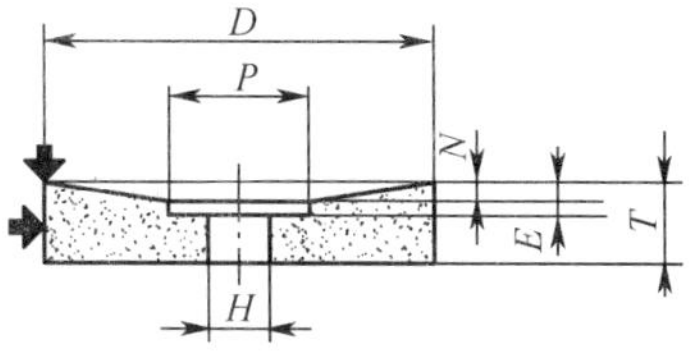 D, P, N, E, T, H	23- $D\times T/N\times H-P, F$	用于磨削外圆及端面
13	双面凹带锥砂轮	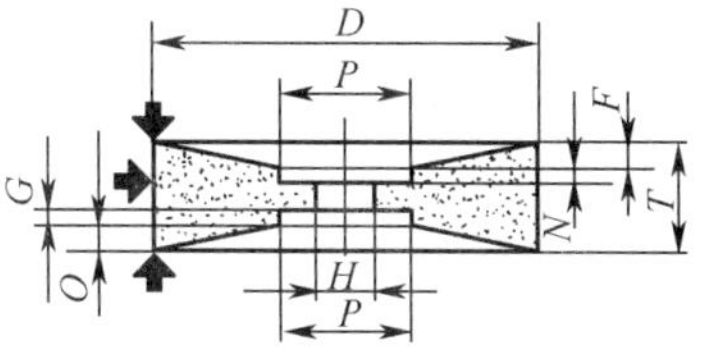 D, P, F, G, T, N, O, H, P	26- $D\times T/N/O\times H-P, F, G$	用于磨削外圆及两端面
13	单面凸砂轮	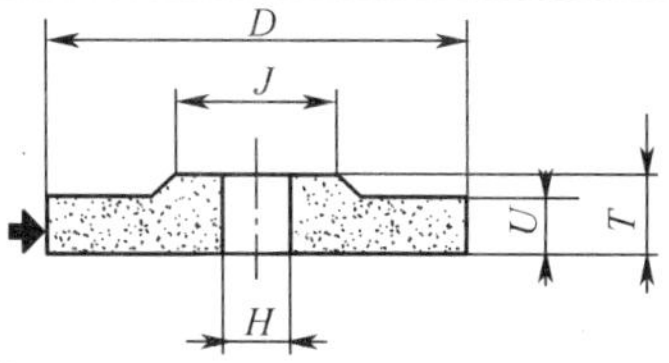 D, J, U, T, H	38- $D/J\times T/U\times H$	用于磨削轴承沟槽及开槽
13	薄片砂轮	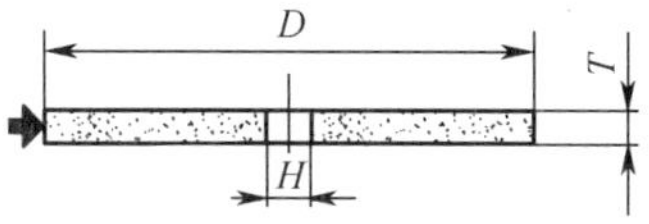 D, T, H	41- $D\times T\times H$	用于切断及开槽

注：1.表图中“➡”表示基本工作面符号；

2. ①平行砂轮及单、双面凹砂轮的外圆周面可能有各种型面，其型面代号按 GB/T 2484—1994 规定，分为 B、C、D、E、F、G、H、I、J、K、L、M、N、P 型。一般 U 为 3mm 或按用户要求，对于 N 型面砂轮的 V 和 X 可按用户要求制造。例如，型面为 N 的平行砂轮，$X=5$mm，$V=60°$，形状尺寸标记为：1-N(X5V60)-$D\times T\times H$

① 磨床的刚性好、动力大，可选较宽的砂轮。

② 加工硬度低和韧性大的薄壁件、细长件，应选较窄的砂轮。

③ 在磨削效率和加工表面质量要求高时，可选较宽的砂轮；在安全速度和机床条件允许的情况下，尽可能选用直径大一些的砂轮。

④ 切入式和成形磨削时，砂轮宽度不宜太宽，略大于工件加工部分的宽度即可。

⑤ 内圆磨削时，砂轮的直径一般与加工孔径比值在 0.5~0.9 之间。

表 8－64　内圆磨削时砂轮直径的选择　（单位：mm）

被磨孔直径	砂轮直径	被磨孔直径	砂轮直径	被磨孔直径	砂轮直径	被磨孔直径	砂轮直径
12~17	10	32~45	30	80~100	70	175~250	150
17~22	15	45~55	40	100~125	80	250~350	200
22~27	20	55~65	50	125~150	100	350~500	250
27~32	25	65~80	60	150~175	125	500~750	350

（4）普通磨具的标记。根据磨具标准 GB/T 2494—1994 规定，磨具的各种特征全部以代号形式表示，代号的书写前后顺序为：磨具形状代号、尺寸、磨料、粒度、硬度、组织、结合剂和最高工作速度（有些种类磨具无最高工作速度）。

标记示例：外径 400mm、厚度 50mm、孔径 203mm、棕刚玉、粒度 F60、硬度为 L、组织 5 号、陶瓷结合剂、最高工作速度 35m/s 的平形砂轮标记为 1-400×50×203 A 60L 5V 35m/s。

2）超硬磨料磨具的选择

超硬磨料磨具是指由金刚石和立方氮化硼的超硬磨料制作的磨具，其共同特点是硬度高、导热性好、刃口锋利。常用的超硬磨料磨具有超硬砂轮、磨头、油石、切断用的锯片等。

金刚石超硬磨具主要用于磨削非金属材料和有色金属材料，但不适合磨削黑色金属材料。立方氮化硼磨具主要用于磨削高强度、高硬度的黑色金属材料。两种超硬磨料磨具适用范围比较见表 8-65。

表 8-65　金刚石和立方氮化硼超硬磨料适用范围比较

工件材料	立方氮化硼		金刚石	
	湿磨	干磨	湿磨	干磨
各种高速钢	√	√	×	×
合金工具钢	√	√	×	×
不锈钢、耐热钢	√	√	√	×
铬钢	×	√	×	×
模具钢	×	√	√	×
铸铁	×	√	√	×
硬质合金	×	×	√	√
玻璃、陶瓷、半导体、石材	×	×	√	√
有色金属	×	×	√	√

（1）超硬磨料种类代号及适用范围见表 8-66。

表 8-66　超硬磨料种类代号及适用范围（GB/T 2476—1994）

名称	代号	粒　度		推 荐 使 用
		窄范围	宽范围	
人造金刚石	RVD	60/70～325/400	—	用于加工树脂、陶瓷结合剂制品等
	MBD	35/40～325/400	30/40～60/80	用于加工金属结合剂磨具，锯切、钻探工具及电镀制品等
	SCD	60/70～325/400	—	用于加工树脂结合剂磨具，修整钢与硬质合金组合件等
	SMD	16/18～60/70	12/20～60/80	用于锯切、钻探和修整工具等
	DMD	16/18～60/70	12/20～40/50	用于修整工具等
	M-SD	36/54～0/0.5	—	用于脆、硬材料的精磨、研磨抛光等
立方氮化硼	CBN	20/25～325/400	20/30～60/80	用于加工树脂、陶瓷结合剂制品等
	M-CBN	36/54～0/0.5	—	用于脆、硬材料的精磨、研磨抛光等

（2）超硬磨料粒度。超硬磨料粒度共分为 25 挡，其中窄范围磨粒尺寸由大到小分为 20 挡，宽范围将其中大尺寸粒度磨粒由大到小分为 5 挡，见表 8-67。超硬磨料微粉是指尺寸为 0～54μm 的超硬磨料微粒，磨粒尺寸由小到大共分为 18 挡粒度，以各粒度尺寸（μm）范围的

上、下限(斜杠隔开)前面冠以“M”标记,见表8-68。

表8-67 超硬磨料粒度号

窄范围	16/18、18/20、20/25、25/30、30/35、35/40、40/45、45/50、50/60、60/70、70/80、80/100、100/120、120/140、140/170、170/200、200/230、230/270、270/325、325/400
宽范围	16/20、20/30、30/40、40/50、60/80

表8-68 微粉超硬磨料粒度号

M0/0.5、M0/1、M0.5/1、M0.5/1.5、M0/2、M1/2、M1.5/3、M2/4、M2.5/5、M3/6、M4/8、M5/10、M6/12、M8/12、M8/16、M10/20、M12/22、M20/30、M22/36、M36/54

超硬磨料粒度的选择应根据加工条件、加工要求以及较佳磨削范围综合考虑。建议粗磨选用80/100~100/120粒度,半精磨在120/140~170/200之间选择,精磨在170/200~M22/36之间选择,抛光在M12/22以及更细范围内选择。

(3)超硬磨料磨具其他参数指标。

① 结合剂性能代号及应用范围见表8-69。

表8-69 超硬磨料磨具结合剂代号、性能及应用范围

结合剂名称及代号		性　能	应　用　范　围
树脂结合剂B		磨具自锐性好,不易堵塞,有弹性,抛光性能好,但结合强度差,不宜结合较粗磨料。耐磨削热性差,不适于较重负荷磨削。可采用镀敷金属衣磨料,以改善结合性能	树脂结合剂的金刚石磨具主要用于硬质合金工件及刀具,以及非金属材料的半精磨和精磨;树脂结合剂的立方碳化硼磨具主要用于高钒高速钢刀具的刃磨,以及工具钢、不锈钢、耐热合金钢工件的半精磨与精磨
陶瓷结合剂V		磨削性能较树脂结合剂高,工作时不易发热和堵塞,热膨胀量小且磨具易修整	陶瓷结合剂的超硬磨料磨具常用于精密螺纹、齿轮的精磨及接触面较大的成形磨,并适于加工超硬材料烧结体的工件
金属结合剂M	青铜结合剂	结合强度较高,形状保持性好,使用寿命长,且可承受较大负荷,但磨具自锐性能差,易堵塞发热,不易结合细粒度磨料,磨具修整也较困难	金属结合剂的金刚石磨具主要用于对玻璃、陶瓷、石料、半导体等非金属硬脆材料的粗、精磨及切割、成形磨,以及对各种材料的珩磨;金属结合剂的立方碳化硼磨具用于合金钢等材料的珩磨,效果显著
	电镀金属结合剂	结合强度高,表层磨料密度较高,且均裸露于表面,切削刃口锐利,加工效率高。但由于镀层较薄,因此使用寿命较短	电镀金属结合剂的超硬磨料磨具多用于成形磨削,还用来制造小磨头、套料刀、切割锯片及修整滚轮等。电镀金属立方碳化硼磨具用于加工各种钢类工件的小孔,精度高、效率高,对小径不通孔的加工效果尤为显著

② 超硬磨具浓度。超硬磨具浓度指超硬磨具磨削层中每1cm^3体积中含超硬磨料的质量。GB/T 6409.1—1994中规定当磨料含量为0.88g/cm^3时的浓度值为100%,其他浓度均按此比例计算,常用浓度值有25%、50%、75%、100%、200%等。工作面较宽的磨具和需要保持形状精度的成形、端面以及沟槽磨削,应选用高浓度;半精磨、精磨则选择细粒度、中浓度;高精度、低粗糙度值磨削,应选用细粒度、低浓度;抛光则应选用更细粒度和更低浓度。不同结合剂及浓度适用范围见表8-70。

表 8－70　超硬磨料磨具浓度代号

结合剂	金刚石砂轮浓度	CBN 砂轮浓度	适　用　范　围
树脂	75%～100%	75%～100%	半精磨、精磨、大面积磨削、抛光、研磨
陶瓷	75%～100%	75%～100%	半精磨、精磨
青铜	75%～100%	75%～100%	半精磨、精磨、小面积磨削、磨槽
电镀金属	75%～100%	75%～100%	成形磨、小孔磨削、切割

③ 超硬磨具的硬度。目前，超硬磨具的硬度未制定统一的标准。一般陶瓷结合剂、金属结合剂和电镀磨具不标注硬度，树脂结合剂超硬磨具只需标注四个硬度等级，依次为 J（软）、N（中）、R（中硬）、S（硬），多用 N 和 R 两级。目前生产的超硬模具硬度均由各厂自行控制，尚未制定统一标准。

（4）超硬磨料磨具结构及尺寸。超硬磨料磨具的结构形式一般由磨料层、过渡层及基体三部分组成，如图 8－37 所示。有些生产厂家取消了过渡层，直接把磨料层把持在基体上。基体材料随结合剂而异，金属结合剂一般采用铜或铜合金，树脂结合剂磨具采用铝、铝合金或电木，陶瓷结合剂则采用陶瓷作基体材料。

超硬磨料磨具形状、尺寸和代号详见 GB/T 6409.1—1994。

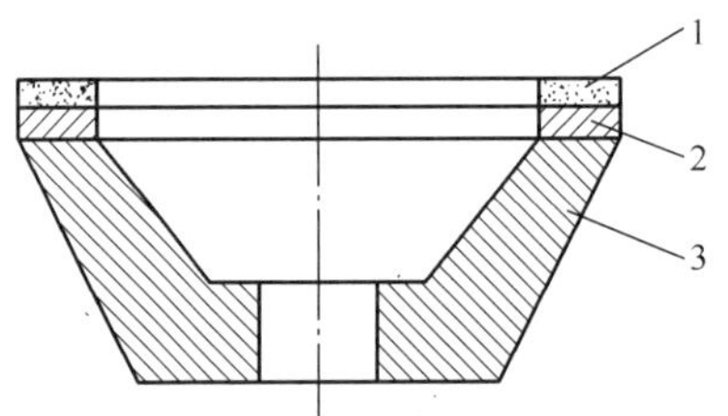

图 8－37　超硬磨料磨具结构

1—磨料层；2—过渡层；3—基体。

（5）超硬磨料磨具的标记。超硬磨具及制品的标记包括产品形状代号、特征尺寸、磨料牌号和粒度、结合剂代号、浓度等若干要素。

示例 1：形状代号 1A1，直径 $D=50$mm、总厚度 $T=4$mm、孔径 $H=10$mm、磨料层深度 $X=3$mm、磨料牌号 RVD、粒度 100/120、结合剂 B、浓度 75 的超硬砂轮标记为 1A1 50×4×10×3 RVD 100/120 B75。

示例 2：形状代号 HA，总长 $L=150$mm、磨料层长度 $L_2=40$mm、总厚度 $T=10$mm、磨料层宽度 $W=10$mm、磨料层深度 $X=2$mm、磨料牌号 RVD、粒度 120/140、结合剂 B、浓度 75 的油石标记为 HA 150×40×10×10×2 RVD 120/140 B75。

第三节　切削用量及磨削用量的选择

1. 切削用量的选择

1）切削用量选择的原则

（1）切削用量选择的一般原则。切削用量是指切削加工时所采用的背吃刀量 a_p、进给量 f 和切削速度 v 的总称。切削用量是影响加工精度和表面粗糙度、生产效率及刀具寿命的重要因素。选择切削用量主要根据工件材料、加工精度和表面粗糙度要求、刀具材料和尺寸，以及机床功率和刚度等条件。

切削用量一般原则为:粗加工时,应保证较高的效率和刀具耐用度,故一般先选择较大的背吃刀量 a_p,然后根据背吃刀量和其他加工条件选择适当的进给量 f,最后在保证刀具耐用度的前提下,根据所选的背吃刀量和进给量确定合适的切削速度 v;精加工时,应保证工件的加工精度和表面质量要求,故一般先选择较小的进给量 f 和背吃刀量 a_p,最后在保证刀具耐用度的前提下,尽可能选用较高的切削速度 v。

当选择了较大切削用量时,需要进行机床主轴功率、进给功率和进给力校核。

(2) 背吃刀量 a_p 的选择。粗加工时,除留下的以后工序的加工余量外,一次走刀应尽可能切除全部余量;当加工余量过大时,可分多次走刀;切除表面层有硬皮(或夹砂)的铸件或锻件时,第一次走刀背吃刀量 a_p 应大于表面层的厚度,铸件或锻件表面层厚度见表 8-71。

表 8-71 铸件和锻件表面层厚度 (单位:mm)

自由锻件		模锻件		铸件	
碳素钢	≤1.5	碳素钢	≤1	灰铸铁	1~4
合金钢	2~4	合金钢	≤0.5	铸钢	2~5

半精加工和精加工的余量一般较小,可一次切除,即背吃刀量 a_p 等于工序余量。但有时为了保证工件的加工精度和表面质量,也可采用二次走刀切除。

不论是粗加工和精加工,采用多次走刀时,第一次走刀背吃刀量要大些,一般为总加工余量的 2/3~3/4;最后一次走刀背吃刀量不能太小,以防止挤压形切削。一般在中等功率的机床上,粗加工背吃刀量最大可达 8~10mm;半精加工时,背吃刀量取 0.5~2mm;精加工时,背吃刀量取 0.1~0.5mm。

(3) 进给量 f 的选择。粗加工时,进给量的选择主要受到机床进给力和进给功率的限制。在工艺系统刚度和强度良好的情况下,可选用较大的进给量值。在半精加工和精加工时,由于进给量对工件已加工表面的粗糙度值影响很大,一般都取得较小。查表时,可按照工件加工表面粗糙度值、工件材料、刀尖圆弧半径、切削速度等条件来合理选择。

(4) 切削速度的选择。

当背吃刀量 a_p 和进给量 f 选定后,在机床功率允许范围内选择最大的切削速度,但要保证刀具耐用度 T,同时还应尽量避开积屑瘤和鳞刺产生区域。切削速度 v 可根据计算法或查表法确定,不同类型机床有不同的切削速度计算公式,可通过手册查得。如车削加工切削速度通用计算公式为

$$v = \frac{C_v}{T^m a_p^{x_v} f^{y_v}} k_v$$

式中 m、x_v、y_v——指数系数;

k_v——修正系数。

通过计算法或查表法初步确定切削速度后,计算主轴转速 n,需按所选机床技术参数选择相近的机床转速,再按此机床转速计算实际切削速度 v_c。

(5) 刀具耐用度的选择。刀具耐用度是指刀具刃磨后开始切削,一直到磨损量达到刀具的磨钝标准所经过的总切削时间,用 T 表示。刀具耐用度是确定切削三要素的重要依据。

① 刀具磨钝标准。刀具磨损形式如图 8-38 所示。ISO 统一规定以后刀面磨损比较均匀的中部区(B 区)测定的磨损带平均宽度 VB 作为刀具磨钝标准。刀具磨钝标准具体数值见

表 8-72~表 8-74,其他类型刀具磨钝标准的具体数值可参考有关手册。

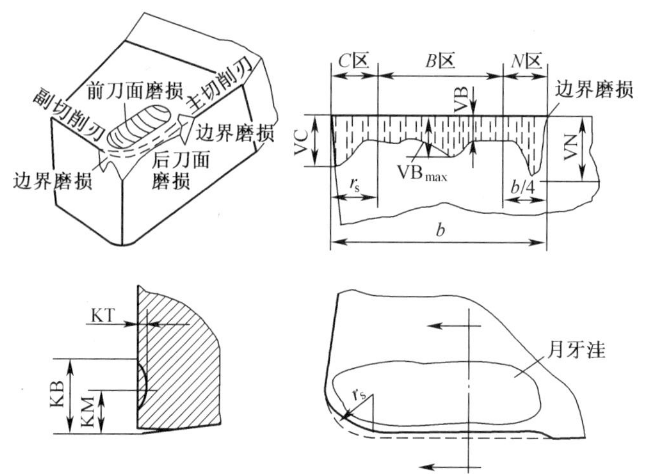

表 8-38　刀具磨损形式

表 8-72　车刀磨钝标准

车刀类型	刀具材料	加工材料	加工性质	磨钝标准 VB/mm
外圆车刀 端面车刀 镗刀	高速钢	碳钢、合金钢、铸钢、有色金属	粗车	1.5~2.0
			精车	1.0
		灰铸铁、可锻铸铁	粗车	2.0~3.0
			半精车	1.5~2.0
		耐热钢、不锈钢	粗车、半精车	1.0
	硬质合金	碳钢、合金钢	粗车	1.0~1.4
			精车	0.4~0.6
		铸铁	粗车	0.8~1.0
			精车	0.6~0.8
		耐热钢、不锈钢	粗车、半精车	0.8~1.0
		钛合金	粗车、半精车	0.4~0.5
		淬硬钢	精车	0.8~1.0
切断刀 切槽刀	高速钢	碳钢	—	0.8~1.0
		灰铸铁		1.5~2.0
成形车刀	硬质合金	碳钢		0.4~0.6
		灰铸铁		0.6~0.8
	高速钢	碳钢		0.4~0.5

表 8-73　铣刀磨钝标准

刀具材料	加工材料	加工性质	磨钝标准 VB/mm					
			套式面铣刀	圆柱铣刀	圆盘铣刀	立铣刀	成形铣刀	
							铲齿的	不铲齿的
YT	钢(耐热钢除外)	粗、精铣	1~1.2	0.5~0.6	1~1.2	0.3~0.5①		

（续）

刀具材料	加工材料	加工性质	磨钝标准 VB/mm					
			套式面铣刀	圆柱铣刀	圆盘铣刀	立铣刀	成形铣刀	
							铲齿的	不铲齿的
YG	耐热钢	粗、精铣	0.8~1					
	铸铁	粗、精铣	1.5~2	0.7~0.8				
高速钢	钢(耐热钢除外)	粗铣	1.5~2	0.4~0.6	0.4~0.4	0.3~0.5	0.3~0.4	0.6~0.7
		精铣	0.3~0.5	0.15~0.25	0.15~0.25	0.3~0.5	0.2	0.2~0.3
	耐热钢	粗铣	0.6~0.7	0.4~0.6		0.3~0.5		
		精铣	0.3~0.5	0.15~0.25		0.3~0.5		
	铸铁	粗铣		0.5~0.8				0.15~0.2
		精铣		0.2~0.3				0.15~0.2
①表列磨损量用于焊接刀片铣刀，对于套齿圈铣刀允许磨损量为 0.2~0.3mm								

表 8-74 钻头磨钝标准

刀具材料	加工材料	钻头直径/mm	
		≤20	>20
		磨钝标准 VB/mm	
高速钢	碳钢	0.4~0.8	0.8~1.0
	不锈钢、耐热钢	0.3~0.8	
	钛合金	0.4~0.5	
	铸铁	0.5~0.8	0.8~1.2
硬质合金	碳钢(扩钻)、铸铁	0.4~0.8	0.8~1.2

② 刀具耐用度的选择。确定刀具合理耐用度的方法有三种：第一种方法是根据单件工时最小的原则来确定耐用度，称为最高生产率耐用度 T_p；第二种是根据每个工件工序成本最低原则来确定耐用度，称为最低成本耐用度 T_c；第三种是根据单位时间内获得的盈利最大来确定耐用度，称为最大利润耐用度 T_t。分析可知，$T_p<T_c<T_t$。生产中一般采用最低成本耐用度；只有当生产紧迫或生产中出现不平衡的薄弱环节时，才选用最高生产率耐用度。

常见刀具合理耐用度选择范围见表 8-75。

表 8-75 常用刀具合理耐用度 T 参考值

刀具种类	耐用度/min	刀具种类	耐用度/min
高速钢车、刨、镗刀	30~60	仿形车刀	120~180
硬质合金可转位车刀	15~45	组合钻床车刀	200~300
高速钢钻头	80~120	多轴铣床刀具	400~800
硬质合金端铣刀	90~180	自动机床、自动生产线刀具	240~480
硬质合金焊接车刀	15~60	齿轮车刀	200~300

选择刀具耐用度时应考虑以下几点：

a. 刀具结构和要求。结构简单、成本不高的刀具，刀具耐用度应选得低些，结构复杂和精度高的刀具应选得高些。

b. 机床情况。对于装刀、换刀和调刀比较复杂的多刀机床、组合机床与自动化加工刀具，刀具耐用度应选得高些，以保证刀具的可靠性。一般为通用机床上同类刀具的2~4倍。

c. 刀具种类。对于机夹可转位刀具，由于换刀时间短，为了充分发挥其切削性能，提高生产效率，刀具耐用度可选得低些，一般为30min。

d. 实际生产情况。若某工序的生产率限制了整个车间生产率的提高，该工序的刀具耐用度要选得低些；若某工序单位时间内所分担到的全厂开支较大，刀具耐用度也应选得低些；

e. 加工工件大小。大件精加工时，为避免切削时中途换刀，刀具耐用度可选高一些。

（6）切削用量的校核。当选择的切削用量较大时，需进行校核。对于粗加工，一般需进行机床进给力和切削功率的校核，实际进给力和切削功率要小于机床允许的进给力和功率；对于精加工，切削力较小，一般只需进行切削功率的校核。

2）常用切削用量

（1）常用车削用量见表8-76~表8-82。

表8-76 硬质合金及高速钢车刀粗车外圆和端面的进给量

加工材料	车刀刀杆尺寸 $B\times H$/(mm×mm)	工件直径/mm	背吃刀量 a_p/mm				
			≤3	3~5	5~8	8~12	12以上
			进给量 f/(mm/r)				
碳素结构钢、合金结构钢、耐热钢	16×25	20	0.3~0.4	—	—	—	—
		40	0.4~0.5	0.3~0.4	—	—	—
		60	0.5~0.7	0.4~0.6	0.3~0.5	—	—
		100	0.6~0.9	0.5~0.7	0.5~0.6	0.4~0.5	—
		400	0.8~1.2	0.7~1.0	0.6~0.8	0.5~0.6	—
	20×30 25×25	20	0.3~0.4	—	—	—	—
		40	0.4~0.5	0.3~0.4	—	—	—
		60	0.6~0.7	0.5~0.7	0.4~0.6	—	—
		100	0.8~1.0	0.7~0.9	0.5~0.7	0.4~0.7	—
		600	1.2~1.4	1.0~1.2	0.8~1.0	0.6~0.7	0.4~0.6
	25×40	60	0.6~0.9	0.5~0.8	0.4~0.7	—	—
		100	0.8~1.2	0.7~1.1	0.6~0.9	0.5~0.8	—
		1000	1.2~1.5	1.1~1.5	0.9~1.2	0.8~1.0	0.7~0.8
	30×45 40×60	500	1.1~1.4	1.1~1.4	1.0~1.2	0.8~1.2	0.7~1.1
		2500	1.3~2.0	1.3~1.8	1.2~1.6	1.1~1.5	1.0~1.5
铸铁、铜合金	16×25	40	0.4~0.5	—	—	—	—
		60	0.6~0.8	0.5~0.8	0.4~0.6	—	—
		100	0.8~1.2	0.7~1.0	0.6~0.8	0.5~0.7	—
		400	1.0~1.4	1.0~1.2	0.8~1.0	0.6~0.8	—
	20×30 25×25	40	0.4~0.5	—	—	—	—
		60	0.6~0.9	0.5~0.8	0.4~0.7	—	—
		100	0.9~1.3	0.8~1.2	0.7~1.0	0.5~0.8	—
		600	1.2~1.8	1.2~1.6	1.0~1.3	0.9~1.1	0.7~0.9

（续）

加工材料	车刀刀杆尺寸 $B \times H$/(mm×mm)	工件直径 /mm	背吃刀量 a_p/mm				
			≤3	3~5	5~8	8~12	12 以上
			进给量 f/(mm/r)				
铸铁、铜合金	25×40	60	0.6~0.8	0.5~0.8	0.4~0.7	—	—
		100	1.0~1.4	0.8~1.2	0.8~1.0	0.6~0.9	—
		1000	1.5~2.0	1.2~1.8	1.0~1.4	1.0~1.2	0.8~1.0
	30×45 40×60	500	1.4~1.8	1.2~1.6	1.0~1.4	1.0~1.3	0.9~1.2
		2500	1.6~2.4	1.6~2.0	1.4~1.8	1.3~1.7	1.2~1.7

注：1. 加工断续表面及有冲击地加工时，表内的进给量应乘以系数 k=0.75~0.85；

2. 加工耐热钢及其合金时，不采用大于 1.0mm/r 的进给量；

3. 加工淬硬钢时，表内进给量应乘以系数 k=0.8（当材料硬度为 44~56HRC 时）或 k=0.5（当材料硬度为 57~62HRC 时）；

4. 可转位刀片的允许最大进给量不应超过其刀尖圆弧半径数值的 80%

表 8-77　硬质合金车刀及高速钢车刀半精车与精车外圆和端面的进给量

表面粗糙度 Ra/μm	加工材料	副偏角 κ_r' /(°)	切削速度范围 v/(m/min)	刀尖圆弧半径 r_ε/mm		
				0.5	1.0	2.0
				进给量 f/mm		
12.5	钢和铸铁	5	不限制	—	1.0~1.1	1.30~1.5
		10		—	0.80~0.90	1.0~1.1
		15		—	0.7~0.8	0.90~1.0
6.3	钢和铸铁	5	不限制	—	0.55~0.7	0.70~0.85
		10~15		—	0.45~0.6	0.6~0.7
3.2	钢	5	≤50	0.20~0.30	0.25~0.35	0.3~0.45
			50~100	0.28~0.35	0.35~0.4	0.4~0.55
			>100	0.35~0.4	0.4~0.5	0.5~0.6
		10~15	≤50	0.18~0.25	0.25~0.3	0.3~0.45
			50~100	0.25~0.3	0.3~0.35	0.35~0.5
			>100	0.3~0.35	0.35~0.4	0.5~0.55
	铸铁	5	不限制	—	0.2~0.5	0.45~0.65
		10~15		—	0.25~0.4	0.4~0.6
1.6	钢	≥5	30~50	—	0.11~0.15	0.14~0.22
			50~80	—	0.14~0.2	0.17~0.25
			80~100	—	0.16~0.25	0.23~0.35
			100~130	—	0.2~0.3	0.25~0.39
			>130	—	0.25~0.3	0.35~0.39
	铸铁	≥5	不限制	—	0.15~0.25	0.2~0.35

（续）

表面粗糙度 $Ra/\mu m$	加工材料	副偏角 κ_r' /(°)	切削速度范围 v/(m/min)	刀尖圆弧半径 r_e/mm		
				0.5	1.0	2.0
				进给量 f/mm		
0.8	钢	≥5	100~110	—	0.12~0.15	0.14~0.17
			110~130	—	0.13~0.18	0.17~0.22
			>130	—	0.17~0.2	0.21~0.27
注:加工不同强度的材料时,表中数值应乘以系数 k,系数 k 值见表 8-78						

表 8-78　加工材料强度不同时进给量修正系数 k

材料强度 σ_b/GPa	≤0.122	0.122~0.685	0.085~0.882	0.88~1.078
修正系数 k	0.7	0.75	1.0	1.25

表 8-79　硬质合金外圆车刀切削速度

工件材料	热处理状态	a_p=0.3~2mm	a_p=2~6mm	a_p=6~10mm
		f=0.08~0.3mm/r	f=0.3~0.6mm/r	f=0.6~0.1mm/r
		v/(m/s)		
低碳钢	热轧	2.33~3.0	1.67~2.0	1.17~1.5
易切钢				
中碳钢	热轧	2.17~2.67	1.5~1.83	1.0~1.33
	调质	1.67~2.17	1.17~1.5	0.83~1.17
合金结构钢	热轧	1.67~2.17	1.17~1.5	0.83~1.17
	调质	1.33~1.83	1.0~1.33	0.67~1.0
工具钢	热轧	1.5~2.0	1.0~1.33	0.83~1.17
不锈钢	退火	1.17~1.33	1.0~1.17	0.83~1.0
高锰钢			0.17~0.33	
铜及铜合金		3.33~4.17	2.0~0.3	1.5~21.0
铝及铝合金		5.1~10.0	3.33~6.67	2.5~5.0
铸铝合金		1.67~3.0	1.33~2.5	1.0~1.67
注:1. 切削钢及铸铁时刀具耐用度为 60~90min; 2. 加工材料的强度及硬度高时,应选择较低的切削速度;反之选择较高的切削速度; 3. 断续切削时及工艺系统刚性较差时,应选择较低的切削速度				

表 8-80　硬质合金及高速钢车刀镗孔的进给量

车刀或镗杆		工件材料							
刀杆圆截面直径或矩形截面尺寸/mm	车刀刀杆伸出量/mm	碳素结构钢、合金结构钢和耐热钢				铸铁和铜合金			
		背吃刀量 a_p/mm							
		2	3	5	8	2	3	5	8
进给量 f/(mm/r)									
10	50	0.08	—	—	—	0.12~0.16	—	—	—

（续）

车刀或镗杆		工　件　材　料							
刀杆圆截面直径或矩形截面尺寸/mm	车刀刀杆伸出量/mm	碳素结构钢、合金结构钢和耐热钢				铸铁和铜合金			
		背吃刀量 a_p/mm							
		2	3	5	8	2	3	5	8
进给量 f/(mm/r)									
12	60	0.1	0.08	—	—	0.12~0.20	0.12~0.18	—	—
16	80	0.1~0.2	0.15	0.1	—	0.2~0.3	0.15~0.25	0.1~0.18	—
20	100	0.15~0.3	0.15~0.25	0.12	—	0.3~0.4	0.25~0.35	0.12~0.25	—
25	125	0.25~0.5	0.15~0.4	0.12~0.2	—	0.4~0.6	0.3~0.5	0.25~0.35	—
30	150	0.4~0.7	0.2~0.5	0.12~0.3	—	0.5~0.8	0.4~0.6	0.25~0.45	—
40	200		0.25~0.6	0.15~0.4	—		0.6~0.8	0.3~0.6	—
40×40	150	—	0.6~1.0	0.5~0.7	—	—	0.7~1.2	0.5~0.9	0.4~0.5
	200	—	0.4~0.7	0.3~0.6	—	—	0.6~0.9	0.4~0.7	0.3~0.4
60×60	150	—	0.9~1.2	0.8~1.0	0.6~0.8	—	1.0~1.5	0.8~1.2	0.6~0.9
	300	—	0.7~1.0	0.5~0.8	0.4~0.7	—	0.8~1.2	0.7~0.9	0.5~0.7
75×75	300	—	0.9~1.3	0.8~1.1	0.7~0.9	—	1.1~1.6	0.9~1.3	0.7~1.0
	500	—	0.7~1.0	0.6~0.9	0.5~0.7	—	—	0.7~1.1	0.6~0.8
	800	—	—	0.4~0.7	—	—	—	0.6~0.8	—

注：1. 在加工材料强度低、背吃刀量小的情况下取进给量较大值；反之，取进给量较小值；
2. 在加工断续表面和有冲击的情况下，表列进给量数值乘以系数 0.75~0.85；
3. 加工耐热钢与合金钢时，进给量数值最大不超过 1.0mm/r；
4. 加工淬火钢时，表列进给量数值乘以系数 0.8~0.5，硬度高取较小系数，硬度低取较大系数

表 8-81　切断及切槽的进给量参考值

工件直径/mm	切刀宽度/mm	加　工　材　料	
		碳素结构钢、合金结构钢及钢铸件	铸铁、铜合金及铝合金
		进给量 f/(mm/r)	
≤20	3	0.06~0.08	0.11~0.14
20~40	3~4	0.1~0.12	0.16~0.19
40~60	4~5	0.13~0.16	0.2~0.24
60~100	5~8	0.16~0.23	0.24~0.32
100~150	6~10	0.18~0.26	0.3~0.4
>250	10~15	0.28~0.36	0.4~0.55

注：1. 在直径大于 60mm 的实心材料上切断时，当切刀接近零件轴线 0.5 倍半径时，表列进给量应减小 40%~50%；
2. 加工淬硬钢时，表列进给量应减小 30%（当硬度<50HRC 时）或 50%（当硬度时>50HRC 时）；
3. 如车刀安装在六角车床转塔刀架上时，表列进给量应乘以系数 0.3

表 8－82　成形车削时的进给量参考值

刀具宽度/mm	加工直径/mm		
	20	25	≥40
	进给量 f/(mm/r)		
8	0.3～0.08	0.04～0.09	0.04～0.09
10	0.03～0.07	0.04～0.085	0.04～0.085
15	0.02～0.055	0.035～0.075	0.04～0.08
20	—	0.03～0.06	0.04～0.08
30	—	—	0.035～0.07
40	—	—	0.03～0.06
≥50	—	—	0.025～0.055
注:工件轮廓比较复杂且加工材料硬度较高时,取表列进给量的较小值;工件轮廓比较简单且加工材料硬度较低时,取表列进给量的较大值			

(2) 常用铣削用量。

①铣削速度 v(m/min):

$$v=\pi d_0 n/1000$$

式中　d_0——铣刀直径(mm);

n——铣刀转速(r/min)。

②进给量:分每转进给量和每齿进给量。

每转进给量 f(mm/r)指铣刀每转过一转工件相对于铣刀移动的距离。

每齿进给量 a_f(mm/z)指铣刀每转过一齿工件相对于铣刀移动的距离。

$$a_f=f/z$$

式中　z——铣刀刀齿数。

③进给速度 v_f(mm/min):每分钟内工件相对于铣刀移动的距离。

$$v_f=fn=a_f zn$$

④背吃刀量(铣削深度)a_p:指平行于铣刀轴线方向的切削层尺寸,如图 8－39 所示。

⑤铣削切削层公称宽度(简称铣削宽度)a_w:指垂直于铣刀轴线方向的切削层尺寸,如图 8－39所示。

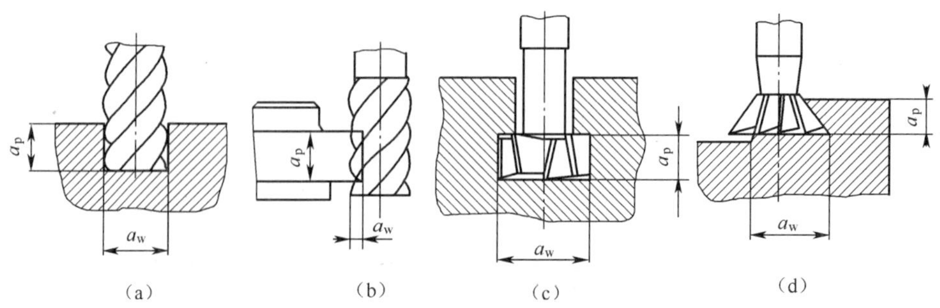

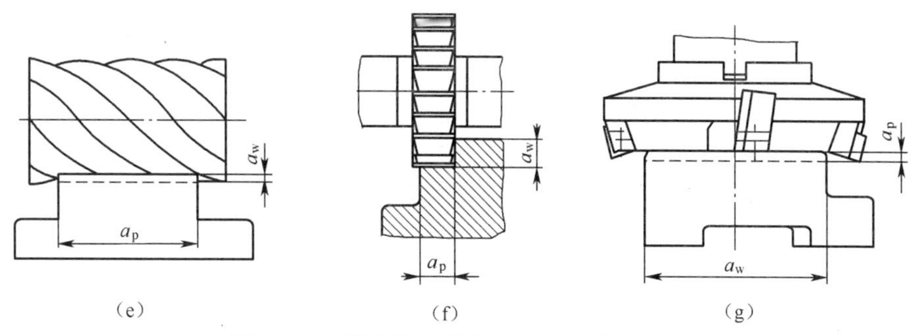

图 8－39 铣削加工的背吃刀量 a_p 与铣削宽度 a_w

(a)、(b)立铣刀;(c)燕尾槽铣刀;(e)圆柱形铣刀;(f)三面刃铣刀;(g)面铣刀。

(3) 常用铣削用量(表 8－83～表 8－86)。

表 8－83 端铣时背吃刀量 a_p 参考值 (单位:mm)

工件材料	高速工具钢铣刀		硬质合金铣刀	
	粗铣	精铣	粗铣	精铣
铸铁	5～7	0.5～1	10～18	1～2
软钢	<5	0.5～1	<12	1～2
中硬钢	<4	0.5～1	<7	1～2
硬钢	<3	0.5～1	<5	1～2
注:粗铣时,周铣的背吃刀量 a_p 比端铣大;精铣时,周铣的背吃刀量 a_p 可参照表列端铣推荐值				

表 8－84 每齿进给量 f_z 参考值 (单位:mm)

工件材料	工件材料硬度/HBW	硬质合金		高速钢			
		端铣刀	三面刃铣刀	圆柱铣刀	立铣刀	端铣刀	三面刃铣刀
低碳钢	≤150	0.2～0.4	0.15～0.3	0.12～0.2	0.04～0.2	0.15～0.3	0.12～0.2
	150～200	0.2～0.35	0.12～0.25	0.12～0.2	0.03～0.18	0.15～0.3	0.1～0.15
中、高碳钢	120～180	0.15～0.5	0.15～0.3	0.12～0.2	0.05～0.2	0.15～0.3	0.12～0.2
	180～220	0.15～0.4	0.12～0.25	0.12～0.2	0.04～0.2	0.15～0.25	0.07～0.15
	220～300	0.12～0.25	0.07～0.20	0.07～0.15	0.03～0.15	0.1～0.2	0.05～0.12
灰铸铁	120～180	0.2～0.5	0.12～0.3	0.2～0.3	0.07～0.18	0.2～0.35	0.15～0.25
	180～220	0.2～0.4	0.12～0.25	0.15～0.25	0.05～0.15	0.15～0.3	0.12～0.2
	220～300	0.15～0.3	0.1～0.2	0.1～0.2	0.03～0.1	0.1～0.15	0.07～0.12
可锻铸铁	110～160	0.2～0.5	0.1～0.3	0.2～0.35	0.08～0.2	0.2～0.4	0.15～0.25
	160～200	0.2～0.4	0.1～0.25	0.2～0.3	0.07～0.2	0.2～0.35	0.15～0.2
	200～240	0.15～0.3	0.1～0.2	0.12～0.25	0.05～0.15	0.15～0.3	0.12～0.2
	240～280	0.1～0.3	0.1～0.15	0.1～0.2	0.02～0.08	0.1～0.2	0.07～0.12
w_C≤0.3%合金钢	125～170	0.15～0.5	0.12～0.3	0.12～0.2	0.05～0.2	0.15～0.3	0.12～0.2
	170～220	0.15～0.4	0.12～0.25	0.1～0.2	0.05～0.1	0.15～0.25	0.07～0.15
	220～280	0.1～0.3	0.08～0.2	0.07～0.12	0.03～0.08	0.12～0.2	0.07～0.12
	280～320	0.08～0.2	0.05～0.15	0.05～0.1	0.025～0.05	0.07～0.12	0.05～0.1

（续）

工件材料	工件材料硬度/HBW	硬质合金		高速钢			
		端铣刀	三面刃铣刀	圆柱铣刀	立铣刀	端铣刀	三面刃铣刀
w_C>0.3%合金钢	170~220	0.125~0.4	0.12~0.3	0.12~0.2	0.12~0.2	0.15~0.25	0.07~0.15
	220~280	0.1~0.3	0.08~0.2	0.07~0.15	0.07~0.15	0.12~0.2	0.07~0.12
	280~320	0.08~0.2	0.05~0.15	0.05~0.12	0.05~0.12	0.07~0.12	0.05~0.1
	320~380	0.06~0.15	0.05~0.12	0.05~0.1	0.05~0.1	0.05~0.1	0.05~0.1
工具钢	退火状态	0.15~0.5	0.12~0.3	0.07~0.15	0.06~0.1	0.12~02	0.07~0.15
	36HRC	0.12~0.25	0.08~0.15	0.05~0.1	0.03~0.08	0.07~0.12	0.05~0.1
	46HRC	0.1~0.2	0.06~0.12	—	—	—	—
	50HRC	0.07~0.1	0.05~0.1	—	—	—	—
铝镁合金	95~100	0.157~0.38	0.125~0.3	0.15~0.2	0.05~0.15	0.2~0.3	0.07~0.2
注:表列数值粗铣时取大值,精铣时取小值							

表 8-85 铣削速度 v 参考值

工件材料	硬度/HBW	铣削速度/(m/min)		工件材料	硬度/HBW	铣削速度/(m/min)	
		硬质合金铣刀	高速钢铣刀			硬质合金铣刀	高速钢铣刀
低、中碳钢	<220	60~150	20~40	灰铸铁	150~225	60~110	15~20
	225~290	55~115	15~35		230~290	45~90	10~18
	300~425	35~75	10~15		300~320	20~30	5~10
高碳钢	<220	60~130	20~35	可锻铸铁	110~160	100~200	40~50
	225~325	50~105	15~25		160~200	80~120	25~35
	325~375	35~50	10~12		200~240	70~110	15~25
	375~425	35~45	5~10		240~280	40~60	10~20
合金钢	<220	55~120	15~35	铝镁合金	95~100	360~600	180~300
	225~325	35~80	10~25	不锈钢		70~90	20~35
	325~425	30~60	5~10	铸钢		45~75	15~25
工具钢	200~250	45~80	12~25	黄铜		180~300	60~90
灰铸铁	100~140	110~115	25~35	青铜		180~300	30~50
注:精加工的铣削速度可比表值增加30%左右							

表 8-86 高速钢键槽铣刀一次行程铣槽的切削用量

加工示意图	每分钟进给量								
	铣刀直径 d/mm	6	8	12	16	20	24	32	40
	垂直进给量 f_{Mc}/(mm/min)	14	11	10	9	8	7	6	5
	纵向进给量 f_{Mz}/(mm/min)	47	40	31	26	24	21	21	21

(4) 常用刨削用量(表 8－87)。

表 8－87 刨削用量

工序名称	机床类型	刀具材料	加工材料[1]	背吃刀量 a_p /mm	进给量 f/(mm/双行程)	切削速度 v /(m/min)
粗加工	牛头刨床	W18Cr4V	铸铁	4~6	0.66~1.33	15~25
			钢	3~5	0.33~0.66	15~25
		YG8 YT5	铸铁	10~15	0.66~1.0	30~40
			钢	8~12	0.33~0.66	25~35
	龙门刨床	W18Cr4V	铸铁	10~20	1.2~4.0	15~25
			钢	5~15	1.0~2.5	15~25
		YG8 YT5	铸铁	25~50	1.5~3.0	30~60
			钢	20~40	1.0~2.0	40~50
精加工	牛头刨床	W18Cr4V	铸铁	0.03~0.05	0.33~2.33[2]	5~10
			钢	0.03~0.05	0.33~2.33	5~8
		YG8 YT5	铸铁	0.03~0.05	0.33~2.33	5~8
			钢	0.03~0.05	0.33~2.33	5~8
	龙门刨床	W18Cr4V	铸铁	0.005~0.01	1~15[2]	3~5
			钢	0.005~0.01	1~15	3~5
		YG8 YT5	铸铁	0.03~0.05	1~20	4~6
			钢	0.03~0.05	1~20	4~6

注:f——进给量/双行程;

①铸铁 170~240HBW;碳钢 $\sigma_b=700\sim1000$MPa;

②据修光刃宽度来确定 f,一般取 f 为修光刃宽度的 0.6~0.8 倍

(5) 常用插削用量(表 8－88)。

表 8－88 插削用量

(1)粗加工平面				
工件材料	刀杆截面 /(mm×mm)	背吃刀量 a_p/mm		
		3	5	6
		进给量 f/(mm/单行程)		
碳钢	16×25	1.2~1.0	0.7~0.5	0.4~0.3
	20×30	1.6~1.3	1.2~0.8	0.7~0.5
	30×45	2.0~1.7	1.6~1.2	1.2~0.9
铸铁	16×25	1.4~1.2	1.2~0.8	1.0~0.6
	20×30	1.8~1.6	1.6~1.3	1.4~1.0
	30×40	2.0~1.7	2.0~1.7	1.6~1.3
(2)精加工平面				

（续）

表面粗糙度 $Ra/\mu m$	工件材料	副偏角 κ'_r /(°)	刀尖圆弧半径/mm		
			1.0	2	3
			进给量 f/(mm/双行程)		
6.3	碳钢	3~4	0.9~1.0	1.2~1.5	
	铸铁	5~10	0.7~0.8	1.0~1.2	
3.2	碳钢	2~3	0.25~0.4	0.5~0.7	0.7~0.9
	铸铁		0.35~0.5	0.6~0.8	0.9~1.0

（3）精加工槽

机床-工件-夹具系统的刚性	工件材料	槽的长度/mm	槽宽 B/mm			
			5	8	10	>12
			进给量 f/(mm/单行程)			
刚性好	碳钢		0.12~0.14	0.15~0.18	0.18~0.20	0.18~0.22
	铸铁		0.22~0.27	0.28~0.32	0.30~0.36	0.35~0.40
刚性差（或工件孔径<100mm的孔内槽）	碳钢	100	0.10~0.12	0.11~0.13	0.12~0.15	0.14~0.18
		200	0.07~0.10	0.09~0.11	0.10~0.12	0.10~0.13
		>200	0.05~0.07	0.06~0.09	0.07~0.08	0.08~0.11
	铸铁	100	0.18~0.22	0.20~0.24	0.22~0.27	0.25~0.30
		200	0.13~0.15	0.16~0.18	0.18~0.21	0.20~0.24
		>200	0.10~0.12	0.12~0.14	0.14~0.17	0.16~0.20

（6）钻削、扩削、铰削用量（表8-89~表8-98）。

表8-89 高速钢钻头钻削不同材料的切削用量

加工材料		硬度		切削速度 v/(m/min)	钻头直径 d_0/mm					钻头螺旋角/(°)	钻尖角/(°)	备注
		布氏/HBW	洛氏/HRB		<3	3~6	6~13	13~19	19~25			
					进给量 f/(mm/r)							
铝及铝合金		45~105	0~62	105	0.08	0.15	0.25	0.4	0.48	32~42	90~118	
铜及铜合金	高加工性	0~124	10~70	60	0.08	0.15	0.25	0.4	0.48	15~40	118	
	低加工性	0~124	10~70	20	0.08	0.15	0.25	0.4	0.48	0~25	118	
镁及镁合金		50~90	0~52	45~120	0.08	0.15	0.25	0.4	0.48	25~35	118	
锌合金		80~100	41~62	75	0.08	0.15	0.25	0.4	0.48	32~42	118	
碳钢	w_C 0~0.25%	125~175	71~88	24	0.08	0.13	0.2	0.26	0.32	25~35	118	
	w_C 0~0.50%	175~225	88~98	20	0.08	0.13	0.2	0.26	0.32	25~35	118	
	w_C ~0.90%	175~225	88~98	17	0.08	0.13	0.2	0.26	0.32	25~35	118	
合金钢	w_C 0.12%~0.25%	175~225	88~98	21	0.08	0.15	0.2	0.4	0.48	25~35	118	
	w_C 0.30%~0.65%	175~225	88~98	15~18	0.05	0.09	0.15	0.21	0.26	25~35	118	

（续）

加工材料		硬度 布氏/HBW	硬度 洛氏/HRB	切削速度 v/(m/min)	钻头直径 d_0/mm <3	3~6	6~13	13~19	19~25	钻头螺旋角/(°)	钻尖角/(°)	备注
					进给量f(mm/r)							
马氏体时效钢		275~325	28~35	17	0.08	0.13	0.2	0.26	0.32	25~32	118~135	
不锈钢	奥氏体	135~185	75~90	17	0.05	0.09	0.15	0.21	0.26	25~35	118~135	用含钴高速钢
	铁素体	135~185	75~90	20	0.05	0.09	0.15	0.21	0.26	25~35	118~135	
	马氏体	135~185	75~88	20	0.08	0.15	0.25	0.40	0.48	25~35	118~135	用含钴高速钢
	沉淀硬化	150~200	82~94	15	0.05	0.09	0.15	0.21	0.26	25~35	118~135	用含钴高速钢
工具钢		196	94	18	0.08	0.13	0.2	0.26	0.32	25~35	118	
		241	24	15	0.08	0.13	0.2	0.26	0.32	25~35	118	
灰铸铁	软	120~150	0~80	43~46	0.08	0.15	0.25	0.4	0.48	20~30	90~118	
	中硬	160~220	80~97	24~34	0.08	0.13	0.2	0.26	0.32	14~25	90~118	
可锻铸铁		112~126	0~71	27~37	0.08	0.13	0.2	0.26	0.32	20~30	90~118	
球磨铸铁		190~225	0~98	18	0.08	0.13	0.2	0.26	0.32	14~25	90~118	
高温合金	镍基	150~300	0~32	6	0.04	0.08	0.09	0.11	0.13	28~35	118~135	用含钴高速钢
	铁基	180~230	89~99	7.5	0.05	0.09	0.15	0.21	0.26	28~35	118~135	
	钴基	180~230	89~99	6	0.04	0.08	0.09	0.11	0.13	28~35	118~135	
钛及钛合金	纯钛	110~200	0~94	30	0.05	0.09	0.15	0.21	0.26	30~38	135	用含钴高速钢
	α及α+β	300~360	31~39	12	0.08	0.13	0.2	0.26	0.32	30~38	135	
	β	275~350	29~38	7.5	0.04	0.08	0.09	0.11	0.13	30~38	135	
塑料		—	—	30	0.08	0.13	0.2	0.26	0.32	15~25	118	
硬橡胶		—	—	30~90	0.05	0.09	0.15	0.21	0.26	10~20	90~118	

表 8-90 硬质合金钻头钻削不同材料的切削用量

加工材料	抗拉强度 σ_b/MPa	硬度/HBW	进给量f/(mm/r)			切削速度v/(m/min)			钻尖角/(°)	切削液
			d_0/mm 3~8	8~20	20~40	3~8	8~20	20~40		
工具钢、热处理钢	850~1200		0.02~0.04	0.04~0.08	0.08~0.12	25~32	30~38	35~40	115~120	非水溶性切削液
	1200~1800		0.02	0.02~0.04		10~15	12~18		115~120	
淬硬钢		≥50HRC	0.01~0.02	0.02~0.03		8~10	10~12		120~140	非水溶性切削液
高锰钢(w_{Mn}=12%~14%)				0.03~0.15			10~16		120~140	
铸钢	≥700		0.02~0.05	0.05~0.12	0.12~0.18	25~32	30~38	35~40	115~120	
不锈钢			0.08~0.12	0.12~0.2		25~27	27~35		115~120	

（续）

加工材料	抗拉强度 σ_b/MPa	硬度 /HBW	进给量 f/(mm/r)			切削速度 v/(m/min)			钻尖角 /(°)	切削液
			d_0/mm							
			3~8	8~20	20~40	3~8	8~20	20~40		
镍铬钢	1000	300	0.08~0.12	0.12~0.2		35~40	40~45		115~120	非水溶性切削液
	1400	420	0.04~0.05	0.05~0.08		15~20	20~25			
灰铸铁		≤250	0.04~0.08	0.08~0.16	0.16~0.3	40~60	50~70	60~80	115~120	干切或乳化液
合金铸铁		250~350	0.02~0.04	0.03~0.08	0.06~0.16	20~40	25~50	30~60	115~120	非水溶性切削油或乳化液
		350~450	0.02~0.04	0.03~0.06	0.05~0.1	8~20	10~25	12~30	115~120	
冷硬铸铁		65~85	0.01~0.03	0.02~0.04	0.03~0.06	5~8	6~10	8~12	120~140	
可锻铸铁 球磨铸铁			0.03~0.05	0.05~0.1	0.1~0.2	40~45	45~50	50~60	115~120	干切或乳化液
黄铜			0.06~0.1	0.1~0.2	0.2~0.3	80~100	90~110	100~120	115~125	
铸造青铜			0.06~0.08	0.08~0.12	0.12~0.2	50~70	55~75	60~80	115~125	
磷青铜			0.15~0.2	0.2~0.5		50~85	80~85		115~125	
铝合金		≥80	0.06~0.1	0.1~0.18	0.18~0.25	100~120	110~130	120~140	115~120	乳化液或水溶性切削液
硅铝合金 (w_{Si}=14%以上)			0.03~0.06	0.06~0.08	0.08~0.12	50~60	55~70	60~80	115~120	
硬质纸			0.08~0.12	0.12~0.18	0.18~0.25	60~100	80~120	100~140	90	—
热固性树脂(加入填充物)			0.04~0.06	0.06~0.12	0.12~0.2	60~80	70~90	80~100	80~130	—
玻璃			手进	手进	手进	9~10	10~11	11~12	玻璃锥	煤油、水
陶瓷器			手进	手进	手进	5~8	7~10	9~12	90	—
大理石、石板、砖			手进	手进	手进	18~24	21~27	24~30	大理石锥	
硬质岩 混凝土			手进	手进	手进	3~5	4~6	5~8	90	水
塑料、胶水			手进	手进	手进	50~55	55~60	60~70	118	—
硬橡胶			0.05~0.06	0.06~0.15	0.12~0.22	18~21	21~24	24~26	60~70	
硬质纤维			0.2~0.4			80~150			140	
酚醛树脂			0.2~0.4			100~120			70~80	
玻璃纤维复合材料			0.063~0.127			198			118~130	
贝壳			手进			30~60			60~70	
注：硬质合金牌号按 ISO 选用 K10 或 K20 对应的国内牌号										

表 8-91 高速钢钻头扩钻的进给量

扩孔钻直径 d/mm	钢		铸铁≤200HBW,铜及铝合金		铸铁>200HBW	
	进给量的组别					
	Ⅰ	Ⅱ	Ⅰ	Ⅱ	Ⅰ	Ⅱ
	进给量 f/(mm/r)					
15	0.5~0.6	0.4~0.45	0.7~0.9	0.5~0.6	0.5~0.6	0.4~0.45
20	0.6~0.7	0.45~0.5	0.9~1.1	0.6~0.7	0.6~0.75	0.5~0.55
25	0.7~0.9	0.5~0.6	1.0~1.2	0.7~0.8	0.7~0.8	0.55~0.6
30	0.8~1.0	0.6~0.7	1.1~1.3	0.8~0.9	0.8~0.9	0.6~0.7
35	0.9~1.1	0.6~0.7	1.2~1.5	0.9~1.0	0.9~1.0	0.65~0.75
40	0.9~1.2	0.7~0.8	1.4~1.7	1.0~1.1	1.0~1.2	0.7~0.8
50	1.0~1.3	0.8~0.9	1.6~2.0	1.1~1.3	1.2~1.4	0.85~1.0
60	1.1~1.3	0.85~0.9	1.8~2.2	1.2~1.4	1.3~1.5	0.9~1.1
80	1.2~1.5	0.9~1.1	2.0~2.4	1.4~1.6	1.4~1.7	1.0~1.2

钻头直径 d/mm	预先钻出孔的直径 d_1/mm	钢、铸钢、铝合金			铸铁、铜合金		
		进给量的组别					
		Ⅰ	Ⅱ	Ⅲ	Ⅰ	Ⅱ	Ⅲ
25	10	0.7~1.1	0.5~0.7	0.3~0.4	1.1~1.5	0.7~1.0	0.4~0.5
	15	0.8~1.2	0.6~0.8	0.4~0.5	1.2~1.6	0.8~1.1	0.45~0.6
30	10	0.7~1.1	0.5~0.7	0.3~0.4	1.0~1.4	0.7~1.1	0.4~0.5
	15	0.7~1.1	0.5~0.7	0.3~0.4	1.1~1.5	0.8~1.2	0.45~0.55
	20	0.8~1.2	0.6~0.8	0.4~0.5	1.2~1.6	0.8~1.2	0.6~0.6
40	15	0.8~1.2	0.5~0.7	0.3~0.4	1.0~1.6	0.7~1.1	0.4~0.5
	20	0.9~1.2	0.6~0.8	0.4~0.5	1.1~1.7	0.8~1.2	0.5~0.6
	30	0.9~1.3	0.6~0.8	0.4~0.5	1.2~1.8	0.8~1.3	0.6~0.7
50	20	0.9~1.2	0.6~0.8	0.4~0.5	1.2~1.8	0.9~1.3	0.5~0.6
	30	1.0~1.3	0.7~0.9	0.4~0.5	1.3~2.0	1.0~1.4	0.6~0.7
	40	1.0~1.4	0.8~0.9	0.5~0.6	1.3~2.0	1.0~1.4	0.7~0.8
60	30	0.9~1.2	0.7~0.8	0.4~0.5	1.2~1.8	0.9~1.3	0.5~0.6
	40	1.0~1.3	0.8~0.9	0.4~0.5	1.3~2.0	1.0~1.4	0.6~0.7
	50	1.0~1.4	0.8~0.9	0.5~0.6	1.3~2.0	1.0~1.4	0.7~0.8

注:进给量选用

[Ⅰ组] 在工件刚性好的部位扩无公差或12级公差的孔,以及以后尚需用几个刀具继续加工的孔;

[Ⅱ组] 1. 在工件刚性不足的部位扩无公差或12级公差的孔,以及以后尚需用几个刀具继续加工的孔;

2. 丝锥攻螺纹前扩孔钻;

[Ⅲ组] 扩钻精密孔(在以后尚需用一个扩孔钻或铰刀加工)

表 8－92　高速钢钻头扩钻的切削速度

钻头直径 d/mm	钢 σ_b＝0.735GPa 加切削液				灰铸铁 195HBW			
	f \ d_1	10	15		f \ d_1	10	15	
25	≤0.2	40.2	42.5		0.2	43.9	45.7	
	0.3	32.8	35.1		0.3	37.3	38.8	
	0.4	28.4	30.4		0.4	33.2	34.6	
	0.5	25.3	27.2		0.6	28.3	29.5	
	0.6	23.1	24.7		0.8	25.2	26.3	
	0.8	20.0	21.5		1.0	23.1	24.0	
	1.0	18.0	19.2		1.2	21.4	22.3	
	1.2	16.4	17.5		1.4	20.1	21.0	
					1.6	19.1	19.8	
	f \ d_1	15	20	30	f \ d_1	15	20	30
40	≤0.2	38.2	42.8	41.9	0.3	38.2	39.1	41.9
	0.3	31.2	34.9	40.1	0.4	34.1	34.8	37.4
	0.4	27.0	30.3	34.8	0.6	28.9	29.6	31.8
	0.5	24.2	27.0	31.1	0.8	25.8	26.4	28.3
	0.6	22.1	24.6	28.3	1.0	23.6	24.1	25.9
	0.8	19.1	21.4	24.6	1.2	22.0	22.2	24.0
	1.0	17.1	19.1	22.0	1.4	20.6	21.1	22.6
	1.2	15.6	17.4	20.0	1.6	19.6	20.2	21.4
					1.8	18.1	19.0	20.5

d	钢 σ_b＝0.735GPa 加切削液				灰铸铁 195HBW			
	f \ d_1	20	30	40	f \ d_1	20	30	40
50	0.2	41.0	44.5	51.0	0.3	38.4	40.1	42.9
	0.3	33.5	36.3	41.7	0.4	34.3	35.7	38.3
	0.4	29.0	31.5	36.0	0.6	29.1	30.3	32.5
	0.5	26.0	28.0	32.4	0.8	26.0	27.1	29.0
	0.6	23.7	25.7	29.6	1.0	23.8	24.7	26.5
	0.8	20.5	22.3	25.5	1.2	22.1	23.0	24.7
	1.0	18.3	19.9	22.9	1.4	20.7	21.6	23.1
	1.2	16.7	18.1	20.9	1.6	19.7	20.5	22.0
	1.6	15.5	17.2	19.4	1.8	18.8	19.6	20.9
	f \ d_1	30	40	50	f \ d_1	30	40	50
60	0.3	34.6	37.5	43.2	0.4	35.0	36.4	39.1
	0.4	30.0	32.5	37.4	0.6	29.7	31.0	33.2
	0.5	26.8	29.0	33.4	0.8	26.5	27.6	29.6
	0.6	24.5	26.6	30.5	1.0	24.2	25.3	27.1
	0.8	21.2	23.0	26.5	1.2	22.5	23.5	25.2
	1.0	18.9	20.5	23.7	1.4	21.2	22.1	23.7
	1.2	17.3	18.8	21.6	1.6	20.1	20.9	22.4
	1.4	16.0	17.4	20.0	1.8	19.1	19.9	21.4
	1.6	15.0	16.2	18.7	2.0	18.4	19.1	20.5

注：1. 表中 d—钻孔直径（mm）；d_1—预先钻出孔的直径（mm）；f—进给量（mm/r）；

2. 使用条件变换时表中进给量需乘以修正系数，使用条件变换时的切削速度修正系数可查相关手册

表 8－93　工具钢扩孔钻扩孔的进给量

扩孔钻直径 d/mm	钢		铸铁≤200HBW，铜及铝合金		铸铁>200HBW	
	进给量的组别					
	Ⅰ	Ⅱ	Ⅰ	Ⅱ	Ⅰ	Ⅱ
	进给量 f/（mm/r）					
15	0.5～0.6	0.4～0.45	0.7～0.9	0.5～0.6	0.5～0.6	0.4～0.45
20	0.6～0.7	0.45～0.5	0.9～1.1	0.6～0.7	0.6～0.75	0.5～0.55
25	0.7～0.9	0.5～0.6	1.0～1.2	0.7～0.8	0.7～0.8	0.55～0.6
30	0.8～1.0	0.6～0.7	1.1～1.3	0.8～0.9	0.8～0.9	0.6～0.7
35	0.9～1.1	0.6～0.7	1.2～1.5	0.9～1.0	0.9～1.0	0.65～0.75
40	0.9～1.2	0.7～0.8	1.4～1.7	1.0～1.1	1.0～1.2	0.7～0.8
50	1.0～1.3	0.8～0.9	1.6～2.0	1.1～1.3	1.2～1.4	0.85～1.0

（续）

扩孔钻直径 d/mm	钢		铸铁≤200HBW，铜及铝合金		铸铁>200HB	
	进给量的组别					
	Ⅰ	Ⅱ	Ⅰ	Ⅱ	Ⅰ	Ⅱ
	进给量 f/(mm/r)					
60	1.1~1.3	0.85~0.9	1.8~2.2	1.2~1.4	1.3~1.5	0.9~1.1
80	1.2~1.5	0.9~1.1	2.0~2.4	1.4~1.6	1.4~1.7	1.0~1.2

注：进给量选用

［Ⅰ组］1. 扩无公差或12级公差的孔；

2. 扩以后尚需用扩孔钻和铰刀或两个铰刀加工的孔；

［Ⅱ组］1. 有提高表面粗糙度要求的孔；

2. 扩切削深度小于9~11级公差的孔；

3. 扩后尚需用1个铰刀加工的孔；

4. 丝锥攻螺纹前扩孔；

表内进给量用于加工通孔；当加工盲孔时，特别是需要同时加工孔底时，进给量建议取0.3~0.6mm/r

表8-94　高速钢及硬质合金锪钻加工的切削速度

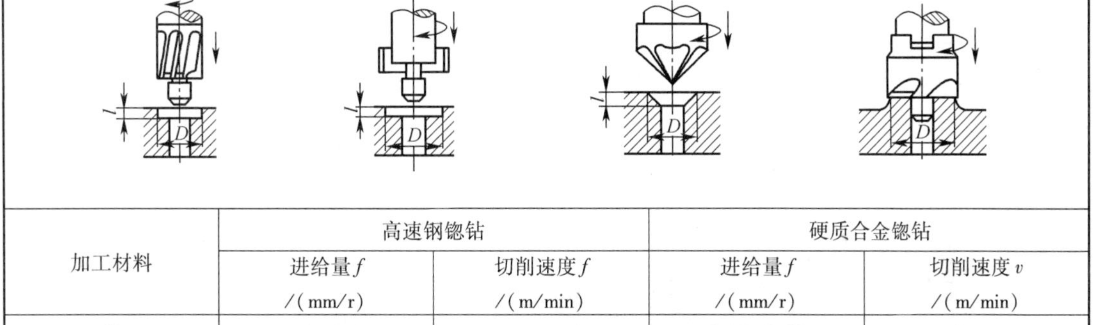

加工材料	高速钢锪钻		硬质合金锪钻	
	进给量 f /(mm/r)	切削速度 f /(m/min)	进给量 f /(mm/r)	切削速度 v /(m/min)
铝	0.13~0.38	120~245	0.15~0.30	150~245
黄铜	0.13~0.25	45~90	0.15~0.30	120~210
软铸铁	0.13~0.18	37~43	0.15~0.20	90~107
软钢	0.08~0.13	23~26	0.10~0.20	75~90
合金钢及工具钢	0.08~0.13	12~24	0.10~0.20	55~60

表8-95　高速钢铰刀铰孔时的切削用量

铰刀直径 d_0 /mm	低碳钢 120~200HBW		低合金钢 200~300HBW		高合金钢 300~400HBW		软铸铁 130HBW		中硬铸铁 175HBW		硬铸铁 230HBW	
	f	v	f	v	f	v	f	v	f	v	f	v
6	0.13	23	0.10	18	0.10	7.5	0.15	30.5	0.15	26	0.15	21
9	0.18	23	0.18	18	0.15	7.5	0.20	30.5	0.20	26	0.20	21
12	0.20	27	0.20	21	0.18	9	0.25	36.5	0.25	29	0.25	24
15	0.25	27	0.25	21	0.20	9	0.30	36.5	0.30	29	0.30	24
19	0.30	27	0.30	21	0.25	9	0.38	36.5	0.38	29	0.36	24

（续）

铰刀直径 d_0 /mm	低碳钢 120~200HBW		低合金钢 200~300HBW		高合金钢 300~400HBW		软铸铁 130HBW		中硬铸铁 175HBW		硬铸铁 230HBW	
	f	v	f	v	f	v	f	v	f	v	f	v
22	0.33	27	0.33	21	0.25	9	0.43	36.5	0.43	29	0.41	24
25	0.51	27	0.38	21	0.30	9	0.51	36.5	0.51	29	0.41	24
铰刀直径 d_0 /mm	可锻铸铁		铸造黄铜及青铜		铸造铝合金及锌合金		塑料		不锈钢		钛合金	
	f	v	f	v	f	v	f	v	f	v	f	v
6	0.10	17	0.13	46	0.15	43	0.13	21	0.05	7.5	0.15	9
9	0.18	20	0.18	46	0.20	43	0.18	21	0.10	7.5	0.20	9
12	0.20	20	0.23	52	0.25	49	0.20	24	0.15	9	0.25	12
15	0.25	20	0.30	52	0.30	49	0.25	24	0.20	9	0.25	12
19	0.30	20	0.41	52	0.38	49	0.30	24	0.25	11	0.30	12
22	0.33	20	0.43	52	0.43	49	0.33	24	0.30	12	0.38	18
25	0.38	20	0.51	52	0.51	49	0.51	24	0.36	14	0.51	18
注：v 单位为 m/min；f 单位为 mm/r												

表 8-96　硬质合金铰刀铰孔时的切削用量

加工材料			铰刀直径 d_0/mm	背吃刀量 a_p/mm	进给量 f/mm	切削速度 v/(m/min)
钢	σ_b /MPa	≤1000	<10	0.08~0.12	0.15~0.25	6~12
			10~20	0.12~0.15	0.20~0.35	
			20~40	0.15~0.20	0.30~0.50	
		>1000	<10	0.08~0.12	0.15~0.25	4~10
			10~20	0.12~0.15	0.20~0.35	
			20~40	0.15~0.20	0.30~0.50	
铸钢(σ_b≤700MPa)			<10	0.08~0.12	0.15~0.25	6~10
			10~20	0.12~0.15	0.20~0.35	
			20~40	0.15~0.20	0.30~0.50	
灰铸铁		≤200HBW	<10	0.08~0.12	0.15~0.25	8~15
			10~20	0.12~0.15	0.20~0.35	
			20~40	0.15~0.20	0.30~0.50	
		>200HBW	<10	0.08~0.12	0.15~0.25	5~10
			10~20	0.12~0.15	0.20~0.35	
			20~40	0.15~0.20	0.30~0.50	
冷硬铸铁(65~80HBW)			<10	0.08~0.12	0.15~0.25	3~5
			10~20	0.12~0.15	0.20~0.35	
			20~40	0.15~0.20	0.30~0.50	

(续)

加工材料		铰刀直径 d_0/mm	背吃刀量 a_p/mm	进给量 f/mm	切削速度 v/(m/min)
黄铜		<10	0.08~0.12	0.15~0.25	10~20
		10~20	0.12~0.15	0.20~0.35	
		20~40	0.15~0.20	0.30~0.50	
铸青铜		<10	0.08~0.12	0.15~0.25	15~30
		10~20	0.12~0.15	0.20~0.35	
		20~40	0.15~0.20	0.30~0.50	
铜		<10	0.08~0.12	0.15~0.25	6~12
		10~20	0.12~0.15	0.20~0.35	
		20~40	0.15~0.20	0.30~0.50	
铝合金	$w_{Si}\leqslant7\%$	<10	0.08~0.12	0.15~0.25	15~30
		10~20	0.12~0.15	0.20~0.35	
		20~40	0.15~0.20	0.30~0.50	
	$w_{Si}>7\%$	<10	0.08~0.12	0.15~0.25	10~20
		10~20	0.12~0.15	0.20~0.35	
		20~40	0.15~0.20	0.30~0.50	

注:粗铰(Ra3.2~1.6μm)钢和灰铸铁时,切削速度也可增至60~80mm/min

表8-97 钻中心孔的切削用量

中心孔/mm

毛坯直径	d	D	l	L	a
6~8	1	2.5	1.2	2.5	0.4
9~12	1.5	4.0	1.8	4.0	0.6
13~20	2.0	5.0	2.4	5.0	0.8
21~30	2.5	6.0	3.0	6.0	0.9
31~50	3.0	7.5	3.6	7.5	1.0
51~80	4.0	10	4.8	10	1.2
81~120	5.0	12	6.0	12.5	1.5
121~180	6.0	15	7.2	15	1.8
181~300	8.0	20	9.6	20	2.0

中心孔的制造工艺	刀具名称	刀具简图	钻中心孔的切削用量									
第一次行程	中心钻		d /mm	1.0	1.5	2.0	2.5	3.0	4	5	6	8
			f /(mm/r)	0.02	0.02	0.04	0.05	0.06	0.08	0.1	0.12	0.12
			v /(m/min)	8~15								

（续）

中心孔的制造工艺	刀具名称	刀具简图	钻中心孔的切削用量									
第二次行程	60°中心锪钻及带锥柄60°中心钻		d /mm	1.0	1.5	2.0	2.5	3.0	4	5	6	8
			f /(mm/r)	0.01	0.01	0.02	0.03	0.03	0.04	0.06	0.08	0.08
			v /(m/min)	12~25								
一次行程	不带护锥及带护锥的60°复合中心钻		d /mm	1.0	1.5	2.0	2.5	3.0	4	5	6	8
			f /(mm/r)	0.01	0.01	0.02	0.03	0.03	0.04	0.06	0.08	0.08
			v /(m/min)	12~25								

表 8-98　镗刀镗孔的切削用量

加工材料	镗孔直径 D /mm	背吃刀量 a_p /mm	粗加工 刀杆伸出长度/mm				精加工	光整加工
			进给量 f/(mm/r)					
钢	20	2.0	0.15~0.3	0.05~0.1				
		0.8					0.08~0.15	0.05~0.1
	40	3.0	0.15~0.3	0.1~0.2	0.08~0.15			
		0.5					0.1~0.15	0.05~0.1
	60	3.0		0.2~0.4	0.15~0.3	0.1~0.2		
		5.0		0.15~0.3	0.1~0.2	0.1~0.15		
		0.5					0.1~0.2	0.05~0.1
	80	3.0		0.3~0.5	0.2~0.4	0.2~0.3		
		5.0		0.2~0.4	0.15~0.3	0.1~0.2		
铸铁	20	2.0	0.1~0.2	0.08~0.15				
		0.5					0.1~0.2	0.05~0.1
	40	3.0	0.2~0.4	0.15~0.3	0.1~0.2			
		0.5					0.1~0.2	0.05~0.1
	60	3.0		0.25~0.5	0.2~0.4	0.15~0.3		
		5.0		0.2~0.4	0.15~0.3	0.1~0.2		
		0.5					0.15~0.25	0.05~0.1
	80	3.0		0.35~0.7	0.25~0.5	0.2~0.4		
		5.0		0.25~0.5	0.2~0.4	0.15~0.25		

加工材料	钢 $\sigma_b \leq 0.588$GPa 铜、黄铜	钢 $\sigma_b > 0.588$GPa	铝合金	铸铁、黄铜	
	加切削液			不加切削液	
v/(m/min)	15~30	10~20	30~50	12~25	

3）切削用量计算公式

（1）车削加工切削用量计算公式（表 8－99、表 8－100）。

表 8－99　车削速度计算公式

工件材料	刀具材料	进给量 f /(mm/r) 背吃刀量 a_p /mm	切削速度计算公式 /(m/min)	外圆纵向车削					横向车削			
				主偏角 κ_r								
				30°	45°	45°	60°	90°	15°	45°	45°	90°
				副偏角 κ_r'								
				10°	10°	45°	30°	10°	90°	10°	45°	10°
				系数 C_v								
结构碳钢、铬钢、镍铬钢 $\sigma_b = 0.637$GPa	YT5	$f \leqslant 0.3$	$v = \dfrac{C_v}{t^{0.2} a_p^{0.15} f^{0.2}}$	356	315	290	290	255	518	394	362	315
		$f \leqslant 0.75$	$v = \dfrac{C_v}{t^{0.2} a_p^{0.15} f^{0.35}}$	296	262	241	241	212	431	328	301	262
		$f > 0.75$	$v = \dfrac{C_v}{t^{0.2} a_p^{0.15} f^{0.45}}$	288	255	235	235	207	419	319	294	255
	YT15	$f \leqslant 0.3$	$v = \dfrac{C_v}{t^{0.2} a_p^{0.15} f^{0.2}}$	548	485	446	446	393	797	606	557	485
		$f \leqslant 0.75$	$v = \dfrac{C_v}{t^{0.2} a_p^{0.15} f^{0.45}}$	455	403	371	371	327	662	504	463	403
		$f > 0.75$	$v = \dfrac{C_v}{t^{0.2} a_p^{0.15} f^{0.2}}$	444	393	362	362	313	645	491	452	393
	YT30	$f \leqslant 0.3$	$v = \dfrac{C_v}{t^{0.2} a_p^{0.15} f^{0.2}}$	764	676	622	622	547	1110	845	776	676
		$f \leqslant 0.75$	$v = \dfrac{C_v}{t^{0.2} a_p^{0.15} f^{0.45}}$	636	562	517	517	456	922	702	646	562
		$f > 0.75$	$v = \dfrac{C_v}{t^{0.2} a_p^{0.15} f^{0.2}}$	691	547	503	503	443	900	684	630	547
	陶瓷刀	$f \leqslant 0.3$ $a_p \leqslant 2$	$v_{60} = \dfrac{C_v}{a_p^{0.19} f^{0.37}}$	229	229	229	161	137				
		$f \leqslant 0.3$ $a_p \leqslant 7$	$v_{60} = \dfrac{C_v}{a_p^{0.08} f^{0.02}}$	325	325	325	228	195				
		$f \leqslant 0.75$ $a_p \leqslant 7$	$v_{60} = \dfrac{C_v}{a_p^{0.08} f^{0.08}}$	302	302	302	212	181				
淬火钢 $\sigma_b = 1.617$GPa 50HRC	YT15	$f \leqslant 0.3$	$v = \dfrac{C_v}{t^{0.1} a_p^{0.18} f^{0.4}}$	60.5	53.5	49.4	49.4	43.6	88	63.5	61.5	53.5
	YT30	$f \leqslant 0.3$	$v = \dfrac{C_v}{t^{0.1} a_p^{0.18} f^{0.4}}$	102	90	83	83	73.3	148	107	104	90
耐热钢 1Cr18Ni9Ti	YT15	$f \leqslant 1$	$v = \dfrac{C_v}{t^{0.15} a_p^{0.2} f^{0.45}}$	226	209	199	171	146		257	245	180
可锻铸铁 150HBW	YG8	$f \leqslant 0.4$ $a_p < 2$	$v = \dfrac{C_v}{t^{0.2} a_p^{0.15} f^{0.2}}$	358	317	292	292	257		396	365	317
		$f \leqslant 0.4$ $a_p \geqslant 2$	$v = \dfrac{C_v}{t^{0.2} a_p^{0.15} f^{0.45}}$	243	215	198	198	174		269	247	215
灰铸铁 190HBW	YG6	$f \leqslant 0.4$	$v = \dfrac{C_v}{t^{0.2} a_p^{0.15} f^{0.2}}$	350	292	257	257	213		365	335	257
		$f > 0.4$	$v = \dfrac{C_v}{t^{0.2} a_p^{0.15} f^{0.4}}$	292	243	223	223	177		304	297	223
灰铸铁 190HBW	陶瓷刀	$f \leqslant 0.5$	$v = \dfrac{C_v}{t^{0.43} a_p^{0.2} f^{0.2}}$	1560	1560	1560	1090	935				

（续）

工件材料	刀具材料	进给量 f /(mm/r) 背吃刀量 a_p /mm	切削速度计算公式 /(m/min)	外圆纵向车削					横向车削			
				主偏角 κ_r								
				30°	45°	45°	60°	90°	15°	45°	45°	90°
				副偏角 κ_r'								
				10°	10°	45°	30°	10°	90°	10°	45°	10°
				系数 C_v								
青铜 200~240HBW	YG8	$f \leqslant 0.4$	$v = \dfrac{C_v}{t^{0.2} a_p^{0.13} f^{0.2}}$		917	917	808	670		1090	1010	794
		$f > 0.4$	$v = \dfrac{C_v}{t^{0.2} a_p^{0.2} f^{0.4}}$		810	810	714	592		960	890	702
结构碳钢、$\sigma_b = 0.637$GPa	W18Cr4V	$f \leqslant 0.25$	$v = \dfrac{C_v}{t^{0.125} a_p^{0.25} f^{0.33}}$	136	108	94	83	71	147	112	98	74
		$f > 0.25$	$v = \dfrac{C_v}{t^{0.125} a_p^{0.25} f^{0.68}}$	86	68	59	52	45	93	71	61	47
可锻铸铁	W18Cr4V	$f \leqslant 0.25$	$v_{60} = \dfrac{C_v}{a_p^{0.2} f^{0.25}}$		65							
		$f > 0.25$	$v_{60} = \dfrac{C_v}{a_p^{0.2} f^{0.5}}$		46							
灰铸铁 190HBW		半精加工	$v_{60} = \dfrac{C_v}{a_p^{0.15} f^{0.3}}$		24.7							
		粗加工	$v_{60} = \dfrac{C_v}{a_p^{0.15} f^{0.4}}$		23.6							
中等硬度青铜		$f \leqslant 0.2$	$v_{60} = \dfrac{C_v}{a_p^{0.12} f^{0.25}}$		93	$\kappa_r = 60°, \kappa_r' = 10°$						
		$f > 0.2$	$v_{60} = \dfrac{C_v}{a_p^{0.12} f^{0.5}}$		63							
注：t——刀具耐用度(min)；f——进给量(mm/r)；a_p——背吃刀量(mm)；v——圆周速度(m/min)												

表 8-100　车削力计算公式

工件材料	刀具材料	切削力计算公式	主偏角 κ_r				
			15°	30°	45°	60°	90°
			系数 C_N				
碳钢、铬钢、铬镍钢 $\sigma_b = 0.673$GPa	W18Cr4V	$N_z = C_{Nz} a_p f^{0.75}$	2188	1902	1765	1726	1608
		$N_y = C_{Ny} a_p f^{0.75}$		1795	1098	775	480
		$N_x = C_{Nx} a_p f^{0.75}$		412	588	745	1069
	YT5 YT15 YT30	$N_z = C_{Nz} a_p f^{0.75} v^{-0.15}$	3707	3020	2795	2628	2481
		$N_y = C_{Ny} a_p^{0.9} f^{0.8} v^{-0.3}$		2530	1942	1491	971
		$N_x = C_{Nx} a_p f^{0.5} v^{-0.4}$ ($f \leqslant 0.75$mm/r)		2264	2883	3197	3373
		$N_x = C_{Nx} a_p f^{0.2} v^{-0.4}$ ($f > 0.75$mm/r)		2097	2658	2952	3099

（续）

工件材料	刀具材料	切削力计算公式	主偏角 κ_r				
			15°	30°	45°	60°	90°
			系数 C_N				
耐热钢 $1Cr_{18}Ni_9Ti$	YT15	$N_z = C_{Nz}a_pf^{0.75}$		2206	2000	1961	2206
可锻铸铁 150HBW	YG8	$N_z = C_{Nz}a_pf^{0.75}$		858	794	745	706
		$N_y = C_{Ny}a_p^{0.9}f^{0.75}$		549	422	324	211
		$N_x = C_{Nx}a_pf^{0.4}$		294	375	416	437
灰铸铁 190HBW	YG6	$N_z = C_{Nz}a_pf^{0.75}$		971	902	848	804
		$N_y = C_{Ny}a_p^{0.9}f^{0.75}$		686	529	408	265
		$N_x = C_{Nx}a_pf^{0.4}$		353	451	500	530
注：N_x——切向力（主切削力）；N_y——径向力；N_z——轴向力（进给力）							

（2）刨、插削加工切削用量计算公式（表 8-101）。

表 8-101　刨、插加工切削速度和切削力计算公式

工件材料	刀具材料	加工方式	切削速度计算公式	切削力计算公式
灰铸铁 190HBW	YG8	平面	$v = \dfrac{162}{t^{0.2}a_p^{0.15}f_z^{0.4}}$	$N_z = 902a_p^{1.0}f^{0.75}$
		槽	$v = \dfrac{38.2}{t^{0.2}f_z^{0.4}}$	$N_z = 1548a_p^{1.0}f^{1.0}$
	W18Cr4V	平面	$v = \dfrac{39.2}{t^{0.1}a_p^{0.15}f_z^{0.4}}$	$N_z = 1225a_p^{1.0}f^{0.75}$
		槽	$v = \dfrac{19.5}{t^{0.15}f_z^{0.4}}$	$N_z = 1548a_p^{1.0}f^{1.0}$
碳钢、铬钢、镍铬钢 $\sigma_b=0.637$GPa	W18Cr4V	平面	$v = \dfrac{61.1}{t^{0.12}a_p^{0.25}f_z^{0.66}}$	$N_z = 1892a_p^{1.0}f^{0.75}$
		槽	$v = \dfrac{20.2}{t^{0.25}f_z^{0.66}}$	$N_z = 2099a_p^{1.0}f^{1.0}$
铜合金	W18Cr4V	平面	$v = \dfrac{167}{t^{0.23}a_p^{0.12}f_z^{0.5}}$	$N_z = 539a_p^{1.0}f^{0.66}$
注：1. t——刀具耐用度（min）；f——进给量/双行程；a_p——背吃刀量（mm）；v——切削速度（m/min）；N_z——切向切削力（N）； 2. 刨、插刀具耐用度可参考车削刀具				

（3）钻、扩、铰削用量计算公式（表 8-102、表 8-103）。

表 8-102　钻削速度计算公式

加工方式	刀具材料	结构碳钢 $\sigma_b=0.637$GPa	刀具材料	灰铸铁 195HBW
钻	W18Cr4V	$f\leq0.2$mm/r $v = \dfrac{8d^{0.4}}{t^{0.2}f^{0.7}}$	W18Cr4V	$f\leq0.3$mm/r $v = \dfrac{14.2d^{0.25}}{t^{0.125}f^{0.55}}$
		$f>0.2$mm/r $v = \dfrac{11.4d^{0.4}}{t^{0.2}f^{0.5}}$		$f>0.3$mm/r $v = \dfrac{16.5d^{0.25}}{t^{0.125}f^{0.4}}$
			YG8	$v = \dfrac{42.3d^{0.5}}{t^{0.4}f^{0.5}}$

（续）

加工方式		刀具材料	结构碳钢 $\sigma_b=0.637GPa$	刀具材料	灰铸铁 195HBW
扩钻		W18Cr4V	$v=\dfrac{18.4d^{0.4}}{t^{0.2}a_p^{0.2}f^{0.5}}$	W18Cr4V	$v=\dfrac{21.6d^{0.25}}{t^{0.125}a_p^{0.1}f^{0.4}}$
				YG8	$v=\dfrac{55.2d^{0.5}}{t^{0.4}a_p^{0.15}f^{0.45}}$
扩孔	整体扩孔钻	W18Cr4V	$v=\dfrac{18.4d^{0.3}}{t^{0.3}a_p^{0.2}f^{0.5}}$	W18Cr4V	$v=\dfrac{18.2d^{0.2}}{t^{0.125}a_p^{0.1}f^{0.4}}$
	套式扩孔钻		$v=\dfrac{16.6d^{0.3}}{t^{0.3}a_p^{0.2}f^{0.5}}$	YG8	$v=\dfrac{16.3d^{0.2}}{t^{0.125}a_p^{0.1}f^{0.4}}$
	扩孔钻	YT15	$v=\dfrac{20.6d^{0.6}}{t^{0.25}a_p^{0.2}f^{0.3}}$		$v=\dfrac{101.5d^{0.4}}{t^{0.4}a_p^{0.15}f^{0.45}}$
铰		W18Cr4V	$v=\dfrac{12.1d^{0.3}}{t^{0.4}a_p^{0.2}f^{0.65}}$	W18Cr4V	$v=\dfrac{15.1d^{0.2}}{t^{0.3}a_p^{0.1}f^{0.5}}$
注：v——圆周速度(m/min)；f——进给量(mm/r)；t——刀具耐用度(min)；a_p——背吃刀量(mm)；d——孔径(mm)					

表 8-103　钻、扩、铰削轴向力 N、扭矩 M 及功率 P 计算公式

加工方式	刀具材料	结构碳钢 $\sigma_b=0.637GPa$	刀具材料	灰铸铁 195HBW
钻	工具钢	$N=600df^{0.5}$ (N) $M=304d^2f^{0.8}$ (N·mm)	工具钢	$N=425df^{0.8}$ (N) $M=210d^2f^{0.8}$ (N·mm)
			硬质合金	$N=418d^{1.2}f^{0.75}$ (N) $M=120d^{1.2}f^{0.8}$ (N·mm)
扩钻	工具钢	$N=333a_p^{1.3}f^{0.7}$ (N) $M=794da_p^{0.9}f^{0.8}$ (N·mm)	工具钢	$N=233a_p^{1.2}f^{0.4}$ (N) $M=846da_p^{0.75}f^{0.8}$ (N·mm)
	硬质合金	$M=6724d^{0.75}a_p^{0.8}f^{0.95}$ (N·mm)	硬质合金	$M=1686d^{0.85}a_p^{0.8}f^{0.7}$ (N·mm)
扩孔	硬质合金	$M=8316d^{0.75}a_p^{0.8}f^{0.95}$ (N·mm)	硬质合金	$M=1959d^{0.85}a_p^{0.8}f^{0.7}$ (N·mm)
钻、扩钻、扩孔、铰	工具钢 硬质合金	$p=\dfrac{Mn}{7018760\times1.36}$ (kW)	工具钢 硬质合金	$p=\dfrac{Mn}{7018760\times1.36}$ (kW)

（4）铣削加工切削用量计算公式（表 8-104）。

表 8-104 铣削速度及功率计算公式

高速钢 W18Cr4V 铣刀										
铣刀类型	加工材料	进给量 f_z /(mm/z)	切削速度 v /(m/min)	系数 C_v			切削功率 P /kW	系数		
				钢 σ_b = 0.637 GPa	可锻铸铁 150 HBW	可锻铸铁 150~220 HBW		钢 σ_b = 0.637 GPa	可锻铸铁 150 HBW	可锻铸铁 150~220 HBW
套式面铣刀	钢①	≤0.1	$v=\frac{C_v d^{0.45}}{t^{0.33}a_p^{0.3}f_z^{0.3}a_e^{0.1}z^{0.1}}$	73.5		95	$P=C_P\times10^{-5}\times d^{-0.1}a_p^{0.95}f_z^{0.8}a_e^{1.1}zn$	4.05		1.39
	铜合金	<0.1	$v=\frac{C_v d^{0.25}}{t^{0.2}a_p^{0.1}f_z^{0.4}a_e^{0.15}z^{0.1}}$	46.5		60.4				
	灰铸铁 180HBW		$v=\frac{44.1d^{0.2}}{t^{0.15}a_p^{0.1}f_z^{0.4}a_e^{0.1}z^{0.1}}$				$P=2.49\times10^{-5}\times d^{-0.14}a_p^{0.9}f_z^{0.72}a_e^{1.14}zn$			
	耐热钢 1Cr18Ni9Ti		$v=\frac{49.6d^{0.15}}{t^{0.14}a_p^{0.2}f_z^{0.3}a_e^{0.2}z^{0.1}}$							
圆柱铣刀	钢① 可锻铸铁 铜合金	≤0.1	$v=\frac{C_v d^{0.45}}{t^{0.33}a_p^{0.3}f_z^{0.2}a_e^{0.1}z^{0.1}}$	62.5	77	80.8	$P=C_P\times10^{-5}\times d^{0.14}a_p^{0.85}f_z^{0.72}a_e zn$	3.36	1.54	1.16
		>0.1	$v=\frac{C_v d^{0.45}}{t^{0.33}a_p^{0.3}f_z^{0.4}a_e^{0.1}z^{0.1}}$	40.2	49.5	52				
	灰铸铁 180HBW	≤0.15	$v=\frac{60.5d^{0.7}}{t^{0.25}a_p^{0.5}f_z^{0.2}a_e^{0.3}z^{0.3}}$				$P=1.49\times10^{-5}\times d^{0.17}a_p^{0.83}f_z^{0.65}a_e zn$			
		>0.15	$v=\frac{28.3d^{0.7}}{t^{0.25}a_p^{0.5}f_z^{0.6}a_e^{0.3}z^{0.3}}$							
	耐热钢 1Cr18Ni9Ti		$v=\frac{44d^{0.29}}{t^{0.24}a_p^{0.3}f_z^{0.34}a_e^{0.1}z^{0.1}}$							
圆盘铣刀 镶齿	钢① 可锻铸铁 铜合金	≤0.1	$v=\frac{C_v d^{0.25}}{t^{0.2}a_p^{0.3}f_z^{0.2}a_e^{0.1}z^{0.1}}$	85.7	105.8	110.9	$P=C_P\times10^{-5}\times d^{0.14}a_p^{0.86}f_z^{0.72}a_e zn$	3.36	1.54	1.16
		>0.1	$v=\frac{C_v d^{0.25}}{t^{0.2}a_p^{0.3}f_z^{0.4}a_e^{0.1}z^{0.1}}$	55	68	71.4				
	灰铸铁 180HBW		$v=\frac{89.4d^{0.2}}{t^{0.15}a_p^{0.5}f_z^{0.4}a_e^{0.1}z^{0.1}}$				$P=C_p\times10^{-5}\times d^{0.17}a_p^{0.83}f_z^{0.65}a_e zn$			
圆盘铣刀 整体直齿	钢① 可锻铸铁 铜合金		$v=\frac{C_v d^{0.25}}{t^{0.2}a_p^{0.3}f_z^{0.2}a_e^{0.1}z^{0.1}}$	77.8	95.8	100.8	$P=C_p\times10^{-5}\times d^{0.14}a_p^{0.86}f_z^{0.72}a_e zn$	3.36	1.54	1.16
	灰铸铁 180HBW		$v=\frac{75.5d^{0.2}}{t^{0.15}a_p^{0.5}f_z^{0.4}a_e^{0.1}z^{0.1}}$				$P=1.49\times10^{-5}\times d^{0.17}a_p^{0.83}f_z^{0.65}a_e zn$			
立铣刀	钢①		$v=\frac{C_v d^{0.45}}{t^{0.33}a_p^{0.5}f_z^{0.5}a_e^{0.1}z^{0.1}}$	53			$P=C_P\times10^{-5}\times d^{0.14}a_p^{0.86}f_z^{0.72}a_e zn$	3.36	1.54	1.16
	可锻铸铁 铜合金		$v=\frac{C_v d^{0.45}}{t^{0.33}a_p^{0.3}f_z^{0.2}a_e^{0.1}z^{0.1}}$		68.5	72				
	灰铸铁 180HBW		$v=\frac{75.5d^{0.7}}{t^{0.25}a_p^{0.5}f_z^{0.2}a_e^{0.3}z^{0.3}}$				$P=1.49\times10^{-5}\times d^{0.17}a_p^{0.83}f_z^{0.65}a_e zn$			
	耐热钢 1Cr18Ni9Ti		$v=\frac{22.5d^{0.35}}{t^{0.27}a_p^{0.21}f_z^{0.48}a_e^{0.3}z^{0.1}}$				$P=4.2\times10^{-5}\times d^{0.14}a_p^{0.75}f_z^{0.6}a_e zn$			
铣槽、切断铣刀	钢① 可锻铸铁 铜合金		$v=\frac{C_v d^{0.25}}{t^{0.2}a_p^{0.3}f_z^{0.2}a_e^{0.2}z^{0.1}}$	60.2	74	78	$P=C_P\times10^{-5}\times d^{0.14}a_p^{0.86}f_z^{0.72}a_e zn$	3.36	1.54	1.16
	灰铸铁 180HBW		$v=\frac{31.4d^{0.2}}{t^{0.15}a_p^{0.5}f_z^{0.4}a_e^{0.2}z^{0.1}}$				$P=1.49\times10^{-5}\times d^{0.17}a_p^{0.83}f_z^{0.65}a_e zn$			

高速钢 W18Cr4V 铣刀											
铣刀类型		加工材料	进给量 f_z /(mm/z)	切削速度 v /(m/min)	系数 C_v			切削功率 P /kW	系数		
					钢 $\sigma_b=$ 0.637 GPa	可锻铸铁 150 HBW	可锻铸铁 150~220 HBW		钢 $\sigma_b=$ 0.637 GPa	可锻铸铁 150 HBW	可锻铸铁 150~220 HBW
成形铣刀	凸圆	钢①		$v=\dfrac{C_v d^{0.45}}{t^{0.33}a_p^{0.3}f_z^{0.2}a_e^{0.1}z^{0.1}}$	60.2			$P=C_P\times10^{-5}\times d^{0.14}a_p^{0.86}f_z^{0.72}a_e zn$	2.32		
	凹圆			$v=\dfrac{C_v d^{0.45}}{t^{0.33}a_p^{0.3}f_z^{0.2}a_e^{0.1}z^{0.1}}$	50				2.32		
	角度								1.92		
键槽铣刀		钢①		$v=\dfrac{C_v d^{0.3}}{t^{0.26}a_p^{0.3}f_z^{0.25}}$	13.6						

硬质合金铣刀						
铣刀类型	硬质合金牌号	加工材料	进给量 f_z /(mm/z)		切削速度 v /(m/min)	切削功率 P /kW
套式面铣刀	YT15	结构碳钢、铬钢、镍铬钢 $\sigma_b=0.637$GPa			$v=\dfrac{382d^{0.2}}{t^{0.2}a_p^{0.1}f_z^{0.4}a_e^{0.2}}$	$P=13.8\times10^{-5}\times d^{-0.1}a_p^{0.8}f_z^{0.7}a_e^{0.85}zn$
	YG8	灰铸铁 180HBW			$v=\dfrac{396d^{0.2}}{t^{0.32}a_p^{0.15}f_z^{0.35}a_e^{0.2}}$	$P=2.66\times10^{-5}\times d^{-0.1}a_p^{0.9}f_z^{0.74}a_e^{0.85}zn$
	YG8	可锻铸铁 150HBW	≤0.18		$v=\dfrac{825d^{0.22}}{t^{0.33}a_p^{0.17}f_z^{0.1}a_e^{0.22}}$	$P=25.2\times10^{-5}\times d^{-0.3}af_z^{0.75}a_e^{1.1}zn^{0.8}$
			>0.18		$v=\dfrac{577d^{0.22}}{t^{0.33}a_p^{0.17}f_z^{0.32}a_e^{0.22}}$	
	YG8	耐热钢 1Cr18Ni9Ti			$v=\dfrac{108d^{0.2}}{t^{0.32}a_p^{0.06}f_z^{0.3}a_e^{0.2}}$	$P=11.2\times10^{-5}\times d^{-0.15}a_p^{0.92}f_z^{0.78}a_e^{0.85}zn$
圆柱铣刀	YT15	结构碳钢、铬钢、镍铬钢 $\sigma_b=0.637$GPa	a_e/mm	a_p/mm		$P=5\times10^{-5}\times d^{0.13}a_p^{0.88}f_z^{0.75}a_e zn$
			≤35	≤2	$v=\dfrac{448d^{0.17}a_e^{0.05}}{t^{0.32}a_p^{0.19}f_z^{0.28}z^{0.1}}$	
			≤35	>2	$v=\dfrac{510d^{0.17}a_e^{0.05}}{t^{0.32}a_p^{0.38}f_z^{0.28}z^{0.1}}$	
			>35	≤2	$v=\dfrac{708d^{0.17}}{t^{0.33}a_p^{0.19}f_z^{0.28}a_e^{0.08}z^{0.1}}$	
			>35	>2	$v=\dfrac{805d^{0.17}}{t^{0.33}a_p^{0.38}f_z^{0.28}a_e^{0.08}z^{0.1}}$	

（续）

铣刀类型	硬质合金牌号	加工材料	进给量 f_z /(mm/z)	切削速度 v /(m/min)		切削功率 P /kW
圆柱铣刀	YG8	灰铸铁 180HBW	f_z/(mm/z)	a_p/mm		$P=2.8\times10^{-5}\times d^{0.1}$ $a_p^{0.9}f_z^{0.8}a_e zn$
			≤0.2	<2.5	$v=\dfrac{796d^{0.37}}{t^{0.42}a_p^{0.13}f_z^{0.19}a_e^{0.23}z^{0.14}}$	
			>0.2	<2.5	$v=\dfrac{507d^{0.37}}{t^{0.42}a_p^{0.13}f_z^{0.47}a_e^{0.23}z^{0.14}}$	
			≤0.2	≥2.5	$v=\dfrac{1018d^{0.37}}{t^{0.42}a_p^{0.4}f_z^{0.19}a_e^{0.23}z^{0.14}}$	
			>0.2	≥2.5	$v=\dfrac{647d^{0.37}}{t^{0.42}a_p^{0.4}f_z^{0.47}a_e^{0.23}z^{0.14}}$	
	YT15	铬锰硅镍钢（退火）30CrMnSiNiA	f_z/(mm/z)	a_p/mm		
				<2	$v=\dfrac{440}{t^{0.28}a_p^{0.1}f_z^{0.45}a_e^{0.07}z^{0.1}}$	
				≥2	$v=\dfrac{550}{t^{0.28}a_p^{0.42}f_z^{0.45}a_e^{0.07}z^{0.1}}$	
	YG8	耐热钢 1Cr18Ni9Ti	<0.2		$v=\dfrac{3000}{t^{0.55}a_p^{0.23}f_z^{0.154}a_e^{0.24}z^{0.14}}$	$P=3.13\times10^{-5}\times d^{0.125}$ $a_p^{0.82}f_z^{0.75}a_e zn$
			≥0.2		$v=\dfrac{1220}{t^{0.55}a_p^{0.23}f_z^{0.72}a_e^{0.24}z^{0.14}}$	
圆盘铣刀 铣平面及凸台	YT15	结构碳钢、铬钢	<0.12		$v=\dfrac{1465d^{0.2}}{t^{0.35}a_p^{0.4}f_z^{0.12}}$	$P=13.8\times10^{-5}\times d^{-0.1}$ $a_p^{0.8}f_z^{0.7}a_e^{0.85}zn$
			≥0.12		$v=\dfrac{810d^{0.2}}{t^{0.35}a_p^{0.4}f_z^{0.4}}$	
圆盘铣刀 、铣槽	YT15	镍铬钢 $\sigma_b=0.637$GPa	<0.06		$v=\dfrac{2000d^{0.2}}{t^{0.35}a_p^{0.3}f_z^{0.12}a_e^{0.1}}$	$P=12.86\times10^{-5}\times d^{-0.1}$ $a_p^{0.9}f_z^{0.8}a_e^{1.1}zn^{0.9}$
			≥0.06		$v=\dfrac{757d^{0.2}}{t^{0.35}a_p^{0.3}f_z^{0.4}a_e^{0.1}}$	
		铬锰硅镍钢（淬火）30CrMnSiNiA			$v=\dfrac{163d^{0.2}}{t^{0.37}a_p^{0.43}f_z^{0.71}a_e^{0.1}z^{0.1}}$	
	YG8	耐热钢 1Cr18Ni9Ti			$v=\dfrac{103d^{0.3}}{t^{0.31}a_p^{0.43}f_z^{0.39}a_e^{0.1}z^{0.1}}$	
立铣刀 焊刀片的	YT15	结构碳钢 $\sigma_b=0.637$GPa			$v=\dfrac{262d^{0.44}}{t^{0.37}a_p^{0.24}f_z^{0.26}a_e^{0.1}z^{0.13}}$	$P=0.615\times10^{-5}\times d^{0.27}$ $a_p^{0.85}f_z^{0.75}a_e zn^{1.13}$
立铣刀 套齿圈的					$v=\dfrac{162d^{0.44}}{t^{0.37}a_p^{0.24}f_z^{0.26}a_e^{0.1}z^{0.13}}$	
立铣刀 焊刀片的		结构镍铬钢 $\sigma_b=0.637$GPa			$v=\dfrac{382d^{0.65}}{t^{0.5}a_p^{0.32}f_z^{0.28}a_e^{0.18}z^{0.23}}$	
立铣刀 套齿圈的					$v=\dfrac{244d^{0.65}}{t^{0.5}a_p^{0.32}f_z^{0.28}a_e^{0.18}z^{0.23}}$	
立铣刀	YG8	耐热钢 1Cr18Ni9Ti			$v=\dfrac{88d^{0.3}}{t^{0.4}a_p^{0.23}f_z^{0.5}a_e^{0.24}z^{0.14}}$	

注：t——刀具耐用度（min）；a_p——背吃刀量（mm）；d——铣刀直径（mm）；a_e——铣削宽度（mm）；z——铣刀齿数；f_z——每齿进给量；

① 为结构碳钢、合金钢

（5）齿轮、花键加工切削用量计算公式（表 8-105）。

表 8-105　滚齿、插齿、滚花键切削速度及功率计算公式

工件材料	模数 m/mm	加工方式	切削速度计算公式 /(m/min)	功率计算公式 /kW
45 钢 207HBW	1.5~6	模数滚刀粗加工	$v=\dfrac{312}{t^{0.33}f^{0.5}}$	$P_w=\dfrac{0.214f^{0.9}m^{1.7}}{d_0}$
	7~26		$v=\dfrac{305}{t^{0.33}f^{0.5}m^{0.1}}$	
	1.5~3	模数滚刀不经粗滚后的精滚	$v=\dfrac{506m^{0.5}}{t^{0.5}f^{0.85}}$	
灰铸铁 170~210HBW	1.5~26	模数滚刀粗加工	$v=\dfrac{198}{t^{0.2}f^{0.3}m^{0.15}}$	$P_w=\dfrac{0.062f^{0.9}m^{1.7}}{d_0}$
	1.5~3	模数滚刀精加工	$v=\dfrac{152m^{0.4}}{t^{0.3}f^{0.4}}$	
45 钢 207HBW		圆盘插齿刀粗插	$v=\dfrac{49}{t^{0.2}f^{0.5}m^{0.3}}$	$P_w=\dfrac{179\times10^{-4}fm^2}{z^{0.11}}$
		圆盘插齿刀精插	$v=\dfrac{90}{t^{0.3}f^{0.5}}$	
灰铸铁 170~210HBW		圆盘插齿刀粗插	$v=\dfrac{54}{t^{0.2}f^{0.35}m^{0.15}}$	$P_w=\dfrac{139\times10^{-4}fm^2}{z^{0.11}}$
		圆盘插齿刀精插	$v=\dfrac{113}{t^{0.3}f^{0.5}}$	
45 钢 207HBW		滚刀粗滚花键	$v=\dfrac{780z^{0.37}}{t^{0.4}f^{0.5}h^{1.28}}$	$P_w=42\times10^{-5}f^{0.65}d_0^{1.1}$
		圆盘铣刀粗铣圆柱齿轮	$v=\dfrac{49}{t^{0.33}f^{0.45}}$	

注：t——耐用度（min）；f——工件每转进给量或刀具每双行程进给量（mm/r）；m——模数（mm）；z——花键数；h——花键高度（mm）；d_0——滚刀或花键轴外径（mm）

2. 磨削用量的选择

1）磨削用量参数

磨削运动简单分类如图 8-40 所示，磨削运动参数如图 8-41 所示，磨削用量参数对磨削加工的影响见表 8-106。

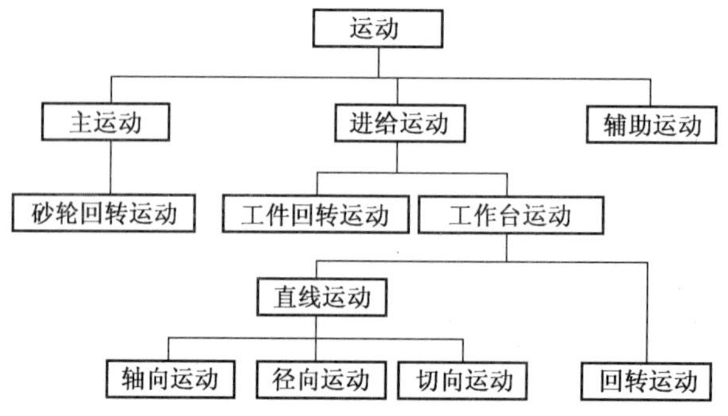

图 8-40　磨削运动简单分类

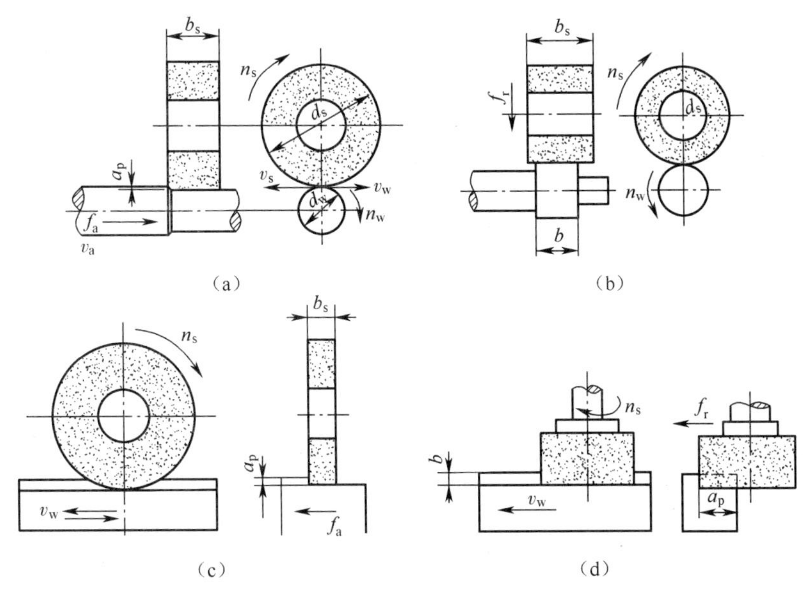

图 8-41 磨削运动参数

(a)圆周纵向磨削;(b)圆周切入磨削;(c)圆周平面磨削;(d)端面平面磨削。

v_s—磨削速度;n_s—砂轮转速;v_w—切向进给速度;n_w—工件转速;v_a—轴向进给速度;d_w—工件直径;

d_s—砂轮直径;b—磨削宽度;b_s—砂轮宽度;f_a—轴向进给量;a_p—背吃刀量;f_r—径向进给量。

表 8-106 磨削用量参数对磨削加工的影响

磨削用量	生产率	表面粗糙度	烧伤	磨削力	砂轮磨耗	磨削厚度	几何精度
v_s↑	↑	↓	↑	↓	↓	↓	↑
v_w↑	↑	↑	↓	↑	↑	↑	↓
f_a↑	↑	↑	↓	↑	↑	↑	↓
a_p↑	↑	↑	↑	↑	↑	↑	↓
光磨次数↑	↓	↓	↑	↓	↑	↓	↑
注:光磨次数为没有砂轮径向进给时的磨削次数							

2) 磨削速度 v_s

磨削加工的主运动为砂轮旋转运动,用磨削速度表示。磨削速度是砂轮直径处的切线速度,单位为m/s。外圆和平面的磨削速度一般为35m/s左右,内圆磨削速度一般为18~30m/s。在磨削过程中,当砂轮直径减小到一定值时,应更换砂轮或提高砂轮转速,以保证合理的磨削速度。

砂轮圆周速度越高,单位工作面上通过的磨粒越多,加工表面的粗糙度值越小。但砂轮转速受砂轮强度限制,同时砂轮速度过高,磨粒切削刃锋利程度易下降,造成磨削效率降低,易产生磨削振动和工件表面的烧伤。随着磨削技术的发展,砂轮速度已提高到60~80m/s,有的已超过100m/s。普通砂轮磨削速度的选择见表8-107。内圆磨、工具磨等因砂轮直径小,可降低一些砂轮速度。

表 8-107　普通砂轮磨削速度的选择　(单位:m/s)

<table>
<tr><td colspan="11">外　圆　磨　削</td></tr>
<tr><td colspan="3">砂轮类型</td><td colspan="3">磨削速度</td><td colspan="3">砂轮类型</td><td colspan="2">磨削速度</td></tr>
<tr><td colspan="3">陶瓷结合剂砂轮</td><td colspan="3">≤35</td><td colspan="3">树脂结合剂砂轮</td><td colspan="2"><50</td></tr>
<tr><td colspan="11">内圆磨削</td></tr>
<tr><td>砂轮直径/mm</td><td><8</td><td>9~12</td><td>13~18</td><td>19~22</td><td>23~25</td><td>26~30</td><td>31~33</td><td>34~41</td><td>42~49</td><td>>50</td></tr>
<tr><td>磨钢、铸铁时速度/(m/s)</td><td>10</td><td>14</td><td>18</td><td>20</td><td>21</td><td>23</td><td>24</td><td>26</td><td>27</td><td>30</td></tr>
<tr><td colspan="11">平面磨削</td></tr>
<tr><td>磨削形式</td><td>工件材料</td><td colspan="2">粗磨</td><td>精磨</td><td colspan="2">磨削形式</td><td>工件材料</td><td>粗磨</td><td colspan="2">精磨</td></tr>
<tr><td rowspan="2">圆周磨削</td><td>灰铸铁</td><td colspan="2">20~22</td><td>22~25</td><td colspan="2" rowspan="2">端面磨削</td><td>灰铸铁</td><td>15~18</td><td colspan="2">18~20</td></tr>
<tr><td>钢</td><td colspan="2">22~25</td><td>25~30</td><td>钢</td><td>18~20</td><td colspan="2">20~25</td></tr>
</table>

3）进给速度

(1) 切向(圆周)进给速度 v_w。切向进给运动是指工件沿砂轮圆周切线方向的进给速度,对于回转类工件,即为圆周进给速度,磨削速度与切向进给速度的比值称为速度比 q。

切向进给速度 v_w 的选择见表 8-108。

表 8-108　工件切向进给速度 v_w 选择

序号	主 要 因 素		选 择 条 件
1	速度比 $q=v_s/v_w$		一般外圆磨削取 $q=60\sim150$;内圆磨削取 $q=40\sim80$
2	砂轮的形状和硬度	直径	砂轮直径越小,则工件速度越低
		硬度	对于硬度高的砂轮,选取高的工件速度;反之,选择低的工件速度
3	工件的性能和形状	工件硬度	工件硬度高时,选用高的工件速度;反之,选用低的工件速度
		工件直径	工件直径小,选用低的工件速度(内圆磨削、平面磨削比外圆磨削时工件速度高);反之,选用高的工件速度
4	工件的表面粗糙度		加工表面的粗糙度值越小,工件速度应越低

(2) 轴向进给量 f_a 和进给速度 v_a。轴向进给运动指工作台带动工件在平行砂轮轴线方向上的运动,而对于工作台自身来说,其运动分为纵向运动和横向运动。当磨削轴类(或孔类)工件时,轴向进给运动方向与工作台纵向运动相同,因而此时的轴向进给运动也可称为纵向进给运动。

轴向进给量 f_a(mm/r)指工件每转(或工作台每行程)工作台相对砂轮轴向的位移量。轴向进给量受砂轮宽度的限制,在选择时可按下式计算:

$$f_a=(0.1\sim0.8)b_s$$

式中　b_s——砂轮宽度(mm)。

轴向进给速度　$$v_a=n_w\cdot f_a$$

式中　n_w——工件转速(r/min)。

(3) 径向进给量 f_r。径向进给运动指工作台带动工件在垂直砂轮轴线方向上的运动,同样对于磨削轴类(或孔类)工件,径向进给运动也可称为横向进给运动。

径向进给量f_r是指工件每转(或每行程)由工作台径向进给的位移量。径向进给运动一般是不连续的,只是在工件每次行程终了时,砂轮才做一次径向进给,所以径向进给量单位为mm/st(单行程)或mm/dst(双行程)。单行程指砂轮只在一个方向进行磨削,返回时不参加磨削,双行程指砂轮往返都参加磨削。磨削时要注意单行程还是双行程,如工件余量0.02mm(直径方向),取f_r=0.01mm/st,一个单行程可将余量磨去,而取f_r=0.005mm/dst,一个双行程可将余量磨去。

4)背吃刀量a_p的选择

背吃刀量a_p大,每颗磨粒的切削负荷就大,使磨削力和磨削热增加,同时又容易破坏切削刃和切削刃上的微刃,影响砂轮工作面质量和砂轮切削性能,从而影响工件表面质量。一般外圆纵磨时:粗磨钢a_p=0.02~0.05mm,粗磨铸铁a_p=0.08~0.15mm;精磨钢a_p=0.005~0.01mm,精磨铸铁a_p=0.02~0.05mm。外圆切入磨时:普通磨削a_p=0.001~0.005mm,精密磨削a_p=0.0025~0.005mm。

5)光磨次数的选择

光磨即背吃刀量为零磨削。加工表面粗糙度值随光磨次数的增加而减小,同时光磨还可提高工件的精度,但经过一定的光磨次数后,表面粗糙度变化不大。光磨次数应根据砂轮情况、加工要求方式确定,一般光磨次数的选择如下:

外圆磨削:40#~60#砂轮,一般磨削用量,光磨1~2次。

内圆磨削:40#~80#砂轮,一般磨削用量,光磨2~4次。

平面磨削:36#~60#砂轮,一般磨削用量,光磨1~2次。

6)常用磨削用量

(1)常用磨削用量基本范围(表8-109)。

表8-109 常用磨削用量基本范围

磨削方式	v_s/(m/s)	f_r(mm/st或mm/dst)		f_a/(mm/r)		v_w/(m/min)	
		粗磨	精磨	粗磨	精磨	粗磨	精磨
外圆磨削	25~35	0.015~0.05	0.005~0.01	(0.3~0.7)B	0.3~0.4)B	20~30	20~60
内圆磨削	18~30	0.005~0.02	0.0025~0.01	(0.4~0.7)B	0.2~0.4)B	20~40	20~40
平面磨削	25~35	0.015~0.05	0.005~0.015	(0.4~0.7)B	0.2~0.3)B	6~30	15~20

① 粗磨时,工件加工精度和表面粗糙度要求较低,为了提高生产率,可采用较大f_r、f_a,但必须配合使用粗粒度砂轮,否则磨削效率不易提高。

② 精磨时,为了获得较高加工精度和低表面粗糙度值,需采用较小的f_r、f_a、v_w。

③ 工件尺寸大,刚性好,受磨削力作用不易变形和产生振动时,可用较大的f_r、f_a;磨削细长、薄壁等刚性差的工件时,工件容易产生弹性变形和热变形,应采用较小的f_r、f_a;但粗磨时可采用小的f_r而适当加大f_a,以提高生产效率。

④ 强度和硬度高而导热性差的材料,在磨削时发热量大,传热慢,应采用较小的f_r,而v_w可适当加大一些,以免工件烧伤。

⑤ 使用切削性能良好的砂轮,如大气孔砂轮、铬刚玉、微晶刚玉砂轮等,f_r可增大一些。

⑥ 磨削细长零件,工件容易产生振动,v_w可适当降低些。

(2)外圆磨削用量(表8-110、表8-111)。

表 8－110　粗磨外圆磨削用量

1. 工件圆周速度 v_w/(m/min)

工件磨削表面直径 d_w/mm	20	30	50	80	120	200	300
工件圆周速度 V_w/(m/min)	10~20	11~22	12~24	13~26	14~28	15~30	17~34

2. 纵向(轴向)进给量:粗磨时 $f_a=(0.4\sim0.8)B$,精磨时 $f_a=(0.2\sim0.4)B$

式中:B 为砂轮宽度(mm)

3. 背吃刀量 a_p

工件磨削表面直径 d_w/mm	工件速度 v_w/(m/min)	工件纵向进给量 f_a(以砂轮宽度计)			
		0.5	0.6	0.7	0.8
		工作台单行程背吃刀量 a_p/mm			
≤30	10	0.022	0.018	0.015	0.013
	16	0.015	0.012	0.010	0.009
	22	0.011	0.090	0.080	0.007
≤80	12	0.024	0.020	0.017	0.015
	18	0.016	0.013	0.011	0.009
	25	0.012	0.010	0.008	0.007
≤120	14	0.029	0.024	0.020	0.016
	20	0.020	0.016	0.014	0.010
	28	0.014	0.012	0.010	0.008
≤200	15	0.028	0.024	0.020	0.018
	22	0.020	0.016	0.014	0.012
	30	0.014	0.012	0.010	0.009
≤300	17	0.028	0.024	0.020	0.018
	25	0.020	0.016	0.014	0.012
	34	0.014	0.012	0.010	0.009

背吃刀量 a_p 的修正系数

与砂轮耐用度及直径有关的系数 k_1					与工件材料有关的系数 k_2	
耐用度 T/s	砂轮直径 d_s/mm				加工材料	系数
	400	500	600	750		
360	1.25	1.4	1.6	1.8	耐热钢	0.85
540	1.0	1.12	1.25	1.4	淬火钢	0.95
900	0.8	0.9	1.0	1.12	非淬火钢	1.0
1440	0.63	0.71	0.8	0.9	铸铁	1.05

注:工作台一次往复的背吃刀量 a_p 应将表列数值乘以 2

表 8-111 精磨外圆磨削用量

1. 工件速度 v_w/(m/min)

工件磨削表面直径 d_w/mm	加工材料		工件磨削表面直径 d_w/mm	加工材料	
	非淬火钢及铸铁	淬火钢及耐热钢		非淬火钢及铸铁	淬火钢及耐热钢
20	15~30	20~30	120	30~60	35~60
30	18~35	22~35	200	35~70	40~70
50	20~40	25~40	300	40~80	50~70
80	25~50	30~50			

2. 纵向(轴向)进给量 f_a

表面粗糙度 Ra0. 8μm　　$f_a=(0.4\sim0.6)B$

表面粗糙度 Ra0. 4~0. 2μm　　$f_a=(0.2\sim0.4)B$

式中:B 为砂轮宽度(mm)

3. 背吃刀量 a_p

工件磨削直径 d_w/mm	工件速度 v_w/(m/min)	工件纵向进给量 f_a/(mm/r)								
		10	12. 5	16	20	25	32	40	50	63
		工作台单行程背吃刀量 a_p/mm								
≤30	20	0. 010	0. 009	0. 007	0. 005	0. 004	0. 003	0. 003	0. 002	0. 002
	25	0. 009	0. 007	0. 005	0. 004	0. 003	0. 003	0. 002	0. 002	0. 002
	32	0. 007	0. 005	0. 004	0. 003	0. 003	0. 002	0. 002	0. 001	0. 001
	40	0. 005	0. 004	0. 003	0. 003	0. 002	0. 002	0. 002	0. 001	0. 001
≤80	25	0. 014	0. 012	0. 009	0. 007	0. 005	0. 005	0. 004	0. 003	0. 002
	32	0. 011	0. 009	0. 007	0. 005	0. 004	0. 004	0. 003	0. 002	0. 002
	40	0. 009	0. 007	0. 006	0. 004	0. 003	0. 003	0. 002	0. 002	0. 001
	50	0. 007	0. 006	0. 005	0. 003	0. 003	0. 002	0. 002	0. 002	0. 001
≤120	30	0. 015	0. 012	0. 009	0. 007	0. 006	0. 005	0. 004	0. 003	0. 002
	38	0. 012	0. 009	0. 007	0. 006	0. 005	0. 004	0. 003	0. 002	0. 002
	48	0. 009	0. 007	0. 006	0. 005	0. 004	0. 003	0. 00	0. 002	0. 002
	60	0. 007	0. 006	0. 005	0. 004	0. 003	0. 002	0. 002	0. 002	0. 001
≤200	35	0. 016	0. 013	0. 010	0. 008	0. 006	0. 005	0. 004	0. 003	0. 003
	44	0. 013	0. 010	0. 008	0. 006	0. 005	0. 004	0. 003	0. 003	0. 002
	55	0. 010	0. 008	0. 006	0. 005	0. 004	0. 03	0. 003	0. 002	0. 002
	70	0. 008	0. 006	0. 005	0. 004	0. 003	0. 003	0. 002	0. 002	0. 001
≤300	40	0. 017	0. 014	0. 011	0. 009	0. 007	0. 005	0. 005	0. 004	0. 003
	50	0. 014	0. 011	0. 009	0. 007	0. 006	0. 004	0. 004	0. 003	0. 002
	63	0. 011	0. 009	0. 007	0. 006	0. 005	0. 004	0. 003	0. 002	0. 002
	70	0. 010	0. 008	0. 006	0. 05	0. 004	0. 003	0. 003	0. 002	0. 002

注:1. 工作台单行程背吃刀量 a_p 不应超过粗磨的 a_p;

2. 工作台一次往复行程背吃刀量 a_p 应将表列数值乘以 2

（3）内圆磨削用量（表 8－112、表 8－113）。

表 8－112　粗磨内圆磨削用量

1. 工件速度

工件磨削表面直径 d_w/mm	10	20	30	50	80	120	200	300	400
工件速度 v_w/(m/min)	10～20	10～20	12～24	15～30	18～36	20～40	23～46	28～50	35～70

2. 纵向(轴向)进给量 $f_a=(0.5\sim0.8)B$

式中：B 为砂轮宽度(mm)

3. 背吃刀量 a_p

工件磨削表面直径 d_w/mm	工件速度 v_w/(m/min)	工件纵向(轴向)进给量 f_a(以砂轮宽度计)			
		0.5	0.6	0.7	0.8
		工作台一次往复行程背吃刀量 a_p/mm			
20	10	0.0080	0.0070	0.0058	0.0050
	15	0.0056	0.0044	0.0038	0.0033
	20	0.0040	0.0033	0.0028	0.0025
25	10	0.0100	0.0083	0.0072	0.0063
	15	0.0066	0.0055	0.0047	0.0041
	20	0.0050	0.0042	0.0035	0.0031
30	11	0.0110	0.0091	0.0078	0.0068
	16	0.0075	0.0062	0.0053	0.0048
	20	0.0060	0.0050	0.0043	0.0038
35	12	0.0116	0.0100	0.0083	0.0073
	18	0.0078	0.0065	0.0056	0.0049
	20	0.0059	0.0050	0.0042	0.0037
40	13	0.0123	0.0103	0.0090	0.0077
	20	0.0080	0.0067	0.0057	0.0050
	26	0.0062	0.0051	0.0044	0.0038
50	14	0.0143	0.0119	0.0102	0.0090
	21	0.0096	0.0079	0.0068	0.0060
	29	0.0070	0.0057	0.0049	0.0043
60	16	0.0150	0.0125	0.0107	0.0094
	24	0.0100	0.0083	0.0071	0.0063
	32	0.0075	0.0063	0.0054	0.0047
80	17	0.0190	0.0158	0.0134	0.117
	25	0.0128	0.0107	0.0092	0.0080
	33	0.0097	0.0081	0.0070	0.0061
120	20	0.0240	0.0200	0.0172	0.0150
	30	0.0160	0.0133	0.0114	0.0100
	40	0.0120	0.0100	0.0086	0.0075

（续）

背吃刀量 a_p 的修正系数									
k_1（与砂轮耐用度有关）						k_2（与砂轮直径 d_s 及工件孔径 d_w 有关）			
T/s	≤96	150	240	360	600	d_s/d_w	0.4	≤0.7	>0.7
k_1	1.25	1.0	0.8	0.62	0.5	k_2	0.63	0.8	1.0

k_3（与砂轮速度及工件材料有关）							
工件材料	v_s/(m/s)			工件材料	v_s/(m/s)		
	18~22.5	≤28	≤35		18~22.5	≤28	≤35
耐热钢	0.68	0.76	0.85	非淬火钢	0.80	0.90	1.00
淬火钢	0.76	0.85	0.95	铸铁	0.83	0.94	1.05
注：工作台单行程背吃刀量 a_p 应将表列数值除以2							

表 8-113　精磨内圆磨削用量

1. 工件速度 v_w/(m/min)

工件磨削表面直径 d_w/mm	加工材料		工件磨削表面直径 d_w/mm	加工材料	
	非淬火钢及铸铁	淬火钢及耐热钢		非淬火钢及铸铁	淬火钢及耐热钢
10	10~16	10~16	80	30~60	40~60
15	12~20	12~20	120	35~70	45~70
20	16~32	20~32	200	40~80	50~80
30	20~40	25~40	300	45~90	55~90
50	25~50	30~50	400	55~110	65~110

2. 纵向(轴向)进给量 f_a

表面粗糙度 Ra1.6~0.8μm，$f_a=(0.5\sim0.9)B$

表面粗糙度 Ra0.4μm，$f_a=(0.25\sim0.5)B$

式中：B 为砂轮宽度(mm)

3. 背吃刀量 a_p

工件磨削表面直径 d_w/mm	工件速度 v_w/(m/min)	工件纵向(轴向)进给量 f_a/(mm/r)							
		10	12.5	16	20	25	32	40	50
		工作台一次往复行程背吃刀量 a_p/mm							
10	10	0.0039	0.0031	0.0024	0.0019	0.0015	0.0012	0.0010	0.0008
	13	0.0030	0.024	0.019	0.0015	0.0012	0.0009	0.0008	0.0006
	16	0.0024	0.0019	0.0015	0.0012	0.0010	0.0008	0.0006	0.0005
12	11	0.0047	0.0037	0.0029	0.0023	0.0019	0.0015	0.0012	0.0009
	14	0.0037	0.0029	0.0023	0.0018	0.0015	0.0011	0.0009	0.0007
	18	0.0029	0.0023	0.0018	0.0014	0.0011	0.0009	0.0007	0.0006

（续）

工件磨削表面直径 d_w/mm	工件速度 v_w/(m/min)	工件纵向（轴向）进给量 f_a/(mm/r)							
		10	12.5	16	20	25	32	40	50
		工作台一次往复行程背吃刀量 a_p/mm							
16	13	0.0062	0.0049	0.0039	0.0031	0.0025	0.0020	0.0016	0.0012
	19	0.0043	0.0034	0.0027	0.0021	0.0017	0.0013	0.0010	0.0009
	26	0.0031	0.0025	0.0020	0.0016	0.0012	0.0010	0.0008	0.0006
20	16	0.0062	0.0049	0.0038	0.0031	0.0025	0.0019	0.0015	0.0012
	24	0.0041	0.0033	0.0026	0.0020	0.0017	0.0013	0.0010	0.0008
	32	0.0031	0.0025	0.0019	0.0016	0.0012	0.0010	0.0008	0.0006
25	18	0.0067	0.0054	0.0042	0.0034	0.0027	0.0021	0.0017	0.0014
	27	0.0045	0.0036	0.0028	0.0022	0.0018	0.0014	0.0011	0.0009
	36	0.0034	0.0027	0.0021	0.0017	0.0013	0.0010	0.0008	0.0007
30	20	0.0071	0.0058	0.0044	0.0035	0.0028	0.0022	0.0018	0.0014
	30	0.0047	0.0038	0.0030	0.0024	0.0019	0.0015	0.0012	0.0010
	40	0.0036	0.0028	0.0022	0.0018	0.0014	0.0011	0.0009	0.0007
35	22	0.0075	0.0060	0.0047	00037	0.0030	0.0023	0.0019	0.0015
	33	0.0050	0.0040	0.0031	0.0025	0.0020	0.0016	0.0012	0.0010
	45	0.0037	0.0029	0.0023	0.0018	0.0015	0.0011	0.0009	0.0007
40	23	0.0081	0.0065	0.0051	0.0041	0.0032	0.0025	0.0020	0.0016
	35	0.0053	0.0042	0.0033	0.0027	0.0021	0.0017	0.0013	0.0010
	47	0.0039	0.0032	0.0025	0.0020	0.0016	0.0012	0.0010	0.0008
50	25	0.0090	0.0072	0.0057	0.0045	0.0036	0.0028	00023	0.0018
	37	0.0061	0.0049	0.0038	0.0030	0.0024	0.0019	0.0015	0.0012
	50	0.0045	0.0036	0.0028	0.0023	0.0018	0.0014	0.0011	0.0009
60	27	0.0100	0.0080	0.0062	0.0049	0.0039	0.0031	0.0025	0.0020
	41	0.0065	0.0052	0.0041	0.0032	0.0026	0.0020	0.0016	0.0013
	55	0.0048	0.0039	0.0030	0.0024	0.0019	0.0015	0.0012	0.0010
80	30	0.0112	0.0090	0.0070	0.0055	0.0045	0.0035	0.0028	0.0022
	45	0.0077	0.0061	0.0048	0.0038	0.0030	0.0024	0.0019	0.0015
	60	0.0058	0.0064	0.006	0.0029	0.0023	0.0018	0.0014	0.0011
120	35	0.0140	0.0110	0.0090	0.0071	0.0058	0.0045	0.0035	0.0028
	52	0.0095	0.0075	0.0060	0.0048	0.0038	0.0030	0.0025	0.0019
	70	0.0070	0.0058	0.0045	0.0035	0.0028	0.0020	0.0018	0.0014

（续）

工件磨削表面直径 d_w/mm	工件速度 v_w/(m/min)	工件纵向(轴向)进给量 f_a/(mm/r)							
		10	12.5	16	20	25	32	40	50
		工作台一次往复行程背吃刀量 a_p/mm							
4. 背吃刀量 a_p的修正系数									

k_1(与加工精度及直径余量有关)						k_2(与加工材料及表面形状有关)			k_3(与磨削长度和直径之比有关)				
精度等级	直径余量/mm					工件材料	表面		l_w/d_w	≤1.2	≤1.6	≤2.5	≤4
	0.2	0.3	0.4	0.5	0.8		无圆角	带圆角					
IT6	0.5	0.63	0.8	1.0	1.25	耐热钢	0.7	0.56	k_3	1.0	0.87	0.76	0.67
IT7	0.63	0.8	1.0	1.25	1.6	淬火钢	1.0	0.75					
IT8	0.8	1.0	1.25	1.6	2.0	非淬火钢	1.2	0.9					
IT9	1.0	1.25	1.6	2.0	2.5		1.6	1.2					
注:背吃刀量 a_p不应超过粗磨的 a_p													

（4）平面磨削用量(表 8－114～表 8－117)。

表 8－114　粗磨平面磨削用量(矩形工作台平面磨)

1. 工件速度									
工件磨削表面直径 d_w/mm	10	20	30	50	80	120	200	300	400
工件速度 v_w/(m/min)	10～20	10～20	12～24	15～30	18～36	20～40	23～46	28～50	35～70

2. 纵向(轴向)进给量 f_a						
加工性质	砂轮宽度 b_s/mm					
	32	40	50	63	80	100
	工作台单行程纵向进给量 f_a/(mm/st)					
粗磨	16～24	20～30	25～38	32～44	40～60	50～75

3. 背吃刀量							
纵向进给量 f_a(以砂轮宽度计)	耐用度 T/s	工件速度 v_w/(m/min)					
		6	8	10	12	16	20
		工作台单行程背吃刀量 a_p/mm					
0.5	540	0.066	0.049	0.039	0.033	0.024	0.019
0.6		0.055	0.041	0.033	0.028	0.020	0.016
0.8		0.041	0.031	0.024	0.021	0.015	0.012
0.5	900	0.053	0.038	0.030	0.026	0.019	0.015
0.6		0.042	0.032	0.025	0.021	0.016	0.013
0.8		0.032	0.024	0.019	0.016	0.012	0.010

(续)

纵向进给量f_a（以砂轮宽度计）	耐用度T/s	工件速度v_w/(m/min)					
		6	8	10	12	16	20
		工作台单行程背吃刀量a_p/mm					
0.5	1440	0.040	0.030	0.024	0.020	0.015	0.012
0.6		0.034	0.025	0.020	0.017	0.013	0.010
0.8		0.025	0.019	0.015	0.013	0.010	0.008
0.5	2400	0.033	0.023	0.019	0.016	0.012	0.093
0.6		0.026	0.019	0.015	0.013	0.097	0.078
0.8		0.019	0.015	0.012	0.098	0.073	0.059

4. 背吃刀量a_p的修正系数

k_1（与工件材料及砂轮直径有关）

工件材料	砂轮直径d_s/mm			
	320	400	500	600
耐热钢	0.7	0.78	0.85	0.95
淬火钢	0.78	0.87	0.95	1.06
非淬火钢	0.82	0.91	1.0	1.12
铸铁	0.86	0.96	1.05	1.17

（与工作台充满系数k_f有关）

k_f	0.2	0.25	0.32	0.4	0.5	0.63	0.8	1.0
k_2	1.6	1.4	1.25	1.12	1.0	0.9	0.8	0.71

注：工作台一次往复行程的背吃刀量应将表列数值乘以2

表 8-115 精磨平面磨削用量（矩形工作台平面磨）

1. 纵向进给量

加工性质	砂轮宽度b_s/mm					
	32	40	50	63	80	100
	工作台单行程纵向进给量f_a/(mm/st)					
	8~16	10~20	12~25	16~32	20~40	25~50

2. 背吃刀量

工件速度v_w/(m/min)	工作台单行程纵向进给量f_a/(mm/st)								
	8	10	12	15	20	25	30	40	50
	工作台单行程背吃刀量a_p/mm								
5	0.086	0.069	0.058	0.046	0.035	0.028	0.023	0.017	0.014
6	0.072	0.058	0.046	0.039	0.029	0.023	0.019	0.014	0.012
8	0.054	0.043	0.05	0.029	0.022	0.017	0.015	0.011	0.009
10	0.043	0.035	0.028	0.023	0.019	0.014	0.012	0.010	0.007
12	0.036	0.029	0.023	0.019	0.014	0.012	0.010	0.007	0.006
15	0.029	0.023	0.018	0.015	0.012	0.009	0.008	0.006	0.005

(续)

工件速度 v_w/(m/min)	工作台单行程纵向进给量 f_a/(mm/st)								
	8	10	12	15	20	25	30	40	50
	工作台单行程背吃刀量 a_p/(mm)								
20	0.022	0.017	0.014	0.012	0.009	0.007	0.006	0.005	0.004

3. 背吃刀量 a_p的修正系数

k_1(与工件材料及砂轮直径有关)					k_2(与加工精度及余量有关)						
工件材料	砂轮直径 d_s/mm				尺寸精度 /mm	加工余量/mm					
	320	400	500	600		0.12	0.17	0.25	0.35	0.50	0.70
耐热钢	0.7	0.78	0.85	0.95	0.02	0.4	0.5	0.63	0.8	1.0	1.25
淬火钢	0.78	0.87	0.95	1.06	0.03	0.5	0.63	0.8	1.0	1.25	1.6
非淬火钢	0.82	0.91	1.0	1.12	0.05	0.63	0.8	1.0	1.25	1.6	2.0
铸铁	0.86	0.96	1.05	1.17	0.08	0.8	1.0	1.25	1.6	2.0	2.5

k_3(与工作台充满系数 k_f有关)

k_f	0.2	0.25	0.32	0.4	0.5	0.63	0.08	1.0
k_2	1.6	1.4	1.25	1.12	1.0	0.9	0.8	0.71

注:1. 精磨的 f_a不应超过粗磨的 f_a值;

2. 工件的运动速度,当加工淬火钢时取大值,加工非淬火钢及铸铁时取小值

表 8-116 粗磨平面磨削用量(圆形工作台平面磨)

1. 纵向进给量

加工性质	砂轮宽度 b_s/mm					
	32	40	50	63	80	100
	工作台纵向进给量 f_a/(mm/r)					
粗磨	16~24	20~30	25~38	32~44	40~46	50~75

2. 背吃刀量

纵向进给量 f_a(以砂轮宽度计)	耐用度 T/s	工件速度 v_w/(m/min)						
		8	10	12	16	20	25	30
		砂轮单行程背吃刀量 a_p/mm						
0.5	540	0.049	0.039	0.033	0.024	0.019	0.016	0.013
0.6		0.041	0.03	0.028	0.020	0.016	0.013	0.011
0.8		0.031	0.024	0.021	0.015	0.012	0.010	0.008
0.5	900	0.038	0.030	0.026	0.019	0.015	0.012	0.010
0.6		0.032	0.025	0.021	0.016	0.013	0.010	0.008
0.8		0.024	0.019	0.016	0.012	0.010	0.008	0.006
0.5	1440	0.030	0.024	0.020	0.015	0.012	0.010	0.008
0.6		0.025	0.020	0.017	0.013	0.010	0.008	0.006
0.8		0.019	0.015	0.013	0.010	0.008	0.006	0.005

(续)

纵向进给量 f_a（以砂轮宽度计）	耐用度 T/s	工件速度 v_w/(m/min)						
		8	10	12	16	20	25	30
		砂轮单行程背吃刀量 a_p/mm						
0.5	2400	0.023	0.019	0.016	0.012	0.010	0.008	0.006
0.6		0.019	0.015	0.013	0.010	0.008	0.006	0.005
0.8		0.015	0.012	0.010	0.007	0.006	0.005	0.004

3. 背吃刀量 a_p的修正系数

k_1(与工件材料及砂轮直径有关)					k_2(与工作台充满系数 k_f有关)							
工件材料	砂轮直径 d_s/mm				k_f	0.25	0.32	0.4	0.5	0.63	0.8	1.0
	320	400	500	600	k_2	1.4	1.25	1.12	1.0	0.9	0.8	0.71
耐热钢	0.7	0.78	0.85	0.95								
淬火钢	0.78	0.87	0.95	1.06								
非淬火钢	0.82	0.91	1.0	1.12								
铸铁	0.86	0.96	1.05	1.17								

表 8-117 精磨平面磨削用量(圆形工作台平面磨)

1. 纵向进给量

加工性质	砂轮宽度 b_s/mm					
	32	40	50	63	80	100
	工作台纵向进给量 f_a/(mm/r)					
精磨	8~16	10~20	12~25	16~32	20~40	25~50

2. 背吃刀量

工件速度 v_w/(m/min)	工作台纵向进给量 f_a/(mm/r)								
	8	10	12	15	20	25	30	40	50
	砂轮单行程背吃刀量 a_p/mm								
8	0.067	0.054	0.043	0.036	0.027	0.022	0.019	0.014	0.011
10	0.054	0.043	0.035	0.029	0.022	0.017	0.015	0.011	0.009
12	0.045	0.036	0.029	0.024	0.018	0.015	0.012	0.009	0.007
15	0.036	0.029	0.022	0.019	0.015	0.011	0.010	0.007	0.006
20	0.027	0.021	0.018	0.015	0.011	0.009	0.007	0.005	0.004
25	0.021	0.017	0.014	0.012	0.009	0.007	0.006	0.004	0.003
30	0.018	0.014	0.013	0.010	0.007	0.006	0.005	0.004	0.003
40	0.013	0.011	0.009	0.007	0.005	0.004	0.004	0.003	0.002

3. 背吃刀量 a_p的修正系数

k_1(与工件材料及砂轮直径有关)					k_2(与加工精度及余量有关)							
工件材料	砂轮直径 d_s/mm				尺寸精度/mm	加工余量/mm						
	320	400	500	600		0.08	0.12	0.17	0.25	0.35	0.50	0.70
耐热钢	0.56	0.63	0.70	0.80	0.02	0.32	0.4	0.5	0.63	0.8	1.0	1.25

（续）

工件材料	砂轮直径 d_s/mm				尺寸精度/mm	加工余量/mm						
	320	400	500	600		0.08	0.12	0.17	0.25	0.35	0.50	0.70
淬火钢	0.80	0.9	1.0	1.1	0.03	0.4	0.5	0.63	0.8	1.0	1.25	1.6
非淬火钢	0.96	1.1	1.2	1.3	0.05	0.5	0.63	0.8	1.0	1.25	1.6	2.0
铸铁	1.28	1.45	1.6	1.75	0.08	0.63	0.8	1.0	1.25	1.6	2.0	2.5

k_3（与工作台充满系数 k_f 有关）

k_f	0.2	0.25	0.3	0.4	05	0.6	0.8	1.0
k_3	1.6	1.4	1.25	1.12	1.0	0.9	0.8	0.71

注：1. 精磨的 f_a 不应超过粗磨的 f_a 值；

2. 工件的运动速度，当加工淬火钢时取大值，加工非淬火钢及铸铁时取小值

第四节　切削液的选择

1. 切削液的作用（表 8-118）

表 8-118　切削液的作用

作用类型	说　明
冷却作用	切削液可迅速将切削热从切削区带走，以降低切削的最高温度，延长刀具耐用度，减小工件热变形，提高加工精度。 切削液的冷却性能取决于它的热导率、比热容、汽化热、温度、流量、流速及冷却方式等。水的热导率为油的 3~5 倍，比热容为油的 2~2.5 倍，汽化热为油的 7~13 倍，因此水的冷却性能比油高很多。切削液本身的温度对冷却效果影响很大，例如将切削液的温度由 40℃降低到 5~10℃时，刀具上的温度可降低 7~10℃，刀具寿命可提高 1~2 倍。因此应要求切削液有一定的流量及流速，使切削液保持较低的温度
润滑作用	切削液在刀具与切屑、工件的接触面上形成吸附薄膜，起到润滑作用，减小金属与金属之间的直接接触的面积，降低摩擦力和摩擦系数，增大剪切角，减小切削变形，抑制积屑瘤生长，减小加工表面粗糙度。同时，还可减小切削功率，降低切削温度，提高刀具耐用度。对于精加工，润滑作用更为重要
清洗作用	在金属切削加工过程中，经常产生一些细小的切屑、金属粉末及砂轮砂粒灰末等，在切削加工铸铁、磨削加工及深孔加工时尤其严重。为了防止这些细小切屑及粉末互相粘结或粘结在工件、刀具上，影响工件的表面粗糙度、精度和刀具的使用寿命，要求切削液具有良好的清洗作用
防锈作用	切削液中的添加剂特别是极压添加剂，能使金属表面形成一层保护膜，使工件在工序间具有防锈性，同时也可以防止机床和刀具生锈

2. 切削液的种类

生产中常用的切削液有水基切削液和油基切削液两大类。

1）水基切削液

水基切削液主要分为水溶液、乳化液和合成切削液。其最大特点是散热快、成本低；但容易受细菌影响，排放后处理费用高。新一代的水基切削液已具有了抗细菌、霉菌，不产生有害气体，符合毒性和环保要求等特点，但价格较高。

（1）水溶液。水溶液主要以软水为主，并加入防锈剂、防霉剂、清洗剂或油性添加剂等配制而成。水溶液既有良好的冷却性，又有一定的润滑性，并且溶液透明，操作时便于观察，不易堵塞砂轮，在某些情况下可代替乳化液，用于磨削和其他切削加工。

(2) 乳化液。乳化液是水和乳化油经搅拌后形成的乳白色液体,用途很广。低浓度乳化液以冷却作用为主,用于粗加工和普通磨削加工中;高浓度乳化液以润滑作用为主,用于精加工和复杂刀具加工中。加工碳钢时乳化液浓度的选用见表 8-119。

表 8-119 加工碳钢时乳化液浓度的选用

加工要求	粗车、普通磨削	切削	粗铣	铰孔	拉削	齿轮加工
乳化液浓度/%	3~5	10~20	5	10~15	10~20	15~20

乳化液可以分成四类:防锈乳化液、清洗乳化液、极压乳化液和透明乳化液。极压乳化液润滑性能比其他乳化液好得多,在有些场合可代替切削油。提高乳化油中乳化剂的含量、乳化液浓度,形成细小的油滴,就成为透明乳化液。透明乳化液的特点是便于观察,清洗性好,不易堵塞砂轮,可用于精磨工序。

(3) 合成切削液。合成切削液是国内外推广使用的高性能切削液。它是由水、各种表面活性剂和化学添加剂组成的。它具有良好的冷却、润滑、清洗和防锈性能,热稳定性好,使用周期长等特点。国外的使用率达到 60%,国内工厂的使用也日益增多。

2) 油基切削液

油基切削液主要有切削油和极压切削油。其特点是在机械加工中质量稳定,具有良好的润滑性的切削性,使用寿命长且能再生利用,不需经常过滤。不受细菌侵蚀影响;但冷却性差,而且高温下易挥发,产生油雾,污染环境,必须安装排油污设备。

(1) 切削油。主要用矿物油,少数采用动植物油或混合油(矿物油和动植物油混合油)。矿物油包括机械油、轻柴油和煤油等。它的特点是:热稳定性好,资源丰富,价格便宜,但润滑性较差。主要用于切削速度较低的精加工、有色金属加工和易切削钢加工。机械油的润滑作用较好,故普通精车、螺纹精加工中使用甚广。煤油的渗透作用和冲洗作用较突出,故精加工铝合金、精刨铸铁和用高速钢铰刀铰孔时,均能减小加工表面粗糙度,延长刀具寿命。

(2) 极压切削油。极压切削油是在矿物油中添加氯、硫、磷等极压添加剂配制而成。它在高温下不破坏润滑膜,并具有良好的润滑效果,故被广泛使用。

离子切削液是一种新型切削液,其母液是由阴离子表面活性剂、非离子性表面活性剂和无机盐配制而成。这种切削液有良好的冷却作用,使刀尖和刀具在切削中不产生高热,提高刀具耐用度达一倍以上。

3. 切削液的选用和加注

1) 切削液的选用

在实际生产中,通常根据加工性质、刀具材料、工件材料等来合理选用切削液。粗加工和半精加工时,切削热量大,应选用以冷却为主的水溶液或低浓度乳化液;精加工时,为了提高加工质量和刀具寿命,应选用以润滑为主的切削油或高浓度乳化液。切削脆性材料,如铸铁、青铜时,因呈崩碎切屑,切削温度不太高,一般不宜切削液。特殊情况,如精刨床身、攻螺纹、铰孔等,可用煤油。加工铜合金和其他有色金属,一般不宜采用含硫化油的切削液,以免腐蚀工件。使用硬质合金刀具一般不用切削液,必要时可用低浓度乳化液或水溶液,但要充分连续地浇注。磨削特点是温度高,同时产生大量的磨屑和沙粒,因此应选用冷却、排屑性能好的乳化液或水溶液,并应有一定的润滑性和防腐性。各种加工情况下切削液的选择可参考表 8-120。

表 8－120　切削液选用参考表

工件材料			碳钢、合金钢		不锈钢		耐热合金		铸铁		铜及合金		铝及合金	
刀具材料[①]			高速钢	硬质合金	高速钢	硬质合金	高速钢	硬质合金	高速钢	硬质合金	高速钢	硬质合金	高速钢	硬质合金
加工方法	车削	粗车	3、1、7	0、3、1	7、4、2	0、4、2	2、4、7	8、2、4	0、3、1	0、3、1	3、2	0、3、2	0、3	0、3
		精车	4、7	0、2、7	7、4、2	0、4、2	2、8、4	8、4	0、6	0、6	3、2	0、3、2	0、6	0、6
	铣削	端铣	4、2、7	0、3	7、4、2	0、4、2	2、4、7	0、8	0、3、1	0、3、1	3、2	0、3、2	0、3	0、3
		铣槽	4、2、7	7、4	7、4、2	7、4、2	2、8、4	8、4	0、6	0、6	3、2	0、3、2	0、6	0、6
	钻削		3、1	3、1	8、4、2	8、4、2	2、8、4	2、8、4	0、3、1	0、3、1	3、2	0、3、2	0、3	0、3
	铰削		7、8、4	7、8、4	8、7、4	8、7、4	8、7	8、7	0、6	0、6	5、7	0、5、7	0、5、7	0、5、7
	攻螺纹		7、8、4		8、7、4		8、7		0、6		5、7		0、5、7	
	拉削		7、4、8		8、7、4		8、7		0、3		3、5		0、3、5	
	滚齿、插齿		7、8		8、7、4		8、7		0、3		5、7		0、5、7	
	磨削	粗磨	1、3		4、2		4、2		1、3		1		1	
		精磨	1、3		4、2		4、2		1、3		1		1	

注:0—干切削;1—润滑性不强的化学合成剂;2—润滑性较好的化学合成剂;3—普通乳化剂;4—极压乳化油液;5—普通切削油;6—煤油;7—含硫、含氯的极压切削油或植物油和矿物油的复合油;8—含硫氯、氯磷或硫氯磷的极压切削油

①磨削时刀具材料为砂轮

2）切削液的加注

为了使切削液的性能得到充分发挥，必须根据使用刀具、加工方式和加工精度采用合适的加注方法和供液量。常用的切削液加注方法见表 8－121，切削液供液量见表 8－122。

表 8－121　常用切削液的加注方法

类型		切削液的加注方法	特点及应用
循环泵供液	低压浇注法	由泵经输液管道及喷嘴等供应切削液到切削区，类似“淋浴”。一般切削液压力 $p<0.05$MPa，喷嘴出口处切削液流速 $v<0$m/s，切削液不易进入切削区，冷却效果差。用过的切削液经集液盘流回水箱或油箱	采用单级低压离心泵，设备简单，使用方便 广泛用于各种机床
	高压喷射法	切削液在较高压力下（$p=0.35\sim3$MPa）经小孔式或窄缝式喷嘴喷射到切削区，喷嘴出口处切削液流速 $v=20\sim60$m/s。冷却效果好。用于小孔深孔钻、拉削等高压冷却时，切削液压力可达 10MPa，有利于排屑	需采用较高压力泵，切削液的净化过滤及飞溅防护要求高 适用于难加工材料、深孔加工、拉削内表面、高速磨削及强力磨削
手工供液法		用油壶、笔、毛刷等供液，用于单件、小批量生产的钻孔、铰孔和攻螺纹加工	方便、简单，用糊状切削液时只能用毛刷涂抹
喷雾供液法		用压缩空气使切削液雾化成为气液混合流体（压缩空气压力 $p=0.35\sim0.5$MPa），经离切削区很近的喷嘴喷射到切削区，流速可达 200～300m/s。由于混合流体自喷嘴高速喷出时要膨胀吸热及汽化吸热，冷却效果好，同时切削液消耗量少	需装吸雾装置回收切削液，当切削液中含有有害物质时，应注意污染和安全问题 常用于组合机床、数控机床、加工中心。适用于难加工材料的车削、铣削、攻螺纹、拉削、孔加工及刀具刃磨，特别是加工铸铁、铝合金

表 8－122　切削液供液量

加工方式		切削液种类	流量/(L/min)
粗车		乳化液	10～12
精车		乳化液	8～10
高速精车		乳化液	15～20
铣削		乳化液或切削油	10～20
钻削		乳化液	10～15
铰削		乳化液	6～10
		切削油	4～6
铣螺纹		切削油	4～6
攻螺纹		切削油	4～6
齿轮切削	粗切	切削油	8～10
	精切		2～3
拉削		切削油或乳化液	10～15
磨削		乳化液	30 以下
注:一般切削使用浇注法,切削液工作压力不大于 0.05MPa,加工时应将切削液浇注到切削区。强力切削或难加工材料车削使用浇注法或喷雾法,采用浇注法切削液工作压力为 1～10MPa,加工时应将切削液浇注到刀具后面与加工面相接触处			

4. 使用切削液问题分析及解决方法(表 8－123)

表 8－123　使用切削液问题分析及解决方法

问　　题	原　　因	解 决 方 法
摩擦磨损导致刀具寿命降低	刀尖处润滑不足产生机械磨损	1. 选用脂肪油含量较多的油基切削液 2. 若切削液明显劣化,应换用切削液 3. 增加切削液流量和压力,直接向后刀面浇注切削液 4. 使用水基切削液时,应使用含有极压添加剂的乳化液,并保证切削液的浓度
刀尖粘结,积屑瘤破碎	切削液抗粘结性能不良,导致积屑瘤异常增大,积屑瘤破碎引起切削刃损伤与剥落	换用润滑性强的油基切削液或在油基切削液中补充添加剂
过渡发热导致刀具寿命降低	对刀尖部分冷却不足	1. 采用水基切削液,增加冷却效果 2. 增加切削液流量和压力 3. 保持切削液温度不升高
加工精度低	1. 冷却不均或不充分 2. 积屑瘤的影响	1. 增加切削液流量和压力,并保持切削液温度不升高 2. 换用抗粘结性强的切削液或在油基切削液中补充极压添加剂
使用过程中刀具寿命逐渐降低	1. 使用油基切削液过程中混入漏油引起添加剂浓度降低 2. 使用水基切削液过程中补充了水造成浓度降低	1. 换新的切削液 2. 补充添加剂并采取防止漏油措施 3. 检查切削液浓度并补充原液

（续）

问　　题	原　　因	解决方法
已加工表面质量变差	1. 润滑不充分 2. 切屑粘结引起拉伤	1. 换用抗粘结性好的切削液 2. 改善切削液液过滤方法，除去微细切屑
钻孔、铰孔、攻螺纹产生粘结与破损	1. 润滑不充分而附着积屑瘤 2. 切屑粘结引起拉伤	1. 换用抗粘结性好的切削液 2. 改善过滤方法，除去细微切屑 3. 改善供油法以不出现“断油”现象
使用水基切削液时，机床或工件生锈	1. 切削液浓度和 pH 值过低 2. 使用浸硫砂轮溶解了硫 3. 防锈剂被消耗过多 4. 切削液变质	1. 提高切削液浓度，补充碱保持 pH 值 9 左右 2. 换用浸硫处理的切削液 3. 补充防锈剂 4. 换用新切削液
使用水基切削液时，工序间工件生锈	1. 工序间停留时间过长 2. 附近有酸性气体 3. 梅雨气候环境影响	涂防锈油脂
使用水基切削液时，机床床面出现污斑	机床表面与切削液成分发生化学反应	1. 操作完成后做好清洁工作 2. 及时更新变质的切削液
铜合金零件变色或腐蚀	切削液成分与铜合金发生化学反应	1. 换用合适的切削液 2. 及时更新变质的切削液
使用水基切削液时，限位开关等电气系统发生故障	切削液中水分混入或飞溅到电气系统上	1. 采取切削液防护罩或密封措施 2. 换用无机盐含量少的切削液
乳化液分离、相变，生成不溶物	1. 稀释方法不当 2. 切削液漏油或变质 3. 和被加工金属材料产生化学反应	1. 稀释时先加满水再加原液乳化 2. 采取漏油回收措施 3. 添加防腐剂、pH 值增高剂或原液 4. 及时更新切削液
使用水基切削液时，气泡剧烈	切削液中活性添加剂浓度太高	1. 加水稀释 2. 加消泡剂 3. 改变切削液种类
使用水基切削液时，切削液发红	切削液中的胺与铁屑反应生成氢氧化铁	1. 增强切削液的过滤效果，滤除铁屑 2. 添加防锈剂和 pH 值增高剂
过滤器或管道堵塞	1. 腐蚀物、分离物淤结 2. 霉菌、沉渣堵塞	1. 及时更新切削液 2. 加入防霉剂
使用油基切削液时飞溅出来的切屑在油箱内冒烟、起火	切削液闪点低	1. 换用水基切削液 2. 换用闪点高的切削液
操作者皮肤与切削液发生反应	1. 溶剂或低浓度石油制品引起脱脂 2. 油基切削液中成分引起过敏 3. 碱和活性剂引起引起脱脂与刺激	1. 采取防止飞溅措施 2. 按操作规程操作，保持手及工作服清洁，作业前可涂上防护脂，必要时对操作者调换工作 3. 及时更新切削液，防止使用变质的切削液
工作地发出恶劣气味	1. 切削液变质 2. 漏到循环系统外的切削液变质	1. 及时更新切削液 2. 在工作地添加杀菌剂、防腐剂，注意经常清理工作场地
喷雾供液产生浓雾	采用的油基切削液燃点低	1. 设置收气装置、添加换气设备 2. 换用水基切削液

9 第九章 阶梯轴机械加工工艺编制实例

阶梯轴机械加工工艺编制工作任务见第二章第三节。

第一节 零件加工工艺分析

分析设计零件的结构和加工要求。此件为轴类零件，ϕ25mm 轴段与 ϕ40mm 轴段尺寸精度为 IT6 级，表面粗糙度 Ra1.6μm，之间有同轴度要求。此件有淬火要求，淬火后需要磨削，考虑磨削工艺要求，ϕ25mm 轴段台阶处应加退刀槽，工艺结构改进后零件如图 9－1 所示。

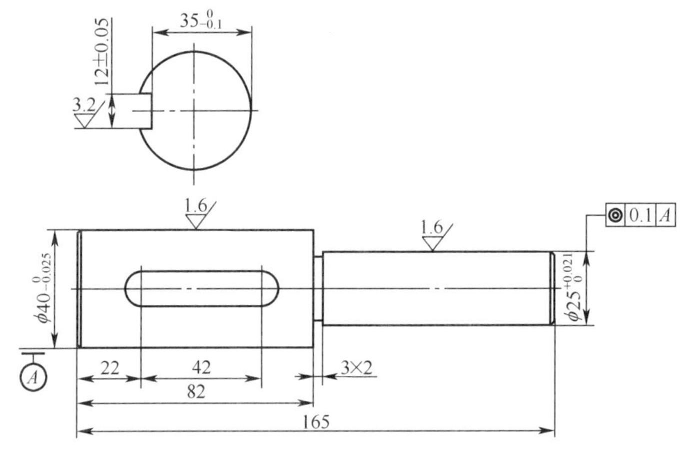

图 9－1 改进后阶梯轴零件图

第二节 机械加工工艺文件的选择

年产量为 500 件，由“表 3－4 按生产产品的年产量划分生产类型”可知属于简单零件中批生产，根据“表 3－2 机械加工工艺文件的选择”，需编制的工艺文件包括机械加工工艺过程卡、标准零件工艺过程卡、调整卡、数控加工工序卡及检验卡，可酌情选择典型零件工艺过程卡、机械加工工序卡和机械加工操作指导卡。标准零件工艺过程卡用于标准件的加工，调整卡用于单轴或多轴自动车床的加工，数控加工工序卡用于数控机床加工，此件不必编制。本章只介绍此件机械加工工艺过程卡和机械加工工序卡编制过程，检验卡编写具体过程略。

第三节 毛坯的选择与设计

1. 毛坯的选择

零件材料 45 钢属于碳素钢，中批生产。根据“表 3-13 毛坯种类与应用范围”可选择锻件中的自由锻件、模锻件，可选择型材。考虑中批生产，零件有较大的阶梯，选择自由锻件毛坯。

2. 毛坯的设计

根据自由锻件图一般规定（GB/T 21469—2008）设计锻件图。无特殊要求，选择 F 级自由锻件。相邻台阶直径 $D = 40\text{mm}$，台阶高度 $h = 7.5\text{mm}$，零件长度 $L = 165\text{mm}$，台阶长度 $L_1 = 82\text{mm}$，由台阶与法兰定义，判断此处为台阶。由“表 4 - 10　台阶和凹档的锻出条件”查得锻出台阶或凹档最小长度的计算基数 $l = 70\text{mm}$，属于端部台阶，$L_1 \geqslant 1\text{mm}$，应锻出。根据零件最大直径 $D = \phi 40\text{mm}$，零件长度 $L = 165\text{mm}$，由“表 4-12　圆形截面台阶轴类自由锻件机械加工余量和公差”查得 $a = (7 \pm 2)\text{mm}$，退刀槽不需锻出。按照自由锻件图一般规定绘制锻件图，如图9 - 2 所示。

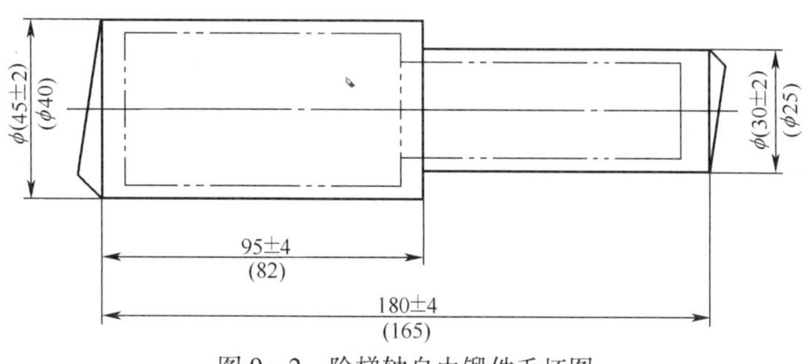

图 9 - 2　阶梯轴自由锻件毛坯图

第四节　机械加工工艺路线拟定

1. 定位方案

此件为轴类零件，可选择两端中心孔为定位基准加工外圆面（也可以 $\phi 40\text{mm}$ 与 $\phi 25\text{mm}$ 外圆面互为基准定位）。

2. 零件各表面机械加工方案

零件主要加工表面有基准面（两中心孔）、$\phi 40_{-0.025}^{\ 0}\text{mm}$、$\phi 25_{-0.021}^{\ 0}\text{mm}$ 及键槽。

1）中心孔加工方案

GB/T 145—2001 规定中心孔有 A、B、C、R 四种类型。A 型是普通中心孔，用于精度要求一般的工件；B 型中心孔用于精度要求较高并需多次使用中心孔的工件；C 型是带螺纹中心孔，常用于把其他零件轴向固定在轴上；R 型中心孔是把 A 型中心孔的直线圆锥母线改为圆弧圆锥母线，以减小中心孔和顶尖的接触面积，接触形式由面接触变为线接触，可提高重复定位精度，用于精度要求高的工件。查标准公差数值表，$\phi 40_{-0.025}^{\ 0}\text{mm}$ 相当于 IT7 级，$\phi 25_{-0.021}^{\ 0}\text{mm}$ 相当于 IT7 级，此件为一般精度要求工件，可采用 A 型中心孔。

查“表 5-16　中心孔加工方案”，选择加工方案为：车（外圆、端面）—钻（中心孔）。

2）$\phi 40\text{mm}$ 加工方案

加工精度为 IT7 级，表面粗糙度 $Ra1.6\mu\text{m}$，查“表 5-13　外圆柱表面典型加工方案”选择加工方案为：粗车—半精车—磨削。

3）$\phi 25\text{mm}$ 加工方案

加工精度为 IT7 级，表面粗糙度 $Ra1.6\mu\text{m}$，加工方案同 $\phi 40\text{mm}$。

4）键槽加工方案

铣削。

3. 拟定工艺路线

下料（工序1）—锻造（工序2）—热处理（工序3）—车（粗车、半精车 ϕ40mm 和 ϕ25mm 外圆，平两端面，打两端中心孔）（工序4）—铣（铣键槽）（工序5）—热处理（工序6）—研（研两中心孔）（工序7）—磨（磨 ϕ40mm 和 ϕ25mm 外圆）（工序8）—检查（工序9）。

第五节 机械加工工艺过程内容设计

1. 下料

根据阶梯轴自由锻件毛坯图计算锻件质量，$G_{锻} \approx 1.74$kg。

坯料质量：$G_{坯}=(1+K)G_{锻}$。

查表4-22，阶梯轴锻造头道工序属于拔长，取锻造总损耗系数 $K=10\%$，得 $G_{坯} \approx 1.91$kg。

选择圆坯料，圆坯料直径 $D \approx (0.8 \sim 1)\sqrt[3]{\dfrac{G_{坯}}{\rho}} \approx 0.484 \sim 0.601$dm。

根据标准材料规格，选择 $D=55$mm 圆钢。

坯料长度：$H=\dfrac{G_{坯}}{\rho\dfrac{\pi}{4}D^2}=\dfrac{1.91\times 4}{7.85\times\pi\times 0.55^2}\approx 1.025\text{dm}=102.5\text{mm}$。

参照"JB/T 9168.11—1998"，采用锯床下料长度偏差≤±2mm，取下料尺寸及偏差为：ϕ55mm×(102.5±0.35)mm。

2. 机械加工工序尺寸及公差计算

ϕ40mm：其加工过程的工艺基准与设计基准重合，工序尺寸及公差计算见表9-1。

表9-1 加工 ϕ40mm 工序余量、工序尺寸及公差

工序名称	工序余量/mm	工序尺寸/mm	加工精度	工序尺寸及公差	表面粗糙度/μm
磨削	0.4	ϕ40	IT7	$\phi40_{-0.025}^{0}$	$Ra1.6$
半精车	0.45	ϕ(40+0.4)=ϕ40.4	IT11	$\phi40.4_{-0.16}^{0}$	$Ra3.2$
粗车	ϕ47−ϕ40.85=6.15	ϕ(40.4+0.45)=ϕ40.85	IT12	$\phi40.85_{-0.25}^{0}$	$Ra12.5$
毛坯	—	—	—	ϕ(47±2)	—

ϕ25mm：其加工过程的工艺基准与设计基准重合，工序尺寸及公差计算见表9-2。

表9-2 加工 ϕ25mm 工序余量、工序尺寸及公差

工序名称	工序余量/mm	工序尺寸/mm	加工精度	工序尺寸及公差	表面粗糙度/μm
磨削	0.4	ϕ25	IT7	$\phi25_{0}^{+0.021}$	$Ra1.6$
半精车	0.45	ϕ(25+0.4)=ϕ25.4	IT11	$\phi25.4_{-0.13}^{0}$	$Ra3.2$
粗车	ϕ32−ϕ25.85=6.15	ϕ(25.4+0.45)=ϕ25.85	IT12	$\phi25.85_{-0.21}^{0}$	$Ra12.5$
毛坯	—	—	—	ϕ(32±2)	—

键槽：键槽在磨削前、半精车后加工，此时键槽深度尺寸 A 的测量基准与设计基准不重合，如图9-3(a)所示，需用工艺尺寸链计算键槽 A 深度尺寸。

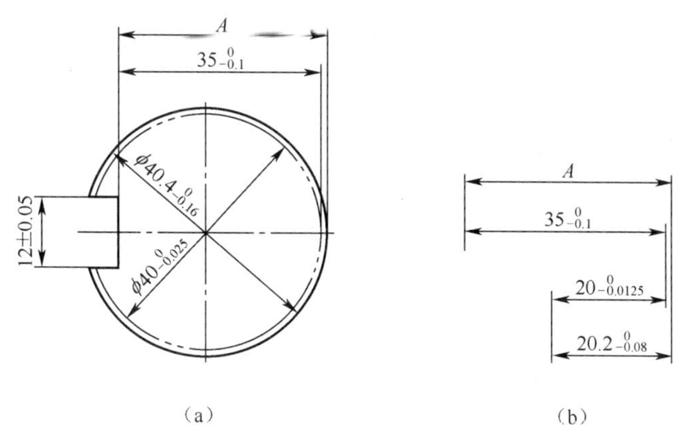

图 9-3 铣键槽工艺尺寸链

建立尺寸链,如图 9-3(b)所示。

封闭环:$35_{-0.1}^{0}$mm。

增环:A_b^a、$20_{-0.0125}^{0}$mm。

减环:$20.2_{-0.08}^{0}$mm。

$35=A+20-20.2$,得 $A=35.2$mm。

$0=a+0-(-0.08)$,得 $a=-0.08$mm。

$-0.1=b+(-0.0125)-0$,得 $b=-0.0875$mm。

最后得铣键槽深度 A 尺寸及公差为 $35.2_{-0.0875}^{-0.08}$mm。

3. 确定工艺过程具体内容

工序 1:下料 $\phi55$mm×(102.5±2)mm。

工序 2:锻造,见锻件毛坯图。

工序 3:热处理,退火 35~42HRC。

工序 4:车 $\phi40$mm 段外圆到 $\phi40.4_{-0.16}^{0}$mm,$\phi25$mm 段外圆到 $\phi25.4_{-0.13}^{0}$mm,保证长度"85"和"162",两端打 A 型中心孔,车退刀槽 2mm×2mm,倒角 1×45°。

工序 5:铣键槽宽(12±0.05)mm,深度至 $35.2_{-0.0875}^{-0.08}$mm。

工序 6:热处理,淬火 52HRC。

工序 7:研磨两端中心孔。

工序 8:磨 $\phi40$mm 和 $\phi25$mm 外圆到设计尺寸。

工序 9:检查。

4. 工艺设备及装备选择

参考"表 8-1 金属切削机床及工艺装备选择基本原则",同时考虑企业现有设备条件选择各工序的工艺设备及装备。

工序 4:属于粗车和半精车,成批生产,零件外轮廓尺寸不大,加工设备选用 C6140 型卧式车床(假设企业现有此设备);夹具选择通用夹具三爪自定心卡盘装夹。

工序 5:选 X5012 升降台铣床,机用平口钳装夹(也可设计专用夹具)。

工序 7:选中心孔研磨机床(也可用车床和内圆磨床)。

工序 8:选 M1331 外圆磨床,双顶尖装夹。

第六节　机械加工工序内容设计

1. 工序 4 内容设计

车 ϕ40mm 段外圆到 $\phi40.4_{-0.16}^{0}$ mm，ϕ25mm 段外圆到 $\phi25.4_{-0.13}^{0}$ mm，保证长度“85”和“162”，两端加工 A 型中心孔，车退刀槽 2mm×2mm，倒角 1×45°。

1）绘制工序图

工序 4 需用三爪自定心卡盘两次安装，工序图如图 9－4 所示。

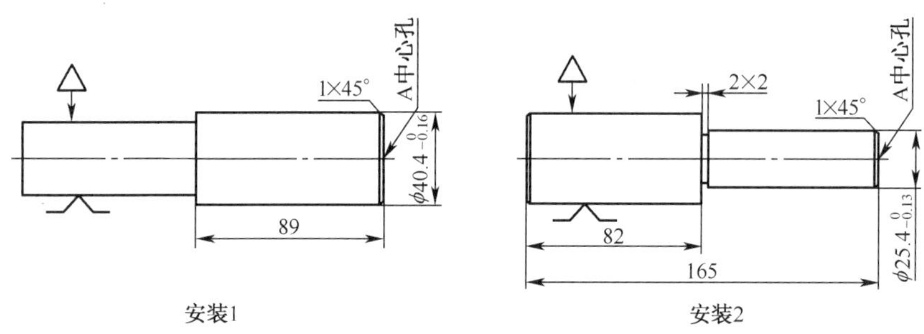

图 9－4　工序 4 图

2）刀具选择

参考“表 8－36　切削工具用硬质合金牌号、特性及用途”，车两外圆和两端面同选 YT5 硬质合金外圆车刀；由设备 C6132 卧式车床中心高 150mm，参考车刀几何参数的选择表 8－41，表 8－42，选择刀杆尺寸 $B\times H$ = 12mm×20mm，刀具前角 $\gamma_o = 12°$，主偏角 $\kappa_r = 90°$，副偏角 $\kappa_r' = 10°$，刃倾角 $\lambda_s = 0°$，刀尖圆弧半径 $r = 0.8$mm；车退刀槽选刃宽 2mm 的切槽刀；由“表 8－97 钻中心孔的切削用量”及中心钻标准，加工中心孔选用 A 中心孔中心钻 A3.0/7.5 GB/T 6078.1—1998。

3）切削用量选择

（1）工步 1：粗车 ϕ40mm 外圆至 $\phi40.85_{-0.25}^{0}$ mm。

背吃刀量：$a_p = 6.15/2 = 3.075$mm（车削余量为双面余量）。

进给量：查“表 8－76　硬质合金及高速钢车刀粗车外圆和端面的进给量”，选择进给量 f = 0.4mm/r。查“表 1-11　卧式车床主要技术参数”，选取进给量 f = 0.4mm/r。

切削速度：查“表 8－79　硬质合金外圆车刀切削速度”，选择切削速度 v = 0.9m/s = 54m/min，则对应转速 $n = \dfrac{1000v}{\pi d} = \dfrac{1000 \times 54}{\pi \times 47} = 366$r/min。按 C6140 机床技术参数表，选取 n = 320r/min，则实际切削速度为 v = 54×320/366 = 47.2m/min = 0.79m/s。

切削用量验算：粗加工需进行切削功率和进给力校核，半精加工和精加工一般不需要校核。

查“表 8－100　车削力计算公式”，主切削力 $N_z = C_{Nz} a_p f^{0.75} v^{-0.15} = 2481 \times 3.075 \times 0.4^{0.75} \times 47.2^{-0.15} = 2152$N，则切削功率 $P = N_x \times v = 2152 \times 0.79 = 1700$W。

C6140 机床功率 P_0 = 7500W > 切削功率 P = 1789W（机床功率 $P_0 > 1.5P$ 可不考虑修正系数），故所选切削用量满足机床功率要求。

查“表 8－100　车削力计算公式”，切削时的进给力 $N_x = C_{Nx} a_p f^{0.5} v^{-0.4}$（$f \leqslant 0.75$）=

$3373\times3.075\times0.4^{0.5}\times47.2^{-0.4}=1404N$。

根据 C6140 车床技术参数(需另查),其进给机构允许的进给力 $N_{max}=3530N$。切削进给力小于机床进给机构允许的进给力,故所选的切削用量可用。

最后确定切削用量:背吃刀量 $a_p=3.015mm$,进给量 $f=0.4mm/r$,机床转速 $n=400r/min=6.67r/s$,切削速度 $v=0.79m/s$。

(2) 工步 2:半精车 $\phi40mm$ 外圆至 $\phi40.4_{-0.16}^{0}mm$,表面粗糙度 $Ra3.2\mu m$。

背吃刀量:0.225mm。

进给量:由"表 8-77　硬质合金车刀及高速钢车刀半精车与精车外圆和端面的进给量"及表 1-11,确定进给量 $f=0.3mm/r$。

切削速度:由"表 8-79　硬质合金外圆车刀切削速度",选 $v=2m/s=120m/min$,则对应转速 $n=\frac{1000v}{\pi d}=\frac{1000\times120}{\pi\times40.85}=935r/min$。按表 1-11,选择 $n=900r/min$,则实际切削速度为 $v=120\times900/935=115.5m/min=1.92m/s$。

最后确定切削用量:背吃刀量 $a_p=0.225mm$,进给量 $f=0.3mm/r$,机床转速 $n=900r/min=15r/s$,最大切削速度 $v=1.92m/s$。

(3) 工步 3:车端面,保证尺寸 89mm。

背吃刀量:7mm(等于加工余量)。

进给量:同工步 1,选进给量 $f=0.3mm/r$。

机床转速:同工步 1,则最大切削速度为 50.2m/min。

切削用量校核:平端面进给力较小,只需进行切削功率校核。

查"表 8-100　车削力计算公式",主切削力 $N_z=C_{Nz}a_p f^{0.75}v^{-0.15}=2481\times7\times0.3^{0.75}\times50.2^{-0.15}=3694N$,则切削功率 $P=N_x\times v=3694\times50.2/60=3090W$。

C6140 机床功率 $P_0=7500W>$切削功率 $P=3090W$(此切削功率为刚开始切削时的瞬间最大功率,计算功率可稍大些),故所选切削用量满足机床功率要求。

最后确定切削用量:背吃刀量 $a_p=7mm$,进给量 $f=0.4mm/r$,机床转速 $n=400r/min=6.67r/s$,切削速度 $v=0.79m/s$(刚开始切削时最大切削速度)。

(4) 工步 4:钻一端中心孔。

背吃刀量:钻中心孔背吃刀量等于孔径。

进给量:由"表 8-97　钻中心孔的切削用量"及 C6140 卧式车床技术参数,选 $f=0.03mm/r$。

切削速度:$v=15m/min$。

机床转速:$n=\frac{1000v}{\pi d}=\frac{1000\times15}{\pi\times3}=1592r/min$。

查表 1-11,转速取 $n=1200r/min=20r/s$,则实际切削速度为 $v=15\times1200/1592=11.3m/min=0.18m/s$。

切削用量不需要校核。

最后确定切削用量:进给量 $f=0.03mm/r$,切削速度 $v=11.3m/min=0.19m/s$,机床转速 $n=1200r/min=20r/s$。

(5) 工步 5:粗车 $\phi25mm$ 外圆至 $\phi25.85_{-0.21}^{0}mm$。

背吃刀量:同工步 1,$a_p=6.15/2=3.075mm$。

进给量：同工步1，按切削用量表及机床参数表，确定进给量$f=0.4$mm/r。

切削速度：同工步1，查表8－79，选择切削速度$v=0.9$m/s$=54$m/min，则对应转速$n=\frac{1000v}{\pi d}=\frac{1000\times 54}{\pi\times 32}=537$r/min。按表1-11，选择$n=500$r/min，则实际切削速度为$v=54\times 500/537=50.3m/min=0.84$m/s。

切削用量验算：同工步1，查表8－100，主切削力$N_z=C_{Nz}a_p f^{0.75}v^{-0.15}=2481\times 3.075\times 0.4^{0.75}\times 50.2^{-0.15}=2133$N，则切削功率$P=N_x\times v=2133\times 0.79=1410$W。故所选切削用量满足机床功率要求。

查表8－100，切削时的进给力$N_x=C_{Nx}a_p f^{0.5}v^{-0.4}$（$f\leqslant 0.75$mm/r）$=3373\times 3.075\times 0.4^{0.5}\times 50.2^{-0.4}=1370$N。故所选的切削用量可用。

最后确定切削用量：背吃刀量$a_p=3.015$mm，进给量$f=0.4$mm/r，机床转速$n=500$r/min$=8.33$r/s，切削速度$v=50.3$m/min$=0.84$m/min。

（6）工步6：半精车$\phi 25$mm外圆至$\phi 25.4_{-0.13}^{0}$mm，表面粗糙度$Ra3.2\mu$m。

背吃刀量：$a_p=0.225$mm。

进给量：同工步1，按表8－77及表1－11，确定进给量$f=0.3$mm/r。

切削速度：同工步1，按表8－79，选$v=2$m/s$=120$r/min，则对应转速$n=\frac{1000v}{\pi d}=\frac{1000\times 120}{\pi\times 25.85}\approx 1478$r/min。按表1－11，选择$n=1200$r/min，则实际切削速度$v=120\times 1200/1478=97.4m/min=1.62$m/s。

最后确定切削用量：背吃刀量$a_p=0.225$mm，进给量$f=0.3$mm/r，机床转速$n=1200$r/min$=20$r/s，切削速度$v=97.4$m/min$=1.62$m/s。

（7）工步7：车另一端面，保证82mm和165mm尺寸。

背吃刀量：$a_p=7$mm（等于加工余量）。

进给量：同工步3，选进给量$f=0.3$mm/r。

机床转速：由表8－79，选切削速度$v=0.9$m/s$=54$m/min，相应转速$n=\frac{1000v}{\pi d}=\frac{1000\times 54}{\pi\times 25.85}\approx 656$r/min，由机床参数取$n=710m/min=11.83$r/s。则实际切削速度$v=54\times 710/656=58.4m/min=0.97$m/s。

切削用量不需校核。

最后确定切削用量：背吃刀量$a_p=7$mm，进给量$f=0.3$mm/r，机床转速$n=710$m/min，切削速度$v=0.97$m/s。

（8）工步8：钻另端面一中心孔。

同工步4，最后确定切削用量：进给量$f=0.03$mm/r，切削速度$v=50$m/min$=0.83$m/s。

（9）工步9：车退刀槽3×2。

背吃刀量：切槽和切断，背吃刀量$a_p=$进给量f。

进给量：由“表8－81　切断及切槽的进给量参考值”及机床参数表，选$f=0.1$mm/r。

最大切削速度：由“表8－79　硬质合金外圆车刀切削速度”，选$v=2$m/s$=120$m/min，则对应转速$n=\frac{1000v}{\pi d}=\frac{1000\times 120}{\pi\times 40.85}=935$r/min。按表1－11，选择$n=900$r/min，则实际切削速度为$v=120\times 900/935=115.5m/min=1.92$m/s。

最后确定切削用量：背吃刀量 $a_p = f = 0.1$mm，进给量 $f = 0.1$mm/r，机床转速 $n = 900$r/min = 15r/s，最大切削速度 $v = 2$m/s。

4）工序4时间定额计算

（1）单件时间（T_P）。

① 作业时间（T_B）。

a. 机动时间。

工步1：粗车 ϕ40mm 外圆。

由"表7－10　车削和镗削加工机动时间计算公式"查得计算公式：

$$T_b = \frac{l + l_1 + l_2 + l_3}{f \cdot n} i$$

式中：$l = 95$mm；$l_1 = \frac{a_p}{\tan\kappa_r} = \frac{3.015}{\tan 90°} = 0$；$l_2 = 2$mm；$l_3 = 5$mm；$f = 0.4$mm/r；$n = 400$r/min = 6.67r/s；$i = 1$。

则

$$T_b = \frac{95 + 0 + 2 + 5}{0.4 \times 6.67} \times 1 \approx 38.6\text{s}$$

工步2：半精车 ϕ40mm 外圆。

由表7-10查得计算公式：

$$T_b = \frac{l + l_1 + l_2 + l_3}{f \cdot n} i$$

式中：$l = 95$mm；$l_1 = \frac{a_p}{\tan\kappa_r} = \frac{3.015}{\tan 90°} = 0$；$l_2 = 2$mm；$l_3 = 5$mm；$f = 0.3$mm/r；$n = 900$r/min = 15r/s；$i = 1$。

则

$$T_b = \frac{95 + 0 + 2 + 5}{0.3 \times 15} \times 1 \approx 22.9\text{s}$$

工步3：车端面。

由表7-10查得计算公式：

$$T_b = \frac{L}{f \cdot n} i$$

$$L = \frac{d - d_1}{2} + l_1 + l_2 + l_3$$

式中：$d = 40.4$mm；$d_1 = 0$；$l_1 = \frac{a_p}{\tan\kappa_r} = \frac{7}{\tan 90°} = 0$；$l_2 = 2$mm；$l_3 = 0$；$f = 0.4$mm/r；$n = 400$r/min = 6.67r/s。

则

$$L = \frac{d - d_1}{2} + l_1 + l_2 + l_3 = \frac{40.4 - 0}{2} + 0 + 2 + 0 = 22.2\text{mm}$$

$$T_b = \frac{22.2}{0.4 \times 6.67} \times 1 \approx 8.3\text{s}$$

工步4：钻中心孔。

由“表 7-15　钻削加工机动时间计算公式”查得计算公式：

$$T_b = \frac{L}{f \cdot n} = \frac{l + l_1 + l_2}{f \cdot n}$$

$$l_1 = \frac{d}{2}\cot\kappa_r$$

式中：$l=7.5$mm（根据毛坯直径 $D=40$mm，由“表 8-97　钻中心孔的切削用量”查得）；$l_2=0$；$f=0.03$mm/r；$n=1200$r/min$=20$r/s；$d=3$mm，取 $\kappa_r=60°$。

则

$$l_1 = \frac{d}{2}\cot\kappa_r = 1.5\times\cot60° \approx 0.9\text{mm}$$

$$T_b = \frac{l + l_1 + l_2}{f \cdot n} = \frac{7.5 + 0.9 + 0}{0.03 \times 20} \approx 14\text{s}$$

工步 5：粗车 ϕ25mm 外圆。

同工步 1，由表 7-10 查得计算公式：

$$T_b = \frac{l + l_1 + l_2 + l_3}{f \cdot n} i$$

式中：$l=180-95=85$mm；$l_1 = \frac{a_p}{\tan\kappa_r} = \frac{3.015}{\tan90°} = 0$；$l_2=0$mm；$l_3=5$mm；$f=0.4$mm/r；$n=500r/min=8.33$r/s；$i=1$。

则

$$T_b = \frac{85 + 0 + 0 + 5}{0.4 \times 8.33} \times 1 \approx 27\text{s}$$

工步 6：半精车 ϕ25mm 外圆。

同工步 2，由表 7-10 查得计算公式：

$$T_b = \frac{l + l_1 + l_2 + l_3}{f \cdot n} i$$

式中：$l=70$mm；$l_1 = \frac{a_p}{\tan\kappa_r} = \frac{3.015}{\tan90°} = 0$；$l_2=0$mm；$l_3=5$mm；$f=0.3$mm/r；$n=1200r/min=20$r/s；$i=1$。

则

$$T_b = \frac{85 + 0 + 0 + 5}{0.3 \times 20} \times 1 = 14\text{s}$$

工步 7：车另一端面。

同工步 3，由表 7-10 查得计算公式：

$$T_b = \frac{L}{f \cdot n} i$$

$$L = \frac{d - d_1}{2} + l_1 + l_2 + l_3$$

式中：$d=25.4$mm；$d_1=0$；$l_1 = \frac{a_p}{\tan\kappa_r} = \frac{7}{\tan90°} = 0$；$l_2=2$mm，$l_3=0$；$f=0.3$mm/r，$n=710r/min=$

11. 83r/s。

则

$$L = \frac{d - d_1}{2} + l_1 + l_2 + l_3 = \frac{25.4 - 0}{2} + 0 + 2 + 0 = 14.7\text{mm}$$

$$T_b = \frac{14.7}{0.3 \times 11.83} \times 1 \approx 4.2\text{s}$$

工步 8:钻另端面一中心孔。

同工步 4。

工步 9:车退刀槽 3mm×2mm。

由表 7-10 查得计算公式:

$$T_b = \frac{L}{f \cdot n} i$$

$$L = \frac{d - d_1}{2} + l_1 + l_2 + l_3$$

式中:d=40. 4mm;d_1=36. 4mm;l_1=2mm(由"表 7-11　车刀及镗刀切入及超出长度 l_1、l_2"查得); $l_2 = l_3 = 0$;i=1。

则

$$L = 2+2+0+0 = 4\text{mm}$$

$$T_b = \frac{4}{0.1 \times 15} \times 1 \approx 2.7\text{s}$$

则工序 4 机动时间:T_b=38. 6+22. 9+8. 3+14+2. 7+27+14+4. 1+2. 7≈134s。

b. 辅助时间:T_a=(15%~20%)T_b。取 T_a=20%T_b=26. 8s。

因此,工序 4 作业时间 $T_B = T_a + T_b$=134+26. 8≈161s。

② 布置工作地时间(T_s)。T_s=(2%~7%)T_B,取 T_s=5%T_B≈8s。

③ 休息与生理需要时间(T_r)。T_r=(2%~4%)T_B,取 T_r=4%T_B≈6s。

因此,单件时间 $T_P = T_B + T_s + T_r = T_b + T_a + T_s + T_r$=161+8+6=175s。

(2) 准备与终结时间(T_e)。查"表 7-9　准备与终结时间(T_e)参考值",取 T_e=80min=4800s,则分摊到每个零件上的准终时间 T_e/n=4800/500=10s。

因此,工序 4 单件工时定额 $T_C = T_P + T_e/n$=175+10=185s。

2. 工序 5 内容设计

铣键槽宽(12±0. 05)mm,深度至 $35.2_{-0.0875}^{-0.08}$mm。

1) 工序图

工序 5 以 ϕ40. 4mm 外圆为定位基准,轴向找正定位,用三爪自定心卡盘安装,工序图如图9-5 所示。

2) 刀具选择

选择高速工具钢 ϕ12mm 键槽铣刀,齿数 2。

3) 切削用量

工步 1:铣键槽到尺寸。

背吃刀量:由"表 8-83　端铣时背吃刀量 a_p 参考值",可得背吃刀量 a_p=40. 4-35. 2=5 . 2mm。

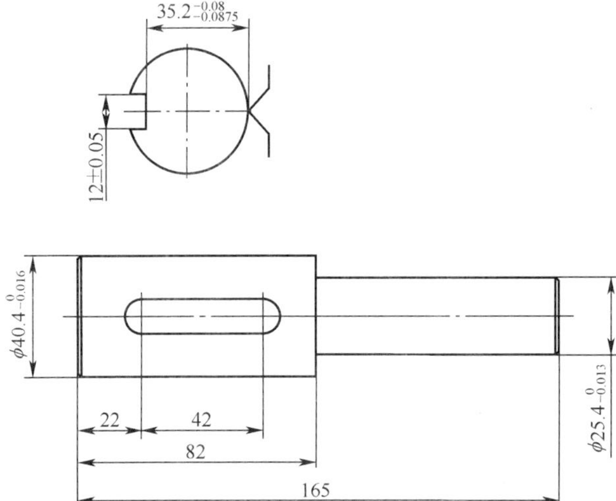

图 9-5　工序 5 工序图

进给量：参考"表 8-86　高速钢键槽铣刀一次行程铣槽的切削用量"，选垂直进给量 $f_{Mc}=10mm/min$，纵向进给量 $f_{Mz}=31mm/min$。按"表 1-12　升降台铣床主要技术参数"X5012 铣床进给量手动，确定进给量按上述值不变。

切削速度：参考"表 8-85　铣削速度 v 参考值"，选 $v=20m/min$，则对应转速 $n=\dfrac{1000v}{\pi d}=\dfrac{1000\times 20}{\pi\times 12}=531r/min$。按 X5012 铣床主轴转速，选择 $n=575r/min$，则实际切削速度为 $v=20\times 575/531=20m/min=0.33m/s$。

最后确定切削用量：背吃刀量 $a_p=3.5mm$，垂直进给量 $f_{Mc}=10mm/min$，纵向进给量 $f_{Mz}=31mm/min$，机床转速 $n=575m/min$，切削速度 $v=20m/min=0.33m/s$。

4）工序 5 时间定额计算

（1）单件时间（T_P）。

① 作业时间（T_B）。

a. 机动时间。

工步 1：铣键槽到工序尺寸。

由"表 7-20　铣削加工机动时间计算公式"查得计算公式：

$$T_b=\frac{h+l_1}{f_{Mc}}+\frac{l-D}{f_{Mz}}i$$

式中：$h=40.4-35.2=5.2mm$；$l_1=2mm$；$l-D=42mm$；$i=1$；$f_{Mc}=12mm/min$；$f_{Mz}=31mm/min$（由表 8-86 查得）。

则

$$T_b=\frac{5.2+2}{12}+\frac{42}{31}\times 1=1.95min$$

工序 5 机动时间：$T_b=1.95min=117s$。

b. 辅助时间（T_a）：$T_a=(0.15\%\sim 0.20\%)T_b$，取 $T_a=0.20\%T_b=0.39min=23.4s$。

则工序 5 作业时间 $T_B=T_a+T_b=117+23.4\approx141s$。

② 布置工作地时间(T_s)。$T_s=(2\%\sim7\%)T_B$。取 $T_s=5\%T_B=7s$。

③ 休息与生理需要时间(T_r)。$T_r=(2\%\sim4\%)T_B$。取 $T_r=4\%T_B=6s$。

因此,单件时间 $T_P=T_B+T_s+T_r=T_b+T_a+T_s+T_r=141+7+6=154s$。

(2) 准备与终结时间(T_e)。查"表 7-9　准备与终结时间(T_e)参考值",取 $T_e=90min=5400s$,则分摊到每个零件上的准终时间 $T_e/n=5400/500=10.8s$。

因此,工序 5 单件工时定额 $T_C=T_P+T_e/n=154+10.8\approx165s$。

3. 工序 7 内容设计

研磨两端中心孔。刀具采用硬质合金研磨棒,设备选中心孔研磨机。研磨属于钳工加工,不用确定切削用量(切削用量用于切削加工)。时间定额参考"表 7-16　热处理后修整中心孔时间"计算公式,取中心孔修整时间(作业时间)$T_B=1min\times2$(两个中心孔)$=120s$,中心孔研磨机的准备与终结时间无资料可查,采用估算方法,取 $T_e/n=10$。

4. 工序 8 内容设计

两顶尖定位,磨 $\phi40mm$ 和 $\phi25mm$ 外圆到设计尺寸。

1) 工序图

工序图如图 9-6 所示。

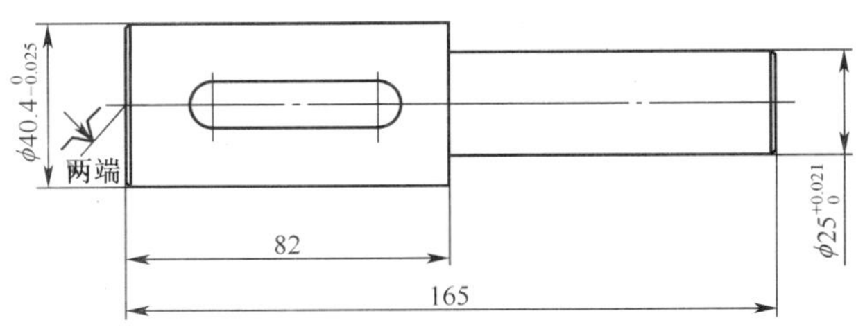

图 9-6　工序 8 工序图

2) 磨具选择

查"表 8-54　普通磨料种类、代号及适用范围",选择白刚玉(WA)磨料;查"表 8-56　普通磨料粒度号适用范围参考表"及"表 8-55　标准普通磨料粒度号",选择 F60 粒度磨料;查"表 8-59　不同磨削方式普通磨料硬度选择范围",选择磨具硬度 L;查"表 8-60　普通磨料磨具组织号及适用范围",选择磨具组织 6 号;查"表 8-61　常用普通磨料磨具结合剂的代号、性能及适用范围",选择陶瓷结合剂 V;查"表 8-63　部分普通磨料磨具砂轮形状代号及主要用途",选择平行砂轮;查"表 8-62　普通磨料砂轮最高工作速度",陶瓷结合剂平行砂轮最高工作速度为 35m/s。

查"M1331 外圆磨床主要技术参数表",砂轮尺寸外径(D)×宽度(H)×内径(d)=(450~600)mm×63mm×305mm,取 500mm×63mm×305mm,砂轮转速 $n=1110r/min$,工作台移动速度(对于外圆磨削即工件相对砂轮轴向进给的速度)$v_a=0.1\sim5mm/s$。

选择砂轮规格:1-500×63×305 V 60L 6V 35m/s。

3) 磨削用量

工步 1:磨 $\phi40mm$ 外圆到设计尺寸。

砂轮圆周速度 v_s:$v_s=D\cdot n$(n 为磨床砂轮转速)$=0.5m\times\pi\times1110r/min=1742.7m/min=29m/s$。

工件转速 n_w：查“表 8－108　工件切向进给速度 v_w 选择条件”，速度比 $q=v_s/v_w$，取 $q=100$，则工件切向进给速度 $v_w=v_s/q=0.29\text{m/s}$，相应工件转速 $n_w=v_w/\pi d=0.29/(3.14\times0.04)=2.3\text{r/s}=14.8\text{r/min}$（$d$ 为工件直径），查 M1331 外圆磨床转速参数（本书未列），取 $n_w=15\text{r/min}$。

砂轮轴向进给速度 v_a：根据粗磨钢件轴向进给量 $f_a=(0.3\sim0.7)b_s$（b_s 为砂轮宽度），取 $f_a=0.3b_s=19\text{mm/r}$，则 $v_a=f_a n_w=19\text{mm/r}\times15\text{r/min}=283.5\text{mm/min}=4.73\ \text{mm/s}$，在工作台移动速度 $v_a=0.1\sim5\text{mm/s}$ 范围，可选用。

背吃刀量 a_p：一般外圆纵磨粗磨钢 $a_p=0.02\sim0.05\text{mm}$，本工序双边加工余量为 0.4mm，取 $a_p=0.04\text{mm}$，则走刀 5 次。

最后确定磨削用量：砂轮圆周速度 $v_s=29\text{m/s}$，工件转速取 $n_w=15\text{r/min}$，砂轮轴向进给量 $f_a=19\text{mm/r}$，背吃刀量 $a_p=0.04\text{mm}$，走刀次数 $i=5$。

工步 2：磨 ϕ25mm 外圆到设计尺寸。

砂轮圆周速度 v_s：同工步 1。

工件转速 n_w：工件切向进给速度同工步 1，相应工件转速 $n_w=v_w/\pi d=0.29/(3.14\times0.025)=1.4\text{r/s}=9.3\text{r/min}$，查 M1331 外圆磨床转速参数，取 $n_w=10\text{r/min}$。

砂轮轴向进给速度 v_a：同工步 1 取 $f_a=0.3b_s=19\text{mm/r}$，则 $v_a=f_a n_w=19\text{mm/r}\times10\text{r/min}=189\text{mm/min}=3.15\ \text{mm/s}$，在工作台移动速度 $v_a=0.1\sim5\text{mm/s}$ 范围，可选用。

背吃刀量 a_p：同工步 1，本工序双边加工余量为 0.4mm，取 $a_p=0.04\text{mm}$，则走刀 5 次。

最后确定磨削用量：砂轮圆周速度 $v_s=29\text{m/s}$，工件转速取 $n_w=10\text{r/min}$，砂轮轴向进给量 $f_a=19\text{mm/r}$，背吃刀量 $a_p=0.04\text{mm}$，走刀次数 $i=5$。

4）工序 8 时间定额计算

（1）单件时间（T_P）。

① 作业时间（T_B）。

a. 机动时间。

工步 1：工作台在切深方向按双行程进给，则机动时间计算公式：

$$T_b=\frac{2Lz_bK}{nf_af_{ts}}$$

式中：砂轮行程长度 $L=L_1-B/2=82-63/2=50.5\text{mm}$；单面加工余量 $z_b=0.2\text{mm}$；K 取 1.2（参考“表 7－27　外圆磨系数 K”）；工件转速 $n=n_w=15\text{r/min}$；$f_a=19\text{mm/r}$，切深方向进给量 f_{ts}（mm/dst）等于背吃刀量 $a_p=0.04\text{mm}$，即 $f_{ts}=0.04\text{mm/dst}$。

则

$$T_b=\frac{2\times50.5\times0.2\times1.2}{15\times19\times0.04}=2.12\text{min}\approx127\text{s}$$

工步 2：机动时间计算公式为

$$T_b=\frac{2Lz_bK}{nf_af_{ts}}$$

式中：$L=L_1-B/2=165-(82-63/2)=51.5\text{mm}$；$z_b=0.2\text{mm}$；$K=1.2$；$n=n_w=10\text{r/min}$；$f_a=19\text{mm/r}$；$f_{ts}=0.04\text{mm/dst}$。

则

$$T_b = \frac{2 \times 51.5 \times 0.2 \times 1.2}{10 \times 19 \times 0.04} = 3.19\text{min} \approx 191\text{s}$$

工序 8 机动时间：$T_b = 127+191 = 318\text{s}$。

b. 辅助时间（T_a）：$T_a = (0.15\% \sim 0.20\%)T_b$，取 $T_a = 0.20\%T_b \approx 64\text{s}$。

因此，工序 5 作业时间 $T_B = T_a+T_b = 318+64 = 382\text{s}$。

② 布置工作地时间（T_s）。$T_s = (2\% \sim 7\%)T_B$，取 $T_s = 5\%T_B \approx 19\text{s}$。

③ 休息与生理需要时间（T_r）。$T_r = 2\% \sim 4\%T_B$，取 $T_r = 4\%T_B \approx 15\text{s}$。

因此，工序 5 单件时间 $T_P = T_B+T_s+T_r = T_b+T_a+T_s+T_r = 382+19+15 = 416\text{s}$。

（2）准备与终结时间（T_e）。查“表 7－9　准备与终结时间（T_e）参考值”，取 $T_e = 90\text{min} = 5400\text{s}$，则分摊到每个零件上的准终时间 $T_e/n = 5400/500 = 10.8 \approx 11\text{s}$。

因此，工序 8 单件工时定额 $T_C = T_P+T_e/n = 416+10.8 \approx 427\text{s}$。

第七节　工艺文件的填写

1. 填写机械加工工艺过程卡
2. 填写机械加工工序卡

机械加工工艺过程卡片

产品型号		零件图号			
产品名称		零件名称		共　页	第　页

材料牌号		毛坯种类		毛坯外形尺寸		每毛坯件数		每台件数		备注	

工序号	工序名称	工序内容	车间	工段	设备	工艺装备	工时/s 准终	工时/s 单件
1	下料	下料 ϕ55mm×(102.5±0.35)mm	金		锯床			
2	锻	见锻件毛坯图	锻					
3	热	退火 35~42HRC	热					
4	车	车 ϕ40mm 段外圆到 $\phi40.4_{-0.16}^{0}$ mm，ϕ25mm 段外圆到 $\phi25.4_{-0.13}^{0}$ mm，保证长度“85”和“162”，两端打 A 型中心孔，车退刀槽 3mm×2mm，倒角 1×45°	机		C6140	YT5 硬质合金外圆车刀、中心钻 A3.0/7.5 GB/T 6078.1—1998	10	169
5	铣	铣键槽宽(12±0.05)mm，深度至 $35.2_{-0.0875}^{-0.08}$ mm	机		X5012	高速工具钢 ϕ12mm 键槽铣刀	11	154
6	热	淬火 52HRC	热					
7	钳	研磨两端中心孔	金		中心孔研磨机	硬质合金研磨棒	10	120
8	磨	磨 ϕ40mm 和 ϕ25mm 外圆到设计尺寸	机		M1331	双顶尖、外径千分尺	11	416
9	检查							

设计(日期)	校对(日期)	审核(日期)	标准化(日期)	会签(日期)

机械加工工序卡片

产品型号		零部件图号			
产品名称		零部件名称	阶梯轴	共　页	第　页

车间	工序号	工序号称	材料牌号
	4	车	45 钢
毛坯种类	毛坯外形尺寸	每毛坯可制件数	每台件数
锻件	ϕ55mm ×（102.5 ± 0.35）mm	1	
设备名称	设备型号	设备编号	同时加工件数
车床	C6140		1
夹具编号	夹具名称	切削液	
		无	
工位器具编号	工位器具名称	工序作业工时/s	
		179	
		机动	辅助
		169	10

1×45°　A中心孔　$\phi 40.4^{\ 0}_{-0.16}$　89

安装1

2×2　1×45°　A中心孔　82　165　$\phi 25.4^{\ 0}_{-0.13}$

安装2

工步号	工步内容	工艺装备	主轴速度/(r/min)	切削速度/(m/s)	进给量/(mm/r)	背吃刀量/mm	进给次数	工步时间/s 机动	工步时间/s 辅助
1	安装1。车 ϕ40mm 段外圆到 $\phi 40.4^{\ 0}_{-0.16}$mm，保证长度“89”	YT5 硬质合金外圆车刀	400	0.79	0.4	3.015	1	38.6	7.7
2	半精车 ϕ40 mm 外圆至 $\phi 40.4^{\ 0}_{-0.16}$mm，表面粗糙度 $Ra3.2\mu m$	YT5 硬质合金外圆车刀	900	1.92	0.3	0.225	1	22.9	4.6
3	车一端面，保证尺寸 89mm	YT5 硬质合金端面车刀	400	0.79	0.4	7	1	8.3	1.7
4	钻一端 A 中心孔	中心钻 A3.0/7.5	1200	0.19	0.03	1.5	1	14	2.8
5	车退刀槽 3mm × 2mm	YT5 硬质合金切断车刀	900	2	0.1	0.1	1	2.7	0.5
6	安装2。粗车 ϕ25mm 外圆至 $\phi 25.85^{\ 0}_{-0.21}$mm，保证长度“85”	YT5 硬质合金外圆车刀	500	0.84	0.4	3.015	1	27	5.4
7	半精车 ϕ25mm 段外圆到 $\phi 25.4^{\ 0}_{-0.13}$mm	YT5 硬质合金外圆车刀	1200	1.62	0.3	0.225	1	14	2.8
8	车另一端面，保证长度“162”	YT5 硬质合金端面车刀	400	0.83	0.3	7	1	4.2	0.8
9	加工另一端 A 中心孔	中心钻 A3.0/7.5	1200	0.19	0.03	1.5	1	14	2.8

描图　描校　底图　装订线

										设计（日期）	校对（日期）	审核（日期）	准化（日期）	会签（日期）
标记	处数	更改文件号	签字	日期	标记	处数	更改文件号	签字	日期					

机械加工工序卡片	产品型号		零部件图号			
	产品名称		零部件名称	阶梯轴	共　页	第　页

车间	工序号	工序号称	材料牌号
	5	铣	45 钢
毛坯种类	毛坯外形尺寸	每毛坯可制件数	每台件数
锻件	ϕ55mm ×（102.5 ± 0.35）mm	1	
设备名称	设备型号	设备编号	同时加工件数
铣床	X5012		1
夹具编号	夹具名称	切削液	
		无	
工位器具编号	工位器具名称	工序作业工时/s	
		179	
		机动	辅助
		169	10

工步号	工步内容	工艺装备	主轴速度/(r/min)	切削速度/(m/s)	进给量/(mm/min)	背吃刀量/mm	进给次数	工步时间/s 机动	工步时间/s 辅助
1	铣键槽到尺寸	高速工具钢 ϕ12mm 键槽铣刀	575	0.33	$f_{Mc}=10$ $f_{Mz}=31$	5.2	1	117	23.4

描图

描校

底图

装订线

										设计(日期)	校对(日期)	审核(日期)	准化(日期)	会签(日期)
标记	处数	更改文件号	签字	日期	标记	处数	更改文件号	签字	日期					

机械加工工序卡片

产品型号		零部件图号			
产品名称		零部件名称	阶梯轴	共　页	第　页

车间	工序号	工序号称	材料牌号
	8	磨	45 钢
毛坯种类	毛坯外形尺寸	每毛坯可制件数	每台件数
锻件	ϕ55mm ×(102.5 ± 0.35)mm	1	
设备名称	设备型号	设备编号	同时加工件数
磨床	M1331		1
夹具编号	夹具名称	切削液	
		普通乳化剂	
工位器具编号	工位器具名称	工序作业工时/s	
		382	
		机动	辅助
		318	64

工步号	工步内容	工艺装备	主轴速度/(r/min)	切削速度/(m/s)	进给量/(mm/r)	背吃刀量/mm	进给次数	工步时间/s 机动	工步时间/s 辅助
1	磨 ϕ40mm 外圆到设计尺寸	砂轮 1－500×63×305 V 60L 6V 35m/s	1110	29	$f_Z=19$	0.04	5	127	25
2	磨 ϕ25mm 外圆到设计尺寸	砂轮 1－500×63×305 V 60L 6V 35m/s	1110	29	$f_Z=19$	0.04	5	191	39

描图　描校　底图　装订线

										设计(日期)	校对(日期)	审核(日期)	准化(日期)	会签(日期)
标记	处数	更改文件号	签字	日期	标记	处数	更改文件号	签字	日期					

参考文献

[1] 中国标准出版社第三编辑室.机械加工工艺工装标准汇编[M].北京:中国标准出版社,2007.
[2] 张纪真.机械制造工艺标准应用手册[M].北京:机械工业出版社,1997.
[3] 赵如福.金属机械加工工艺人员手册[M].北京:上海科学技术出版社,2006.
[4] 王先逵.机械加工工艺手册[M].北京:机械工业出版社,2006.
[5] 陈宏均.实用机械加工工艺手册[M].北京:机械工业出版社,2009.
[6] 陈家芳.实用金属切削加工工艺手册[M].上海:上海科学技术出版社,2004.
[7] 梁子午.检验工简明实用技术手册[M].南京:江苏科学技术出版社,2011.
[8] 张秀珍,晋其纯.机械加工质量控制与检测 [M].北京:北京大学出版社,2008.
[9] 薄宵.磨工实用技术手册 [M].南京:江苏科学技术出版社,2002.
[10] 苏建修.机械制造基础[M].北京:机械工业出版社,2008.
[11] 李东和.机械制造基础[M].北京:国防工业出版社,2013.
[12] 熊建武.模具零件工艺设计项目教程[M].北京:北京理工大学出版社,2011.
[13] 朱怀琪,朱杰,张正箐.铣工 [M].北京:化学工业出版社,2009.
[14] 邱言龙,刘继福.车工技师手册[M].北京:机械工业出版社,2011.
[15] 杜继清,陈忠民.磨工[M].北京:人民邮电出版社,2011.
[16] 刘守永.机床制造工艺与夹具设计 [M].北京:机械工业出版社,2010.
[17] 关子杰.金属加工液基础与应用 [M].北京:中国石化出版社,2006.